人工智慧概論
計算機與

從雲端到物聯網，領略新時代網路科技

深入了解 CPU、主機板、與主記憶體等系統單元

榮欽科技 著

博碩文化

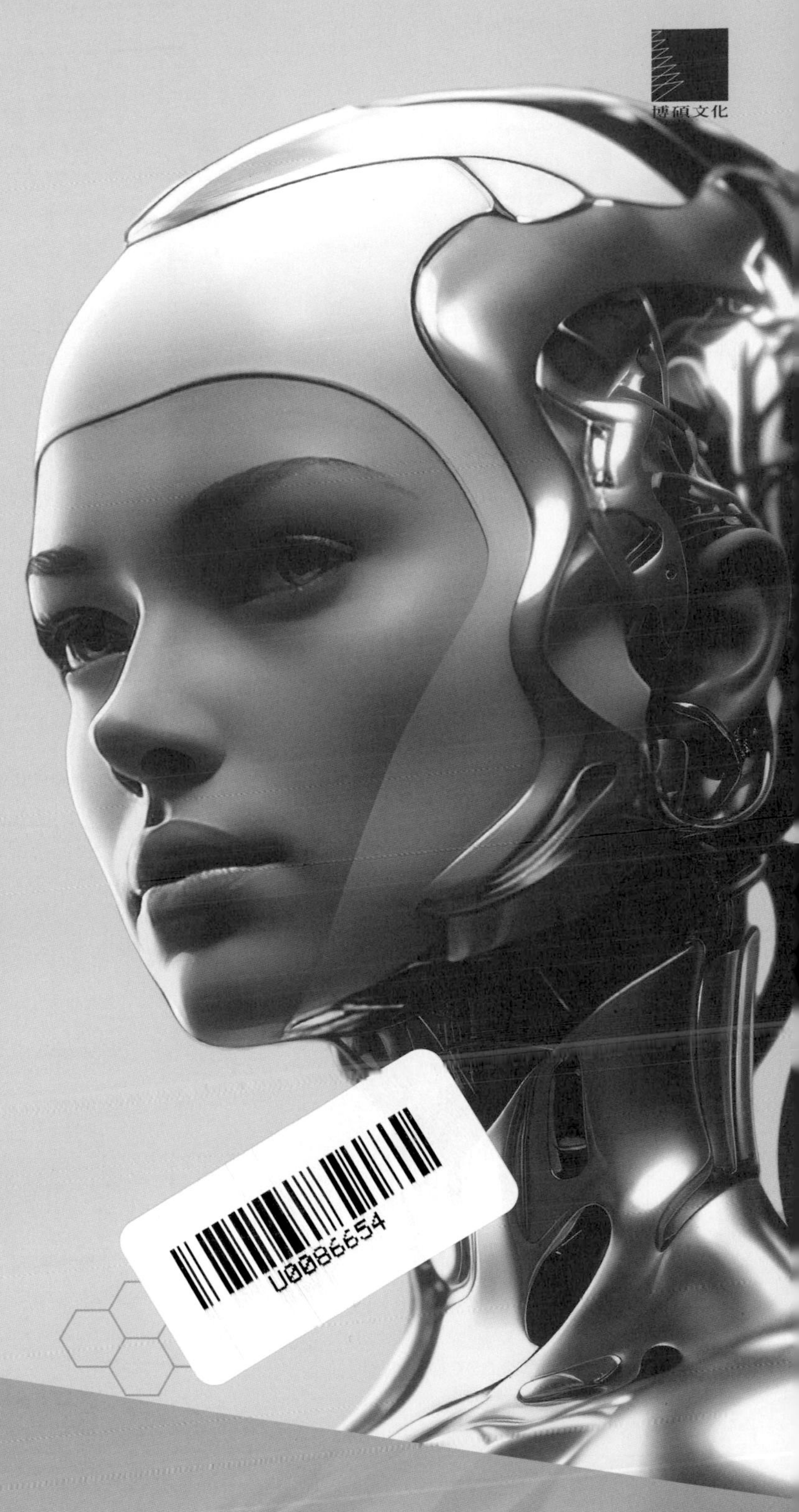

- 探索電腦與人工智慧的奧秘
- 揭開資料表示與處理的基本原理
- 全方位解讀周邊裝置與儲存技術
- 了解系統軟體核心與程式語言的精粹
- 概述多媒體革命與資訊管理
- 深入資訊倫理與法律議題
- 展望人工智慧 AI 的演進軌跡與種類
- 初探機器學習與深度學習
- 人工智慧應用與 ChatGPT AI 聊天機器人

本書如有破損或裝訂錯誤，請寄回本公司更換

作　　者：榮欽科技
責任編輯：魏聲圩

董 事 長：陳來勝
總 編 輯：陳錦輝

出　　版：博碩文化股份有限公司
地　　址：221 新北市汐止區新台五路一段 112 號 10 樓 A 棟
電話 (02) 2696-2869　傳真 (02) 2696-2867

發　　行：博碩文化股份有限公司
郵撥帳號：17484299　戶名：博碩文化股份有限公司
博碩網站：http://www.drmaster.com.tw
讀者服務信箱：dr26962869@gmail.com
訂購服務專線：(02) 2696-2869 分機 238、519
（週一至週五 09:30 ～ 12:00；13:30 ～ 17:00）

版　　次：2023 年 12 月初版一刷

建議零售價：新台幣 780 元
I S B N：978-626-333-676-6
律師顧問：鳴權法律事務所 陳曉鳴律師

國家圖書館出版品預行編目資料

計算機與人工智慧概論/榮欽科技著. -- 初版. --
新北市：博碩文化股份有限公司, 2023.12
面；　公分

ISBN 978-626-333-676-6 (平裝)

1.CST: 電腦 2.CST: 人工智慧

312　　112019260

Printed in Taiwan

博碩粉絲團

序

在這個數位資訊的時代，每個人都與計算機和人工智慧緊緊相連。從我們每日使用的智慧型手機到家中的智能設備，無一不展現出這兩者在現代社會中的重要性。然而，對於許多人來說，計算機和人工智慧仍是遙不可及的高峰，充滿著未知和複雜性。本書的誕生，便是為了將這座高峰的迷霧解開，讓每一位讀者都能輕鬆登頂，一窺全貌。

您手中的這本書籍，是一個關於計算機科學與人工智慧領域的探索之旅，它匯集了科技的歷史軌跡、當代的技術成就，以及未來可能的發展趨勢。

當我們站在這個資訊時代的交界，回顧過去，我們可以看到一個個被技術革新推進的歷史里程碑；展望未來，則是無限的可能與挑戰。這本書的寫作過程中，我們致力於把這些知識和視角以最直觀明瞭的方式呈現給讀者。

從電腦的基本組成，到複雜的數字系統；從基礎的電腦系統單元，到日常生活中不可或缺的周邊裝置；從軟體的基本概念，到多媒體的繽紛世界；本書將帶您一步步深入了解計算機的世界。在這裡，您將不只學到電腦與網路的工作原理，更將對資訊管理、資料庫與大數據、以及當代的網路安全等議題有一定程度的認識。

當然，本書的重頭戲在於人工智慧的廣闊領域。從人工智慧的歷史發展，到現代的機器學習與深度學習，我們將一一剖析這些技術背後的原理與應用。更值得一提的是，本書亦將探討人工智慧在實際生活中的應用，並特別介紹了地表最強的 AI 聊天機器人－ChatGPT。

我們站在巨人的肩膀上，感謝那些為人類文明做出貢獻的科學家和工程師。他們的智慧和遠見，使我們能夠在這本書中，向您展示一幅科技與智慧交織的精彩畫作。透過這本書，我希望能夠啟發您對計算機與人工智慧領域的好奇心，並鼓勵您深入探索，以便在這個快速變化的時代中找到自己的位置。願這本書能夠成為您的良師益友，帶領您走進計算機與人工智慧的精彩世界。

本書雖然校稿時力求正確無誤，但仍惶恐有疏漏或不盡理想的地方，誠望各位不吝指教。再次感謝您選擇閱讀這本書，祝您閱讀愉快！

PART 1　電腦基礎篇

01 電腦發展與科技新生活

02 電腦資料表示法與數字系統

03 電腦系統單元

04 電腦的周邊裝置

05 輔助記憶裝置

06 電腦軟體與程式語言

07 多媒體概說

08 現代化資訊管理

09 資料庫與大數據

PART 2 網路篇

10 通訊網路實務

11 無線網路與行動科技

12 網際網路、雲端運算與物聯網

15 資訊倫理與相關法律研究

PART 3 運算思維篇

16 布林代數與數位邏輯

17 資料結構與演算法

PART 4 人工智慧篇

18 人工智慧的演進與發展

19 機器學習與深度學習

20 人工智慧應用與 ChatGPT

電腦基礎篇

電腦基礎篇會談論最新電腦科技與現代生活、電腦硬體、數字系統與資料表示法、電腦軟體、認識資訊系統及多媒體等。本篇中將從認識電腦在現代生活中的種種應用開始談起，接著會介紹電腦的基礎知識，包括：電腦的發展史、特性、種類及未來趨勢，然後會談到電腦資料表示法及數字系統。談完這些基本概念後，我們還會探討電腦硬體的組成，而在電腦軟體的單元，除了介紹軟體的基礎概念外，也會舉例各式各樣的應用軟體。其它如程式語言、多媒體、資訊管理、資料庫及資訊系統，這些主題都是本篇介紹的重點。

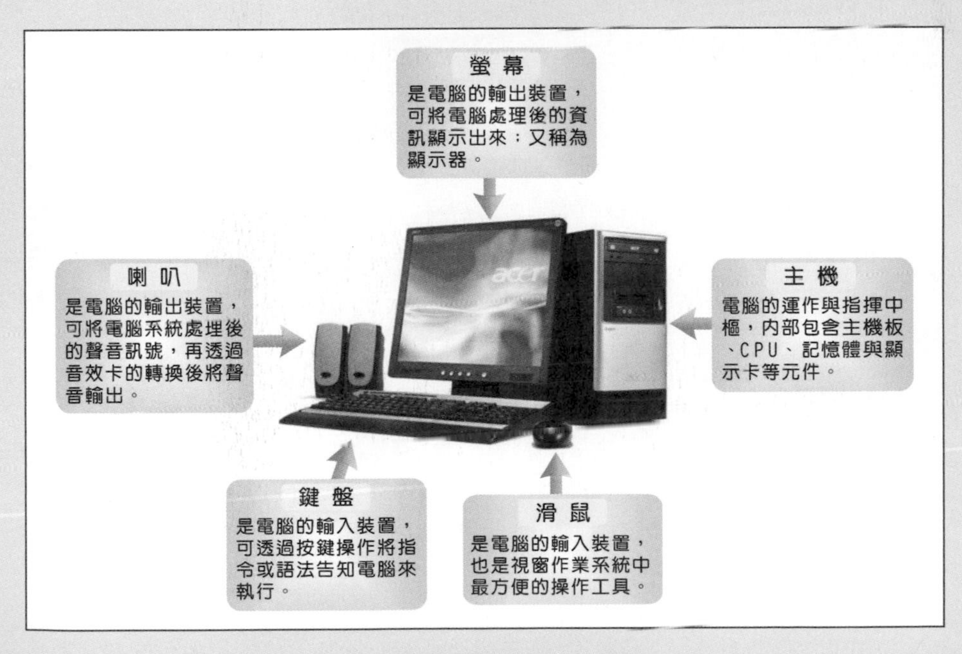

✪ 一部完整配備的現代化電腦

CHAPTER

01 電腦發展與科技新生活

電腦堪稱是二十世紀以來人類最偉大的發明之一，對於人類的影響更是超過工業革命所帶來的衝擊。電腦（computer），或者有人稱為計算機（calculator），是一種具備了資料處理與計算的電子化設備。自從西元 1981 年 IBM 首度推出了個人電腦，從此開創了 PC 時代，隨著電腦時代的快速來臨，各行各業都大量使用電腦來提高工作效率無論各位是汽車修護工、醫生、老師、電台記者或是太空梭的飛行員，電腦早已成為現代人生活與工作上形影不離的好幫手。

✪ 即使過去十分昂貴的電競專用電腦，目前價格已經十分親民

MHz 是 CPU 執行速度（執行頻率）的單位，是指每秒執行百萬次運算，而 GHz 則是每秒執行 10 億次。至於電腦常用的時間單位如下：

- 毫秒（Millisecond, ms）：千分之一秒
- 微秒（Microsecond, us）：百萬分之一秒
- 奈秒（Nanosecond, ns）：十億分之一秒

1-1 電腦硬體組成

電腦（computer），或者有人稱為計算機（calculator），也就是一種具備了資料處理與計算的電子化設備。它可以接受人類所設計的指令或程式語言，經過運算處理後，輸出所期待的結果。一部完整電腦必須包含了各式各樣的組件與周邊設備，如此才能夠用來執行現代人多元化的資訊需求與工作。在尚未正式踏入電腦學習之旅前，我們先來對電腦硬體有所了解。基本上，對於任何一部電腦而言，電腦的硬體架構都必須具備五大單元，包括控制單元、算術邏輯單元、記憶單元、輸出單元與輸入單元。

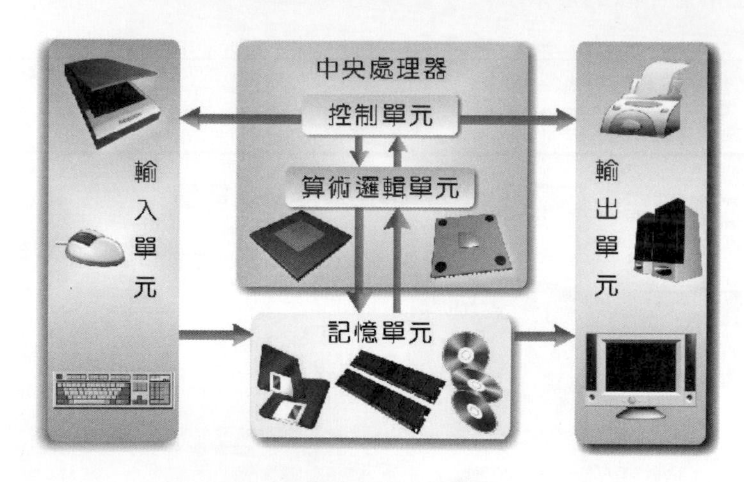

✪ 電腦的五大單元

1-1-1 控制單元

控制單元是負責電腦系統各單元間資料傳送與運作的控制，工作包含了程式輸入或輸出、資料由輔助記憶體傳送到主記憶體、算術與邏輯運算單元的控制等。「控制單元」與「算術與邏輯運算單元」，就是我們俗稱的 CPU（Central Processing Unit, 中央處理單元）。CPU 的角色就像電腦的大腦一般，是用來組織並執行來自使用者或軟體的指令，也算是電腦中真正將資料轉換成資訊的硬體單元。

1-1-2 算術與邏輯單元

「算術與邏輯單元」（ALU）負責電腦內部的各種算術運算（如＋、－、×、÷ 等）、邏輯判斷（如 AND、OR、NOT 等）與關係運算（如＞、＜、＝等），並將運算結果傳回記憶單元。

1-1-3 記憶單元

「記憶單元」（Memory Unit）是負責儲存程式與資料的單元，它和 CPU 關係密切，不過並不是 CPU 的一部份，其中區分為「主記憶體」與「輔助記憶體」兩種。「主記憶體」負責暫存處理過程中的程式與資料，資料傳輸速度快，但容量較小。「輔助記憶體」則適合用來暫存大量的資料，其傳輸速度較慢，不過價格便宜，至於電腦的儲存基本單位是以位元組（byte）為基本單位。

對於電腦日益龐大的記憶體容量需求而言，位元組單位仍然太小，為了計量方便起見，我們定義了更大的儲存單位。常用的儲存單位有 KB（Kilo Byte）、MB（Mega Bytes）、GB（Giga Bytes）等等，這些單位的換算關係如下：

- 1KB（Kilo Bytes）＝ 2^{10} Bytes ＝ 1024Bytes
- 1MB（Mega Bytes）＝ 2^{20} Bytes ＝ 1024KB
- 1GB（Giga Bytes）＝ 2^{30} Bytes ＝ 1024MB
- 1TB（Tera Bytes）＝ 2^{40} Bytes ＝ 1024GB

1-1-4 輸入單元

「輸入單元」(Input Unit) 是提供外界資料或訊息給電腦處理的設備，包含有滑鼠、鍵盤、麥克風、數位板、掃描器等設備。例如透過鍵盤敲入字元 (token)、滑鼠指出與選取指令或利用掃描器來掃描相片與文件到電腦中。

✪ 滑鼠、鍵盤與掃描器等輸入設備

1-1-5 輸出單元

輸出單元 (Output Unit) 是負責將資料由記憶單元傳送到輸出單元，包含螢幕 (顯示器)、印表機、喇叭等輸出設備。簡單來說，各位輸入的資料經由電腦的處理後，變成了文字、數字、圖形、影像或聲音等。例如透過螢幕可輸出五顏六色的多媒體效果，而印表機則可按操作者的想法列印出專業的報表。

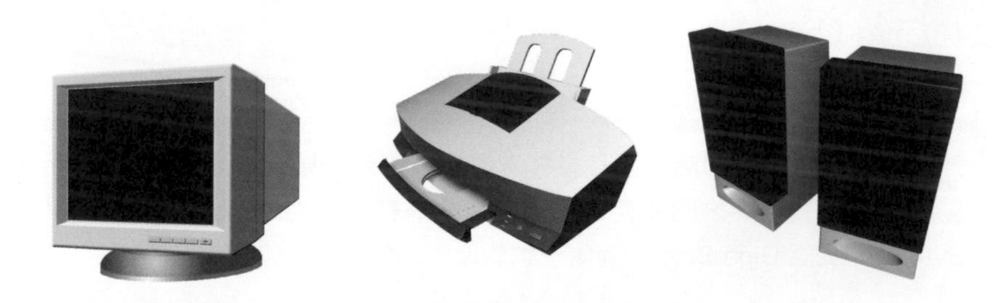

✪ 螢幕、印表機、喇叭等輸出設備

1-2 電腦的演進過程

在二十一世紀的今天，電腦已快速發展成為一台非常複雜的機器，當然電腦今天的成就也不是一天造成，而是經過相當長時間的發展與演進過程。當人類試圖創造一些工具來加速處理資料，可以從史前時期的結繩記事，到中國古代的籌算，進而演變成算盤流傳至今。算盤可算得上是世界上最早的計算工具，遠在四千年以前，從中國到埃及，利用代表數字的算珠，就可輕易執行加減乘除的四則運算。算盤雖然已有加權（Weight）位數的觀念，不過這還只能算是人力操作的工具。

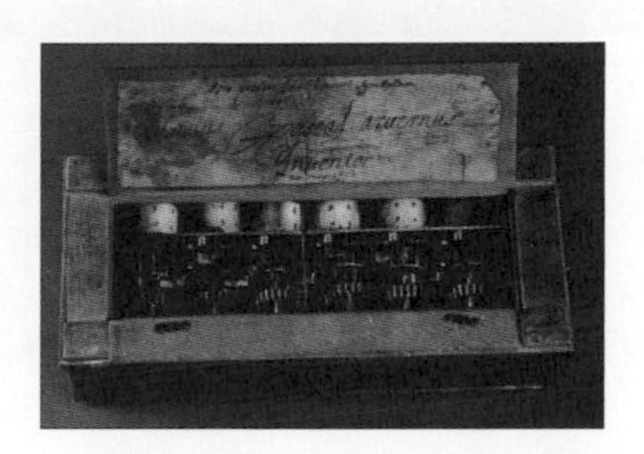

✪ 算盤與加法器外觀

到了十七世紀中葉法國數學家巴斯卡（Blaise Pascal）發明了有八個刻度盤的齒輪運作加法器（adder），最多可進行八位數的加法運算，這才真正進入機械計數的時期。

1-2-1 電腦啟蒙期

後來到了十八世紀初，堪稱是現代「電腦之父」的英國劍橋大學教授巴貝奇（Charles Babbage）首次發明了可以進行複雜運算的「差分機」（Difference Engine），接著巴貝奇與他的兒子共同完成了「分析機」（Analytical Engine），而分析機的構想正是電腦架構的初步雛形，包括了輸入、輸出、處理器、控制單元及儲存裝置等五大部門。

✪ 差分機與分析機外觀圖

接下來陸續有許多科學家投入改良與研究，在早期電腦的啟蒙發展重要過程可用下表來說明：

工具	年代	發明者	說明
加法器	1642 年	法國數學家巴斯卡	發明了有八個刻度盤的齒輪運作加法器（adder），最多可進行八位數的加法運算，這才真正進入機械計數的時期。
差分機	1832 年	英國劍橋大學教授巴貝基	發明了差分機，接著巴貝基又與他的兒子共同完成了分析機，而分析機的構想正是電腦架構的設計雛形，包括了輸入、輸出、處理器、控制單元及儲存裝置等五大部門，巴貝基被後世尊為電腦之父。
卡片處理機	1887 年	美國統計學家赫勒里斯	利用打孔卡片儲存人口調查資料，並設計製造卡片處理機器。
ABC Computer	1942 年	愛俄華大學教授阿塔那索夫	ABC 即代表 Atanasoff Berry Computer，史上第一部數位電子計算機。
MARK I	1944 年	哈佛大學教授艾肯	根據巴貝基差分機的原理，研製一部自動順序控制計算器，是第一部電機械式計算機。

以上的發展過程，可以看成是微電腦發展史上的機械啟蒙階段，隨著電腦科技的快速發展，現代的電腦材料甚至已經普遍奈米化，應用奈米科技製造的奈米電腦能讓電腦體積縮小，這樣的好處是對於 CPU 的製程將可容納更多電晶體，處理速度也會變得更快。接下來我們將從真正具備現代規模的電腦發展技術與組成電子元件角度來說明，又可區分為以下四個演進過程。

奈米實際上是一個度量單位 nanometer（nm）的譯名，指的是十億分之一公尺（1 nm ＝ 10^{-9}m），尺度上相當接近原子的大小。奈米科技便是運用這方面的知識，電子、光子、聲子自身與彼此之交互作用發生時，就產生材料的新性質〔奈米材料〕，進而可以改變目前使用產品功能的可能性。

1-2-2 第一代電腦－真空管時期（1946 ～ 1953 年）

此時期電腦的主要計算元件為真空管，每一部電腦都是由數千個以上的真空管所組成。真空管的外觀與一般燈泡類似，簡直就是龐然大物，再加上這個時候所使用的電腦語言是採用 0 與 1 組合而成的機器語言，編寫上相當複雜難懂，所以第一代電腦的大部分時間

都在維修真空管與程式除錯中渡過。缺點則是相當耗電，而且真空管幾乎每 15 分鐘燒壞一支，使用與修護非常不方便。

西元 1946 年，世界上的第一台電子計算機－「ENIAC」，基本設計的雛形還是沿用機械計算機的概念，只是將所有的機械元件換成真空管元件。接著范紐曼教授更提出了內儲程式方式與二進位制的概念，認為資料與程式可以儲存在電腦記憶體內。後來英國劍橋大學依照范紐曼的概念製造了全球第一台內儲式電腦－ EDSAC，這也是目前現代所有電腦的藍圖，而隨後製作的真空管電腦－ UNIVAC，則算是世界第一部商業電腦。

1-2-3 第二代電腦－電晶體時期（1954 ～ 1964 年）

到了 1954 年，美國貝爾實驗室完成一部以電晶體為主的第二代電腦（TRADIC），共使用了約 800 個電晶體，速度以微秒（u sec）為單位，並且利用磁芯（Magnetic Core）為內部記憶單元。電晶體與真空管相比，其大小只有真空管的二十分之一，有速度快、散熱佳、穩定性也較高等優點。此外，一些高階程式語言也在這時期發展出來，取代以往所使用的機器語言。

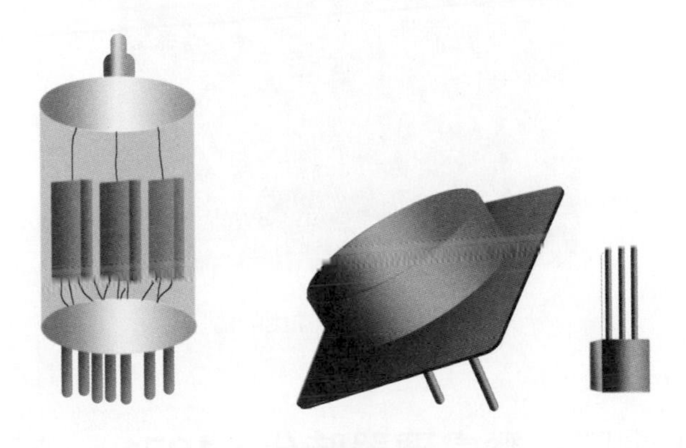

✪ 真空管與電晶體外觀比較圖

1-2-4 第三代電腦－積體電路電腦（1966 ～ 1972 年）

積體電路（Integrated Circuit, IC）就是將電路元件，如電阻、二極體、電晶體等濃縮在一個矽晶片上，大小約為 1 公厘四方，能傳導電流，內部包含了數百個電子原件，構成一個完整的電子電路，而在 1964 年，由美國 IBM 公司使用積體電路設計的 IBM SYSTEM-360 型電腦推出後，開啟了積體電路電腦的時代。IC 的最大好處是體積更小、成本低、穩定性高，速度更幾乎快到以十億分之一秒為單位。

✪ 積體電路

早期的積體電路技術稱為小型積體電路（Small scale integrated circuit，簡稱SSI），約可容納10-20個電子元件，發展到中期稱之為中型積體網路（Medium scale integrated circuit，簡稱MSI），約可容納20-200個電子元件，到了後期的大型積體電路（Large scale integrated circuit，簡稱LSI）時代更可容納高達5000個電子元件，而超大型積體電路（VLSI）則是高達10000個以上的電子元件，至此許多企業正式將進行電腦商業化過程。

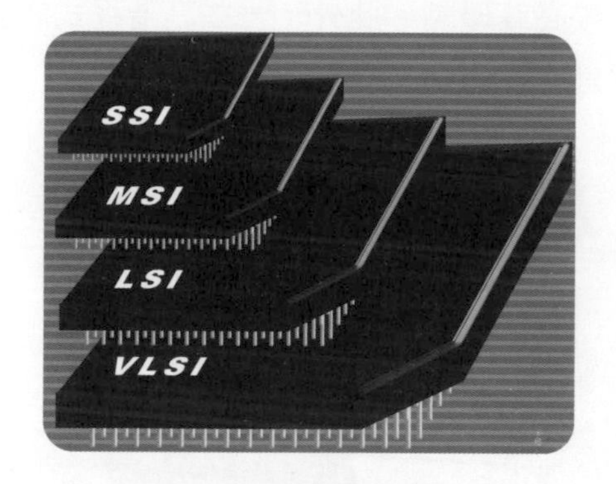

✪ 積體電路尺寸比較圖

1-2-5 第四代電腦－微處理器時代（1971～2000年）

這一代的電腦可以說是延續第三代積體電路電腦，隨著電子工業技術的不斷進步，到了1971年，英特爾公司首次宣布單片4位元微處理器4004試製成功，正式開啟了微處理器與個人電腦蓬勃發展的新時代。所謂微處理器就是指中央處理器（Central Processing Unit，簡稱為CPU），例如從早期的8088 CPU至今天的奔騰（Pentium）級CPU電腦，都是微處理器電腦。此一時期的電腦使用微處理器晶片，而微處理器製程技術其實是超大型積體電路（Very large scale integrated circuit，簡稱VLSI）的延伸，但微處理器速度的爆發性成長更讓人吃驚。

1-2-6 人工智慧電腦

過去這半世紀以來，電腦的發展幾乎可以用一日千里來形容，目標是朝向體積小、速度快、儲存容量大、功能多元與價格便宜等方向進行。不過對於未來電腦的可能發展趨勢，許多專家學者提出了「人工智慧」(Artificial Intelligence, AI) 的構想。正如微軟亞洲研究院所指出：「未來的電腦必須能夠看、聽、學，並能使用自然語言與人類進行交流。」人工智慧的原理是認定智慧源自於人類理性反應的過程而非結果，即是來自於以經驗為基礎的推理步驟，那麼可以把經驗當作電腦執行推理的規則或事實，並使用電腦可以接受與處理的型式來表達，這樣電腦也可以發展與進行一些近似人類思考模式的推理流程。現代的人工智慧電腦可與人類交談，並擁有接近人類的智慧、推理能力、邏輯判斷、圖形、語音辨識等能力。例如「機器人」(robot) 也是模仿人類的造型所製造出來的輔助工具，是屬於新一代電腦與人工智慧的應用。一般的機器人主要目的用於高危險性的工作，如火山探測，深海研究等，也有專為各種用途所研發出來的機器人，不但執行精確，而且生產力更較一般常人高許多。例如自動焊接汽車的機器人、陪您打球的機器人與幫您處理簡單家務的家事機器人等等。

✪ 掃地機器人是目前最夯的日常家電用品

1-3 電腦的種類

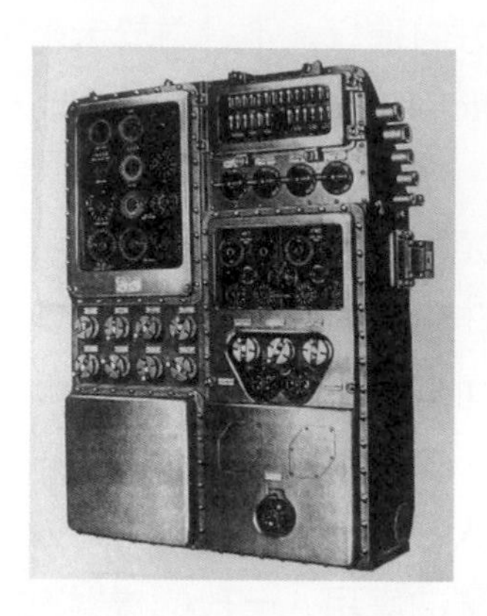

✪ 類比式電腦與數位式電腦

早期電腦都屬於類比式電腦（Analog Computer），多半是機械式設備，可用來處理頻率、振幅等連續性的資料，例如測定環境中的溫度和壓力。至於在本書中所討論的電腦，則是目前處處可見的數位式電腦（Digital Computer），這也是從類比式電腦演進而來。如果根據電腦內部元件的複雜程度，則可以針對我們生活上不同的應用來加以區隔。小至個人的智慧型手機（Smart Phone），大至武器研發或是全世界的天氣預測所使用的超級電腦，都有不同類型的電腦屬性來滿足需求。

1-3-1 超級電腦

「超級電腦」（Super Computer）是一種運行速度最快、功能最強與價格最昂貴的電腦，也就是能夠進行超高速浮點運算的電腦，通常需要建造特殊的空調機房來維護，它的主要用途在於處理超大量的資料，如人口普查、天氣預測報告、人體基因排序、樂透、武器研發等。曾經號稱全世界最快的超級電腦是由日本理化學研究所、美國英特爾公司和日本 SGI 合作研發的超級電腦名為 MDGRAPE-3，一秒鐘號稱可以執行一千兆次的運算，更超越之前最快的 IBM 藍基因（Blue Gene）超級電腦。至於目前號稱全世界最快的超級電腦則是位於中國國防科技大學的超級電腦天河二號（Tianhe-2）。2016 年 3 月南韓圍棋棋王李世石與谷歌公司（Google）開發 AlphaGo 超級電腦世紀對決 5 場比賽，AlphaGo 以 4:1 勝出，就是超級電腦結合人工智慧的重大成就。

✪ 天河二號超級電腦

1-3-2 大型電腦

大型電腦（Mainframe）是運算速度與規模僅次於超級電腦的電腦類型，體積相當龐大，多半用於負責航空公司、銀行、圖書館政府機關與大型企業的資訊處理骨幹系統。不過由於 90 年代開始，個人電腦（PC）功能日漸強大，並成功以低價搶攻市場，逐步取代大型電腦與分食工作站（Workstation）及迷你電腦（Minicomputer）市場。

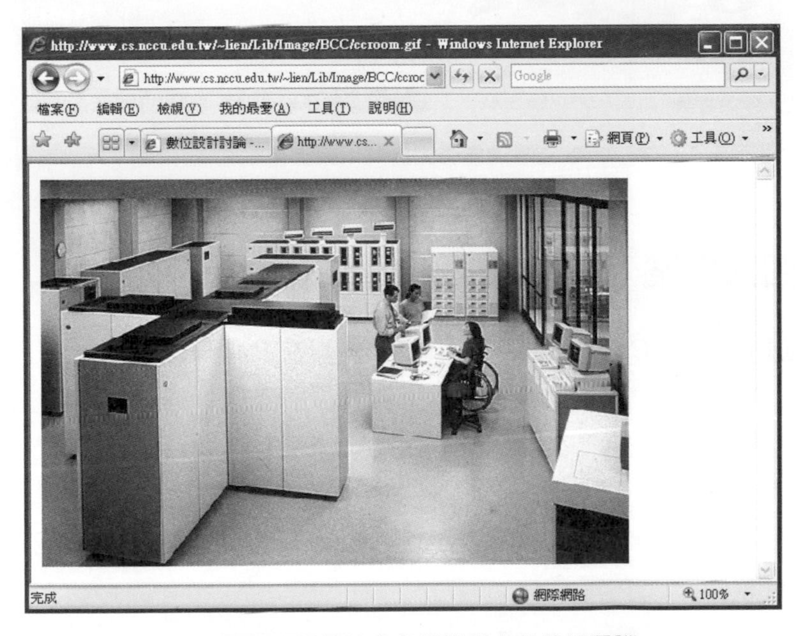

✪ 大型電腦運算速度與規模僅次於超級電腦

1-3-3 迷你電腦與工作站

「迷你電腦」(Minicomputer)適用於中小企業或學術機構，迷你電腦的配備比大型電腦略遜一籌，在70年代中期還頗受歡迎，例如當時知名的「王安電腦」就是以迷你電腦為期主力產品。工作站(Workstation)則是特殊專業用途使用的電腦，功能介於個人電腦及迷你電腦之間，價格高出個人電腦許多，常供專業人士使用，例如一般的個人電腦在加裝了專業的3D繪圖卡，或者加裝了極大數量的記憶體之後都可稱之為工作站級個人電腦，功能甚至直逼早期的迷你電腦。不過隨著90年代以後，個人電腦的快速崛起與功能快速提升，迷你電腦與工作站的市場遂大幅萎縮。

✪ 宏碁功能強大的商用桌上型電腦

1-3-4 個人電腦

個人電腦(Personal Computer, PC)或稱微電腦(Microcomputer)是目前最為普及的電腦，包含電腦主機、螢幕(映像管型與液晶顯示型)、鍵盤、滑鼠、喇叭等基本配備。早期的電腦多半是當時少數精英使用的技術工具，直到在70年代中期，賈伯斯(Stephen Jobs)和沃茲(Steve Wozinak)成立蘋果電腦公司，建置了一台含有顯示器、內建鍵盤及磁碟儲存器的個人電腦，並命名為「Apple」電腦，是個人電腦史上第一台功能完備和具親和力的電腦。

✪ Apple II 電腦

不過真正突破個人電腦發展瓶頸，並讓個人電腦大受歡迎的關鍵，並非技術上有任何改進，而是 IBM 公司推出它自己的第一台個人電腦「IBM PC」，並做成製造電腦的零組件可允許由不同供應商來製造的市場決策。當 Apple 公司持續保護它的設計專利權時，IBM 的開放政策鼓舞了相容於 IBM PC 的建造，也成功建構 IBM 相關軟體和硬體的發展標準。到了 80 年代初期，IBM 正式推出了以 8088 微處理器為主的 16 位元電腦，此時個人電腦的使用也因此大放異彩。

隨後蘋果電腦公司也不落人後，於 1984 年更推出具有革命性圖形化介面的麥金塔（Macintosh, Mac）個人電腦系列，電腦硬體構造與 PC 家族相容，只是作業系統平台不同，當時就深受專業人士的喜愛。作業系統 MacOS 是一種極具親合力的圖形導向作業系統，優雅精緻的多功能桌面設計，更是讓使用者愛不釋手的主要原因。到了西元 2007 年對電腦業而言更是極具關鍵意義的一年。這一年蘋果成功推出搭載 iOS 作業系統的 iPhone 智慧型手機系列，Google 也強力推出了 Android 作業系統，這段期間從 PC 產業的積極轉型，到一般人的科技使用行為改變，未來的電腦科技將不再以個人電腦為主流，電腦產業從此進入後 PC 時代。

✪ http://www.apple.com/tw/mac/

圖片來源：http://store.apple.com.tw

除了以上所介紹的「桌上型電腦」（Desktop PC）外，個人電腦因為可攜帶性、功能性及品牌區隔，又可區分為以下幾種：

筆記型電腦

隨著網路科技的快速發展，PC 使用者開始注重資料分享與快速傳遞，這時個人電腦的可攜帶性就顯得格外重要。尤其許多商務人士有隨身帶著電腦的需求，電腦廠商便推出了「筆記型電腦」（Laptop）。此種電腦的擴充性較低，配備與效能也比桌上型電腦略遜一籌，但機體輕巧耐震、行動力與穩定性高，又具備通訊功能，因此深受商業人士的喜愛。

圖片來源：http://www.acer.com.tw/

Ultrabook 則是由 Intel 所提出的一種全新概念輕薄型筆記型電腦，也成為超筆電，在各方面都以使用者體驗與訴求為優先考量，試圖將筆記型電腦電腦定義成「有鍵盤的平板電腦」，Ultrabook 適合需要長時間隨身攜帶筆電的商務人士所使用。

平板電腦

以 iPad 為首的平板電腦可說是「後 PC 時代」的代表產品，外型類似平板狀的小型電腦，透過觸控螢幕的概念，取代了滑鼠與鍵盤。平板電腦不但能完成傳統 PC 產品能做的任務，更做到了一些傳統 PC 產品不可能實現的任務，真正實踐行動上網的新趨勢，稱得上是下一代行動商務 PC 的代表，提供了接近筆記型電腦的功能，除了可儲存大量電子書外，還可隨時隨地、方便使用者貼身攜帶，而且能接受手寫觸控螢幕輸入或使用者的語音輸入模式來使用。

電子書並不是單純將紙本的圖書數位化或電子化，更擁有許多豐富的超連結影像和文字，尤其在全文檢索方面，最重要的是透過電子書超連結的性質，讀者可以隨心所欲的決定自己的閱讀順序，因此傳統書籍不再佔有很多優勢，讀者一次可攜帶數百本以上的書籍，具備傳統紙本書籍無法達到的便利性。

✪ 蘋果最新推出的平板電腦 -iPad pro

圖片來源：http://www.apple.com/tw/ipad/

智慧型手機

智慧型手機（Smartphone）就是一種運算能力及功能比傳統手機更強的手機，不但規格較高，在傳輸速率較快，多具備能上網的功能，例如最近全球又再次掀起了iPhone X的搶購熱潮，這款超人氣的蘋果智慧型手機，幾乎在功能上超越一般的桌上型電腦。2017年9月正式發佈了iPhone X的觸控式螢幕智慧型手機，外觀融入市場上唯一能3D臉部和身體辨識的TrueDepth相機，配備全新1200萬畫素iSight感光元件相機與四合一LED True Tone原彩閃光燈，首部搭載OLED螢幕的iPhone，將帶來增強的顏色精確度。蘋果公司推出的iPhone 14所搭載的iOS 16是一款全面重新構思的作業系統，除了鏡頭高度約達2.51mm，還會配備升級後的不同光圈超廣角相機，並配備「光像引擎」，使運算攝影功能更進步，特別是新增動作模式拍攝、前鏡頭自動對焦、電影模式支援，還支援5G功能採取螢幕指紋Touch ID功能取代Home鍵，最重要是成功大幅提升了續航時間。

✪ 蘋果推出的iPhone 14 Pro手機

圖片來源：http://www.apple.com/tw/

Tips

穿戴式裝置（Wearables）更因健康風潮的盛行，為行動裝置帶來多樣性的選擇，更將促使行動商務商機升溫，穿戴式裝置未來的發展重點，主要取決於如何善用可攜式與輕便性，簡單的滑動操控介面和創新功能，持續發展出吸引消費者的應用，講求的是便利性，其中又以腕帶、運動手錶、智慧手錶為大宗。

✪ 韓國三星推出了許多時尚實用的穿戴式裝置

1-3-5 量子電腦

量子電腦的概念，最早來自1982年美國理論物理學家理察・費曼（Richard Feynman）將量子能量用於運算的思維，所謂量子是一個物理量存在最小的不可分割的單位，量子運算將會是未來電腦發展的重心，而量子電腦（Quantum computer）是一種使用量子邏輯進行通用計算的裝置，量子位元（qubit）是量子電腦最基本的運算單元。量子電腦不同於現在的電腦運算靠控制積體電路0/1，也就是運算採二進位制，而量子電腦的運算靠控制量子態，而量子電腦的運算靠控制原子、分子的量子態；這關鍵性的差異，使量子電腦能在某些運算上展現強大的運算能力，也就是一種可控制的量子機械裝置，由於量子位元的疊加和糾纏特性，使得量子位元可以不像傳統電腦位元只能為0或1，特色便是可以同時運算0和1。

✪ IBM 最新研發出 127 量子位元的量子晶片 -Eagle

圖片來源：https://www.zdnet.com/article/ibm-launches-127-qubit-eagle-quantum-processor-previews-ibm-quantum-system-two/

如果用量子系統所構成的電腦來處理量子現象，必須完全拋棄傳統處理器的概念，用來取代現行「范紐曼型架構」。量子電腦不像傳統電腦，運算步驟被位元數限制，一次運算能處理多種不同狀況，可以大幅度減少處理時間，超越傳統電腦的速度極限，用更快的方式解決問題，不過量子電腦必須在極為低溫的環境下，才有辦法維持量子疊加（superposition）的狀態。

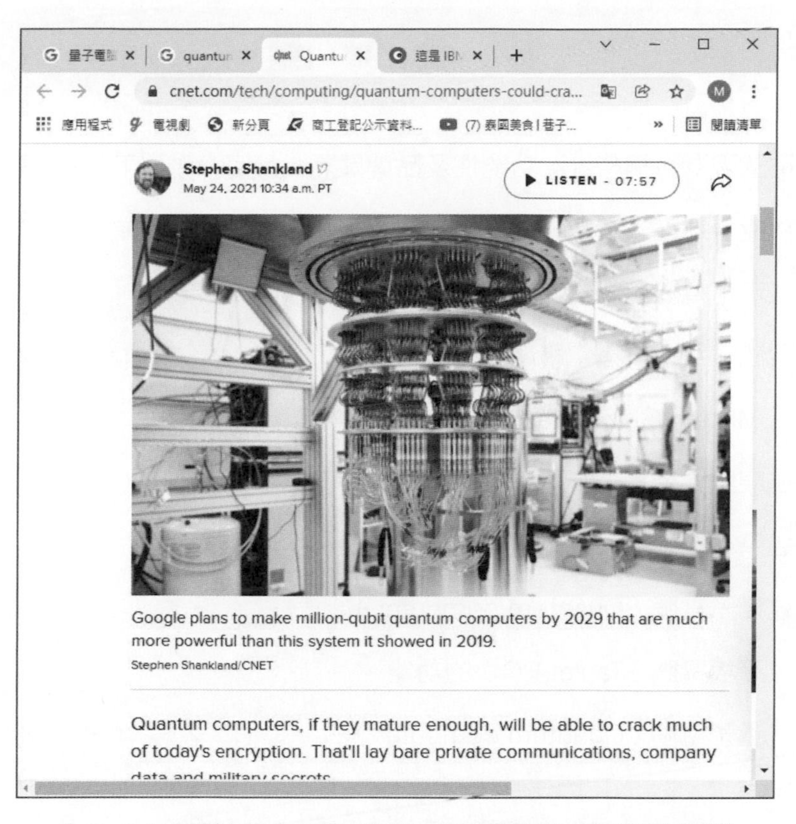

✪ Google 規劃中的未來量子電腦，期望運算能力超越超級電腦

圖片來源：https://www.cnet.com/tech/computing/quantum-computers-could-crack-todays-encrypted-messages-thats-a-problem/

在今日知識經濟和全球化競爭的時代，運算能力即是國家和企業的競爭力，由於量子電腦具備強大運算速度和能力的爆發潛能，在近年頻頻被世界主要科技大國視為重點發展技術，雖然量子電腦這項科技已經真實存在，但要能實際在商業上應用，對於量子電腦的開發複雜性與錯誤率高限制了實用性，許多關鍵技術瓶頸仍待突破。量子電腦的重點技術在於量子位元的設計，量子電腦和傳統電腦在元件上有很大差異，核心在於硬體，基礎則是量子位元晶片，使得全球科學界和產業界（Google, IBM, Microsoft, Intel 等）競相投入量子電腦的研發。隨著量子技術突破，量子位元數量是這些公司的競逐重點，目前也是諸多大廠競逐的目標，例如 IBM 與 Google 都做出數十個量子位元（qubit）的量子電腦，IBM 甚至開放雲端操作給使用者，不斷進行的技術突破似乎使得每年都讓量子電腦真正更接近商業化應用實現的一天。

課後評量

1. 個人電腦因為可攜帶性、功能性及品牌區隔，又可分為以下幾種？
2. 依照功能、速度、需求與價格等因素，可以大致區分為五類？
3. 試簡述未來電腦的特性。
4. 何謂積體電路？積體電路電腦開始於何時？
5. 請說明 MHz 與 GHz 的意義。
6. 請簡述穿戴式裝置（Wearables）。
7. 請簡述平板電腦（Tablet PC）的功能。
8. 請簡述量子電腦（Quantum computer）。
9. 請簡述平板電腦（Tablet PC）的功能。
10. 請簡述量子電腦（Quantum computer）。

CHAPTER

02 電腦資料表示法與數字系統

我們知道電腦與一般的電器用品一樣，都是由許多電子電路所組成，並且也透過這些連接的電子電路來傳遞訊息。由於電腦僅能辨識電路上電流的「通」（ON）與「不通」（OFF）兩種訊號，因此使用 0 或 1 表示電流的脈衝，0 代表 OFF，1 代表 ON。如果有兩種電壓訊號 5 伏特與 -5 伏特，我們就可以將 5 伏特標示為 1，而 -5 伏特標示為 0。

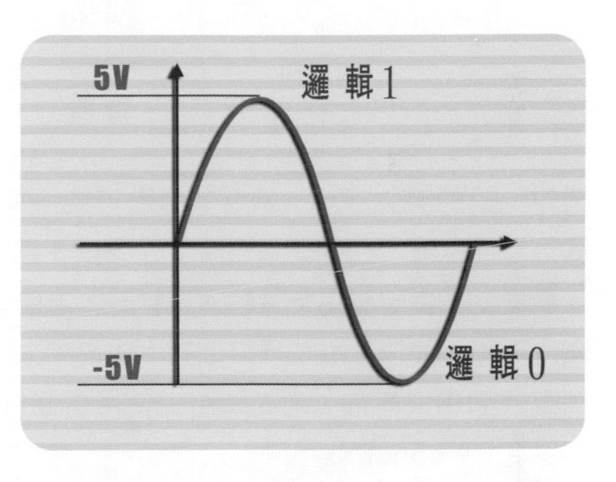

✪ 在電腦的世界中，0 代表低電位，而 1 代表高電位

由於電腦只能處理 0 與 1 兩種資料，這就有點像是電燈泡，明亮表示為 1，而不亮表示為 0，這是電腦最小的儲存單位，稱之為「位元」（Bit），一個位元只可以表示兩種資料：0 與 1。而這種只有「0」與「1」兩種狀態的系統，我們稱為「二進位系統」（Binary System）。

✪ 電腦最基本的儲存單位是位元

2-1 資料表示法

電腦所處理的資料相當龐大，一個位元不夠使用，所以又將八個位元組合成一個「位元組」(Byte)，因為一個位元有「0」與「1」兩種狀態，一個位元組便有 $2^8 = 256$ 種狀態。

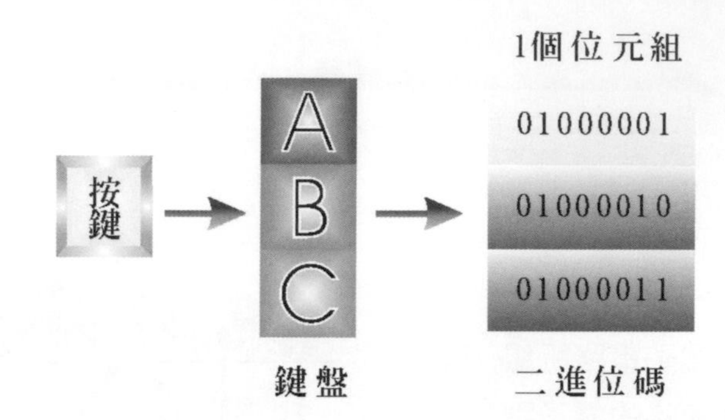

例如一般的英文字母，數字或標點符號(如 +、-、A、B、%)都可由一個位元組來表示。當各位讀者在操作電腦時，只要按下鍵盤上的鍵，即可立刻顯示代表的字母與符號。事實上，當您利用鍵盤輸入資料時，無論是數字或字元資料，電腦都會將其轉換成二進位形式，並以二進位碼來儲存。由於中文字的字數眾多，所以無法使用一個位元組來代表一個中文字碼，而必須至少使用兩個位元組來表示(如 BIG5 中文編碼)，因為可表示 $2^{16} = 65536$ 個字型。

2-1-1 編碼系統簡介

電腦中的符號、字元或文字是以「位元組」(Byte)為單位儲存，因此必須逐一轉換成相對應的內碼，然後電腦才能夠明瞭使用者所下達的指令，這就是編碼系統(Encoding System)的由來。在此種情形下，美國標準協會(ASA)提出了一組以 7 個位元(Bit)為基礎的「美國標準資訊交換碼」(American Standard Code for Information Interchange, ASCII)碼，來做為電腦中處理文字的統一編碼方式，是目前最普遍的編碼系統。ASCII 採用 8 位元表示不同的字元，不過最左邊為核對位元，故實際上僅用到 7 個位元表示。也就是說 ASCII 碼最多可以表示 $2^7 = 128$ 個不同的字元，可以表示大小英文字母、數字、符號及各種控制字元。例如 ASCII 碼的字母「A」編碼為 1000001，字母「a」編碼為 1100001：

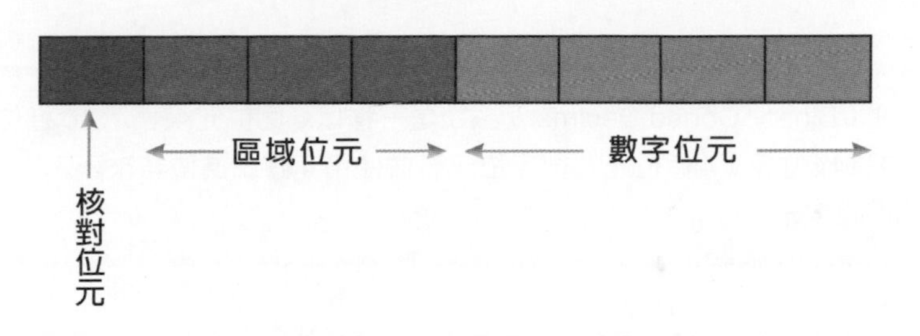

128	Ç	144	É	160	á	176	░	193	┴	209	╤	225	ß	241	±
129	ü	145	æ	161	í	177	▒	194	┬	210	╥	226	Γ	242	≥
130	é	146	Æ	162	ó	178	▓	195	├	211	╙	227	π	243	≤
131	â	147	ô	163	ú	179	│	196	─	212	╘	228	Σ	244	⌠
132	ä	148	ö	164	ñ	180	┤	197	┼	213	╒	229	σ	245	⌡
133	à	149	ò	165	Ñ	181	╡	198	╞	214	╓	230	µ	246	÷
134	å	150	û	166	ª	182	╢	199	╟	215	╫	231	τ	247	≈
135	ç	151	ù	167	º	183	╖	200	╚	216	╪	232	Φ	248	°
136	ê	152	_	168	¿	184	╕	201	╔	217	┘	233	Θ	249	·
137	ë	153	Ö	169	_	185	╣	202	╩	218	┌	234	Ω	250	·
138	è	154	Ü	170	¬	186	║	203	╦	219	█	235	δ	251	√
139	ï	156	£	171	½	187	╗	204	╠	220	▄	236	∞	252	_
140	î	157	¥	172	¼	188	╝	205	═	221	▌	237	φ	253	²
141	ì	158	_	173	¡	189	╜	206	╬	222	▐	238	ε	254	■
142	Ä	159	ƒ	174	«	190	╛	207	╧	223	▀	239	∩	255	
143	Å	192	└	175	»	191	┐	208	╨	224	α	240	≡		

✪ ASCII 碼擴充字元集的十進位代碼與圖形字元

所謂電腦中的文數字（Alphanumeric Word）資料，則包含數字、字母與特殊符號等。

後來有些電腦系統為了能夠處理更多的字元，將編碼系統擴充到 8 個位元，與原有的 ASCII 碼字元集比較之下，新的字元集有更多的圖形字元。例如由 IBM 所發展的「擴展式 BCD 碼」（Extended Binary Coded Decimal Interchange Code, EBCDIC），原理乃採用 8 個位元來表示不同之字元，因此 EBCDIC 碼最多可表示 256 個不同字元，比 ASCII 碼多表示 128 個字元。例如 EBCDIC 編碼的「A」編碼 11000001，「a」編碼為 10000001。如下圖所示：

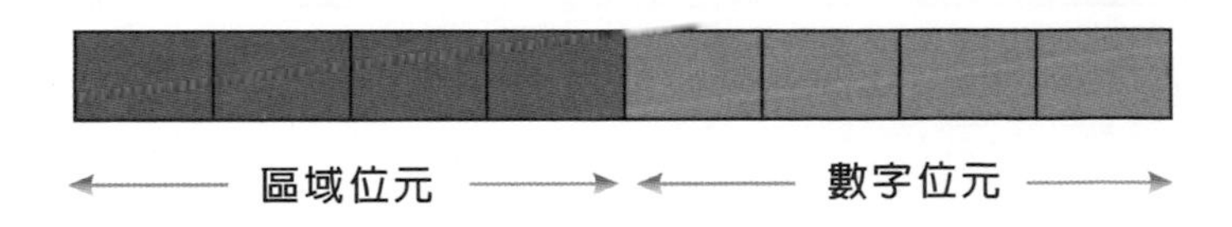

BCD 碼（Binary Coded Decimal）系統是一種以 6 個位元來表示 10 進位數，其中 2 個位元為區域位元，4 個位元為數字位元，並使用 4 個二進位數來表示 10 進位數，共可表示 2^6 個字元。

前面為各位介紹的 ASCII 碼、EBCDIC 碼都是只適用於英文大小寫字母、數字及特殊符號、換行或列印控制字元等，但是在不同國家、地區所使用的文字也不盡相同。例如各位要使用繁體中文，就必須用中文編碼系統，通常我們在電腦上所看到的繁體中文字，幾乎都是由「Big-5」編碼格式所編定的。Big-5 碼又稱為「大五碼」，是資策會在 1985 年所公佈的一種中文字編碼系統。它主要是採用兩個字元組成一個中文字的方式來編碼，也就是說一個 Big-5 碼中文字，佔用 2 個位元組（16Bits）的資料長度。

因為 Big-5 碼的組成位元數較多，相對地字集中也包含了較多的字元，在 Big-5 碼的字集中包含了 5401 個常用字、7652 個次常用字，以及 408 個符號字元，可以編出約一萬多個中文碼。不過在中國大陸所使用的簡體中文，卻是 GB 的編碼格式。因此如果這些文字內碼無法適當地進行轉換，那麼就會顯示成亂碼的模樣。如下圖所示：

✪ GB 編碼的大陸網站，會顯示成亂碼模樣

2-1-2 Unicode 碼

由於全世界有許多不同語言，甚至於同一種語言（如中文）都可能會有不同的內碼。在此，我們還要特別介紹一種萬國碼技術委員會（Unicode Technology Consortium, UTC）所制定做為支援各種國際性文字的 16 位元編碼系統－ Unicode 碼（或稱萬國碼）。在 Unicode 碼尚未出現前，並沒有一個編碼系統可以包含所有的字元，例如單單歐洲共同體涵蓋的國家，就需要好幾種不同的編碼系統來包括歐洲語系的所有語言。尤其不同的編碼系統可能使用相同的數碼（digit）來表示相同的字元，這時就容易造成資料傳送時的損壞。

Unicode 碼的最大好處就是對於每一個字元提供了一個跨平台、語言與程式的統一數碼，它的前 128 個字元和 ASCII 碼相同，目前可支援中文、日文、韓文、希臘文…等國語言，同時可代表總數達 2^{16} = 65536 個字元，因此您有可能在同一份文件上同時看到日文與泰文。事實上，Unicode 跟其它編碼系統不同的地方在於字表容納的總字數。例如國內有許多人取了「電腦打不出來」的名字，好比知名歌手陶吉吉、前行政院長游錫方方土，原因就是 BIG5 碼只能表示 13000 個左右的中文字。

2-2 數值表示法

一般在電腦中的資料，大致可以區分為文字資料與數值資料兩種。文字資料的表示法在上節中已經說明，接下來要來介紹數值資料：

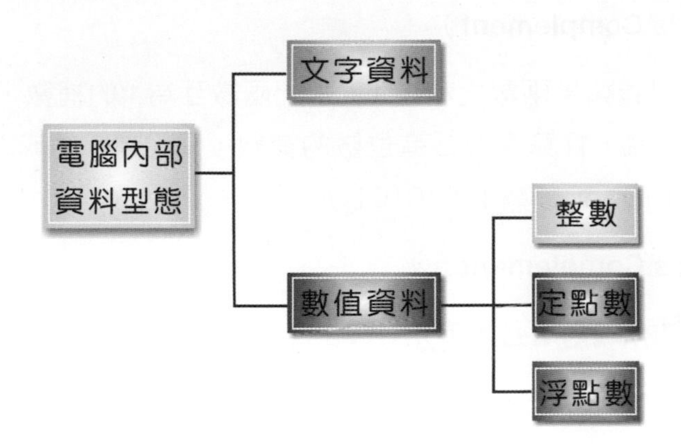

✪ 電腦內部資料型態示意圖

2-2-1 整數表示法

對於電腦中的數值資料，使用二進位系統雖然可以正確地表示整數與小數部分，但是僅僅限於正數部分，而無法表示負數，畢竟電腦內部並無法直接使用「＋」或「－」來表示正、負數。由於負數的表示法會影響電腦運算速度，通常電腦中的負數表示法，多半是利用「補數」的概念。所謂整數，就是不帶小數點的數，範圍包括 0、正整數、負整數。在電腦系統中只能以固定位數表示數字，所用的位元組（Bytes）越大，儲存位數越大。通常可區分為「不帶號整數」及「帶號整數」兩種：

不帶號整數

就是正整數，並且再儲存時不帶任何符號位元。例如一個正整數是以一個位元組（8 bits）來儲存，則共能表示 $2^8 = 256$ 個數字，且數字範圍為 0~255。總結來說，如果某電腦系統是以 n 位元來表示正整數，則可能表示的有效範圍為 $0\sim2^n-1$。

帶號整數

可以表示正負整數，必須利用額外的 1bit 來表示符號位元，符號位元為 0 表示為正數，如果是 1 則代表為負數，其他剩下的位元則表示此整數的數值。對於利用 n 個位元來表示帶號整數的正數範圍為（$0\sim2^{n-1}-1$）。至於負整數的表示，則必須從先從「補數」談起。所謂「補數」，是指兩個數字加起來等於某特定數（如十進位制即為 10）時，則稱該二數互為該特定數的補數。例如 3 的 10 補數為 7，同理 7 的 10 補數為 3。對二進位系統而言，則有 1 補數系統和 2 補數系統兩種，敘述如下：

■ **1 補數系統（1's Complement）**

「1 補數系統」是指如果兩數之和為 1，則此兩數互為 1 的補數，亦即 0 和 1 互為 1 的補數。也就是說，打算求得二進位數的補數，只需將 0 變成 1，1 變成 0 即可；例如 01101010_2 的 1 補數為 10010101_2。

■ **2 補數系統（2's Complement）**

「2 補數系統」的作法則是必須事先計算出該數的 1 補數，再加 1 即可。

至於談到電腦內部的常用負數表示法，主要有「帶號大小值法」、「1 的補數法」及「2 的補數法」三種。分別介紹如下：

帶號大小值法（Sign Magnitude）

若用 N 位元表示一個整數，最左邊一位元代表正負號，其餘 N-1 位元表示該數值，則此數的變化範圍在 $-2^{N-1}-1 \sim +2^{N-1}-1$。如果是以 8 個位元來表示一個整數，則最大的整數為 $(01111111)_2 = 127$，而最小的負數 $(11111111)_2 = -127$。

例如 ±3 的表示法：

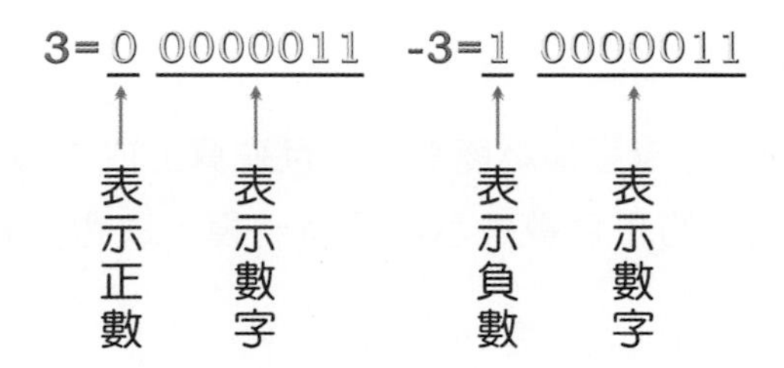

這個方法雖然淺顯易懂，不過使用這種方法會出現 $(00000000)_2$ 與 $(10000000)_2$ 兩種「0」（+0 與 -0）表示法，而且電腦內部的 ALU（算術及邏輯單位）必須同時具備加法及減法的運算電路，不但成本高，運算速度也慢。

1's 補數法（1's Complement）

最左邊的位元同樣是表示正負號，它的正數的表示法和帶號大小值法完全相同，當表示負數時，由 0 變成 1，而 1 則變成 0，並得到一個二進位字串。例如我們使用 8 個位元來表示正負整數，那麼 $9 = (00001001)_2$，則其「1's 補數」即為 11110110：

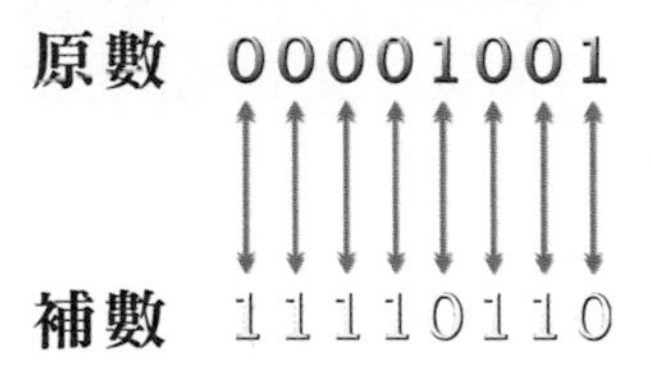

不過這種表示法對於 0 的表示法還是有兩種：即 $+0 = (00000000)_2$，$-0 = (11111111)_2$。

2's 補數法（2's Complement）

最左邊的位元還是符號表示位元，正數的表示法則與帶號大小值法相同，但負數的表示法是用 1 補數法求得，並在最後一位元上加 1。基本上，「2's 補數法」的做法就是把「1's 補數法」加 1 即可。例如

9 =（00001001）$_2$ 的「1's 補 數 」為（11110110）$_2$， 其「2's 補 數 」則 為（11110111）$_2$：

$$
\begin{array}{r}
11110110 \\
+ \qquad\quad 1 \\
\hline
11110111
\end{array}
$$

使用「2's 補數法」的處理流程最為簡單，而且運算上成本最低，至於末端進位，可直接捨去不需加 1，並且 0 的正負數表示法只有一種，這也是目前電腦所採用的表示法。

2-2-2 定點數表示法

在電腦中的小數表示法可分為定點數與浮點數表示法兩種。兩者的差別在於小數點的位置，對於正負整數而言，定點數表示法小數點位置固定在右邊，而且不會因為電腦種類的不同而有差別，例如 16.8、0.2387 等。

2-2-3 浮點數表示法

浮點數就是包含小數點的指數型數值表示法，或稱為「科學符號表示法」。而浮點數表示法的小數點位置則取決於精確度及數值而定，另外不同電腦型態的浮點數表示法也有所不同。想要表示電腦內部的浮點數必須先以正規化（Normalized Form）為其優先步驟。假設一數 N 能化成以下格式：

$N = 0.F \times b^e$，其中

F：小數部份

e：指數部份

b：基底

在電腦內部的浮點數表示式，可用下圖來表示：

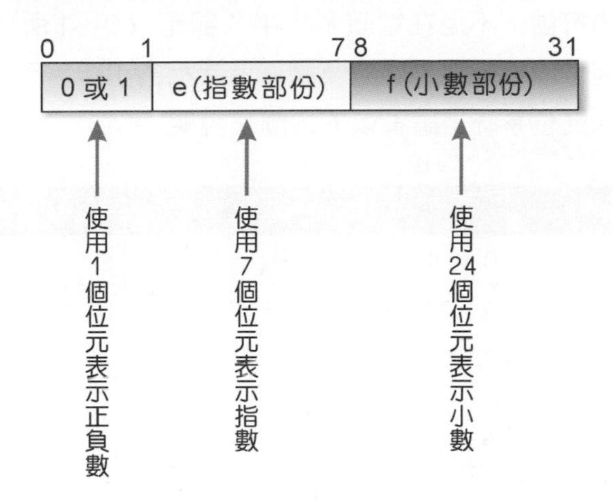

例如 (13.25) = (0.110101) × 2^4，存入電腦的儲存格式如下：

0	0000100	110101000000000000000000

2-3 數字系統

✪ 各國家民族所使用的十進位符號與具體的事物來表示數字

人類慣用的數字觀念，就是以逢十進位的10進位來計量。也就是使用0、1、2、…9十個數字做為計量的符號，不過在電腦系統中，卻是以0、1所代表的二進位系統為主，但是如果這個2進位數很大時，閱讀及書寫上都相當困難。因此為了更方便起見，又提出了八進位及十六進位系統，請看以下的圖表說明：

數字系統名稱	數字符號	基底
二進位（Binary）	0,1	2
八進位（Octal）	0,1,2,3,4,5,6,7	8
十進位（Decimal）	0,1,2,3,4,5,6,7,8,9	10
十六進位（Hexadecimal）	0,1,2,3,4,5,6,7,8,9 A,B,C,D,E,F	16

2-3-1 二進位系統

所謂「二進位系統」，就是在這個系統下只有0與1兩種符號，以2為基數，並且逢2進位，在此系統中，任何數字都必須以0或1來表示。例如十進位系統的3，在二進位系統則表示為11_2。

$$3_{10} = 1\times2^1+1\times2^0 = 11_2$$

2-3-2 十進位系統

十進位系統是人類最常使用的數字系統，以10為基數且逢十進位，其基本符號有0、1、2、3、4…8、9共10種，例如9876、12345、534都是10進位系統的表示法。

2-3-3 八進位系統

八進位系統其實與十進位系統相仿，只不過是以8為基底，基本符號為0，1，2，3，4，5，6，7，並且逢8進位的數字系統。例如十進位系統的87，在八進位系統中可以表示為127_8。

$$127_8 = 1\times8^2+2\times8^1+7\times8^0 = 64+16+7 = 87_{10}$$

2-3-4 十六進位系統

十六進位系統是一套以 16 為基數，而且逢十六進位的數字系統，其基本組成符號為 0，1，2，3，4，5，6，7，8，9，A，B，C，D，E，F 共十六種。其中 A 代表十進位的 10，B 代表 11，C 代表 12，D 代表 13，E 代表 14，F 代表 15：

$A18_{16} = 10\times16^2+1\times16^1+8\times16^0 = 2584_{10}$

2-4 數字系統轉換

由於電腦內部是以二進位系統方式來處理資料，而人類則是以十進位系統來處理日常運算，當然有些資料也會利用八進位或十進位系統表示。因此當各位認識了以上數字系統後，也要了解它們彼此間的轉換方式。

2-4-1 非十進位轉成十進位

「非十進位轉成十進位」的基本原則是將整數與小數分開處理。例如二進位轉換成十進位，可將整數部份以 2 進位數值乘上相對的 2 正次方值，例如二進位整數右邊第一位的值乘以 2^0，往左算起第二位的值乘以 2^1，依此類推，最後再加總起來。至於小數的部份，則以 2 進位數值乘上相對的 2 負次方值，例如小數點右邊第一位的值乘以 2^{-1}，往右算起第二位的值乘以 2^{-2}，依此類推，最後再加總起來。至於八進位、十六進位轉換成十進位的方法都相當類似。

$0.11_2 = 1\times2^{-1}+1\times2^{-2} = 0.5+0.25 = 0.75_{10}$

$11.101_2 = 1\times2^1+1\times2^0+1\times2^{-1}+0\times2^{-2}+1\times2^{-3} = 3.875_{10}$

$12_8 = 1\times8^1+2\times8^0 = 10_{10}$

$163.7_8 = 1\times8^2+6\times8^1+3\times8^0+7\times8^{-1} = 115.875_{10}$

$A1D_{16} = A\times16^2+1\times16^1+D\times16^0$

$= 10\times16^2+1\times16+13$

$= 2589_{10}$

$AC.2_{16} = A \times 16^1 + C \times 16^0 + 2 \times 16^{-1}$

$= 10 \times 16^1 + 12 + 0.125$

$= 172.125_{10}$

二進制	八進制	十進制	十六進制
0	0	0	0
1	1	1	1
10	2	2	2
11	3	3	3
100	4	4	4
101	5	5	5
110	6	6	6
111	7	7	7
1000	10	8	8
1001	11	9	9
1010	12	10	A
1011	13	11	B
1100	14	12	C
1101	15	13	D
1110	16	14	E
1111	17	15	F

✪ 二、八、十、十六進位數字系統對照圖表

2-4-2 十進位轉換成非十進位

轉換方式可以分為整數與小數兩部份來處理，我們利用以下範例來為各位說明：

1. 十進位轉換成二進位

$63_{10} = 111111_2$

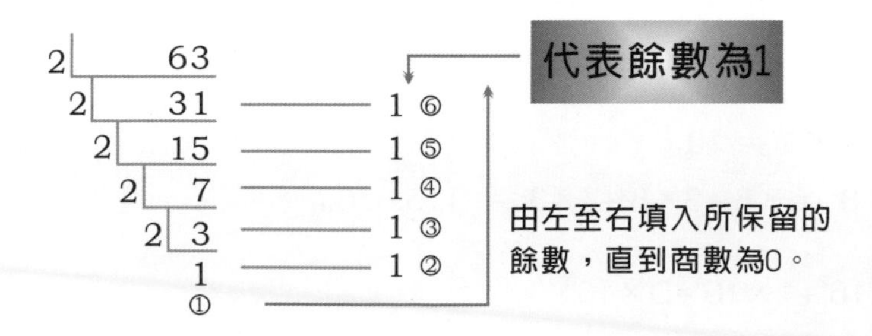

$(0.625)_{10} = (0.101)_2$

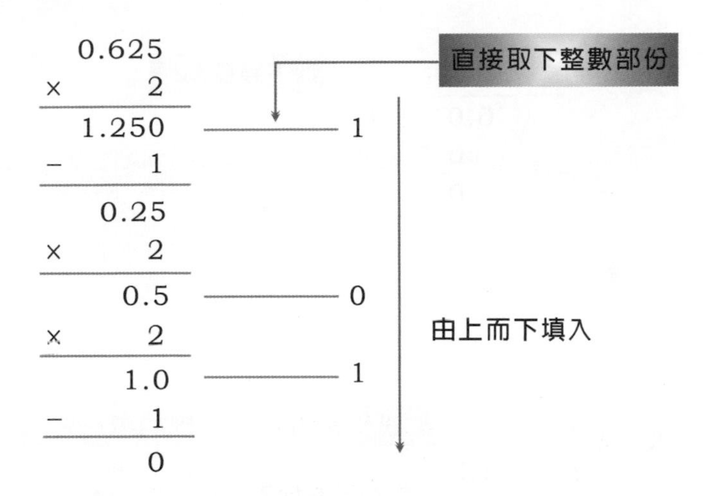

$(12.75)_{10} = (12)_{10} + (0.75)_{10}$

其中 $(12)_{10} = 1100_2$　　　$(0.75)_{10} = (0.11)_2$

2 | 12
2 | 6 — 0
2 | 3 — 0
1 — 1

0.75
× 2
1.5 — 1
− 1
0.5
× 2
1 — 1
− 1
0

所以 $(12.75)_{10} = (12)_{10}+(0.75)_{10}$

$= 1100_2 + 0.11$

$= 1100.11_2$

2. 十進位轉換成八進位

$63_{10} = (77)_8$

8 | 63
7 — 7

代表餘數為7

由左至右填入

$(0.75)_{10} = (0.6)_8$

0.75
× 8
6.0 — 6 取下整數部份
− 6
0

3. 十進位轉換成十六進位

$(63)_{10} = (3F)_{16}$

16 | 63
3 — 15 代表餘為15，在16進位中用F表示
由左至右填入

$(0.62890625)_{10} = (0.A1)_{16}$

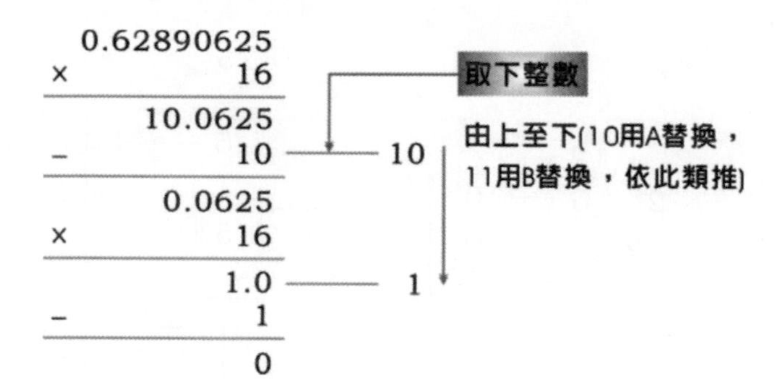

$120.5_{10} = (120)_{10} + (0.5)_{10}$

其中 $(120)_{10} = (78)_{16}$　$(0.5)_{10} = (0.8)_{16}$

16 | 120
7 — 8

0.5
× 16
8 — 8
− 8
0

2-4-3 非十進位轉換成非十進位

如果打算從非十進位轉換另一種非十進位的方式，也相當容易，方法有兩種。第一種方法是只要先行將其中一個非十進位轉換為十進位制，再依照前述兩節方式轉換即可，例如我們將 $(156)_8$ 轉換成 2 進位與 16 進位：

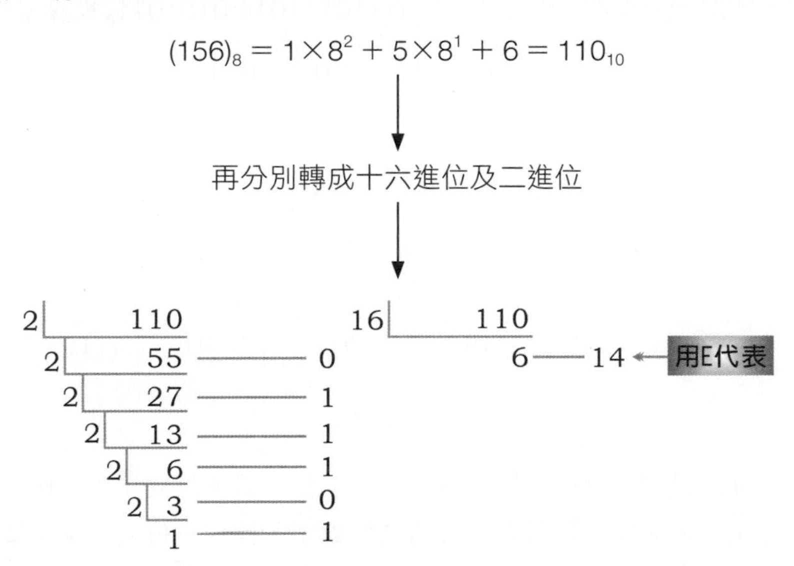

除了透過轉換為十進位方式之外，也可以透過以下方法來進行：

1. 二進位→八進位

首先請將二進位的數字，以小數點為基準，小數點左側的整數部份由右向左，每三位打一逗點，不足三位則請在其左側補足 0。小數右側的小數部份由左向右，每三位打一逗點，不足三位則請在其右側補足 0，接著將每三位二進數字換成八進位數字，即成八進制。例如將 10101110111011.0101011_2 換算成八進位：

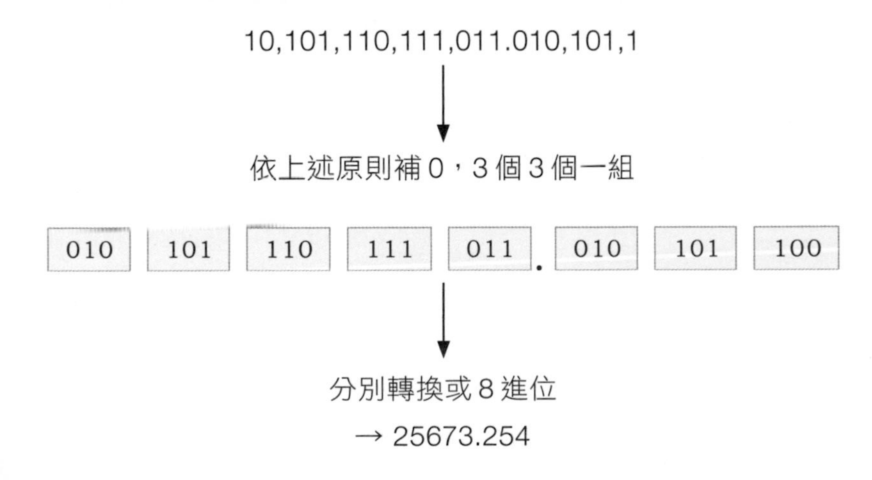

2. **二進位→十六進位**

將二進位的數字，以小數點為基準，小數點左側的整數部分由右向左，每四位打上一個逗點，不足四位則請在其左側補足0。小數點右側的小數部分由左向右，每四位打一個逗點，不足四位則請在其右側補足0。接著把每四位二進數字，換成十六進位數字，即成十六進制。例如將 10101110111011.0101011_2 換算成十六進位：

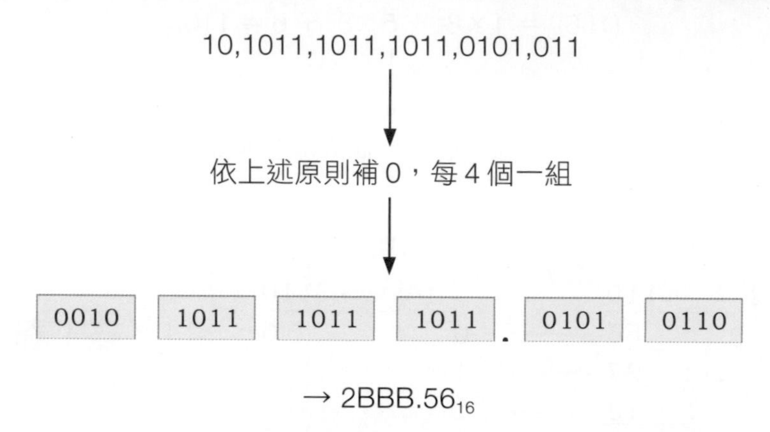

→ $2BBB.56_{16}$

如果各位打算將八或十六進位數字轉換成二進位，只要反向思考，例如要將八進位變換成二進位，其轉換規則只要將每八進位數字，換成三位的二進位數字即可。同理要將十六進位變成二進位，轉換規則只要將每十六進位數字，換成四位二進位數字即可。而八進位與十六進位間的轉換，可以先轉成二進位後再進行轉換。

課後評量

1. 請問 $(2004)_{10}$ 轉為十六進位數字的結果如何？
2. 求 2 進位數 $(11.1)_2$ 的平方，即 $(11.1)_2 \times (11.1)_2$ 的值。
3. 大多數中文系統用 2Bytes 而非 1Byte 來代表一個中文字，請試想合理的原因是什麼？
4. 若某電腦系統以 8 位元表示一個整數，且負數採用 2 的補數方式表示，則 $(10010111)_2$ 換為十進位，結果應為多少？
5. 以 8 位元表示一整數，若用 2 的補數表示負數，則表示範圍為何？
6. $8A_{(16)} - 78_{(10)} + 101010_{(2)} = ?$，請以 8 進位表示。
7. 下列運算式中，何者的值最大？
   (A)$(101001-10010)_2$　(B)$(66-57)_8$　(C)$(101-94)_{16}$　(D)$(3C-34)_{16}$
8. 若欲表示 -1000 至 1000 之間的所有整數，至少需要幾個位元（Bits）？
9. 一個 24×24 點矩陣的中文字型在記憶體中佔有多少 Bytes？
10. 以二的補數表示法，4 個位元來表示十進位數 -5，其值為何？
11. 請列出常見的編碼系統。
12. 試將十進位的 15 分別以 2、8，16 進位表示。
13. 請將 1010011110001010011110 以八進位表示。
14. 電腦的硬碟空間有 40GB，其容量為多少 Bytes？
15. 電腦記憶體容量大小的單位通常用 KB、TB、GB 或 MB 表示，這四種單位，由大到小的排列為？
16. 已知「A」的 ASCII 碼 16 進位表示為 41，請問「Z」的 ASCII 二進位表示為何？
17. $(2B)_{16}$ 的 2's 補數以 2 進位的方式表示為何？
18. 某一電腦系統以 8 位元表示整數，負數以 2 的補數表示，則 -78 應為何？
19. 100011.11_2 相當於十進位的值是多少？
20. 今有 A、B、C 三個數分別為八進位、十進位與十六進位，A 之值為 $(24.4)_{(8)}$，B 之值為 $(21.2)_{(10)}$，C 之值為 $(18.8)_{(16)}$，則 A、B、C 三個數之大小關係為何？

memo

CHAPTER

03 電腦系統單元

電腦本身就是用來處理大量資料，並將其轉換為對人們有用資訊的一種電子硬體裝置，一部完整的電腦包含了各式各樣的組件與周邊設備，當各位打開機殼瞧瞧電腦的內部，所看到的將會是一個非常複雜由微小電晶體所組成的龐大機械體，內部包含許多重要元件。本章將介紹電腦硬體核心的部份，包括CPU、主機板、匯流排、主記憶體與各種介面卡的發展與相關技術。首先我們將從電腦主機外觀的元件，來開始進入電腦的硬體世界。

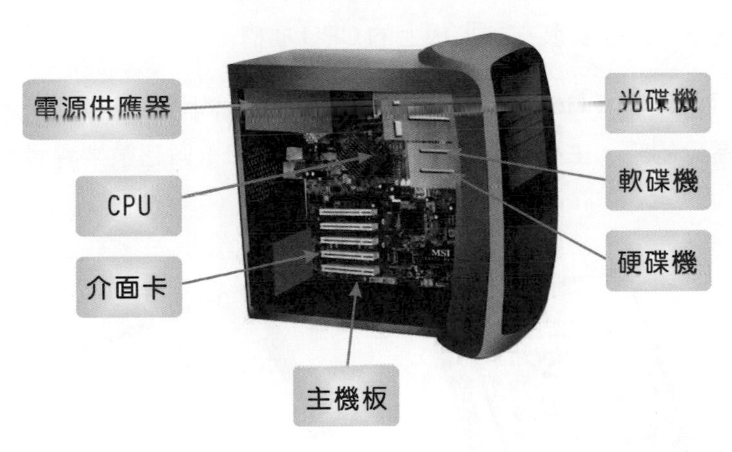

✪ 機殼內部主要元件示意圖

主機可以說是一台電腦的運作與指揮中樞，機殼就是一部電腦的外觀重心。通常桌上型電腦的主機機殼早期可分為直立式與橫立式兩種，目前以直立式為主，主機的正面提供各種指示燈號與輔助記憶設備出入口。機殼選擇必須考量散熱效果能確實降低電腦內部硬體的溫度，高能耗會導致電腦內部溫度升高，這時對主機的散熱就會有所要求，建議購買兼具水冷和風冷構造的機殼，最好具備高效率氣流設計與加裝風扇，會有助於延長內部元件之壽命。

3-1 CPU

一部完整的個人電腦包含了各式各樣的組件與周邊設備，當打開機殼觀察電腦的內部，所看到的包含許多重要元件。其中包括 CPU、主機板、匯流排、主記憶體與各種介面卡。首先我們將從個人電腦主機的各種元件，開始進入電腦的硬體世界。

「中央處理單元」(Central Processing Unit, 簡稱 CPU) 就好比人的大腦一樣，它負責接收及分析我們在電腦上的每一個操作與指令，是一塊由數十或數百個 IC 所組成的電路板，後來因為積體電路的發展，讓處理器所有的處理元件得以放入在一片小小的晶片，稱為微處理器，並被安裝在主機板上的 CPU 插槽。

CPU 中使用了暫存器 (Register) 與快取記憶體 (Cache) 來增進處理效能，如果以全球市佔率來區分的話，主要還是以美商英特爾 (Intel) 與超微半導體 (AMD) 為兩大龍頭。

✪ Core2 Duo 與 Core i7 CPU

3-1-1 暫存器

暫存器位在中央處理器的晶片（Chip）中，是一種提供暫時而快速存取的記憶儲存空間，暫存器的功用主要是為了提高CPU的執行速度與效率，幫助CPU執行算術、邏輯或轉移運算。暫存器大小就是電腦在一個指令週期所能處理的資料總數，也就是CPU一次處理或搬動資料的長度，稱為一個字組（Word），我們俗稱的CPU位元數也就是字組長度。

例如我們常聽到的64位元CPU，就是CPU中的暫存器大小。通常「控制單元」（CU）從記憶體中擷取（Fetch）指令，然後放進暫存器中，然後CU將此指令解碼（Decode），並決定所需要的資料在記憶體中的位置。例如「程式計數器」（PC）就是存放下一個準備執行的指令在主記憶體中位址的暫存器；「累加暫存器」是儲存計算後的結果；「位址暫存器」是用來記錄正在存取資料或指令的記憶體位址。

假設我們在電腦中執行一個很簡單的加法運算「1+2+3」，1+2的結果等於3。在CPU運算時，它會先處理1+2的運算，它不會用到一般的記憶體中去存取資料，可以直接將結果3存放在暫存器中，接著CPU會再從暫存器中取得剛才的結果3，並與最後運算式中的3相加，且將最後的結果6存放在暫存器中。不同的CPU架構會有數量與種類不同的暫存器，例如在8088的CPU裡，一共包含有14個暫存器，一般可以將這14個暫存器分成下列四大類，如下表所示：

類別	暫存器
一般暫存器	AX、BX、CX、DX
區段暫存器	CS、DS、SS、ES
指位暫存器	IP、SP、BP、SI、DI
旗標暫存器	FLAG

請看以下常見暫存器介紹：

一般暫存器

通常CPU內的一般暫存器是用來暫時存放運算數值資料所用，不過在特殊的情況下，各種一般暫存器會有特定的用途與功能，常見的一般暫存器有四種：

■ **AX（Accumulator）**

又稱累加器，除了可以用來存放運算結果之外，它也用來作為對外資料傳輸之用。

■ **BX（Base）**

「基底暫存器」，一般作為定址法中的基底所用。

■ **CX（Count）**

「計數暫存器」，一般作為迴圈或字串處理的計數所用，簡單的說，就是將欲執行的次數存放在CX中，直到CX遞減至某一條件成立時，迴圈才會結束。

■ **DX（Data）**

「資料暫存器」，一般作為存放資料或I/O位址所用，它也可以與AX暫存器配合，用來作字組資料的乘法與除法。

區段暫存器（Segment Register）

區段暫存器（Segment Register）是用來指定各種位址區段所用分別可以指定給程式及不同目的的資料存放，它被分成四個重要的區段，其各區段的位址則分別利用「程式段暫存器」（Code Segment, CS）、「資料段暫存器DS」（Data Segment, DS）、「堆疊段暫存器」（Stack Segment, SS）及「額外段暫存器」（Extra Segment, ES）來四種暫存器來存放。而區段暫存器內的值便是用來存放這些區段的位址。如右圖所示：

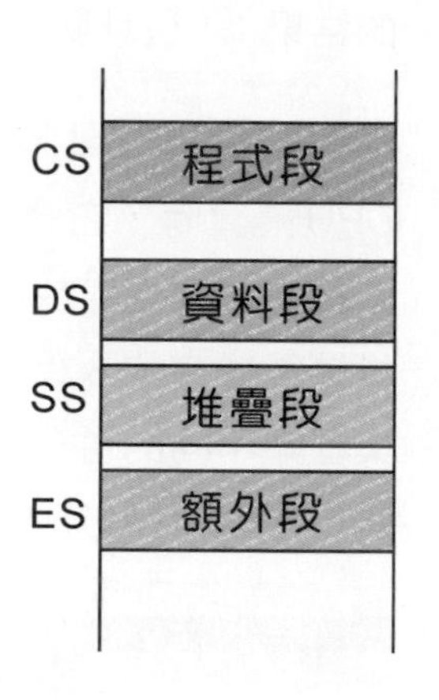

■ **CS（Code Segment）**

又稱「程式段暫存器」，存放目前被執行程式指令的段位址。

■ **DS（Data Segment）**

又稱「資料段暫存器」，指向目前儲放資料的段位址。

■ **SS（Stack Segment）**

即為「堆疊段暫存器」，當程式被分為四大類之後，SS就用來指定堆疊段區域上的起始位址。

■ **ES（Extra Segment）**

稱為「額外段暫存器」，當資料段存放超過64KB時，就須借助額外段的記憶區來完成。

指位暫存器

在指位暫存器中，依照定址功能上的區分，我們將它分成二大類：

類別	暫存器	說明
指標暫存器	IP、SP、BP	與區段暫存器配合，可指定至所屬的區段位址上。
索引暫存器	SI、DI	與區段暫存器配合，用來指定字串資料上的位址。

■ IP（Instruction Pointer）

稱為「指令指標暫存器」，主要是用來存放下一個執行指令的位址，當 CPU 執行完一個指令後，IP 便指向下一個指令的位址。

■ SP（Stack Pointer）

稱為「堆疊指標暫存器」，存放著堆疊最頂端資料儲存的位址，在堆疊內資料有進出時，其內容會自動計算。

■ BP（Base Pointer）

「基底指標暫存器」，則為堆疊的指標器，可用於存取堆疊段內的資料，指向堆疊的任一位址上。也就是說，以 BP 所在位址為起點，再加上一固定距離來到資料所在位址。

■ SI（Source Index）

稱為「來源索引暫存器」，主要是在字串運算中使用，它被當作來源字串的索引指位。

■ DI（Destination Index）

稱為「目的索引暫存器」，主要也是在字串運算中使用，它被當作目的字串的索引指位，也就是做為資料目的記憶區的索引。

旗標暫存器

旗標暫存器（Flag Register）是一個 16 位元的暫存器，它的功能用途與其它的暫存器大不相同，是用來記錄 CPU 處理時的狀態，每一個位元都是獨立使用，雖然說最多可以有 16 個旗標可使用，但只有其中九個位元有用到。這 16 個位元中，第 0、2、4、6、7、11 位元是屬於狀態旗標；第 8、9、10 位元是屬於控制用旗標，而剩下其它的位元則是保留不使用。

3-1-2 快取記憶體

快取記憶體（Memory Cache）是隨機存取記憶體（RAM）的一種，其存取速度要比一般 RAM 來得快，當 CPU 從快取記憶體中存取資料時，就不用花時間等待。通常我們使用 SRAM 作為快取記憶體，而 DRAM 是扮演主記憶體的角色。快取記憶體（Cache）也是記憶體層次最高，速度最快，主要的功能在協調 CPU 和主記憶體間的存取速度差，因為透過快取記憶體來事先讀取 CPU 可能需要的資料，可避免主記憶體與速度更慢的輔助記憶體的頻繁存取資料，有助於電腦處理指令和資料的速度。

目前的快取記憶體分為三種，分別是 L1、L2、L3，存取速度 L1>L2>L3。L1 是直接內建於 CPU 晶片，容量很小，通常是幾十個 KB。L2 的容量較大，也是內建於 CPU 晶片，玩家口中的快取記憶體多半是指 L2，通常是幾百個 KB 或更多。L3（不一定有）的容量又比 L2 還大，通常有數 MB 之大，由於快取記憶體的造價較高，所以一般皆只安裝 512KB~3MB 的 Cache。

3-1-3 指令週期

一般 CPU 的指令，可分成「運算碼」（Operation Code）與「運算元」（Operand）兩部分。「運算碼」是存放各種不同功能的二進位編碼的運算指令，而運算元則是存放運算資料所在的位址，例如所執行指令的指令為 A×B，則 A 與 B 稱為運算元，× 為運算碼。對於 CPU 所執行的任何工作，都是不斷進行擷取、解碼、執行與儲存的四種動作，所花費的時間則稱為 CPU 的「指令週期」（Instruction Cycle），又稱為機器週期（Machine Cycle）。相關說明如下：

CPU執行動作	工作與說明
擷取	資料經由記憶體控制器，使用 TLB（Translation Lookaside Buffer）分支進入 40 個管線入口到達第一層快取記憶體。
解碼	使用多重平行解碼的架構，以加速處理的速度。
執行	處理器的核心，Hammer 分成 2 個部分，可執行 32 位元及 64 位元的應用程式，提高程式的相容性。
儲存	資料處理完畢之後會經由 512 個使用 TLB 的超管線技術儲存在第二層快取記憶體中。

CPU 指令週期的動作可分為兩個部份，分別是指令「擷取週期」（Fetch Cycle）與「執行週期」（Execution Cycle），而「擷取週期」就是 CPU 將存放在記憶體內的指令

抓到 CPU 內部存放與解碼過程，並等待執行的時間，而「執行週期」則是 CPU 內部執行每一個指令與儲存的時間。

CPU 中的管線（Pipeline）概念有點類似工廠中的自動化生產線，當第一個指令尚未完成指令週期時，就已經開始執行其它指令了。

3-1-4 工作時脈

CPU 內部也有一個像心臟一樣的石英晶體，CPU 要工作時，必須要靠晶體振盪器所產生的脈波來驅動，稱為系統時間（System Clock），也就是利用有規律的跳動來掌控電腦的運作。每一次脈動所花的時間，稱為時脈週期（Clock Cycle）。至於 CPU 的執行速度，則稱為「工作時脈」（Clock）或「內頻」，是測定電腦運作速度的主要指標，以「百萬赫茲」（Megahertz, MHz）與「十億赫茲」（Gigahertz, GHz）為單位。

例如 800MHz，也就是每秒執行 800 佰萬次。近年來由於 CPU 技術的不斷提高，CPU 的執行速度已提高到每秒十億次（GHz），例如 3.2GHz 的執行速度即為每秒 3.2GHz，等於每秒 3200MHz（每秒 3200 佰萬次）。

不過執行一個指令，通常需要數個時脈，我們又常以 MIPS（每秒內所執行百萬個指令數，Millions of Instructions Per Second）或 MFLOPS（每秒內所執行百萬個浮點指令數，Million Floating-point Operations per Second）。以下是衡量 CPU 速度相關用語，說明如下：

速度計量單位	特色與說明
時脈週期	時脈頻率的倒數，例如 CPU 的工作時脈（內頻）為 500MHz，則時脈週期為 $1/(500 \times 10^6) = 2 \times 10^{-9} = 5$ ns(奈秒)。
內頻	就是中央處理器（CPU）內部的工作時脈，也就是 CPU 本身的執行速度。例如 Pentium 4-3.8G，則內頻為 3.8GHz。
外頻	CPU 讀取資料時在速度上需要外部周邊設備配合的資料傳輸速度，速度比 CPU 本身的運算慢很多，可以稱為匯流排（BUS）時脈、前置匯流排、外部時脈等。速率越高效能越好。
倍頻	就是內頻與外頻間的固定比例倍數。其中： CPU 執行頻率（內頻）＝外頻 × 倍頻係數 例如以 Pentium 4 1.4GHz 計算，此 CPU 的外頻為 400MHZ，倍頻為 3.5，則工作時脈則為 400MHZ×3.5 ＝ 1.4GHZ。

所謂超頻，就是在價格不變的情況下，提高原來 CPU 的執行速度，不過並非每一顆 CPU 都有承受超頻的能耐。

3-1-5 匯流排

匯流排是用來傳輸 CPU 與記憶體或主要周邊硬體設備之間各種資料的排線。例如電腦的五大單元之間就是靠匯流排將資料、記憶體位址、控制訊號傳遞於各單元。

電腦依功能來說，其硬體結構可以分成：輸入、輸出、控制、算術邏輯及記憶五大單元。

所謂匯流排的「寬度」(Width)是指匯流排可一次同時傳輸的資料數，以位元為單位，如 32 位元或 64 位元。通常匯流排寬度與 CPU 有關，寬度越大，傳輸效率越佳。至於「匯流排頻寬」(Bandwidth)，就是單位時間內可以傳輸的總資料數，如 64 位元匯流排一次可傳輸 64 位元。它也是檢驗匯流排績效的標準，公式如下：

匯流排頻寬＝頻率 × 寬度

範 例

以 Pentium 4 的主機板來說，系統匯流排寬度為 64bits，頻率是 400MHZ，請問頻寬是多少？ (A) 2.56 GB/s (B) 3.2 GB/s (C) 4.2 GB/s (D) 3.6 GB/s

解答

(B)

在微電腦內部的匯流排，依據傳遞資料的內容可分為三種：

匯流排名稱	內容說明
位址匯流排	為單向傳輸方式，可連結 CPU 與 RAM，並使用控制訊號配合負責傳送位址，可決定主記憶體的最大記憶體容量。例如位址匯流排有 n 條排線，則主記憶體最大可定址到 2^n 個記憶體位址。

匯流排名稱	內容說明
控制匯流排	為單向傳輸方式，負責傳送 CPU 執行指令時所發出之控制訊號，例如 CPU 之讀、寫、中斷及重置等信號及由控制匯流排來傳送。
資料匯流排	為雙向傳輸方式，是一種連接主機板上 CPU、記憶體和其他硬體裝置的電子通道。負責資料傳送於五大單元之間，例如來往於 CPU、與 I/O 連接埠之間。資料匯流排排線越多，所傳送資料越多，例如資料匯流排有 n 條排線，則代表此電腦為 n 位元電腦，一次能存取 n bits 資料。例如 Pentium 4 為 64 位元電腦，則代表資料匯流排有 64 條排線。

3-1-6 指令集

由於 CPU 內部是不斷逐次執行每一個指令，CPU 廠商將常用指令事先定義並編成機器專用的微碼（Micro Code）來執行，而多個指令歸類在一起則稱為指令集（Instruction Set）。CPU 的指令集通常可區分為「複雜指令集」（CISC）與「精簡指令集」（RISC）兩種，兩者的差異在於儲存於中央處理器中的指令集數目不同。

指令集對於處理器整體的運算也佔了相當的部分，在早期大部份的微處理器採用「複雜指令集」（Complex Instruction Set Computing，簡稱 CISC），大約包含了 200-300 個指令，不但造成微處理器製造成本提高，而且連帶的降低效率。CISC 的處理器架構，指令格式較多且冗長，執行速度較慢，也不易程式開發與學習，例如 Pentium 4 和 Athlon XP 等處理器。

「簡化指令集」（Reduced Instruction Set Computing，簡稱 RISC）就是為了改善複雜指令集的缺點而因應而生的技術，至於 RISC 是把指令集簡化，只保留一些最基礎的指令，每個指令都是最佳化，因此能快速執行，例如 UltraSPARC 與 MAC 的 Power PC 等處理器。

CPU 的指令數是由運算碼的位元數決定，例如長度有 n 位元，則此 CPU 最多可提供 2^n 個指令。

3-1-7 CPU 發展史

Intel 是個人電腦 CPU 的領導品牌，自從 1971 年 Intel 發明了第一個微處理 4004，也造就 IBM 於 1981 年發行了內含 Intel 處理晶片的第一部 IBM 個人電腦。從早期採用 8086 CPU 演變至今，這一系列的微處理器都具備了類似的架構而且向下相容，歷經

80286、80386、80486、Pentium…等多個世代。每一階段除了加強 CPU 的處理功能外，更不斷追求執行速度的提升。我們知道 CPU 功能強大與否，電晶體數量是一項關鍵性的要素，CPU 內的電晶體數越多，處理器的功能就越強大。

超執行緒（Hyper Threading, HT）技術主要是將同步多執行緒的概念導入 Intel 處理器架構中，可以讓單一實體處理器同時處理兩組不同的工作，充分利用以往閒置的資源，不過只能算是提高執行使用率的一種技巧，所以我們還是稱它為邏輯處理器。雙核心處理器，由於實體上具備兩個執行核心，所以兩個執行緒進入處理器之後，可以真正獲得指令階段的平行處理，效能自然優於超執行緒。

以傳統的單一 CPU 的處理器來說，如果要達到兩倍運算效能，非得增加耗電量與工作時脈，但雙核心處理器的設計不但能節省能源之外，也會製造較少的熱量。多核心的主要精神就是將多個獨立的微處理器封裝在一起，使得效能提升不再依靠傳統的工作時脈速度，而是平行處理（Parallel Processing）的技術。

平行處理（Parallel Processing）技術是同時使用多個處理器來執行單一程式，借以縮短運算時間。其過程會將資料以各種方式交給每一顆處理器，為了實現在多核心處理器上程式性能的提升，還必須將應用程式分成多個執行緒來執行。

CPU 的發展一直往更高的工作時脈進行作業，然而當已經到達理論的實體限制時，則必須朝向多處理核心發展。例如相當知名的 Core2 Duo 是將 Pentium D 的架構強化，採用最尖端的 Intel 雙核心和四核心運算技術，透過提高運算效率來間接提高運作時脈。

目前市場上主流的 CPU 產品大都採取 64 位元的架構，並且工作時脈也在 2GHz 以上。如果以生產廠商來區分的話，Intel 也不是唯一有能力製造個人電腦處理器的公司。約在 1980 年代，美商超微（Advanced Micro Devices，簡稱 AMD）也堂堂加入了處理器的市場。目前 CPU 的主流產品有 Intel 的 Core i9/i7/i5/i3 系列和 AMD 的 FX、A10/A8/A6/A4 系列，最近 INTEL 第 12 代 Core i 系列處理器已推出，並與 AMD RZYEN 第六代來個正面交鋒。

此外，CPU 對於許多沉迷於遊戲的玩家特別有重要影響，因為遊戲跑的順不順，程式 Run 的快不快，多半取自於 CPU，不同的遊戲在不同的 CPU 上會有不同的效果。

CPU 時脈高低對運算速度還是會有相當影響，只要 CPU 不夠強、核心不足以應付多工，遊戲馬上卡卡的情況就會很明顯。目前無論選擇 Intel 還是 AMD 的 CPU，這場論戰在遊戲界已經持續好幾年了，其實都是主頻為 3.3GHz-3.69GHz 範圍的 CPU 占比最多，4 核心 CPU 還是占據了高達 55% 以上的遊戲電腦，畢竟就算是同款遊戲，畫面要開 720p 跟開 1080p 也有不一樣的需求，例如 Intel 全新第 10 代 Intel Core 處理器，就能讓遊戲面以 1080p 畫質精采呈現，帶來近 2 倍的繪圖效能和頁框率（FPS）。至於應該要選 Intel 或是 AMD？過去大家異口同聲的答案一定是 Intel，雖然 Intel 依然憑藉超過 80% 占有率秒殺 AMD，不過隨著近年來 AMD RYZEN 系列上市後急起直追，目前這兩個廠牌的處理器都無可挑剔，各位可以依照個人喜好來做選擇。

頁框率（Frame Per Second, FPS）是影像播放速度的單位為，也就是每秒可播放的畫框（Frame）數，一個畫框中即包含一個靜態影像。例如電影的播放速度為 24FPS。

3-1-8 ARM 處理器

ARM（Advanced RISC Machines, 進階精簡指令集機器）為嵌入式處理器 IP（智慧財產權）供應商，公司前身為 Acorn Computer，曾開發 RISC 處理器，1990 年 ARM 正式成立，一直專供低功耗的核心架構設計，是目前 32 位元嵌入式 PISC 微處理器的領導品牌。ARM 本身並不生產晶片，而是採用 IP 授權的方式營利，直接把 ARM 的技術直接授權給晶片製造者，並且為他們提供完整功能單元、電路設計架構，不同的晶片商可以將自己最擅長的設計整合，自己生產使用 ARM 指令集的處理器，不同廠商製造出來的 ARM 應用處理器，一定會有些許的不同，形成世界上許多公司都擁有內含 ARM 核心的產品。

通常只要採用 ARM 技術 IP 內核的處理器，即稱為 ARM 處理器，產品應用於多嵌入式系統設計，具備高速度、低功耗、價格低等優點，可以在很多消費性電子產品上看到，例如無線通信、消費電子、成像設備等，特別適用於行動通訊領域，目前市面上超過 95% 智慧手機採用 ARM 處理，包括微軟也特意為採用 ARM 架構的機款加入一款新作業系統。

目前較為知名的大 ARM 處理器，包括 Nvidia、Qualcomm（高通）、三星、德州儀器的產品，連台灣的聯發科技也有自行設計的 ARM 處理器。

✪ 聯發科技公司官網

3-2 主機板

電腦機殼內的大多數元件是安裝在印刷電路板上，稱為主機板。主機板（Mainboard）就是一塊大型的印刷電路板，其材質大多由玻璃纖維，用以連接處理器、記憶體與擴充槽等基本元件，又稱為「母板」（Motherboard）。主機板的運作原理是依據電腦元件中送出的電流、資料和指令來回應。即使此元件並沒有直接安裝在主機板上，這都可經由「匯流排」來溝通與聯繫。各位可將匯流排看作是日常生活中的大馬路，其主要作用便是負責主機板上晶片組與周邊之間的資料交換。請參考下圖為主機板上各種元件或連接介面的介紹：

3-2-1 晶片組

晶片組（Chipset）是主機板的核心架構，通常是矽半導體物質構成，上面有許多積體電路。決定了主機板的主要功能，可負責與控制主機板上的所有元件，包含北橋晶與南橋晶片，目前有 Intel、Nvidia、AMD 等廠牌。簡單來說，CPU 主要是負責運算，而晶片組就是負責安排 CPU 所作的工作，晶片組必須和 CPU 配合。南僑晶片與北橋晶片則是主機板上的總管，負責整個主機板上所有裝置、元件間的溝通與控制。北橋晶片掌管主要負責控制 CPU、記憶體和 AGP 顯示功能的高速整合設備，南僑晶片則負責 IDE、SATA 等輸入 / 輸出（I/O）裝置的低速整合設備。

Tips 記憶體匯流排介於記憶體與北橋晶片間，由於處理器的資料是來自記憶體，因此它的寬度與處理器相等。

目前市面上常見的主機板平台有 2 種，即是 AMD & Intel 平台，不同平台會影響 CPU 上的選擇，過去選購主機板的主要考量因素是使用者所搭配的 CPU 種類，是否符合你的主機板，特別是除了 CPU 的針腳外，還要注意主機板的大小能否放入電腦機殼內。

不過由於目前桌上型電腦的內部架構劃分越趨精密，例如 CPU、晶片組或記憶體在搭配上都有一定的規則及限制。因此我們選購主機板時，除了「本身需求與價格」的基本因素外，包括記憶體規格、CPU 架構、傳輸介面與晶片組品牌都是考量因素。由於主機板的功用是支撐所有電腦零件的主軸，一般會建議在選主機板時，選保固期較長與較穩定的主機板，不要選擇過於便宜而散熱不佳，日後減少維修次數與維修費用，也不要誤以為主機板價格愈昂貴、性能愈好，因為可能很多額外功能是幾乎不會用到。在國內廠牌上選擇「華碩 ASUS」和「技嘉 GIGABYTE」，不但價格實在，性能也相當值得大推。

3-2-2 連接埠簡介

連接埠則是主機與周邊設備連結之處，以讓電腦與周邊設備間傳送資料。目前有些整合性主機板（All In One），已經將網路卡、數據卡、音效卡及顯示卡等介面整合於主機板上，常見的連接埠整理如下表：

連接埠介面名稱	特色與說明
並列埠（平行埠或 LPT1）	適合短距離，為 25pin，傳輸速度快，一次可傳輸超過一位元的資料，是為了代替序列埠而研發。通常拿來接印表機，掃描器或者連接電腦。
序列埠（RS232 埠）	為 9pin，傳輸速度慢，一次可傳輸資料 1bit，通常連接的設備不需要高速傳輸速度。PC 上有兩個序列埠 COM1、COM2，可拿來接滑鼠、數據機。
PS/2 連接埠	可連接 PS/2 規格的滑鼠或鍵盤等單向輸入設備，無法連接其他雙向輸入設備。
PCI 插槽	連接 PCI（Peripheral Component Interconnect）形式的介面卡，如網路卡、音效卡等，通常插槽為白色。
AGP 插槽	連接 AGP（Accelerate Graphics Port，加速影像處理埠）形式的顯示卡。通常為咖啡色，而且傳輸效率高於 PCI 介面插槽。

連接埠介面名稱	特色與說明
USB 埠（通用序列匯流排）/USB2.0/USB3.0/USB3.1/USB Type-C/USB4.0	支援 PC97 系統硬體設計與 4 pins 的規格，這種四針的小型接頭可以用連續串接或使用 USB 集線器的方式，同時使用數個 USB 設備。常見的 USB 2.0 頻寬為 480Mb/s，有些新的周邊設備只能連接 USB 埠。由於 USB 是反向相容，所以 USB2.0 也支援舊型的 USB 設備。USB 3.0 又稱為 SuperSpeed USB，是應用於通訊產品隨插即用、不需安裝程式的傳輸介面新規格，比 USB 2.0 的傳輸速度快上十倍之多，最高可達 400 Mbytes/second。對於高畫質影片的傳輸，可以大幅節省時間。USB3.1 則是基於 USB 3.0 改良推出的 USB 連接介面的最新版本，全新的 USB Type-C 介面尺寸為 8.3×2.5 毫米，支援正反面都可插入，最高連接速度可達 10Gbps。目前最新 USB 4 的規格，與以往的 USB 協定標準不同，使用單一標準連接器 -USB type-C，並將多個連接標準整合在一起，能實現更高傳輸速度，提供最高每秒 40GB 的傳輸速度，連上螢幕，就能傳輸 8K 影像，並且與 Thunderbolt 3 設備相容，USB 4 也可以跟 USB 3 和 USB 2 裝置和埠一起使用，更重要是能提供更好的視訊和數據頻寬分配，與更快速數據傳輸以及超高速充電。
IEEE1394 連接埠（火線埠）	IEEE 1394 是由電子電機工程師協會（IEEE）所提出的規格。火線埠（FireWire 埠）和 USB 埠類似，是一種高速串列匯流排介面，適用於消費性電子與視訊產品，最高傳輸速率為 800Mbits/s，可連接 63 個周邊與熱插拔功能。
MicIn 連接埠	用來連結麥克風。
LineIn 連接埠	音源訊號輸入接頭，可以連接家庭音響的輸出音源進行錄製、編輯，可以連接 MPEG 卡與影音播放器。
LineOut 連接埠	音源訊號輸出接頭，可以連接喇叭與耳機。
MidiIn 連接埠	可以連接 Midi 設備。
IrDA 埠	可做為電腦與無線周邊設備的連接埠，但必須將兩者的 IrDA 埠對準。

3-2-3 顯示卡 / 比特幣挖礦（Mining）

顯示卡（Video Display Card）是一塊連結到主機板上的電路卡，包含了記憶體、電路，顯示卡能夠將從電腦傳送來的訊號轉變為螢幕上的視訊，負責接收由記憶體送來的視訊資料再轉換成類比電子信號傳送到螢幕，它能夠決定螢幕的更新頻率、色彩總數以及解析度，而我們一般所看到的畫面除了取決於螢幕之外，顯示卡的優劣亦佔有很大的因素。

顯示卡中的記憶體稱為視訊記憶體（Video RAM），顯示卡亦可直接內建於主機板上，從最早期普遍使用的 VGA 顯示器所能支援的 ISA 顯示卡，80486 以後的個人電腦大多採用這一標準的VESA顯示卡。至於PCI（Peripheral Component Interconnect）顯示卡，通常被使用於較早期或精簡型的電腦中。

✪ AGP介面的顯示卡

AGP（Accelerated Graphics Port）介面是在PCI介面架構下，增加了「平面」（2D）與「立體」（3D）的加速處理能力，可用來傳輸視訊資料，資料匯流排的寬度32 bits，工作頻率是66MHz。由於AGP的頻寬不足以應付複雜的3D運算技術，PCI Express（亦稱PCI-E）為最新的匯流排架構，Intel是PCI Express匯流排規格的主導者，它擁有更快的速率，幾乎可取代全部現有的內部匯流排（包括AGP和PCI），由於目前的顯示卡一般都帶有3D運算和圖形加速功能，所以也稱為3D加速卡。

對於目前的最新3D遊戲大作，玩這些遊戲簡直就是在玩顯示卡，遊戲運行起來的頁框率高低主要取決於顯示卡，就是因為遊戲動畫都是由每一幀圖像構成。各位不要意外，近年來非常流行的虛擬比特幣（bitcoin）與區塊鏈（Blockchain）挖礦，想要運算產出的主要工具還是顯示卡，這股風潮也造成顯示卡一度大量缺貨。

比特幣是一種全球通用加密電子貨幣，是透過特定演算法大量計算產生的一種虛擬貨幣，透過區塊鏈（blockchain）技術，用分散式帳本跳過中介銀行，由多個加密的區塊鏈連接，其中每個區塊都含有最近的所有交易及該區塊交易前的紀錄列表，讓所有參與者的電腦一起記帳與確認。這個交易系統上有兩種人，一種是交易者，一種是礦工。礦工不需要實際動手計算，都是藉由電腦在進行運算操作 - 挖礦（Mining）。

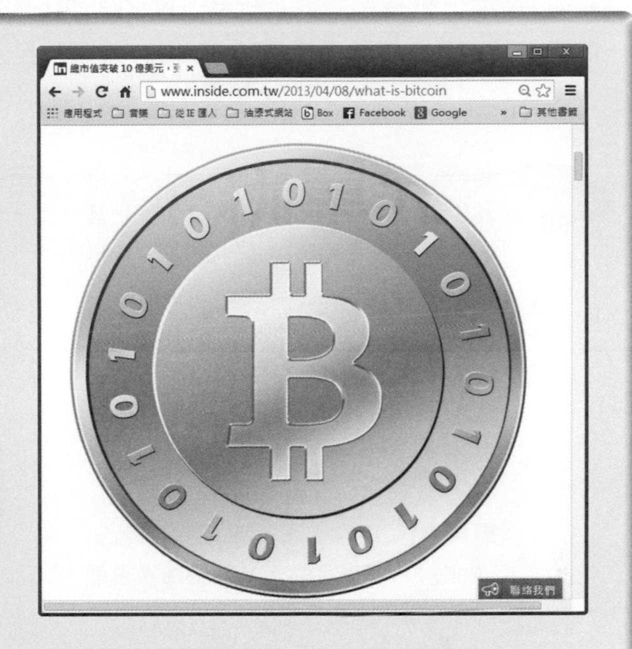

區塊鏈（blockchain）可以把它理解成是一個全民皆可參與的去中心化分散式資料庫與電子記帳本，一筆一筆的交易資料都可以被記錄，簡單來說，就是一種全新記帳方式，也將一連串的紀錄利用分散式賬本（Distributed Ledger）概念與去中心化的數位帳本來設計，能讓所有參與者的電腦一起記帳，比特幣就是區塊鏈的第一個應用。

例如螢幕所能顯示的解析度與色彩數，是由顯示卡上的記憶體多寡來決定，顯示記憶體的主要功能在將顯示晶片處理的資料暫時儲存在顯示記憶體上，然後再將顯示資料傳送到顯示螢幕上，顯示卡解析度越高，螢幕上顯示的像素點就會越多。

遊戲畫質的設定主要取決 RAMDAC，RAMDAC（Random Access Memory Digital-to-Analog Converter）就是「隨機存取記憶體數位類比轉換器」，它的解析度、顏色數與輸出頻率也是影響顯示卡效能最重要的因素。因為電腦是以數位的方式來進行運算，因此顯示卡的記憶體就會以數位方式來儲存顯示資料，而對於顯示卡來說，這一些 0 與 1 的數位資料便可以用來控制每一個像素的顏色值及亮度。

顯示卡性能的優劣與否主要取決於所使用的顯示晶片，以及顯示卡上的記憶體容量，記憶體的功用是加快圖形與影像處理速度，通常高階顯示卡，往往會搭配容量較大的記憶體。以目前市場上的 3D 加速卡而言，目前最常聽見的兩大顯卡商是「Nvidia」、「AMD」。Nvidia®（英偉達）公司所出產的晶片向來十分收到歡迎，後來在 AMD 收購 ATI 後，並取得 ATI 的晶片組技術，推出整合式晶片組，也將 ATI 晶片組產品正名為 AMD 產品。依據市場最新統計，Nvidia 旗下的顯卡依然穩居遊戲顯卡冠軍的寶座，一般來說，ATI 的顯示卡擅長於 DirectX 遊戲，至於 Nvidia 的顯示卡則擅長 OpenGL 遊戲，建議各位至少選擇「GTX1050Ti」或「GTX1060」等級以上的顯示卡。

各位如果想要播放高品質的聲音，音效卡是一定不可缺少的。音效卡也是一種擴充卡，能將類比式的聲音訊號從麥克風傳送至電腦並轉成數位訊號，使電腦能夠儲存並加以處理，也能將數位訊號轉回成類比訊號供傳統式喇叭播放。現今音效卡由於內建處理器強大，能做各種音效處理，最廣為人知的莫過於電腦合成音樂（MiDi），不過目前大多數主機板也都內建有音效晶片了。

3-3 主記憶體

記憶體的構造與存取方式大致相同，都是以許多微小的電晶體所組成，這些微小的電晶體只能有兩種狀態，在不充電的狀態下為 0，在充電的狀態下為 1。例如動態記憶體在未充電的狀態下，所有的電晶體都代表著 0，電晶體都必須具有兩個參數值，一個參數值代表的是電晶體的位置，另一個則代表此電晶體所擁有的數值（0 或 1），而電晶體彼此之間是由可通電的線路相互連接。

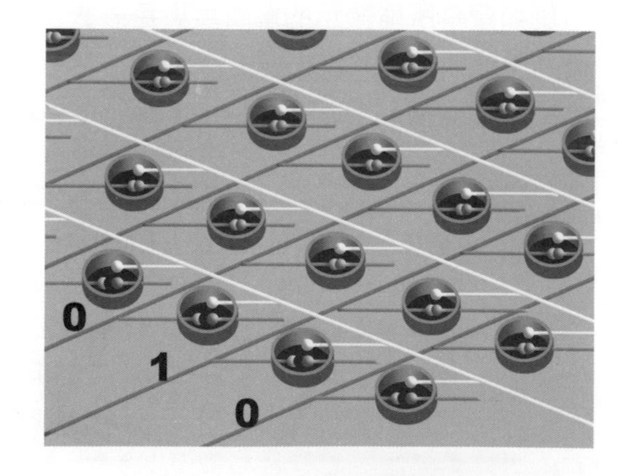

✪ 記憶體的內部結構示意圖

主記憶體可區分為兩種型式，「隨機存取記憶體」（Random Access Memory, RAM）在關掉電腦電源的時候失去它們所儲存的東西，這些晶片就屬於是揮發性（Volatile）記憶體，至於「唯讀記憶體」（Read Only Memory, ROM）即便電腦關掉的時候，也能夠保留它們所擁有的資料，這種類型的記憶體屬於非揮發性的（Nonvolatile）。

3-3-1 隨機存取記憶體

一般玩家口中所稱的「記憶體」，是種相當籠統的稱呼，通常就是指 RAM（隨機存取記憶體）是用來暫時存放資料或程式，與 CPU 相輔相成。一旦有好的 CPU，也千萬不要忽略了記憶體。記憶體的容量越高的話，電腦在執行上也會相對快許多，因為這小小一片東西決定了你電腦運算的速度，當各位挑了滿意的主機板和 CPU，千萬也別忘了準備足夠的記憶體存放資料。

RAM 中的記憶體都有位址（Address），CPU 可以直接存取該位址記憶體上的資料。對於許多熱愛電競遊戲的玩家來說，如果顯示卡決定了你在玩遊戲時能夠獲得的視覺享受，那麼記憶體（RAM）的容量就決定了你的硬體是否夠格玩這款遊戲，現在大多數遊戲畫質提高且需求效能提升，因此需要容量較大的記憶體來維持遊戲運作。例如對於大型 3D 遊戲情有獨鍾的玩家來說，增加記憶體是增強任何電競裝備效能最快且最經濟實惠的方式。

RAM 可以隨時讀取或存入資料，不過所儲存的資料會隨著主機電源的關閉而消失，不只可用來連接電腦的 CPU，還包括如影音卡或印表機也擁有它們本身內建的 RAM。RAM 也是一種可擴充的記憶體，通常由數顆記憶體晶片（Chip）附著於印刷電路板上，而形成所謂的「記憶體模組」，各位可以依據您的電腦需求，選購 RAM 加裝到各位的主機板上，依照接腳數目的不同，包括有 SIMM（單線記憶體模組）、DIMM（雙線記憶體模組）、RIMM（匯流排記憶體模組）等。此外，RAM 根據用途與價格，又可分為「動態記憶體」（DRAM）和「靜態記憶體」（SRAM）。

DRAM

DRAM 的速度較慢、元件密度高，但價格低廉可廣泛使用，也是消費者經常購買來做為主記憶體之用，不過需要週期性充電來保存資料。DRAM 技術的進展一直伴隨著電腦的發展腳步而提升，以追求跨越不同運算平台和應用程式的不同要求。

過去市場上記憶體的主流種類有 168-pin SDRAM（Synchronous Dynamic RAM, SDRAM）、184-pin DRDRAM（俗稱 Rambus）及 184-pin DDR（Double Data Rate, DDR）SDRAM 等三種型式，其中 SDRAM 與 Rambus 已有逐漸被淘汰的趨勢。以下是 DRAM 的發展分類表：

DRAM名稱	特色與說明
FP RAM	速度最慢、價格也最低。
EDO RAM	比 FP RAM 快，可縮短傳送資料訊號的時間，但目前已不再使用。
SDRAM	為早期 DRAM 的主流，是一種 168 pins 的記憶體模組，有 PC-100、PC-133、PC 150 等規格，資料傳輸速度約為 1.3GB/Sec。
DDR SDRAM	就是雙倍資料輸出量的 SDRAM，所謂 DDR，是指資料傳輸時脈不改變，但是資料傳輸的頻寬增大為兩倍的技術。
DRDRAM	DRDRAM 是下一代的主流記憶體標準之一，由 Rambus 公司所設計發展出來，DRDRAM 一個通道的記憶體資料寬度為 16 位元，系統控制時脈可高達 400MHz，資料傳輸速度高達 1.6GB/Sec。

二十一世紀以來，市場導入了 DDR SDRAM。DDR 技術透過在時脈的上升沿和下降沿傳送資料，速度比 SDRAM 提高一倍。例如 DDR3 的最低速率為每秒 800Mb，最大為 1,600Mb。當採用 64 位元匯流排頻寬時，DDR3 能達到每秒 6,400Mb 到 12,800Mb。特點是速度快、散熱佳、資料頻寬高及工作電壓低，並可以支援需要更高資料頻寬的四核心處理器。

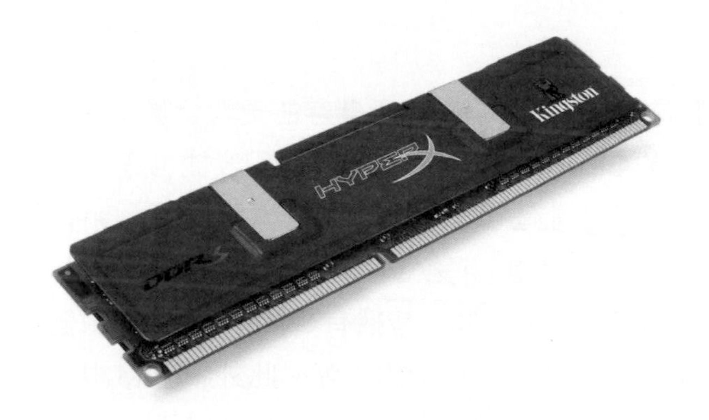

✪ DDR3 SDRAM 外觀圖

自從 Intel 宣布新系列的晶片支援第四代 DDR SDRAM-DDR4 後，DDR3 已無法滿足全球目前對效能與頻寬的需求，目前最新的記憶體規格 DDR4 所提供的電壓由 DDR3 的 1.5V 調降至 1.2V，傳輸速率更有可能上看 3200Mbps，採用 284pin，藉由提升記憶體存取的速度，讓效能及頻寬能力增加 50%，而且在更省電的同時也能夠增強訊號的完整性。各位在購買記憶體時要特別注意主機板上槽位，不同的 DDR 系列，插孔的位置也不同，筆電與桌電的記憶體大小不同，但同樣也有 DDR1、DDR2、DDR3、DDR4，耗電量則為 DDR1 最大，DDR4 最小，如果各位是經常玩遊戲，建議至少弄個兩條 DDR4 8G，更多 GB 的 RAM，幾乎等同於擁有強勁馬力的圖像引擎。至於最新的

DDR 5（第五代 DDR（雙倍資料速率）同步動態隨機存取記憶體）的記憶體頻寬與密度為現今 DDR 4 的兩倍，時脈也由 4800MHz 起跳，除了更低的功耗以及更強的性能，可以支援兩組 40-bit 子通道，能夠將儲存密度提高到每個顆粒 16Gb 甚至 24Gb，也就是 DDR5 的每顆 IC 能存取的資料為 DDR4 的兩倍，資料傳輸速率提升至 6.4Gb/s，並且採用了全新 DIMM 通道架構與內建電源管理晶片（PMIC），可協助調配記憶體模組各組件（DRAM、暫存器、SPD 集線器等）所需的電源，提供更好的通道效率。

SRAM

SRAM 存取速度較快，但由於價格較昂貴，不需要週期性的為記憶體晶片充電來保存資料，通常只用於特殊用途，而不是用作個人電腦的主記憶體，一般被採用作為快取記憶體。以下列表說明歷年來幾種常見的 SRAM：

SRAM種類	特色與說明
ASRAM	一種較為陳舊的 SRAM，通常用來做電腦上的 Level 2 Cache，非同步的意思是指與系統時鐘頻率（System Clock）不同，而使得處理器必須花上一些時間等待第二層快取記憶體中的資料。
SSRAM	同步靜態隨機存取記憶體。是一種與系統相同時鐘頻率的記憶體。
PBSRAM	管線爆發靜態隨機存取記憶體（Pipeline Burst SRAM），是一種使用管線技術及資料爆發技術的靜態隨機存取記憶體，能夠加速連續記憶體讀寫的速度，效能比 SSRAM 來得高，常使用於高速的匯流排。

3-3-2 唯讀記憶體

唯讀記憶體（Read-Only Memory, ROM）是一種只能讀取卻無法寫入資料的記憶體，而且所存放的資料也不會隨著電源關閉而消失，通常是用來儲存廠商燒錄的公用系統程式，如「基本輸入及輸出系統」（Basic Input/Output System, BIOS），而把如 BIOS 這樣的軟體燒錄在硬體上的組合，則稱為「韌體」（Firmware），又或者「互補性氧化金屬半導體」（Complementary Metal-Oxide-Semiconductor, CMOS）也是 ROM 的一種，主要用途在於偵測硬體周邊介面種類、規格、日期、時間、軟硬碟型態等。以下是 ROM 的發展分類表：

DRAM名稱	特色與說明
Mask ROM	由廠商燒錄，且使用者無權更改。
PROM	使用者可以自行燒錄一次，不過燒錄後便無法更改。

DRAM名稱	特色與說明
EPROM	使用者可燒錄程式，透過紫外線照射可清除資料，並重新燒錄新的程式。
EEPROM	資料可以重複寫入及讀出，並且利用電壓（電流脈衝）來消除資料。
Flash ROM	兼具 RAM 與 ROM 的特性，資料可重複讀寫，又稱為「快閃記憶體」，除了可用在電腦內部外，如目前最新型的 BIOS 程式碼就是以 Flash ROM 為主，可以經由線上更新及下載。也可應用在數位相機的記憶卡、隨身碟、MP3 隨身聽等。

為了改善 ROM 無法寫入的缺點，又推出了利用電壓（電流脈衝）來寫入或消除資料的 EEPROM 與兼具 RAM 與 ROM 的特性、資料可重複讀寫的「快閃記憶體」（Flash ROM），可應用在數位像機的記憶卡、隨身碟、MP3 隨身聽等。

課後評量

1. 簡述電腦硬體架構的五大單元？
2. CPU 的性能由那三項要素來決定。
3. 記憶體存取種類可以分為那兩大類。
4. 試舉出主機板上至少五種元件或插槽。
5. 目前常見的介面標準有那些？
6. 選購主機板有那些考慮因素，請條列之。
7. 快取記憶體（Cache）的角色為何？試說明之。
8. CPU 的內頻、外頻及倍頻三者的意義及關係如何？請舉例說明。
9. 以 Pentium 4 的主機板來說，系統匯流排寬度為 64bits，頻率是 400MH_Z，請問頻寬是多少？
10. 暫存器可以分為那四大類？
11. 簡述 CPU 指令週期包括那些執行動作。
12. 什麼是 CPU 的工作時脈，試簡述之。
13. RAM 如果根據用途與價格，可以有什麼樣的分類？
14. 什麼是韌體，請說明之。
15. 有一 CPU 共有 20 條位址線，請問可定址出之實體記憶空間為多少 K？
16. 比特幣主要功用為何？

memo

CHAPTER

04 電腦的周邊裝置

電腦的周邊裝置（Peripheral Devices）與內部元件一樣，都可以看成是電腦硬體的一部分，包括了電腦系統的輸出、輸入設備。假如 CPU 可以看成是電腦的大腦，那麼輸入裝置肯定就是眼睛及耳朵。隨著蔚為風行的智慧型手機與平板電腦的不斷進步，已然重新定義與電腦周邊裝置的外貌與功能，例如穿戴式裝置的興起與眼控輸入技術等更新式的輸入方式，都顛覆了傳統上對電腦硬體的認知。本章中將為各位介紹從傳統到未來你不能不知道的最實用的相關設備。

4-1 鍵盤

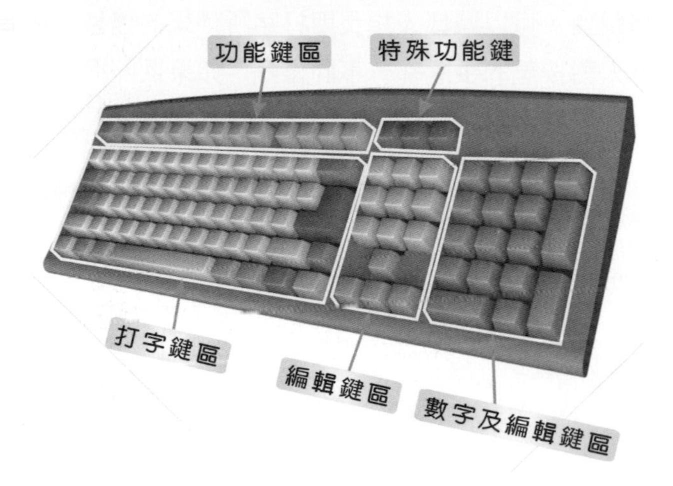

✪ 104 鍵盤功能說明圖

鍵盤（Keyboard）則是史上第一個與電腦一起使用的周邊設備，它也是輸入文字及數字的主要輸入裝置，鍵盤的操作原理是當使用者按下一個鍵時，將由鍵盤處理器偵測到此一掃描碼並送入緩衝區結合成一字元後，由鍵盤內的處理器送出訊號給 CPU，此過程稱為中斷，CPU 認出此一中斷訊號後將在 BIOS 中找出鍵盤驅動程式並加以執行，而掃描碼一被讀取就將從緩衝區中刪除，再將掃描碼的對應字元存入記憶體的緩衝區中供目前程式運用，透過這些步驟不斷的重複，就可以將我們所輸入的訊號轉換成代表按鍵的電腦內碼與將所輸入的資料顯示在螢幕上。

4-1-1 鍵盤的種類

✪ 無線（左圖）與特殊造型鍵盤（右圖）外觀圖

後來從標準鍵盤中也陸續延伸許多變形鍵盤，大部份這樣的設計是為舒適或降低重覆性壓迫傷害，需要大量使用輸入的使用者總是擔他們的手臂及手的疲勞及扭傷。目前鍵盤已發展出人體工學鍵盤，可以減低人類長期打字所帶來的傷害，並有無線鍵盤、光學鍵盤等等。由於每個人對按鍵的手感都有不同喜好，如果依照構造來區分，鍵盤大概有以下兩種，兩者最大差異在於觸發模式而導致的不同操作手感：

鍵盤種類	相關說明
機械式鍵盤	傳統與早期的鍵盤，不過隨著電競風潮的流行，加上這類商品不但耐用，回饋感也較重，現在的電競鍵盤幾乎都是機械式居多。機械鍵盤按鍵設計往往比薄膜鍵盤高出許多，在長時間的使用下較不容易感到不舒服，按鍵之間各自獨立，互不影響。由於鍵盤的手感取決於鍵軸，依照手感有不同顏色的軸可以選擇，每個按鍵下方都有一觸動開關及彈簧，稱為機械軸，當其被觸動時，便對電腦傳送單一專屬訊號，並發出敲擊聲，通常青軸算是電競鍵盤最受大部分玩家喜愛的機械軸。

鍵盤種類	相關說明
薄膜式鍵盤	又稱為「無聲鍵盤」，算是目前常用的鍵盤。主要構造由三層膜組成，以兩片膠膜取代傳統的微動開關，膠膜之間夾著許多線路，中間的絕緣層可以防止短路，靠著按鍵壓觸線上的接點來發送訊號，不管哪種型號款式打起來手感都差不多。這樣的構造除了「無聲」的特色外，還有「防水」功能，大部分低價的鍵盤都屬於薄膜鍵盤，如果需要在不同的工作場合頻繁使用電腦，薄膜式鍵盤最適合不過了。

至於目前年輕人代用的電競鍵盤有許多不同款式，除了個人喜愛的外觀之外，手感、功能、造型、尺寸都可以算是挑選的依據。目前佔大宗的是機械式鍵盤，不但能以鍵盤按壓時的回饋感來做分別，還包括巨集等各種附加功能等，這些都會牽涉到玩遊戲時的精準度及便利性，因為按下鍵盤的毫秒之差，都可能影響著整個遊戲戰局。

✪ 搭配酷炫的 RGB 燈光已經是電競鍵盤的標準配置

4-2 滑鼠

滑鼠是另一個主要的輸入工具，它的功能在於產生一個螢幕上的指標，並能讓您快速的在螢幕上任何地方定位游標，而不用使用游標移動鍵，您只要將指標移動至螢幕上所想要的位置，並按下滑鼠按鍵，游標就會在那個位置，這稱之為指向（Pointing）。各位可以藉由結合指向與一些技巧來完成每一件事，像是按下（Clicking）、按兩下（Double-clicking）、拖曳（Dragging）、及按右鍵（Right-clicking）。

✪ 造型新穎的光學式滑鼠

4-2-1 滑鼠的種類

滑鼠的種類如果依照工作原理來區分，通常可分為「機械式」與「光學式」兩種。分述如下：

機械式滑鼠

「機械式滑鼠」底部會有一顆圓球與控制垂直、水平移動的滾軸。靠著滑鼠移動帶動圓球滾動，由於圓球抵住兩個滾軸的關係，也同時捲動了滾軸，電腦便以滾軸滾動的狀況，精密計算出游標該移動多少距離。

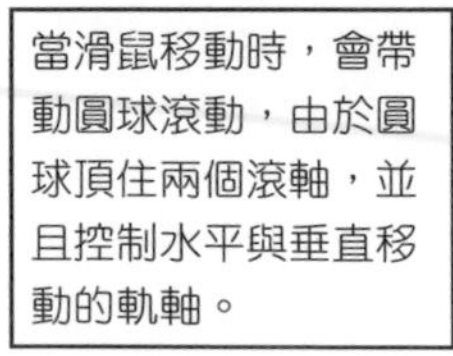

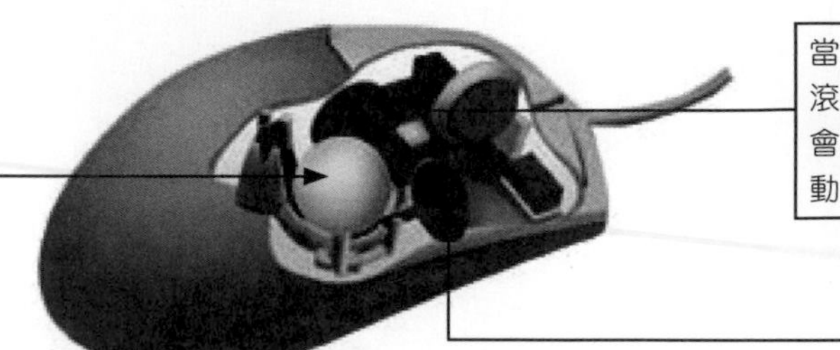

對於機械式滑鼠中的滾球在桌面上滾動，往往容易將桌上灰塵黏著在滾軸上，造成滑鼠靈敏度減慢。各位可將機械式滑鼠下方圓蓋拆下，以乾淨棉花棒沾酒精加以擦拭。

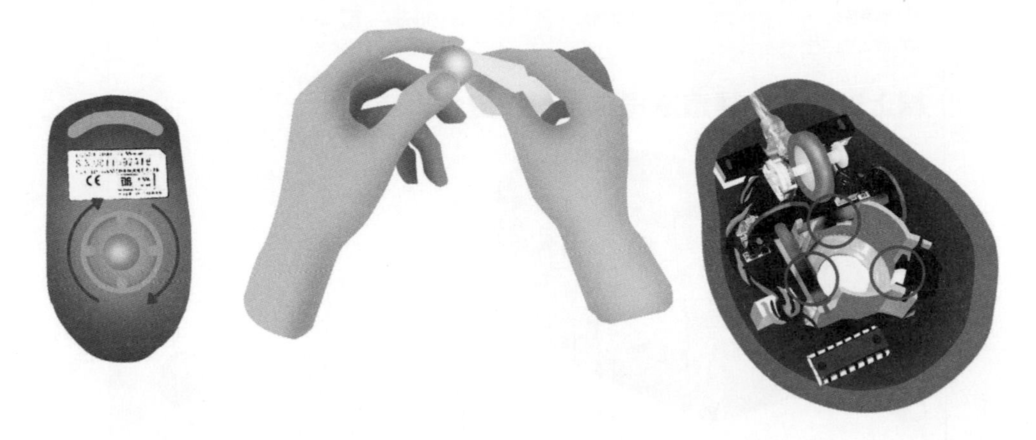

✪ 清潔滑鼠流程示意圖

光學式滑鼠

光學式滑鼠則完全捨棄了圓球的設計，而以兩個 LED（發光二極體）來取代。當使用時，這種非機器式的滑鼠從下面發出一束光線，內部的光線感測器會根據反射的光，來精密計算滑鼠的方位距離，靈敏度相當高。無線滑鼠是使用紅外線或無線電方式取代滑鼠的接頭與滑鼠本身之間的接線，不過由於必須加裝一顆小電池，所以重量略重。

至於無線滑鼠則是使用紅外線、無線電或藍牙（Bluetooth）取代滑鼠的接頭與滑鼠本身之間的接線，不過由於必須加裝一顆小電池，所以重量略重。越來越多的無線電競滑鼠款式的發布，滑鼠的無線標準也逐漸滿足了電競的需求，使用無線滑鼠最直接的好處當然就是沒有線的干擾，讓整個桌面空間乾淨舒服，有些還能加入了無線充電與自訂按鍵功能。有些人喜歡使用大尺寸的螢幕來玩遊戲，無線滑鼠（或鍵盤）就能夠將距離拉遠，享受大螢幕帶來的臨場快感，不過目前電競比賽場上大多數選手還是使用有線滑鼠參賽居多。

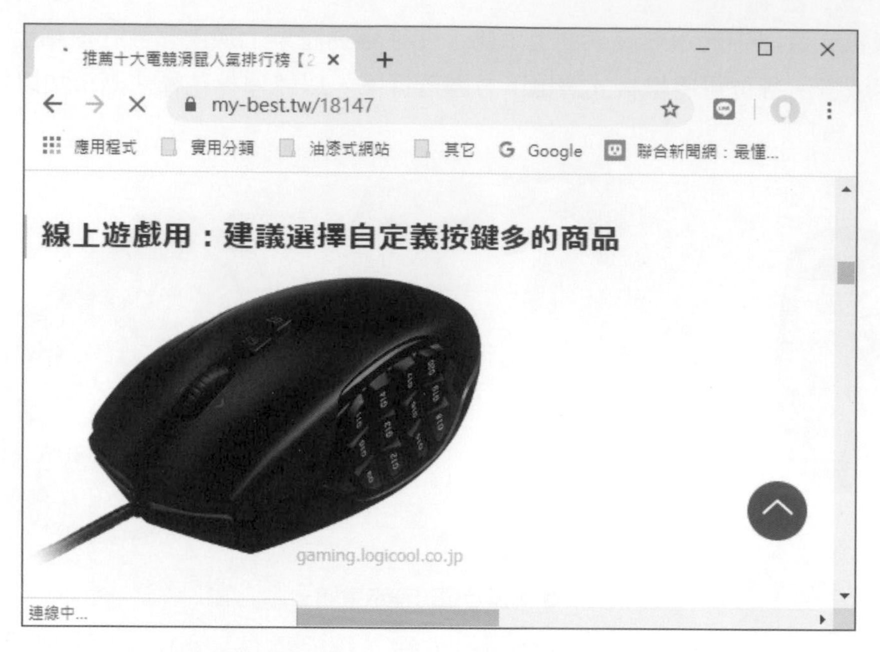

✪ 高 DPI 值基本上已成為電競滑鼠的必要條件

由於手跟滑鼠是直接接觸，通常 DPI、回報頻率與手感是一些遊戲玩家選擇電競滑鼠的參考標準之一，DPI 是用來測量滑鼠靈敏度的標準，代表每一英吋長度內的點數，DPI 值越高則代表靈敏度越高，以及指標速度越快。不管是任何類型的遊戲，對玩家來說，每分每秒都是關鍵，例如 FPS 遊戲要求有非常快速精準的鼠標，回報頻率越大定位越精準，最好要有 3000DPI 以上，DPI 數值越高，鼠標移動速度就會越快越快，高 DPI 數值可以讓玩家更加迅速地完成許多遊戲人物的細部操作，不過還是建議各位最好還是能找到適合自己的 DPI。此外，電競選手在設定靈敏度時還會考慮到滑鼠墊的大小等多種因素，例如滑鼠重量也是影響玩家手感的關鍵因素之一，特別是影響操作時的流暢度，找一款與自己手掌配重分布合理的滑鼠，不但可以對滑鼠的掌控更為精準，更能符合個人的特殊手感需求。

4-3 數位相機

大多數人使用傳統相機時，最擔心的問題就是不知道所拍相片的底片沖洗出來時，不知道效果好不好。如今有了數位相機，愛怎麼拍就怎麼拍，並且可以立即看見作品，或者可將所儲存的影像資料傳送到電腦中加以美化處理。

✪ 數位相機一直是最熱門的 3C 產品

4-3-1 工作原理

傳統相機拍攝影像時，影像是由光線透過相機鏡頭反射到底片上，實際記錄影像的媒介是「底片」，底片透過專業的沖印公司加入藥水顯影與相片沖洗後，才能夠觀看到拍攝的影像。數位相機主要以 CCD 感光元件來進行拍攝，將所拍攝的影像儲存在記憶卡中，它和一般的電腦產品一樣，是用 0 與 1 來記錄相關的影像資訊。由於本身就是數位檔案，因此可以直接經由電腦螢幕上觀看。

電荷耦合元件（Charge-Coupled Device, CCD）是以固態影像元件應用在攝影機尖端的技術，多應用在如數位相機、攝影機與光學掃描器等。CCD 是由矽晶片製成的一種可以感應光線的積體電路，可利用鏡頭將影像投射到 CCD，感光原件越多，畫質也就越好。

「像素」（Pixel）的多寡會直接影響相片輸出的解析度與畫質。例如我們常聽見的「1000 萬像素」、「2000 萬像素」等，就是指相機的總像素。數位相機所拍攝的影像主要是儲存在記憶卡中，而非傳統的底片上。目前的數位相機還附有液晶螢幕可以隨拍隨看，不滿意還可馬上重拍。另外數位相機常見的輸出介面有 RS-232、USB 及 IEEE 1394 等三種，其中以 IEEE 1394 介面傳輸速率最快，而 USB 介面則是使用上最為方便。

4-3-2 選購技巧

隨著數位相機技術成熟，價錢也降得越來越便宜，至於各位在購買數位相機時，別忘了必須考慮影像解析度、相機鏡頭、液晶顯示幕、相片記憶卡等四項因素，通常影響數位相機成像品質的因素有很多，例如鏡頭就是很重要的一個考量點，鏡頭是一部相機的靈魂，無論是光學相機還是數位相機，鏡頭都是最不可忽視的要素之一。在選購數位相機時，變焦倍數是消費者普遍關注的重點。目前鏡頭可分為標準及變焦，而沒有拉近、放大影像能力的標準鏡頭逐漸消失於市場中。較大的變焦倍數能夠使數位相機拍攝的靈活性更強。以變焦鏡頭來說又可區分成「光學變焦」、「數位變焦」，說明如下：

光學變焦

是指數位相機真實拉近拍攝景物的能力，一台相機的最小焦距越小，它的廣角拍攝範圍就越大，有利於拍攝大型場景。

數位變焦

是指利用數學演算法差點的技術把所擷取到的影像再放大，不過色彩品質無法與「光學變焦」相提並論。

數位相機原則上像素越大，畫質越精細，但像素多寡可不一定代表畫質的好壞，高畫素可以較容易透過裁切重新構圖，但也很容易浪費記憶卡容量。如果您是第一次購買數位相機，建議您可以從選擇自己較為信任的品牌開始，通常類似傳統相機的單眼型相機體積較大，但拍出來的畫質較好。攜帶型相機則相當輕巧，方便操作。

4-3-3 運動型攝影機

各位如果平時錄影的機會比拍照多的話，又擔心手機拍出的畫質不夠好，拿一般單眼相機又太重，這時候運動型攝影機就最合適不過了。運動攝影機就是我們平時常見的 GoPro 攝影機，GoPro 其實是近年才開始流行的高畫質運動攝影機，不但十分輕巧穩定，也是許多人拍攝戶外生活第一個想到的攝影品牌，而且能夠避免拍攝時的高度晃動造成畫面呈現的不適感，不論各種刁鑽的視角都能輕易捕捉到。

✪ GoPro 兼具錄影及拍照的功能

4-4 掃描器（Scanner）

掃描器曾經是美術設計人士用來將靜態影像轉為數位影像的專業設備，掃描器是利用光學的原理將感應到的文件、相片等轉換成電子訊號傳送至電腦，如果搭配適當的文字辨識軟體，還可以成為另類的文書輸入工具。它的功能有點類似影印機，不過可將資料儲存在電腦。

4-4-1 工作原理

✪ 平台式掃描器

✪ 多功能事務機

掃描器的原理就是以光學辨識的方式，將圖片或文字轉變成電腦能處理的數位訊號，也是使用電荷耦合裝置（CCD）來解決問題，如果搭配適當的「光學文字辨識系統」（Optical Character Recognition, 簡稱 OCR）軟體，還可以成為另類的文書輸入工具。

掃描器是以 DPI（Dot Per Inch）作為解析度的單位，例如有 300 DPI、400 DPI、600 DPI 或 1200 DPI 等多種規格。除了對解析度的要求外，對於每一個「點」（Dot）的分色能力也很重要。分色能力愈強，相對地能辨識更多的顏色。通常在產品型錄或包裝上會標示以「bits」為單位，例如「24bits」即代表該掃描能分辨 2^{24} 個色彩數，也就是 1600 餘萬個色彩數。

現行的主流商品其分色能力皆有 36bits 或 48bits 的水平標準。另外利用掃描器將靜態影像轉換成數位訊號後，透過影像繪圖軟體（如 PhotoImpact、Photoshop），即能夠進行圖像的編修，或是搭配印表機，來達到影印的功能。目前常見的掃描器型式大都以平台式為主，少部分為掌上型或饋紙式的機種。除了上述兩種型式外，市面上還流行一種「多功能事務機」，整合了掃描、列印、傳真及影印等功能，相當適合於小型辦公室中使用。

4-5 印表機

印表機（Printer）可說是目前電腦族必備的熱門商品之一，透過印表機可以將我們辛苦處理的文件或影像的檔案列印在紙張上。依照印表機的工作原理區分，種類有點矩陣、噴墨與雷射印表機三種，分述如下。

4-5-1 點矩陣印表機

點矩陣印表機透過一種列印頭（Print Head）的機械裝置來建立影像，當從電腦接受指示，印表機能將這些針的任何一根以任何的組合方式往外推，藉由將這些不同組合的針往外推，列印頭便能建立文字或圖案。雖然點矩陣印表機在家庭中並不普遍使用，仍廣泛使用在商業用途，例如在公司行號列印三聯式發票、密封薪資資料時，才使用此類型印表機，以 CPS（Character Per second, 每秒列印字元）為單位。

圖片來源：EPSON 網站

4-5-2 噴墨印表機

藉由精細的噴嘴直接噴灑墨水在紙上來建立圖像，彩色噴墨印表機（Inkjet printers）有四個墨水噴嘴：青（藍）、洋紅（紅）、黃和黑，有時也被稱為CMYK（Cyan Magenta Yellow Black）印表機。由於是採用墨水自噴嘴中加壓，再將墨水噴到紙面上的方式列印，所以在列印時會比較安靜，而且速度比點陣式印表機快，同時列印品質也比較好。許多噴墨印表機可以提供相片品質的影像，因此常被用來列印數位相機所拍攝的照片。噴墨印表機依技術可分為兩種：

氣泡式噴墨技術

藉由電流通過薄膜電阻，將溫度升高，使得墨水沸騰產氣泡後，而受到壓力推擠的氣泡會將墨水噴到紙上。

壓電式噴墨技術

藉由交流訊號產生電壓使元件產生變形彎曲造成振動效果而噴出墨水於紙上。

噴墨印表機和點矩陣印表機的價格相當，但是使用的墨水匣價格較貴，並使用CMYK四色印刷，以PPM（Pages Per Minute, 每分鐘列印張數）為列印單位。

✪ EPSON C110 彩色噴墨印表機外觀圖
圖片來源：EPSON 網站

4-5-3 雷射印表機（Laser Printer）

工作原理是利用雷射光射在感光滾筒上，並在接受到光源的地方，會同時產生正電與吸附帶負電的碳粉，並黏在圓筒上被雷射充電的位置。然後用壓力與熱，色粉從圓筒轉移掉落在紙上，目前雷射印表機可以列印黑色與彩色，乃是利用不同顏色的碳粉混合，產生多種色彩。最常見的雷射印表機其解析度在水平及垂直方向都是 300、600、1200 或 1800dpi。有的商用雷射印表機列印速度每分鐘可高達 43 頁，適合大量列印。

✪ 雷射印表機外觀圖
圖片來源 http://w3.epson.com.tw/epson/product/product.asp?ptp=B0&no=423

4-5-4 3D 列印機

3D 列印技術是電腦科技在製造業領域正在迅速發展的快速成形技術，讓平凡人的想法不再只是空想，不但能將天馬行空的設計呈現眼前，還可快速創造設計模型，製造出各式各樣的生活用品，就連美國太空總署（NASA）都宣稱 3D 列印已經納入未來太空船設計的關鍵元素之一。3D 列印機主要是運用粉末狀塑料與透過逐層堆疊累積的方式與電腦圖形數據，就能生成各式使用者需要的形狀，用傳統方法製造出一個模型通常需要數天或者更久的時間，3D 列印機可能只要花費數小時，不但能減少開模所需耗費時間與成本，改善因為不符成本而無法提供客製化服務的困境，更讓硬體領域的大量客製化（Mass Customization）服務開始興起。

✪ 現在不到一萬元的價格就可買到一臺 3D 列印機

近年來隨著3D列印技術（3D printing）之普及化，或者有人稱為第三次工業革命，已大幅降低產業研發創新成本，預期將可實現電子商務、文創設計及3D列印的跨界加值應用。目前3D列印已可應用於珠寶、汽車、航太、工業設計、建築、及醫材領域，這股熱潮預料勢必將引發全球性的商務與製造革命。

4-6 螢幕

螢幕（Screen）的主要功能是將電腦處理後的資訊顯示出來，以讓使用者了解執行的過程與最終結果，因此又稱為「顯示器」。螢幕的主要功能是將電腦處理後的資訊顯示出來，以讓使用者了解執行的過程與最終結果，因此又稱為「顯示器」。螢幕最直接的區分方式是以尺寸來分類，顯示器的大小主要是依照正面對角線的距離為主，並且以「英吋」為單位，下圖是螢幕規格相關資訊：

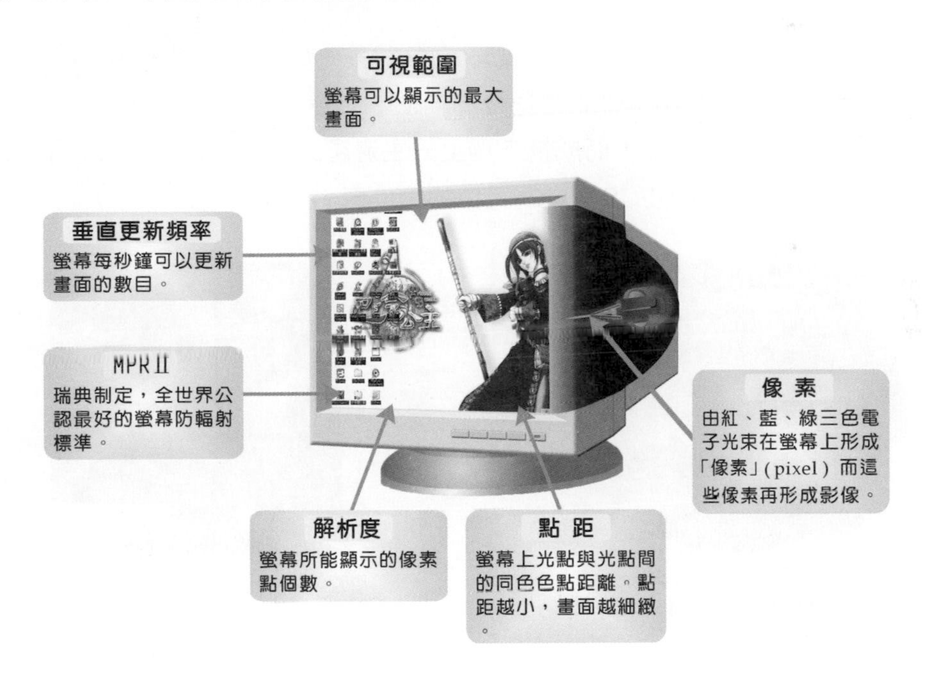

目前的螢幕主要是以「液晶顯示螢幕」（Liquid Crystal Display, LCD）為主，並沒有映像管，原理是在兩片平行的玻璃平面當中放置液態的「電晶體」，而在這兩片玻璃中間則有許多垂直和水平的細小電線，透過通電與不通電的動作，來顯示畫面，因此顯得格外輕薄短小，而且具備無輻射、低耗電量、全平面等特性。

✪ 螢幕越大，視覺效果通常越好

大部份的 CRT 螢幕，即使以一個角度站著看螢幕，也能清晰地看到影像。然而在 LCD 螢幕的視角則縮小，當您增加看螢幕的角度，影像很快就變得模糊不清。因此液晶螢幕正逐漸取代映像管螢幕，而成為市場上的主流產品。特別是目前最新型的「彩色薄膜型液晶顯示螢幕」(TFT-LCD) 則為其中的佼佼者。

✪ 映像管螢幕

✪ 液晶螢幕

圖片來源：http://www.viewsonic.com.tw/

螢幕解析度是由螢幕上的像素數目來決定，例如解析度 640x480 表示螢幕的水平有 640 像素而垂直有 480 像素。至於螢幕更新頻率是電子槍每秒掃描像素的次數，如果螢幕更新的速率不夠，影像就會閃爍，對視力不好。

因此選購螢幕時，除了個人的預算考量外，包括可視角度（Viewing Angle）、亮度（Brightness）、解析度（Resolution）、對比（Contrast Ratio）、更新率越等都必須列入考慮，另外「壞點」的程度也必須留意，由於液晶螢幕是由許多細小的液晶發光點所組成，如果某個光點損壞，該處就會出現一個過亮或過暗的點，就稱為「壞點」，「壞點」會讓螢幕顯示的品質大受影響。螢幕的解析度最少要求要有 1920*1080P，螢幕刷新率沒什麼好講就是越高越好，通常刷新率越快，畫面的顯像越穩定也越不會有閃爍，人物移動會更為順暢，最好能搭配 144Hz 以上的更新頻率。如果是從玩遊戲的角度出發，基本上會分成護眼派跟電競派，最好別買太小尺寸，以免眼睛受傷。

4-7 喇叭

喇叭（Speaker）主要功能是將電腦系統處理後的音訊，再透過音效卡的轉換後將聲音輸出，這也是多媒體電腦中不可或缺的周邊設備。早期的喇叭僅止於玩遊戲或聽音樂 CD 時使用，不過現在通常搭配高品質的音效卡，不僅將聲音訊號進行多重的輸出，而且音質也更好，種類有普通喇叭、可調式喇叭與環繞喇叭。許多喇叭在包裝上會強調幾百瓦，甚至千瓦。不肖的店家更會告訴您，愈高瓦數表示聽起來更具震撼力。雖然輸出的功率（即瓦數）愈高，喇叭的承受張力也就愈大。不過一般消費者看到都是廠商刻意標示的 P.M.P.O（Peak Music Power Output）值，這是指喇叭的「瞬間最大輸出功率」。通常人耳在聆聽音樂時，所需要的不是瞬間的功率，而是「持續輸出」的功率，這個數值叫做 R.M.S（Root Mean Square）。以正常人而言，15 瓦的功率已綽綽有餘了。另外喇叭擺設的角度和位置，會直接影響音場平衡。因此常見的二件式喇叭而言，通常擺在螢幕的兩側，並與自己形成正三角形，將可達到最佳的聽覺效果。

杜比數位音效（Dolby Digital）就是所謂的 Dolby AC-3 環繞音效，是由杜比實驗室研發的數位音效壓縮技術。通常是指 5.1 聲道（六個喇叭）獨立錄製的 48Khz、16 位元的高解析音效。5.1 聲道是指包含前置左右聲道、後置左右聲道與中央聲道，而所謂的 .1 是指重低音聲道，所以 5.1 聲道共可連接六顆喇叭。5.1 聲道增加了一個中置單元，這個中置單元是負責傳送低於 80Hz 的聲音訊號，在影片播放的時候更有利於加強人聲，就是利用聽覺屏蔽的原理，將人的對話集中在整個環境的中央，以提升整體效果。目前 5.1 聲道已經被廣泛地運用在各種電影院及家庭劇院中。

4-8 麥克風

麥克風（Microphone）的主要功能將外界的聲音訊號，透過音效卡輸入到電腦中，並轉換成數位型態的訊號以方便錄音軟體進行處理。許多人在拍攝影片時，聲音部分是很容易被忽視的一環，麥克風聲音的清晰度絕對和粉絲的關注度成正比，不論是相機、手機錄完，如果收音沒做好，背景聲、雜音很多，畫面再好也會大打折扣。通常麥克風上千元的款式都很好用，形式包括領夾式、無線、藍芽、外接式都有，例如採訪、直播非常適合使用領夾式麥克風。

✪ 耳戴式麥克風具備可通話的便利功能

✪ 指向型麥克風可區分為「單一指向型」及「雙指向型」

我們建議各位所使用的麥克風最好是「指向性麥克風」，好處是針對你要的方向進行收音，就算距離再遠一點還是有不錯的收音，因為可以降低周圍環境的雜音，收音品質也不錯，當然在麥克風前面最好架上防噴罩，然後把氣音擋下來，可以避免產生噴麥的情形。

4-9 耳機

✪ 耳機也會決定電競場上聽覺的舒適感，尤其在射擊遊戲上更為重要

各位肯定也會對耳機有所要求，例如在玩遊戲時，耳機多半用於分辨位置，電競耳機必須具備多聲道的功能。因為清晰的音色表現與辨位的能力十分重要，畢竟能不能聽到敵人的腳步聲也是影響勝負的關鍵，例如對於一些音樂成分較強的角色扮演遊戲或冒險遊戲，好的耳機絕對會有更出色的表現，至於挑選電競耳機的訣竅其實還是在聆聽者個人的習慣與喜好，倒是不必拘泥於價格較高的耳罩式耳機，如果是電競 Pro 級的選手使用，還要特別強調抗噪功能，以避免外在嘈雜的聲音影響臨場表現。

對於錙銖必較的遊戲玩家來說，正所謂「一子錯滿盤皆落索」，在瞬息萬變、殺聲震天的遊戲戰場中，只又出現一個操作上的失誤，很容易就輸掉整場對戰當然必須對遊戲周邊配件有一定的要求。如果各位對自己打怪的技術信心滿滿，配合這些順手的周邊配件，就像天將的神兵利器，絕對可以讓你在遊戲場上攻無不克。

課後評量

1. 一個全彩 1024×768 的畫面佔多少記憶空間？
2. 如果有一台雷射印表機，規格為 1200DPI，30 PPM，則打算印出 120 頁的標準 Word 文件，需時多久？
3. 假設相片的解析度為 300dpi，欲拍攝 3 英吋 ×4 英吋的照片而不失真，則數位相機的解析度需要多少畫素？
4. 以一張 256Mb 的數位相機記憶卡而言，則可以記錄存放 1024×768 尺寸大小的影像多少張？
5. 若一片裝有 3Mbytes 螢幕記憶體的顯示卡，被調設成全彩（24bits/pixel），則該顯示卡能支援的最高解析度為何？

   (A)640×480　(B)800×600　(C)1024×768　(D)1280×1024
6. 噴墨印表機依技術可分為哪兩種？
7. 試說明光學式滑鼠的原理。
8. 「壞點」是什麼？請簡述之。
9. 請簡介無線滑鼠的優點與應用。

CHAPTER

05 輔助記憶裝置

由於電腦的主記憶體的容量十分有限，因此必須利用輔助記憶裝置來儲存大量的資料及程式，例如軟碟、光碟與硬碟等等。通常用來儲存資料的元件或材料我們稱為儲存媒體（storage media），這些媒體在關閉電源後資料不會消失，具有永久保持資料的特性。在本節中，我們將會介紹到目前常見的儲存媒體及未來的趨勢。

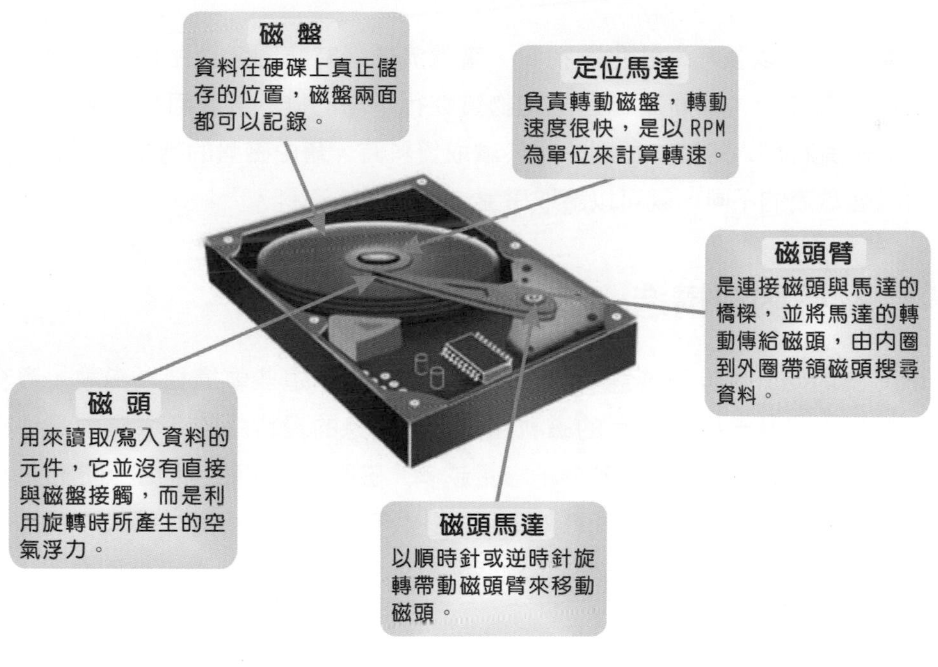

✪ 硬碟內部構造示意圖

USB 隨身碟是一種以 USB 為介面的隨身碟，它的外型相當輕巧。使用者只要將它插入電腦的 USB 插座中，即可存取其中的資料內容，而且不需要將電腦重新開機或關機，目前市場上最大容量甚至已達 4TB。

5-1 硬碟

硬碟（Hard Disk）是目前電腦系統中最主要的儲存裝置，包括一個或更多固定在中央軸心上的圓盤，像是一堆堅固的磁碟片。每一個圓盤上面都佈滿了磁性塗料，而且整個裝置被裝進密室內，對於各個磁碟片（或稱磁盤）上編號相同的單一的裝置。為了達到最理想的性能表現，讀寫磁頭必須極度地靠近磁碟表面，但實際上並沒有碰觸到磁碟，因此磁頭與硬碟片之間的空隙只有 8 ～ 12 微米，比灰塵還小，因此其非常敏感。由於硬碟算是消耗品，一般會建議使用者定期將資料備份到雲端，以免遇到硬碟磁區損壞。

磁頭則是一種可以暫時磁性化的物質，當電流通過時線圈會產生磁場變化，並同時將磁盤上的物質磁化，因而將磁盤上的物質進行不同的排列，就可以達到記錄資料的作用，這就是資料寫入的基本原理。至於讀取資料時，藉由磁盤的轉動，而發生感應電流，藉由感應電流的不同，就可以讀取磁盤上所記錄的資料。

5-1-1 硬碟內部構造

硬碟磁盤由內向外匯分隔成許多圓圈的同心圓軌道，這些軌道稱為磁軌，資料就是記錄這些軌道上，單一磁盤擁有的磁軌越多，可記錄的資料就越多。磁軌是由磁區所組成，單一磁軌所劃分的磁區數越多，容量越多。磁區上會記錄包括磁頭定位，搜尋等資訊與作為資料儲存之用。磁柱（Cylinder）是由不同磁盤上相同半徑大小的磁軌所組成，當兩片以上的磁盤組合成硬碟時，兩個磁盤上的同一個磁軌在垂直方向上，將形成一個磁柱：

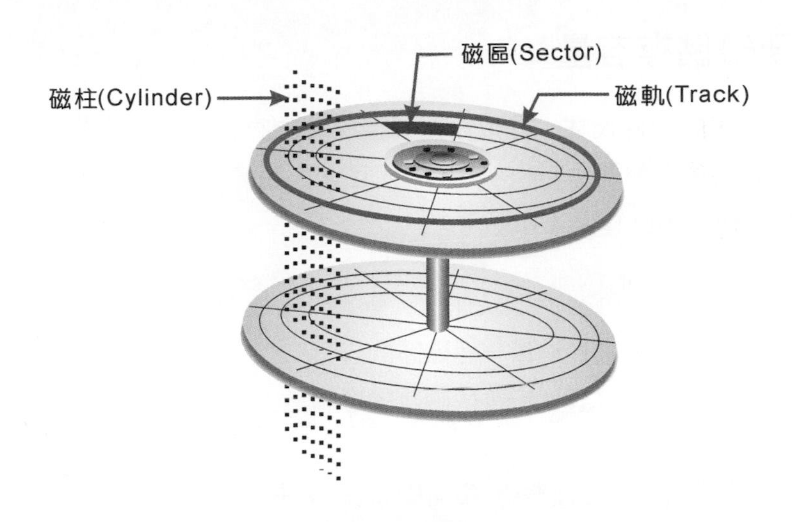

✪ 磁柱示意圖

磁碟片以高速運轉，透過讀寫磁頭的移動，然後從磁碟片上找到適當的磁區並取得所需的資料。磁頭是一個可以暫時磁性化的物質，當電流通過時線圈會產生磁場變化，因而將磁盤上的物質進行不同的排列，這就是資料寫入的基本原理。至於讀取資料時，藉由磁盤的轉動，而發生感應電流，藉由感應電流的不同，就可以讀取磁盤上所記錄的資料。每顆硬碟都是由幾片磁盤組成，磁盤數越多，儲存的資料也越多。磁盤的構造是兩面都可以讀取，所以磁頭臂上的磁頭有兩個，一個用來讀取上面的磁盤，一個用來讀取下面的磁盤：

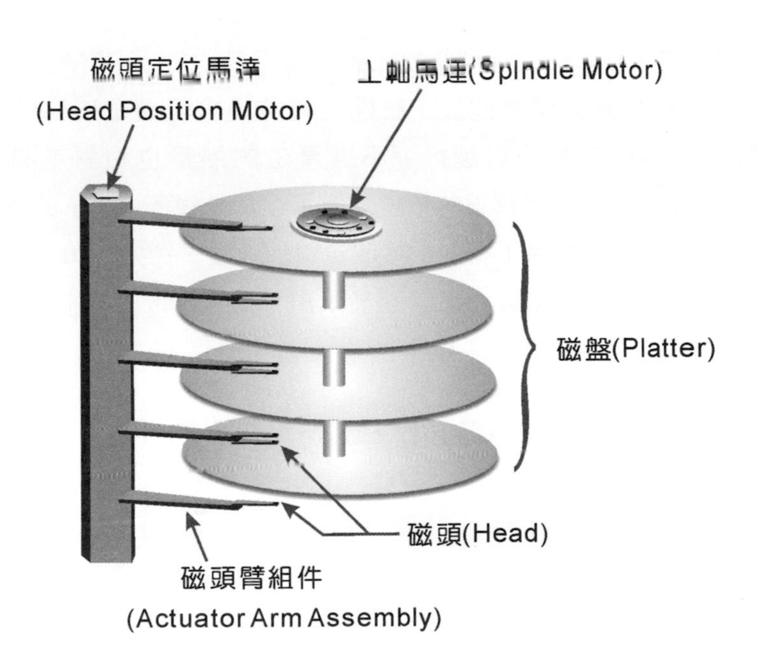

5-1-2 硬碟儲存容量

目前市面上販售的硬碟尺寸，是以內部圓型碟片的直徑大小來衡量，有 3.5 吋與 2.5 吋兩種。個人電腦幾乎都是 3.5 吋的規格，而且儲存容量高達 10 幾 TB，且價格相當便宜。硬碟儲存容量大小計算公式如下：

單位磁柱的磁軌數＝此硬碟的可用磁面數
單位磁軌＝磁軌上的磁區數 × 每一個磁區的容量
磁柱容量＝單位磁柱的磁軌數 × 單位磁軌的磁區數 × 單位磁區儲存容量

硬碟容量＝此硬碟的可用磁面數 × 每面磁軌數 × 磁區 × 單位磁區儲存容量

例如有一硬碟由六片碟片組成，最上方與最下方的磁面並不儲存資料，每一個磁面有 200 個磁軌，每一個磁軌有 20 個磁區，每一個磁區可儲存 512 bytes：

1. 此硬碟的可用磁面數＝ 6×2-2 ＝ 10
2. 每一個磁柱容量＝ 10×20×512 ＝ 100 KB
3. 硬碟容量＝ 10×200×20×512 ＝ 20 MB

5-1-3 硬碟的轉速規則

當各位購買硬碟時，經常發現硬碟規格上經常標示著「5400RPM」、「7200RPM」等數字，這表示主軸馬達的轉動速度，磁碟旋轉的速度是整個磁碟性能的要素。轉動速度越高者，其存取效能相對越好，不過產生的熱量也相對越高。而「RPM」（Revolutions Per Minute）則是轉速的單位，表示「每分鐘多少轉」的意思。至於硬碟傳輸速度則是指硬碟與電腦配合下傳送與接收資料的速度，例如 Ultra ATA DMA 133 規格，則是表示傳輸速度為 133Mbytes/s。至於所謂「硬碟存取時間」，則是由硬碟機取出資料，並到達主記憶體中所需資料。

「硬碟存取時間」＝「磁軌找尋時間」+「磁片旋轉時間」+「資料傳輸時間」

時間項目	說明與介紹
磁軌找尋時間	讀寫頭移動到資料所在磁軌需要的時間，或者可看成是（讀寫頭由第 0 軌到最後一軌所需時間）/2
磁片旋轉時間	旋轉磁碟將讀寫頭對準目的磁區所需時間，或者可看成是（旋轉一圈所需時間）/2
資料傳輸時間	資料由讀寫頭傳入主記憶體所需要的時間。

例如一個磁碟機，每分鐘 7200 轉，資料移轉時間為每秒 3Mbytes，平均尋找時間為 10 毫秒，則同一磁柱內的 3000 位元組的存取時間為多少毫秒？

由於「硬碟存取時間」=「磁軌找尋時間」+「磁片旋轉時間」+「資料傳輸時間」，磁軌找尋時間= 10 ms，而平均磁片旋轉時間= $1/7200 \times 60/2 = 4.15$ ms，至於資料傳輸時間= $3000/(3 \times 2^{20}) = 1$ ms。因此硬碟的存取時間為 $10+4.15+1 = 15.15$ (ms)。

「磁碟重整」（Defragmenting）功能會把檔案的所有部分，放置在同一個地方，因此裝置的讀寫頭就不用浪費太多時間在讀取散亂的破碎部份而來回移動，讓硬碟裝置移動更迅速、容量更大。

5-1-4 常見硬碟傳輸介面

一般說來，目前的硬碟傳輸介面可以區分為 IDE、SCS、SATA 與 SAS 四種。分別介紹如下：

IDE 介面

IDE 介面常用於硬碟、光碟、磁帶及其它設備，也稱為 ATA（AT Attachment），通常主機板上內建兩個 IDE 介面插槽，每條排線，可連接兩個周邊裝置，共可接 4 個。IDE 的硬碟安裝簡單，不需另外購買介面卡，而且價格便宜。

SCSI 介面

SCSI 介面的硬碟需要在電腦上另外安裝 SCSI 介面卡，擁有快速頻寬、可熱差拔、小型排線設計、同步資料傳輸模式特性，而且價格上也略貴於 IDE 型式的硬碟。不過 SCSI 硬碟以擁有高效能的傳輸速率，以及高穩定性著稱，因此常用於伺服器型的電腦上。SCSI 介面的規格中，每一個通道上可以支援 7 個至 15 個周邊，以充分達到優良的擴充性。目前的 SCSI 介面為 Ultra-320 SCSI，每秒的理論上最高傳輸值可高達 320MB。

SATA（Serial ATA）介面

SATA（Serial ATA）匯流排介面是計畫用來取代 EIDE（enhanced IDE）的新型規格，除了傳輸率的優勢外，SATA 的傳輸線相較 IDE 的排線更為細長。它的可縮小化能快速應用在小型電腦，再加上它的傳輸速度高，非常適合於儲存設備。而且 SATA 可支援熱插拔，十分適合做為外接式硬碟，並具備高速、低壓的省電規格。SATA II 原本是制定 SATA 規格的組織名稱，現在已改名為 SATA-IO，不過也可以當作是 SATA 的第二代規格表。而 eSATA 埠（external 埠）將內建式 SATA 標準延伸至外接式裝置，就是接電腦的介面不一樣了。

SAS 介面

串列式傳輸介面技術（Serial Attached SCSI, SAS）是新一代的 SCSI 技術，和 SATA 硬碟相同，都是採取序列式技術以獲得更高的傳輸速度，速度更快是其特色，持續提升其資料傳輸速率與功能，可達到 3G b/s 資料傳輸率，硬碟機同時具有傳送與接收的全雙工功能，SAS 可以串接更多的設備，與 SATA 介面的設備相容以及支援熱插拔技術。

5-1-5 磁碟陣列（RAID）

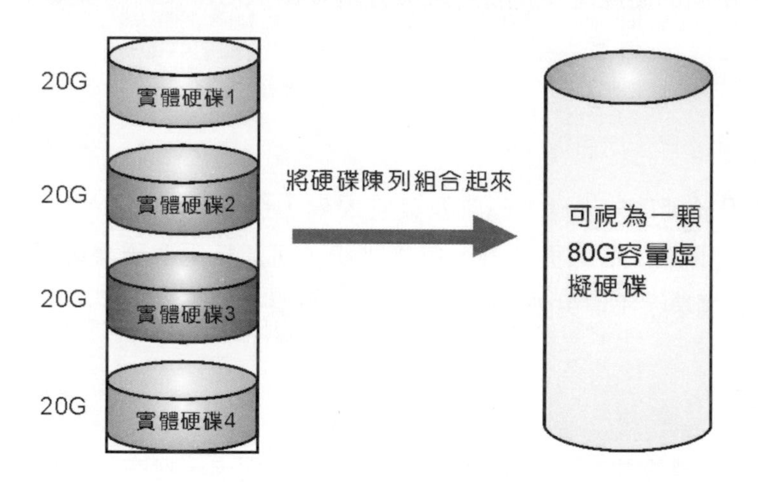

磁碟陣列（Redundant Array of Independent Disks, RAID）的功能主要是針對硬碟在容量及速度上，無法跟上 CPU 及記憶體的發展，並解決硬碟發生問題時的存取能力。硬碟陣列（RAID）的原理就是將多個相對便宜的硬碟組合起來，讓電腦的主系統把全部硬碟視為是一顆虛擬硬碟機，並且藉由 RAID 的劃分方式將資料分散儲存在多顆硬碟內，預期可以達到儲存更快速或運作更安全等目的。這樣的優點除了具有單一大容量的好處外，磁碟陣列不但可以使用鏡射（Mirroring）的方式，將硬碟的資料備份，此外，還可藉由同位（Parity）檢查功能，如果陣列中的任何一顆硬碟故障，那麼利用同位檢查碼，就可以將原始資料復原。

鏡射（Mirroring）就是將硬碟的資料備份，也就是儲存另一顆硬碟的所有資料，當然當作鏡射的硬碟空間是不能額外使用。至於同位（Parity）的功用是為了檢查資料的正確性及完整性，也稱為容錯，我們仍可藉由同位檢查計算出所遺漏的位元組。

通常硬碟陣列可以有 RAID 0、RAID1、RAID2、RAID3、RAID4、RAID5、RAID6、RAID7 等組合，接下來將為各位介紹業界較常用的硬碟陣列：

RAID 0

RAID 0 主要功能是將兩顆（或以上）硬碟組合成一個更大的硬碟，資料平均分散在所有硬碟內，因此傳輸速度最快，不過只要有一台硬碟故障，資料就會全部損毀。它使用了兩個以上的硬碟，且將全部硬碟機的儲存容量合併，藉由將資料切割分到全部的硬碟機上。例如由 N 顆硬碟組成的陣列，可以提升約為 N 倍的存取速度。例如一個 20GB 及一個 20GB 的磁碟機將形成一個 40GB 的磁碟陣列，如果遇到不等大小的硬碟組合，一個 40GB 及一個 60GB 的磁碟機將形成一個 80GB（40GBx2）的磁碟陣列。它是所有磁碟陣列中最有效率，缺點是完全沒有容錯能力，並不提供資料備援，因此不能應用於資料安全性要求高的場合。

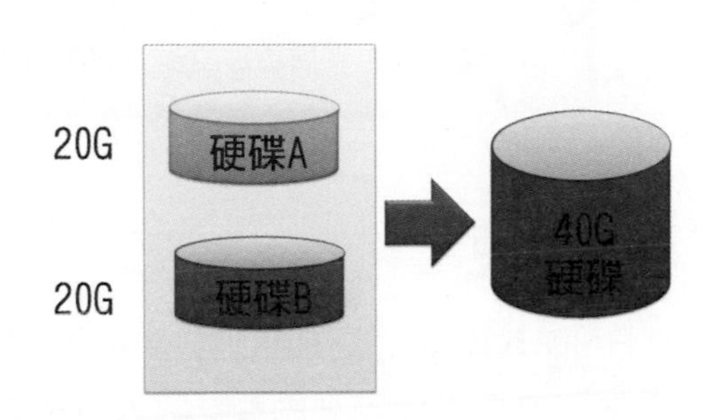

RAID 1

RAID 1 主要的功用是為了改善磁碟儲存的安全性，作法是在於陣列中所有硬碟都會同時處理相同的資料，所以每台硬碟都具有相同的內容亦即互相備份，當其中一顆硬碟出狀況，則另外一個硬碟可以代替運作。例如資料寫進兩個硬碟時，都會複製成兩份，一份寫到第一顆硬碟，另一份寫到第二顆硬碟，這種方式稱為鏡射（Mirroring），就好像鏡子裡外各有一份相同的資料一樣。因為重複的緣故，磁碟機的容量是整個磁碟機容量的一半。RAID 1 是磁碟陣列中單位成本最高的，但提供了很高的資料安全性和可用性，即使當硬碟毀損時，使用者還是可以將資料完全復原或重建。由於寫入時是將資料同時儲存於陣列中每一台硬碟中，寫入效能會變慢，最大缺點是無論幾顆硬碟，都只能存有一份資料。

RAID 0+1

RAID 0+1 至少需要 4 顆硬碟，資料被切割到許多的磁碟，每一個磁碟都伴隨著另一個擁有相同資料的磁碟，是 RAID 0 和 RAID 1 的組合形式。例如每兩顆硬碟為一組，第一小組裡的硬碟採用帶狀分割的方法，使得存取速度加倍，而第二組的 2 顆硬碟則為第一小組的鏡射，如此 4 顆硬碟只使用了 50%，優點是同時擁有 RAID 0 的執行速度和 RAID 1 的資料可靠性，最大可容許兩顆硬碟損壞，缺點則是容量利用率低，有效容量只有硬碟總容量的 50%，成本很高。

帶狀分割（Stripping）的是指將資料分割成許多部分，而分割後的資料可以使用多個硬碟存取，硬碟數目越多，存取速度越快，安全性低是其最大缺點。

RAID 5

RAID 5 算得上是 RAID 層級中用途最為廣泛的層級，試圖結合 RAID 0 與 RAID 1 的優點，這種磁碟陣列的資料寫入方式有點類似 RAID 0。RAID 5 最少需要三顆（或是更多）大小一致的硬碟，就是將兩顆硬碟容量的資料存取於三顆硬碟之中，大部分資料傳輸只對一顆磁碟操作，並可進行平行作業，適合於較小資料範圍和隨機讀寫的資料。RAID 5 可以承受一顆硬碟的損毀，陣列還是可以繼續運作，因為利用同位檢查碼，就可以將原始資料復原，RAID 5 因為是分散的存取架構，陣列讀取的效能是大於單一磁碟機，因為資料可以從多個磁碟同時讀取，可以提高效率也可以備份資料。缺點是建置成本高，而且寫入效能較低，因為每次寫入資料時，必須有一顆負責寫入資料，另一顆則寫入同位檢查碼。

5-1-6 固態式硬碟（SSD）

固態式硬碟（Solid State Disk, SSD）是一種新的永久性儲存技術，屬於全電子式的產品，在讀寫速度上遠高於 HDD，所以有些人會各別買一個 HDD 跟 SSD，可視為是目前快閃式記憶體的延伸產品，跟一般硬碟使用機械式馬達和碟盤的方式不同，完全沒有任何一個機械裝置，自然不會有機械式的往復動作所產生的熱量與噪音，重量可以壓到硬碟的幾十分之一，而且也不必擔心遇到緊急狀況時因為震動會造成硬碟刮傷。

SSD 都是 2.5 吋，規格有 SLC （Single-Level Cell）與 MLC（Multi-Level Cell）兩種，與傳統硬碟相較，具有低耗電、耐震、穩定性高、耐低溫等優點，更兼具了效能與體積的優勢，在市場上的普及性和接受度日益增高。SSD 的缺點是單價比一般硬碟貴約數十倍，並且一旦損壞後資料是難以修復。此外，SSD 可儲存的容量明顯處於劣勢，不過傳統式硬碟的最大問題是重量經常讓筆記型電腦的整體重量壓不下來，因此目前許多可攜式電子產品已經不再使用傳統硬碟，改用 NAND 型快閃記憶體形成的固態硬碟（SSD）。

行動硬碟就是一種隨身攜帶方便的可攜式 USB 外接硬碟機，對於有拷貝大量檔案需求的使用者來說，可以考慮用外接式行動硬碟，增加檔案的行動力。通常是用於筆記型電腦的 2.5 吋外接式硬碟，容量可達上百 GB，購買時建議順便防震功能的行動硬碟外接盒，日後在攜帶硬碟外接盒時，才不會出現硬碟因震動而產生壞軌的問題。

✪ 創見 StoreJet 2.5 吋行動硬碟

5-2 光碟

近年來多媒體相關產品的不斷發展與推陳出新，相當程度是受到光碟媒體技術的普及與進步，尤其是目前最廣為流行的 CD 與 DVD。CD 與 DVD 在多媒體上的應用，最初是那些龐大資料的備份功能，例如圖書館資料、參考系統或是零件手冊等。但是隨著多媒體的流行，現在許多光碟片開始設計應用多媒體資料的儲存裝置。一般說來，DVD 與 CD 的外觀相似，直徑都是 120 毫米，兩者之間的差異主要在於雷射光的波長與儲存的媒體，接著再來談談 CD 與 DVD 的存取方式以及相關媒體種類。

✪ 光碟燒錄機與光碟片的外觀圖

5-2-1 CD 與燒錄機

CD 片是利用雷射光在金屬薄膜上燒出凹洞來寫入資料，這個光滑金屬面上佈滿肉眼無法辨識的坑洞，這些坑洞就是儲存數位資料的地方。讀取資料則使用雷射掃描光碟，透鏡會接受從不同的點所產生不同的反射，以一份內容容量表（Volume Table of Content）來指示光碟機進行讀取的作業。為了容納各種不同的資料格式，所以也需要訂定各種不同資料格式所使用的標準，由於 CD 規格十分多樣化，以下將為各位介紹常用的幾種 CD 規格：

CD規格	特色與說明
CD-ROM	CD-ROM 光碟片對圖形、數位影像訊號及聲音檔案的儲存功能均非常理想，光碟片本身有良好的保護，不易受到刮傷及灰塵的影響。直徑約為 12 公分，播放時間約 74 分鐘，容量約 650-720MB，一般書本所附的光碟片就是一種 CD-ROM 光碟片，資料是無法任意刪除及重複寫入。
CD-R	CD-R 技術可以將資料寫入專用的光碟片內，可是在同樣位置只能寫入一次，並且必需搭配 CD-R 光碟燒錄器及燒錄軟體才可執行寫入的動作，此類型的燒錄機除了具備一般光碟機能讀取光碟片的功能外，它還能夠燒錄 CD-R 光碟片，不過 CD-R 光碟片上的資料僅能燒錄一次，但寫入後的資料是不能更改及刪除。
CD-RW	CD-RW 光碟片必需使用 CD-RW 光碟燒錄器及燒錄軟體才可執行寫入抹除的動作，使得光碟片上資料可自由更改及刪除，使用壽命可達一仟次的範圍。例如標示「48/24/52」的 CD-RW 燒錄機，即表示具備有 48 倍速寫入、24 倍速複寫及 52 倍速讀取的資料傳輸能力。
CD-Plus	稱為加效音樂光碟，是音軌與資料共生於同一張光碟片的格式。這種光碟片放進雷射唱盤時，各位可以正常地聽音樂，或者放進電腦光碟機時就可以直接播放歌手照片、訪問、歌詞、MTV 音樂影片等額外的資料。
VCD	VCD（Video CD），是一種壓縮過的影像格式，指的是影音光碟，VCD 是根據白皮書（White book）所制定，由於也是目前最低價及應用層也廣，但視訊畫質則較為遜色。可以在個人電腦或 VCD 播放器與 DVD 播放器中播放，通常 90 分鐘以上的電影需要兩片 VCD 來收錄。

5-2-2 DVD 與燒錄機

DVD（Digital Video Disk）為新一代的數位儲存媒介，是以 MPEG-2 的格式來儲存視訊，稱為數位影音光碟或數位影碟，外觀、大小與一般所常使用的光碟片無異，也是繼 CD 發展後的另一個數位儲存裝置的重大突破。通常一片 CD 光碟片最多只能儲存 640 MB 的資料，但是若以 DVD 來儲存，其最大容量高達 17GB，相當於 26 張 CD 光碟片的容量，由於 DVD 的規格也十分多樣化，以下將為您介紹常用的幾種：

DVD規格	特色與說明
DVD-ROM	是一種可重覆讀取但不可寫入的 DVD 光碟片。由於 DVD 光碟片的容量相當大，單張光碟即可儲存 4.7GB-17GB 以上的資料。
DVD-R	可寫入資料一次的 DVD 光碟片，其構造與 CD-R 類似，可用於高容量資料儲存。此類型的燒錄機能夠使用空白的 DVD-R 光碟片，燒錄出具有 DVD 規格的光碟。不過它與 CD-R 燒錄機相同，僅能進行一次的燒錄，而無法重複執行。
DVD-Video	數位影音光碟，DVD 最為大家所熟知的格式就是 DVD-Video 光碟，也是目前最常見的 DVD 產品，它被廣泛應用在電影領域，也就是我們使用在 DVD 碟機所播放影片的光碟。
DVD-Audio	數位音響光碟，是一種新的音樂光碟格式，此種 DVD 光碟在單一區段內含有資料和音軌，在音效上所發揮的優點可用來取代 CD。
DVD-RAM	DVD-RAM 是早期可覆寫式 DVD 的代表產品，本身具備卡匣式包裝，可允許使用隨機方式存取資料，經常被視為是一片可攜式硬碟，可以隨時加入或刪除資料。
DVD-RW	DVD-RW 光碟是可複寫式的 DVD，可廣泛應用在消費性電子產品，可刪除或重寫資料，每片 DVD-RW 光碟可重寫近 1000 次。
COMBO	光碟機大廠 RICHO 推出一種同時具備有 CD-ROM、CD-R、CD-RW 及 DVD-ROM 等功能的燒錄機，它整合了目前所有光碟機的大部分功能，讓使用者不必在電腦上同時安裝 CD-RW 燒錄機與 DVD-ROM，就具有燒錄 CD 及讀取 DVD 功能，適合輕薄型機種配筆記型電腦。

課後評量

1. 一個磁碟機，每分鐘 7200 轉，資料移轉時間為每秒 3Mbytes，平均尋找時間為 10 毫秒，則同一磁柱內的 3000 位元組的存取時間為多少毫秒？
2. 若磁碟機的轉速為每分鐘 5400 轉，則其旋轉延遲時間平均為？
3. 請說明 CD-ROM 光碟機與 CD-RW 燒錄機在功能上的差異性。
4. 試簡述藍光光碟（Blu-ray Dis, BD）。
5. 請解釋檔案配置表（FAT）與啟動磁區（Boot Sector）。
6. 試說明磁柱（cylinder）的意義。
7. 磁碟陣列（Redundant Array of Independent Disks, RAID）的功用為何？
8. 何謂磁軌找尋時間？
9. 試說明數位影音唯讀光碟機（DVD-ROM）的功用。
10. 在磁碟陣列中，鏡射（Mirroring）的主要用途為何？

CHAPTER

06 電腦軟體與程式語言

一部電腦的完整定義是包含了硬體（hardware）和軟體（software）兩部份，再好的電腦如果沒有合適的軟體來控制與搭配，也是英雄無用武之地。軟體其實是個抽象的概念，是經由人類以各種不同的程式語言撰寫而成，以達到控制硬體、進行各種工作的執行（例如文書處理）。如果從程式設計功能與層次來區分，電腦軟體可以分為「系統軟體」（System Program）與「應用軟體」（Application System）兩種。

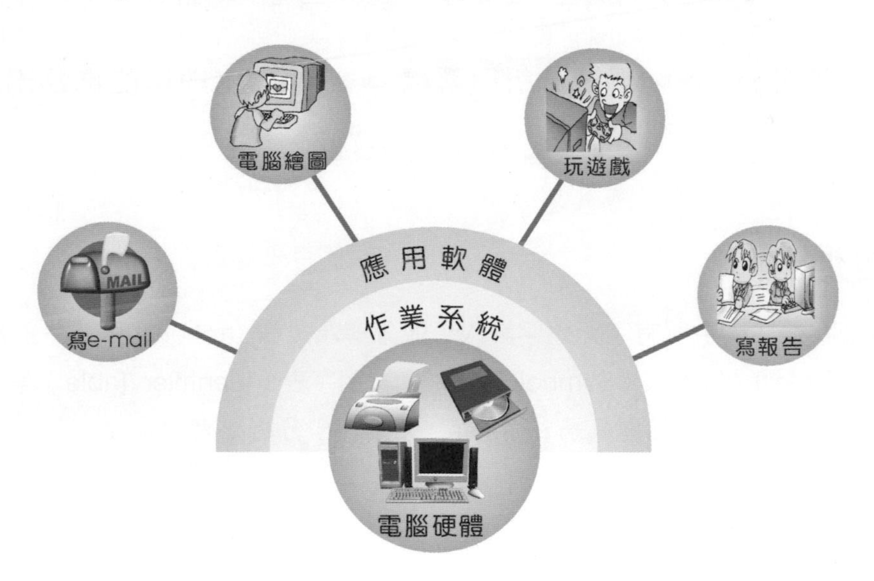

✪ 電腦中作業系統及應用軟體運作示意圖

6-1 系統軟體

「系統軟體」(System Program),或稱為系統程式,主要功用就是負責電腦中各種資源的分配與管理,是屬於較接近硬體底層的低階程式,內容包括啟動、載入、監督管理軟體、執行輸出入設備與檔案存取、記憶體管理等。通常我們可以區分為編譯程式、載入程式、巨集處理程式、組譯器與作業系統五種,其中以作業系統最為重要。

6-1-1 翻譯程式

翻譯程式(Translator)就是將程式設計師所寫的高階語言原始程式翻譯成能在電腦系統中執行的機器碼形式的可執行檔或目的碼,不同的程式語言必須配置有不同的翻譯程式。翻譯程式通常會先檢查程式是否有「語法錯誤」(Syntax Error)和「語義錯誤」(Semantic Error)。當沒有任何錯誤後,就把程式內每個語句轉成更低階的語言,通常是以「組合語言」形式。接著再利用組譯器就會把每個組合語言語句轉成稱為「目的碼」(Object Code)的「機械語言」,最後經由連結與載入過程,就是可在電腦上執行的檔案。翻譯程式的整個進行過程,主要可分為以下三種作業階段:

語彙分析 ➤ 語法分析與解構 ➤ 最佳化與目的碼輸出

✪ 翻譯程式三種作業階段

語彙分析階段

這個階段將程式碼中所有字元逐字讀入,並分解為單語(token)形式,並建立文字表(Literal Table)、符號表(Symbol Table)、識別字表(Identifier Table)等,然後將原先所定義的各種符號(如運算子、識別字、變數等)分析出來。

語法分析與解構階段

這個階段將程式碼中讀入的單語組合成合乎程式語言語法的架構,並呼叫相對應的函數來轉換成「中間形式矩陣」(Intermediate Matrix),同時在識別表中加入相關訊息,例如條件判斷、迴圈控制、運算式計算、字串連結、陣列存取等語法結構判斷。

最佳化與目的碼輸出階段

這個階段將語法分析與解構階段所產生的矩陣進行最佳化工作，目的是節省儲存空間與執行時間。另外事先也會預留出記憶體空間，以便儲存目的碼，並進行與機器相關（Machine Dependent）的最佳化動作，如選擇指令，暫存器的使用判斷等。最後再輸出可重新定位的目的碼。

至於翻譯程式依據轉換編碼方式的不同，可以區分為以下兩種：

編譯器（Compiler）

編譯器（compiler）必須先把原始程式讀入主記憶體後才可以開始編譯。當原始程式每修改一次，就必須重新經過編譯器的編譯過程，才能保持其執行檔為最新的狀況。經過編譯後所產生的執行檔，在執行中不須要再翻譯，因此執行效率遠高於直譯程式。針對程式開發者所使用的程式語言（C++、Java、C 等）的不同，就必須選擇其相對的編譯器。

直譯器（Interpreter）

直譯器（Interpreter）在程式執行時，不需要產生目的檔或機器語言，會先檢查所要執行那一行敘述的語法，如果沒有錯誤，便直接執行該行程式，如果碰到錯誤就會立刻中斷，直到錯誤修正之後才能繼續執行。例如 Python、LISP、JavaScript、PROLOG。

我們利用下面表格來說明編譯器與直譯器兩者間的差異性：

	直譯器（Interpreter）	編譯器（Compiler）
目的程式	不產生	會產生
所佔用記憶體	較小	較大
交談性	較高	較低
執行速度	較慢	較快
除錯（Debug）難易度	較容易	較困難
施行方式	逐步翻譯並即時執行	翻譯全部敘述但不執行
翻譯次數	每次執行時都必須重新逐行翻譯	翻譯一次後，以後就可以直接執行

6-1-2 組譯程式（Assembler）

組譯程式的主要功用是將組合語言所寫的程式翻成機器碼，它還必須提供給連結器及載入器所需要的資訊與找到每一個變數的地址，至於翻譯出來的機器碼，則稱為目的程式（Object Program）。組合語言（Assembly）是一種低階的程式語言，可對直接對電腦硬體進行控制，語法也不難，如 A 代表 Add、C 代表 Compare、MP 代表 Multiply（乘法）、STO 代表 Store（儲存）。如以下範例：

```
01  .MODEL SMALL
02  .STACK
03  .DATA
04  .CODE
05  MAIN:
06      PUSH    CS
07      POP     DS
08      MOV DX,OFFSET INT60
09      MOV AL,60H
10      MOV AH,25H
11      INT     21H
12
13  PRINT:
14      INT     60H
15      JMP     ENDDOS
16
17  INT60:
18      MOV AX,0B800H
19      MOV ES,AX
20      MOV DI,00H
21      MOV CX,100
22      MOV AL,01H
23      MOV AH,07H
24      REP     STOSW
25      IRET
26
```

```
27  ENDDOS:
28      MOV AH,4CH
29      INT 21H
30
31  END MAIN
```

撰寫好的組合語言並不如機械語言般可直接執行，還需要轉換成 CPU 能看懂的機械語言，這個動作就稱為「組譯」（Assembly）。反過來說，將機械語言轉換成組合語言的動作，則稱之為「反組譯」（Disassembly）。

組合語言的主要設計核心部份被分成三個部份，分別為「組譯器」（Assembler）、「聯結器」及「除錯器」三個。組譯器是一種將助憶碼（mnemonics）與識別字（identifier）轉換成機器語言的程式。在開發組合語言時，必須要先利用一般的文字編輯器（Editor）來撰寫組合語言專案的程式原始碼，例如 Windows 作業系統本身所提供的記事本。並且將編輯完成的檔案名稱的副檔名設定成「.asm」，以便與其它程式語言的原始碼檔案做區別。一個 ASM 檔案需經解譯成機器碼才能被載入到記憶體內執行，這個過程如下圖所示：

✪ 組譯器及其輸入輸出檔

```
.text
ZAP                 ；將ACC內容清為0
LACC    08 00h      ；將資料記憶體位址08 00h處的內容複製到ACC
ADD     08 01h      ；將資料記憶體位址08 01h處的內容加到ACC
ADD     #1h         ；將純數值1加到ACC
SACL    08 02h      ；將ACC的內容存到資料記憶體位址08 02h處
.data
.int  2h,3h,0h      ；宣告資料記憶體從某位址開始，連續三個儲存單位
                    ；分別有初始值2h,3h與0h
.end
```

✪ 附有註解欄的 ASM 程式樣本

組譯器的輸出結果是一種 obj 檔，也稱為目的檔，雖然它已經是機器碼了，但還不能直接載入到記憶體執行，OBJ 檔必須再經由連結器（Linker）的進一步處理才能真正產生一個可執行機器碼。不同的 CPU 也會有不同的組譯器，常用的組譯器有 ASM、MASM、TASM，其中以微軟推出的巨集組譯器（Macro Assembler）MASM 最受歡迎。每一種系統的組合語言都不一樣，組合語言是跟晶片有關的機械語言，不同的晶片，其組合語言也不一樣。

6-1-3 連結與載入程式

連結程式（Linker）的功能就是將其他的目的檔及所呼叫到的函數庫連結在一起，並作一番整理及記錄，然後再一起載入到主記憶體內執行，成為一個可以執行的檔案。例如我們所寫的組合程式專案中提供了螢幕文字輸出與印表機文字輸出兩種功能，而這兩種功能的程式碼分別撰寫在兩個不同的原始檔中，當原始碼撰寫完畢之後，就必須利用連結器將它們兩個功能合併成一個檔案。如右圖所示：

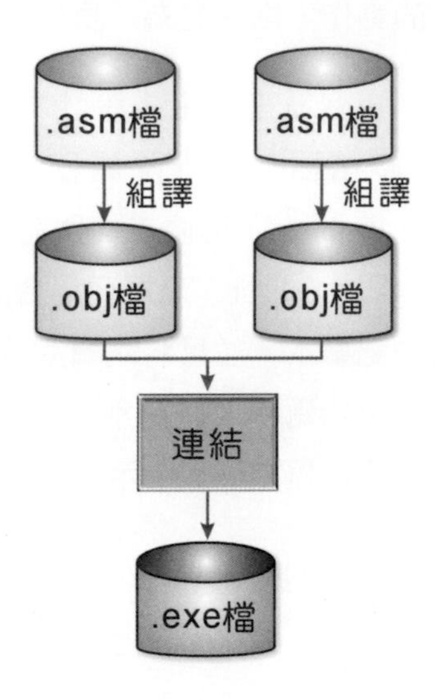

✪ 外部連結運作原理

一旦系統利用編譯器將程式碼編譯成目的檔，接著會以連結器將相關的程式連結起來，成為可執行檔，最後再透過載入器（Loader）載入到記憶體中執行。從廣義的定義來看，載入程式包含了連結程式，功用就是將目的程式載入到主記憶體中，並將這些目的程式連結成一個可以讓電腦執行的程式，其中包括進行如配置、連結、重新定址、載入等準備工作。分述如下：

配置（Allocation）

為目的程式在主記憶體中分配到一塊位址。

連結（Linking）

就是處理並解決目的程式彼此間變數之參考與程式庫間的連結。

重定址（Relocation）

多工作業系統可以時執行多個目的程式，因此同時間執行的程可能被載入到不同的位址執行，稱為重定址，就是修訂目的程式的位址，使得它可以隨時載入和調整記憶體所分配的位置，這個功能是由組譯器翻出機器碼時定址。如下圖所示：

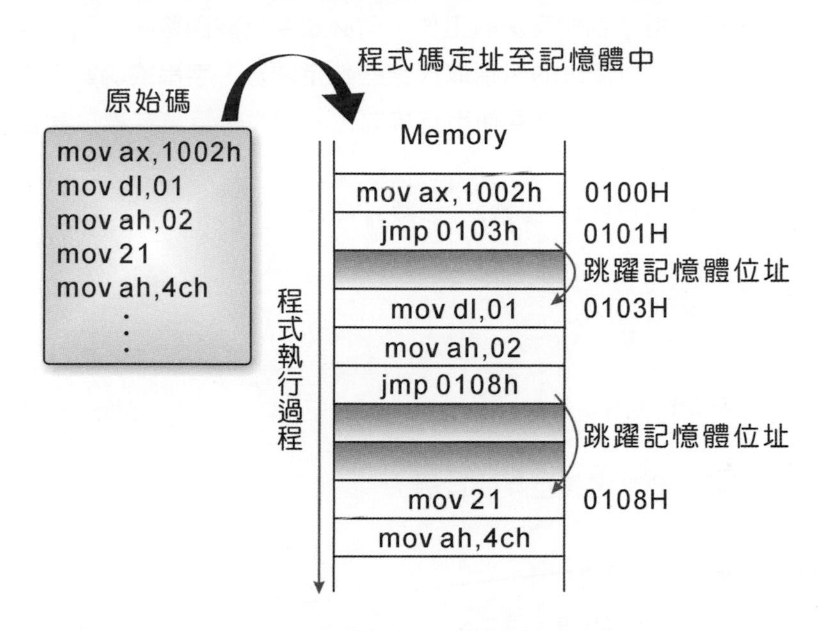

✪ 原始碼可重定位於記憶體位址上

載入（Loading）

將資料及目的程式實際移入主記憶體中執行。

所謂 Bootstrap Loader（啟動載入程式）是電腦開機後，第一個執行類似 BIOS 的程式，主要負責檢查一些硬體的狀態及主動將載入程式置入主記憶體中，接著將控制權交給載入程式，並載入作業系統來掌握所有系統資源。

6-1-4 巨集處理程式

巨集（macro），又稱為「替代指令」，就是一連串組合語言指令與虛擬指令的集合，和函數一樣，每一個巨集都有一個名稱。在程式語言的領域中，函數是十分方便的設計技巧，相信各位也經常使用的程式碼寫成函數模式，當 CPU 要準備執行函數時，必須經過 CALL、PUSH、RET、POP 等指令的動作。也就是必須先將目前的狀態（儲存在暫存器上的指令、相關資料參數）置入暫存記憶體中，等到函數執行完，再將資料從暫存記憶體中取回，執行速度上來說就會變的比較慢。因此對於某些頻繁呼叫的小型函數來說，這些堆疊存取的動作，將減低程式執行的效率。

如果只需要二、三行指令就能解決的工作，何必還要寫成函數呢？因此巨集就可派上用場了。巨集主要功能是以簡單的名稱取代某些特定常數、字串或函數，善用巨集可以節省不少程式開發的時間。當我們要使用巨集前，必須先作巨集定義，宣告方式如下：

```
巨集名稱  MACRO [參數1, 參數2, 參數3,……]
            :
            :
            :
           ENDM
```

以下就是一個以組合語言定義巨集的實例：

```
PrintStr  MACRO
              MOV AH,9
              INT 21H
          ENDM
```

巨集展開（Macro Expanding）有時又被稱為巨集呼叫（Macro Call），由於組譯器或編譯器並無法處理巨集，程式在編譯前會先呼叫巨集程式（Macro Processor）以巨集的內容來來取代巨集所定義的關鍵字，然後才進行編譯或組譯的動作。簡單來說，巨集的功用就是在原始程式碼上，將多個指令直接利用巨集名稱來代替，不過在組譯之後，巨集名稱則就會被代換成巨集內的所有指令。雖然就指令的執行速度來說，巨集會比同樣的函數快上許多，不過缺點就是會使得程式碼變大。例如我們在主程式中呼叫以下巨集，程式碼如下：

```
MOV DX,3030H
PrintStr
```

乍看之下，程式碼看起來非常地簡潔，不過實際上組譯後，程式碼會變成如下列所示，而且巨集呼叫越多次，程式碼就變得越大：

```
MOV DX,3030H
MOV AH,9
INT 21H
```

目前許多高階語言，如 C/C++ 等，也提供巨集的功能，例如 #define 就是 C/C++ 的一種取代指令，可以用來定義巨集名稱，並且取代程式中的數值、字串、程式敘述或是函數。一旦完成巨集的定義後，只要遇到程式中的巨集名稱，前置處理器都會將其展開成所定義的字串、數值、程式敘述或函數等。其語法如下所示：

```
#define 巨集名稱　表示式
```

定義巨集最大的好處是當所設定的數值、字串或程式敘述需要變動時，不必一一尋找程式中的所在位置，只需在定義 #define 的部分修改即可。從程式維護的角度來看，算是相當地快速與方便。

6-2 認識作業系統

作業系統（Operating System, OS）是一種系統軟體，不同於文字處理程式、試算表程式以及電腦上所有其它的應用軟體，可看成是電腦的主控制程式，扮演了使用者與應用軟體、電腦硬體、周邊設備間一個掌控與協調的角色。作業系統稱得上是整個電腦系統的總指揮，像是管理檔案、載入程式、列印檔案以及多工處理等的任務。

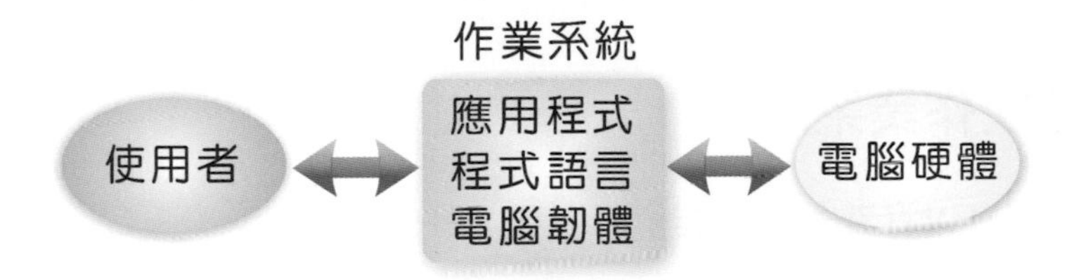

✪ 使用者透過作業系統，使用各種軟體與電腦硬體溝通

例如平常各位使用電腦來玩遊戲、寫報告、執行程式，這些工作都不是單靠電腦硬體設備或相關應用軟體，就能夠獨力完成，而是需要作業系統搭配與控制各項元件，

才夠為使用者提供上述服務。作業系統肩負有電腦硬體與使用者之間的溝通橋樑，稱為「使用者操作介面」(User Interface, UI)。在早期的使用者操作介面中（例如：MS-DOS），幾乎都是以文字型態為主，稱為「命令列操作介面」(Command-line interface)，此種方式因為不必做圖形運算，較節省電腦資源。不過對於使用者來說，不僅視覺感受較為單調外，還必須記憶大量操作指令。

另外一種則是目前最為普遍的「視窗模式操作介面」(Graphical user interface)，使用者可選擇透過滑鼠或鍵盤來操作電腦，這種模式的優點是親和性較高，不論在視覺、學習與使用上，都能有最方便舒適的操作環境。作業系統除了可以管理所有的硬體設備資源外，還能夠將這些資源適當地分配給相關的應用軟體，一般作業系統如果依照處理特性來區分，可以區分為以下三種：

作業系統類型	功能說明	應用說明
單人單工作業系統	同一時間內只允許一個使用者來執行程式，並且電腦在同一時間內只能處理一個程序。	例如微軟的 MS-DOS。
單人多工作業系統	同一時間內只允許一個使用者來執行程式，不過電腦在單一時間內能提供多件工作同時作業的能力，並會依照程式的需求分配 CPU 時間給每個工作，如此電腦的資源便可以充分利用，使用者也不必等候執行工作。	例如微軟的 Windows 95/98/ME、IBM 的 OS/2 作業系統。
多人多工作業系統	此類作業系統可以允許多個使用者使用多個帳號在同一時間執行不同程式，並共享電腦及周邊資源。	例如 WindowsNT/Server 2000/2003/2008/2012/XP/vista/Windows 7/Windows 8/Windows 10/Windows 11 或 Unix、Linux、Mac OS X 等作業系統。

談到作業系統的設計與發展，絕對與所要執行的電腦硬體架構有相當密切的關係，接下來我們將介紹各種類型的作業系統發展過程。

6-2-1 批次作業系統

早期的電腦都是以打孔卡片儲存資料，如 PDP-11/44 機型，而 CPU 的運作是由讀卡機（Card Reader）讀入資料，接著再讀入組譯器、編譯器、連結器後，由於 I/O 設備的執行速度遠低於 CPU 的執行速度，經常使得 CPU 閒置，為了提升工作效

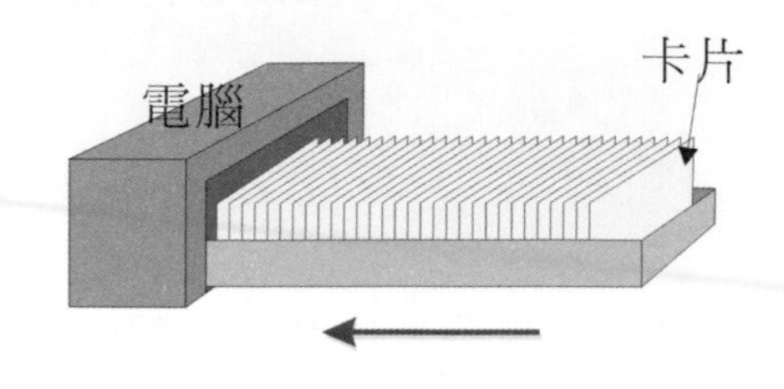

率，可將所有的工作一次大量處理，提高單位時間內的作業量。簡單來說，使用者必須先把想要執行的程式逐次排序好。當要處理時才會到媒體中讀取資料，並由作業系統將其放入CPU的批次工作佇列中，排隊等候執行。這種方式則稱為「批次作業系統」（Batch Operating System），批次作業系統多半用於時間性不急迫的作業處理，並採用離線（off-line）作業，優點是很適合處理需耗費大量CPU時間的工作。缺點是不具交談能力，且時效性較差。

6-2-2 線上周邊同時處理

雖然「批次作業系統」能夠改善執行的效能，但畢竟CPU程式、讀卡機與磁帶機間的整合速度仍然太慢，因此考慮加入高速設備（如磁碟機）等共同裝置來暫存專用裝置輸出入資料，來提高系統的效能，這種作業系統則稱為「線上周邊同時處理」（Simultaneous Peripheral Operation On-Line, SPOOL）。這種方式的特點是在專用裝置間有極大速度差異時，利用速度介於兩者間的共用裝置作為緩衝區。例如當I/O動作與CPU執行重疊時，CPU先行將資料寫入磁碟，等到I/O裝置空閒時，再將磁碟內的資料輸出。

6-2-3 監督程式

CPU從8位元火速發展到目前64位元的時代，使得作業系統也得跟著快速演進。例如在早期的8位元Apple II裡，當時作業系統被簡稱為監督程式（Monitor Program），因為它的工作相當單純，只是讓某種終端機連接上系統，並且監督使用者程式與輸出/入裝置之間的程式執行狀況，這也算是目前一般作業系統的始祖。監督程式又可分為「長駐程式」（Resident Program）或「暫留程式」（Transient Program）。監督程式的主要工作，在於管理電腦系統的所有資源，如何讓CPU發揮最大的效能，是每一個作業系統在設計監督程式時最大的考量。

6-2-4 多元程式作業系統

多元程式（Multi-programming）作業系統允許CPU將所要執行的多個程式載入主記憶體，或者也就是說稱為多工作業系統（Multitasking）。每當一個程式要執行時，作業系統便從可用記憶體中挑選一塊足夠的記憶體，以配置給該程式使用。簡單的說，就是將所要執行的數個程式放入CPU中，當CPU正在執行的工作進入等待狀態時，就馬上切換到記憶體中其他工作繼續進行。這時作業系統就可以保持一排正在執行中的程式，並且指派列表中每一個程式的先後順序。這樣的好處是可以充分利用 CPU，不受 I/O 影響。基本上，多元程式作業系統的等待佇列（Ready Queue）上有許多等待執行的工作，CPU 會依照所謂工作排班程式（Job Scheduler）來選擇所要執行的程式，而 CPU 排班程式則是多元程式作業系統的運作核心。

6-2-5 分時作業系統

多元程式作業系統給使用者的感覺是同時間有多個程式一起執行，但事實上在某一瞬間，CPU 也只能執行某一個程式而已，其餘都處於等待狀態。這時候會出現一個問題，就是對有些原本可以迅速執行的程式，卻必須花費更多的等待時間。分時（Time Sharing）作業系統的運作原理將 CPU 時間分割成一連串的時間配額（Time Slice or Time Quantum）以交替執行這些待命程式的做法，提供使用者分時 CPU 的一小部份，而載入記憶體中執行的程式通常叫做「行程」（process），也稱做多工處理。

舉個例子來說，假設有 A,B,C 三個程式在記憶體上，時間配額為 50ms，則首先執行 A 程式，經過一個時間配額後，停止 A 程式，而去執行 B 程式一個時間配額，接著再執行 C 程式一個時間配額，最後又回來執行 A 程式一個時間配額，如此重複執行。為了改進批次處理系統無法與使用者交談的缺點，分時系統最適合處理所謂的交談式（Interactive）作業，交談式作業和批次式作業最大的不同點在於交談式作業則要求電腦能馬上給它回應，而批次作業有可能將工作送入電腦，就須一直等到它結束為止，才可以進行另外一項工作的執行。

因此分時作業系統允許使用者能利用交談方式來與作業系統溝通，當使用完此時間配額後，就公平地將 CPU 的控制權移轉給下一位使用者。由於現代電腦的運算速度極快，往往每秒鐘就可執行數以億計的指令，分時作業系統仍然可以帶給使用者不受其他干擾，而獨立處理其程式的假象。

6-2-6 多元處理作業系統

多元處理（Multiprocessing）作業系統是指單一電腦作業系統中，但不是每個作業系統都支援多處理器，使用二個或二個以上的 CPU，由單一作業系統可以同時存取，並以平行處理（parallel process）模式處理工作排程，因此也稱為「平行作業系統」（Parallel system）。各個 CPU 可同時分別處理不同的程式，並讓每一個 CPU 共享各種資源。例如 Windows Server/NT/XP/Vista/Windows 7/Windows 8/Windows 10/Windows 11 都是屬於多元處理作業系統。

6-2-7 分散式作業系統

分散式作業系統（Distributed Operating Systems）是一種架構在網路之上的作業系統，並且隨著網路的普及而日益重要，在這種分散式系統的架構中，可以藉由網路資源共享的特性，提供給使用者更強大的功能，並藉此提高系統的計算效能，任何遠端的資源，都被作業系統視為本身的資源，而可以直接存取，並且讓使用者感覺起來像在使用一台電腦。由於各種資訊硬體價格下降與電腦網路技術之發展與進步，分散式作業系統各電腦中的CPU擁有各自的記憶體，當CPU間要交換訊息時，是藉由通訊線路來完成。

印表機分享　檔案文件分享　WEB發行服務

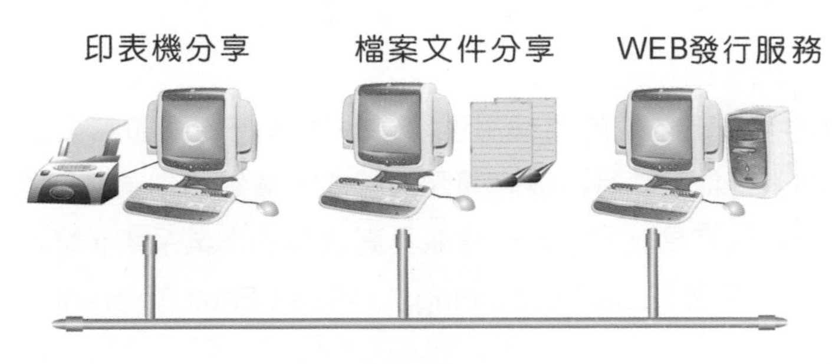

✪ 分散式資料處理系統的示意圖

分散式作業系統又可區分為以下兩種：

- 鬆耦合系統（Loosely Couple System）：每一個CPU有自己的記憶體和獨立的作業系統，並且利用外部通訊線路來連結其它處理器，也就是系統中每一個CPU節點都是獨立，除了資源共享的優點外，透過多部電腦平行處理的方式可以加速運算，並達到電腦間訊息交換的目的。
- 緊耦合系統（Tightly Couple System）：這種系統的所有CPU共用記憶體、時脈及系統匯流排頻寬，並由單一作業系統控制所有內部網路上的CPU。例如大型電腦中可能包含不止一個CPU，而這些處理器在同一個作業系統下，共用上述的記憶體、系統匯流排頻寬等資源。

6-2-8 叢集式作業系統

「叢集式作業系統」（Clustered Operating System）通常指的是在分散式系統中，利用高速網路將許多台設備與效能可能較低的電腦或工作站連結在一起，利用通訊網路聯接，形成一個設備與效能較高的伺服主機系統。叢集式處理系統是多個獨立電腦的集合體，每一個獨立的電腦有它自己的CPU、專屬記憶體和作業系統，使用者能夠視需要取用或分享此叢集式系統中的計算及儲存能力。如下圖所示：

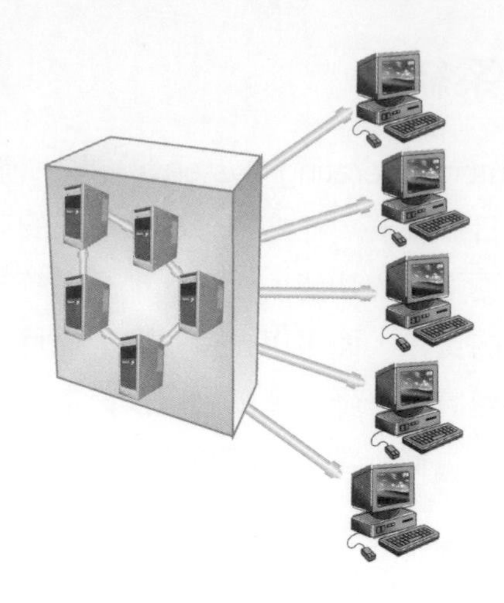

叢集運算可以用來提高系統的可使用度，當叢集系統的某節點發生故障無法正常運作時，可以重新在其他節點執行該故障節點的程式。叢集式作業系統除了高利用性外，在系統的擴充功能也較容易達到，是一種兼具高效能的作業系統，通常叢集式電腦系統可用來做為提供負載平衡（Load Balancing）、容錯（Fault Tolerant）或平行運算等目的。

負載平衡（Load Balancing）是指藉由使用由兩台或者多台以上主機以對稱的方式所組成的叢集主機，來執行分配伺服器工作量（負載）的功能，保持服務不因負載量過大而變慢或中斷，可以用最少的成本，就可獲得接近於大型主機的性能。

6-2-9 嵌入式作業系統

嵌入式系統（Embedded System）是軟體與硬體結合的綜合體，主要是強調「量身定做」的基本架構原則。幾乎涵蓋所有微電腦控制的裝置，嵌入式系統的產業是一個龐大的市場，最初是為了工業電腦而設計，近年來隨著處理器演算能力不斷強化以及通訊晶片能力的進步，嵌入式系統已廣泛運用在資訊產品與數位家電，例如運輸系統工廠、生產的自動控制、數位影音產品、資訊家電、先進醫療器材等，已成為通訊和消費類產品的未來共同發展方向。

嵌入式作業系統採用微處理器去實現相對單一的功能，其採用獨立的作業系統，往往不需要各種周邊設備，早期最常被使用在 PDA（Personal Digital Assistant, 個人數位助理）等嵌入式產品，不過 PDA 只是嵌入式系統的一種應用，資訊家電與智慧型手機才真正是屬於嵌入式系統的天下。以下介紹目前常見的兩種嵌入式作業系統。

Apple iOS

目前當紅的手機 iPhone 就是使用原名為 iPhone OS 的 iOS 智慧型手機嵌入式系統，可用於 iPhone、iPod touch、iPad 與 Apple TV，為一種封閉的系統，並不開放給其他業者使用。最新的 iPhone 13 所搭載的 iOS 15 是一款全面重新構思的作業系統，不但 Safari 有了全新的使用者介面，重新設計了「通知」外觀，內容排列更清晰易讀，新增標籤讓用戶可輕鬆在標籤頁間滑動瀏覽。FaceTime 也能夠使用人像模式與新增空間音訊效果，還能使用 SharePlay 分享功能，例如與朋友一起在 Apple Music 聽音樂與追劇，還可以控制跟聯絡人的互動。

App 是 Application 的縮寫，就是軟體開發商針對智慧型手機及平版電腦所開發的一種應用程式，App Store 是蘋果公司針對使用 iOS 作業系統的系列產品，如 iPod、iPhone、iPad 等，所開創的一個讓網路與手機相融合的新型經營模式，iPhone 用戶可透過手機或上網購買或免費試用裡面 App。

Android

Android 是 Google 公佈的智慧型手機軟體開發平台，結合了 Linux 核心的作業系統，可讓使用 Android 的軟體開發套件，並以 Java 作為開發語言。Android 擁有的最大優勢，就是跟各項 Google 服務的完美整合，不但能享有 Google 上的優先服務，憑藉著開放程式碼優勢，愈來愈受手機品牌及電訊廠商的支持。Android 目前已成為許多嵌入式系統的首選，Android 目前已成為許多嵌入式系統的首選，包括應用快捷方式、圖像鍵盤等新增功能，使用者可以自行上網下載。

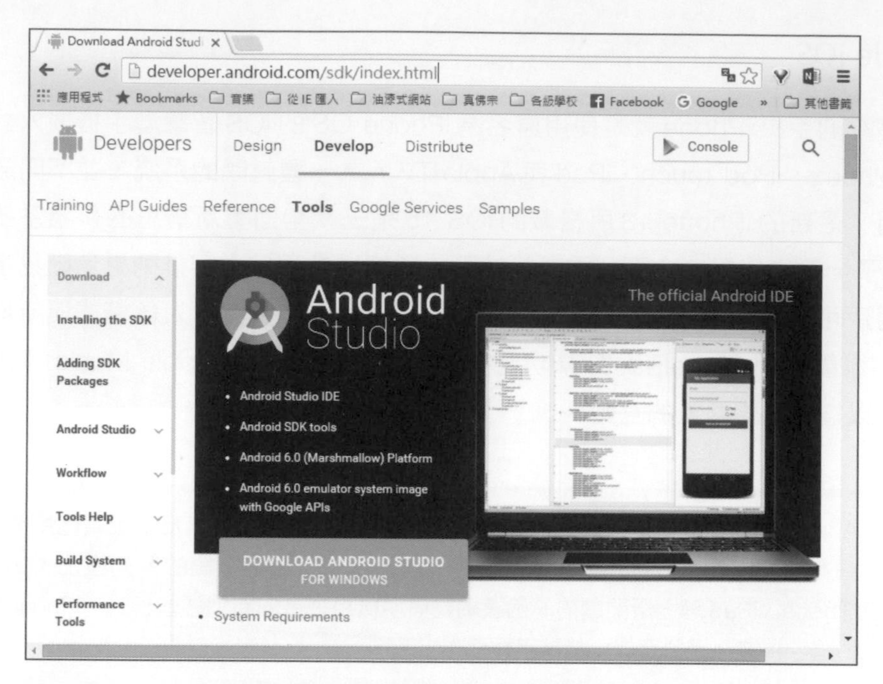

✪ Android SDK 的官方網頁

圖片來源：http://developer.android.com/sdk/index.html。

Google 也推出針對 Android 系統所開發 App 的一個線上應用程式服務平台 -Google Play，允許用戶瀏覽和下載使用 Android SDK 開發，並透過 Google 發布的 App，Google Play 為一開放性平台，透過 Google Play 網頁可以尋找、購買、瀏覽、下載及評級使用手機免費或付費的 App 和遊戲，包括提供音樂，雜誌，書籍，電影和電視節目，或是其他數位內容。

6-2-10 應用軟體

應用軟體是指針對某個特殊目的或功能而設計的程式，不過要達到某些特殊功能，還要應用軟體與系統軟體互相搭配才可以完成。一般而言，應用軟體可以被劃分成下列幾個類型：文書處理、運算數值、圖形處理、多媒體、資料庫管理、通訊和系統管理工具等。

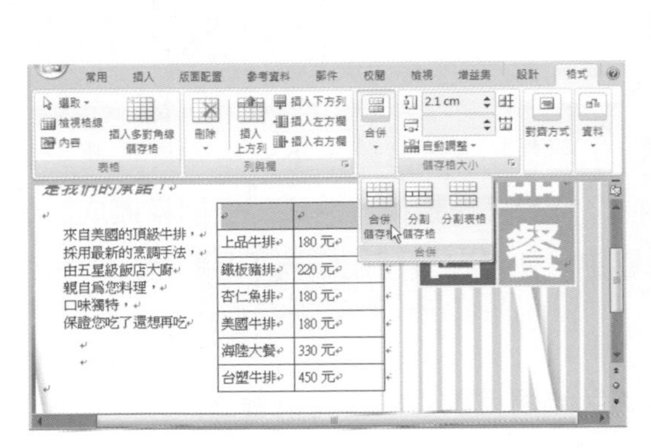

Word

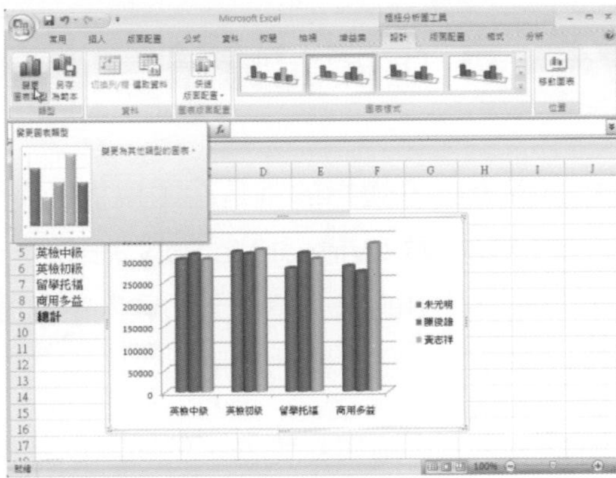

Excel

✪ Word 與 Excel 軟體畫面

Photoshop

Coreldraw

✪ PhotoShop 與 CorelDRAW 軟體畫面

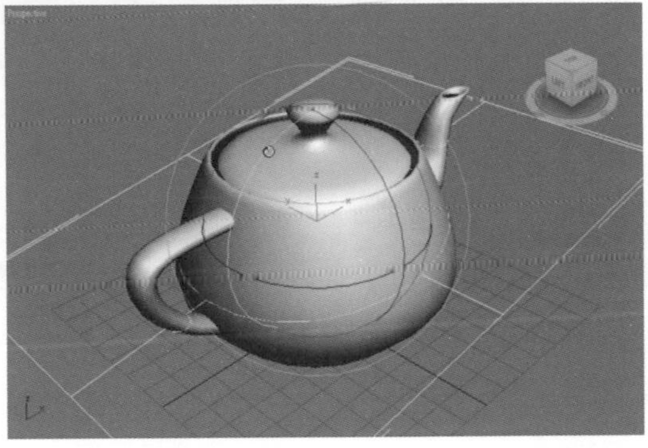

✪ 3DsMax 的精彩 3D 繪圖效果

6-3 虛擬記憶體

所謂實體記憶體指的就是在主機板上實際的積體電路記憶體，不過相對於實體記憶體，虛擬記憶體（Virtual Memory）則是一種記憶體管理技術，將磁碟空間模擬成記憶體，允許執行中的程式不必全部載入主記憶體中，使得在實體記憶體不足的情形下，也能執行需要更多記憶體的應用程式。

簡單來說，「虛擬記憶體」的功用就是作業系統將目前程式使用的程式段（程式頁）放主記憶體中，其餘則存放在輔助記憶體（如磁碟），程式不再受到實體記憶體可用空間的限制，使得在實體記憶體不足的系統上，也可執行花費記憶體較多的應用程式。另外載入或置換使用者程式所須 I/O 的次數減少，執行速度也會加快，更增加了 CPU 使用率。

所謂「置換」（Swapping），是指行程從主記憶體中移到磁碟的虛擬記憶體，再從虛擬記憶體移到主記憶體執行的動作。

虛擬記憶體常用的設計方式有「分頁」（Paging）、「分段」（Segmentation）與「分段 / 分頁」（Paging/Segmentation）三種，都是屬於「區塊對應」（Block Mapping）模式，以下將分別為各位介紹。

6-3-1 分頁模式

分頁是將記憶體切割成固定大小，然後依照程式需求量而給予足夠記憶體空間，目前大多數 CPU 都支援這種機制。分頁（Paging）通常是將整個實體記憶體固定等分成與頁面相同大小的區塊，稱為「頁框」（Frames），而程式中邏輯記憶體所分割大小相同的區塊，就稱為「分頁」（Page）。

當執行一個程式時，會將所需的分頁放入主記憶體的頁框（Frame）內，使用者所看到的空間是虛擬的邏輯位址，作業系統會透過「分頁對映表」（Page Map Table, PMT）來處理邏輯位址與實體位址的對映轉換及頁面交換的處理。而「分頁對映表基底暫存器」（Page Map Table Base Register, PMTBR）則用來儲存「分頁對映表」的起始位址。

底下我們就以步驟實作的方法，為各位說明分頁法概念。

第 1 步：將程式虛擬記憶體分割成大小相同的「分頁」(Page)。

分頁0
分頁1
分頁2
分頁3

第 2 步：將實體記憶體也分割成和「分頁」大小一致的「頁框」(Frame)。

頁框0
頁框1
頁框2
頁框3
⋮

第 3 步：查詢分頁表，在分頁表中記錄著程式中的每一「分頁」和實體記憶體中的「頁框」的對應關係。

分頁0	5
分頁1	2
分頁2	1
分頁3	9

第 4 步：根據分頁表的對應關係，將虛擬記憶體的每一分頁載入到實體記憶體中的對應的頁框。

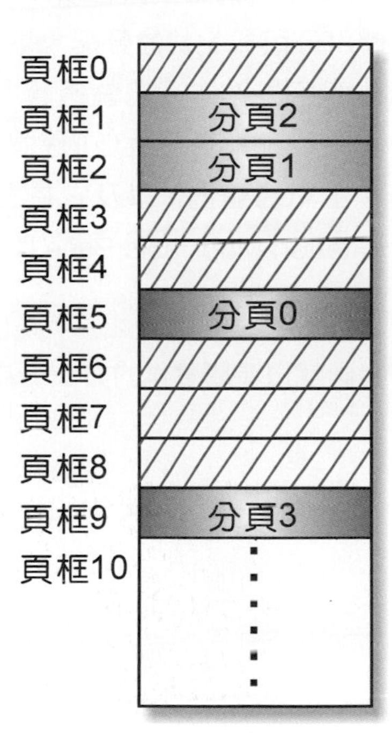

如果程式所要存取的分頁不在主記憶體中，則存取該記憶體頁框的動作便會失敗，這種現象稱為「尋頁失敗」(Page Fault)。簡單的說，就是打算使用到的那一頁不在主記憶體頁框內。「尋頁失敗」並不會造成系統的錯誤，而作業系統也必須再度由磁碟中載入該分頁，並在主憶體中找到可用頁框(Free Frame)，以供該分頁載入之用。分頁模式的特點是可以不需暫用連續記憶體，但仍可順利執行程式，因此分頁法絕對不會發生「外部破碎」的問題。另外由於用不到的程式部份不會佔用主記憶體的空間，這樣就有更多的空間留給其他程式來使用。

6-3-2 分段模式

「分段模式」(Segmentation)是依照程式所需的記憶體實際大小，並以分段(Segmentation)來分配記憶體位址，也就是將輔助記憶體內的程式，依照邏輯功能切割成可變動的區段。除了每一個分段大小未必相同，可以不需佔用連續的記憶體。分段法與可重定位分割法非常類似，只不過分段還模式的對象是虛擬記憶體，而可重定位分割法則是實際記憶體。

「分段模式」會將程式內容以模組(如程式碼、資料與堆疊等)來區隔，並將程式虛擬記憶體用分段式記憶體分配。每一個工作都切割成不同的分段，每個分段再執行相關的功能。另外作業系統會透過「分段對映表」(Segmentation Map Table, PMT)來處理邏輯位址與實體位址的對映轉換及頁面交換的處理，可用來記錄程式中的哪些區段在主記憶體內，以及它在主記憶體內的位置。而「分段對映表基底暫存器」(Segmentation Map Table Base Register, SMTBR)則是用來儲存「分段對映表」的起始位址。

底下我們就以步驟實作的方法，為各位說明分段法概念。

第 1 步：將程式虛擬記憶體以模組為單位，切割成許多分段（Segment）。

主程式
函數1
函數2
資料區
堆疊區

第 2 步：查詢分段表，在分段表中記錄著程式中每一模組的大小，與對應到實體記憶體的起始位址。

主程式(600k)	0
函數1(200k)	1000
函數2(200k)	2000
資料區(500k)	4000
堆疊區(800k)	5000

第 3 步：根據分段表的對應關係將程式的每一分段載入到實體記憶體中的對應位置。

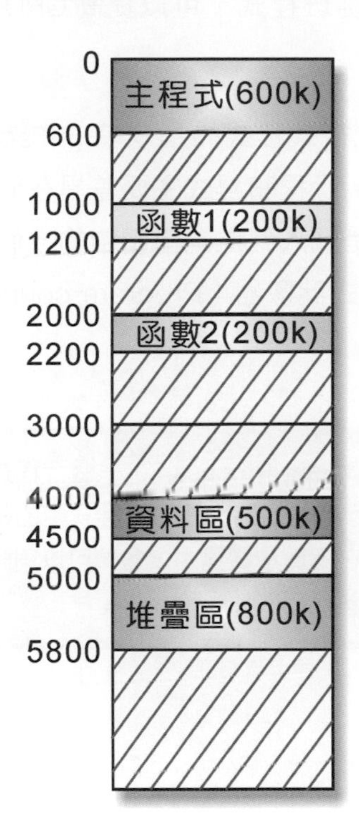

「分段模式」優點是能充份掌控分段內程式的存取權，並且能讓各個佔用一個區塊的模組於執行時才載入，並且充分利用記憶體，而且不會產生「內部碎片」現象，程式大小也不會受記憶體限制。由於「分頁模式」是將記憶體切割成固定大小的頁框，因此分頁比較浪費空間。但是「分段模式」必須花費當主記憶體中某些片斷程式碼取出使用後，要再回存至磁碟時所需尋可用空間，缺點就是增加了 CPU 的處理時間。

6-3-3 分段且分頁模式

「分段且分頁」模式（Segmentation With Paging）是同時結合了「分頁模式」與「分段模式」的優點，可將每一個分段細分成數頁，也就是並不把每一分段視為單一連續的單位，而是把它分成一樣大小分頁，比大部分的分段小，而且比整個分段容易操作。優點是對系統而言，可以提高 CPU 的速度，並且減少不必要的運算時間。

6-4 行程管理

多元程式作業系統就是隨時保有一個行程在執行，其中 CPU 排班程式就是針對作業系統中的行程安排工作的執行順序。選擇好的 CPU 排班程式，可以提高 CPU 的使用率，增進電腦系統的執行效能。

所謂行程就是指正在執行中的程式。當我們下達執行某程式的指令時，作業系統就會建立一個行程，當程式執行完畢後，行程就會結束。行程和程式主要差異在於程式是一種靜態的程式碼，被儲存在輔助記憶體；而行程則是載入到主記憶體中的一個執行中的程式，不只包含程式碼，還包含代表目前運作的程式計數器（Program counter）數值、行程堆疊和暫存器內容等。

執行緒（Thread），可稱為「輕量化行程」（Lightweight Process），一個行程是由多個「執行緒」（thread）所組合而成。所謂「多執行緒」功能，是指將程式中的每個工作劃分開來，使其都能夠同時地獨立去執行。例如在網頁瀏覽器中，各位可以同時欣賞音樂、背景列印文件、開啟新的網頁連結並下載資料檔案。

6-4-1 行程狀態

行程在執行時會改變其狀態，行程狀態就是指該行程目前的動作，主要有新產生（New）、執行（Running）、等待（Waiting）、就緒（Ready）、結束（Terminated）等狀態，說明如下：

新產生

該行程正在產生中。

執行

行程正在執行，擁有 CPU 資源的使用權。

等待

是一種還沒取得 CPU 的控制權，甚至還在等待某事件的發生（例如：I/O 事件），就算取得 CPU 的使用權，由於還未進入就緒狀態，所以還無法立即執行。

就緒

該行程正等待被分配到 CPU 時間。該行程已載入記憶體中，只要一分配到，就可以立即執行。

結束

該行程完成執行。

當我們執行程式時，作業系統就會開始產生新行程。而當行程就緒時，只要一分配到 CPU 時間，就會開始執行，直到行程結束。當然在過程中可能等待某事件的發生，此時，CPU 就會進入等待狀態，當輸入 / 輸出或等待事件完成時，就會被喚醒（Wakeup），並回到就緒狀態，等待下一次被分配到 CPU 時間。右圖為各種行程狀態的轉換關係。

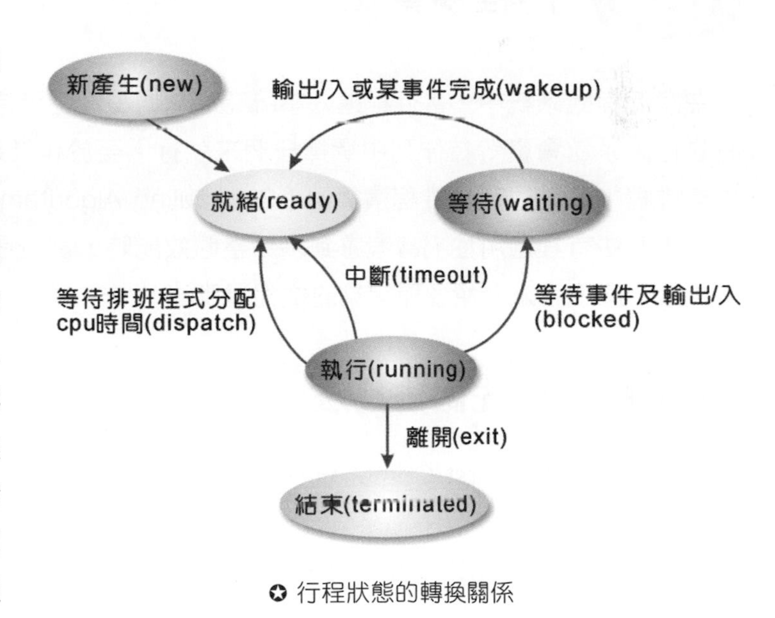

✪ 行程狀態的轉換關係

6-4-2 排程效能評估法

在多元程式系統中，排班程式可以安排行程的工作順序。而常見的排班程式效能評估要素有「回轉時間」、「等待時間」、「回應時間」、「CPU 利用率」及「生產量」五種，分別介紹如下：

效能評估要素	解釋與說明
回轉時間 （Turnaround Time）	行程從等候載入到記憶體開始算起，到行程執行結束所花費的時間。也就是三種行程狀態（Ready、Running、Waiting）的時間總和。
等待時間 （Waiting Time）	行程在等待佇列中所花費的時間，也就是行程狀態為 Ready 及 Waiting 的時間總和。
回應時間 （Response Time）	行程開始執行到第一次有回應所花費的時間。
CPU 利用率 （CPU Utilization）	CPU 利用率 $=\frac{\text{CPU 處理行程佔用 (Busy) 的時間}}{\text{CPU 處理行程佔用 (Busy) 的時間 +CPU 閒置 (Idle) 的時間}}\times 100$
生產量 （Throughput）	單位時間內完成的行程總數。

6-5 排程演算法

在多元程式系統中，當行程進入系統時，它們是放在等待佇列之中。這些工作無法同時執行，系統會從等待佇列中選擇一個來執行。至於作業系統如何安排與選擇 CPU 的作業排程，則必須藉由排程演算法（Scheduling Algorithm）來挑選行程。每一種 CPU 排程演算法有其適用性，當考慮到系統整體效能時，當然是以提升系統效能為最大的考慮要素，底下就來介紹各種常見的排程演算法。

6-5-1 先到先做排程法

先來先做排程（First-Come, First-Served, FCFS）是依行程到達等待佇列（Ready Queue）的時間先後順序，來分配 CPU 時間以供執行。當取得 CPU 使用權的行程，便可執行到該行程結束為止。FCFS 屬於一種「非搶奪式」方式，所謂「非搶奪式」（Non-preemptive）不允許執行中的行程被中斷，使用者所感受到的反應時間較長，不過每個行程執行結束時間較容易預測。

範 例

有三個行程（Process）P1、P2、P3，其進入等待佇列（Ready Queue）的時間先後順序為 P1、P2、P3，而且這三個行程的執行時間（Burst Time）分別為 40,20,35。請您以甘特圖（Gantt Chart）繪出先來先做（First-Come, First-Served, FCFS）的排班情況，並分別計算平均等待時間（Waiting Time）及平均回復時間（Turnaround Time）。

解答

以 FCFS 排班所繪出的甘特圖如下：

P1 (40)	P2 (20)	P3 (35)
0–40	40–60	60–95

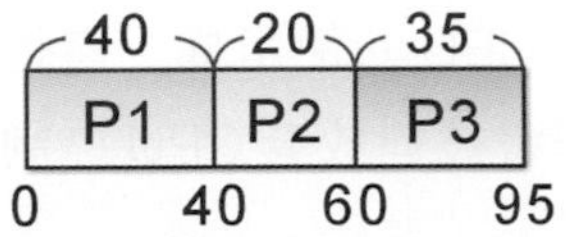

那麼：

平均等待時間 $= \frac{(0 + 40 + 60)}{3} = 33.33$

平均回復時間 $= \frac{(40 + 60 + 95)}{3} = 65$

6-5-2 最短工作優先排程法

最短工作優先（Shortest–Job-First, SJF）是指到達等待佇列的行程，執行時間愈短的行程可優先取得 CPU 控制權，所以這種排程法會先挑選執行時間較短的行程，SJF 屬於一種「非搶奪式」方式。

範 例

有三個行程（Process）P1、P2、P3，其進入等待佇列（Ready Queue）的時間先後順序為 P1、P2、P3，而且這三個行程的執行時間（Burst Time）分別為 40,20,35。請您以甘特圖（Gantt Chart）繪出最短工作優先（Shortest–Job-First, SJF）的排班情況，並分別計算平均等待時間（Waiting Time）及平均回復時間（Turnaround Time）。

解答

以 SJF 排班所繪出的甘特圖如下：

P2 (20)	P3 (35)	P1 (40)
0–20	20–55	55–95

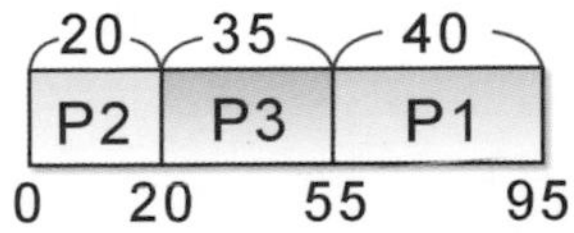

那麼：

$$平均等待時間 = \frac{(0 + 20 + 55)}{3} = 25$$

$$平均回復時間 = \frac{(20 + 55 + 95)}{3} = 56.66$$

6-5-3 最短剩餘優先排程法

最短剩餘優先（Shortest Remaining Time First, SRTF）排程意指具有最短 CPU Burst Time 的行程，有優先取得 CPU 的使用權，當行程執行時，若其執行時間大於新到達行程的執行時間，則此行程會被迫放棄 CPU 控制權，交由新的行程來執行，屬於「搶奪式」（Preemptive）排程。

SRTF 即是在執行時，擁有較小的執行時間的行程將取得 CPU 的使用權，因此，新進入等待佇列的行程仍可隨時插隊。但是 SJF 排程執行時，不可被新行程插隊，要等到執行完畢才會交出 CPU 控制權。

範 例

有三個行程（Process）P1、P2、P3，其進入等待佇列（Ready Queue）的時間先後順序為 P1、P2、P3，且到達時間分別為 0,5,10，而且這三個行程的執行時間（Burst Time）分別為 40,20,35。請您以甘特圖（Gantt Chart）繪出最短剩餘優先（Shortest Remaining Time First, SRTF）的排班情況，並分別計算平均等待時間（Waiting Time）及平均回復時間（Turnaround Time）。

請您以甘特圖（Gantt Chart）繪出最短剩餘優先（Shortest Remaining Time First, SRTF）的排班情況，並分別計算平均等待時間（Waiting Time）及平均回復時間（Turnaround Time）。

解答

以 SRTF 排班所繪出的甘特圖如下：

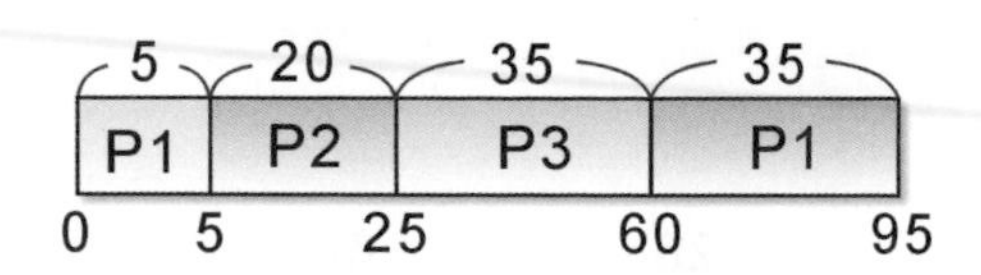

其中：

$$平均等待時間 = \frac{[0 + (5 - 5) + (25 - 10) + (60 - 5)]}{3} = \frac{70}{3}$$

$$平均回復時間 = \frac{[(95 - 0) + (25 - 5) + (60 - 25)]}{3} = 50$$

6-5-4 優先權排程法

優先權排程（Priority Scheduling, PS）為優先佇列的應用，等待佇列的每一個行程都賦予一個優先權（Priority），優先等級較高（Highest Priority Out First, HPOF）的行程可以優先取得 CPU 的使用權。

範例

有三個行程（Process）P1、P2、P3，其進入等待佇列（Ready Queue）的時間先後順序為 P1、P2、P3，而且這三個行程的執行時間（Burst Time）分別為 40,20,35。在此設定每個 P1、P2、P3 的優先次序值分別為 3,1,2（此處假設數值越小其優先權越低；數值越大其優先權越高），請您以甘特圖（Gantt Chart）繪出優先權排程（Priority Scheduling, PS）的排班情況，並分別計算平均等待時間（Waiting Time）及平均回復時間（Turnaround Time）。

解答

以 PS 排班所繪出的甘特圖如下：

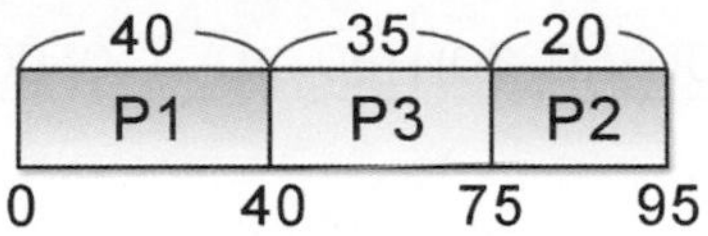

P1 (40)	P3 (35)	P2 (20)
0–40	40–75	75–95

其中：

$$平均等待時間 = \frac{[(0 - 0) + (40 - 0) + (75 - 0)]}{3} = \frac{115}{3}$$

$$平均回復時間 = \frac{[(40 + 75 + 95]}{3} = 70$$

6-5-5 循環分配排程法

循環分配（Round Robin）排程方式仍以先到者先服務，首先會訂立每一個行程使用 CPU 的配額時間，當在配額時間用完後，如果該行程還沒有完成工作，則會被迫放棄 CPU 控制權，並回到等待佇列排隊，同時會將控制權移轉到下一個等待執行的工作。如此循環執行，直到所有行程結束為止。循環分配排程屬於一種「可搶奪式」的排程法，這種排程法適用於分時處理。

範 例

有三個行程（Process）P1、P2、P3，其進入等待佇列的時間先後順序為 P1、P2、P3，而且這三個行程的執行時間分別為 40,20,35。在此設定每個行程使用 CPU 的時間額度為 10，請您以甘特圖繪出循環分配（Round Robin, RR）的排班情況，並分別計算平均等待時間（Waiting Time）及平均回復時間（Turnaround Time）。

解答

以 RR 排班所繪出的甘特圖如下：

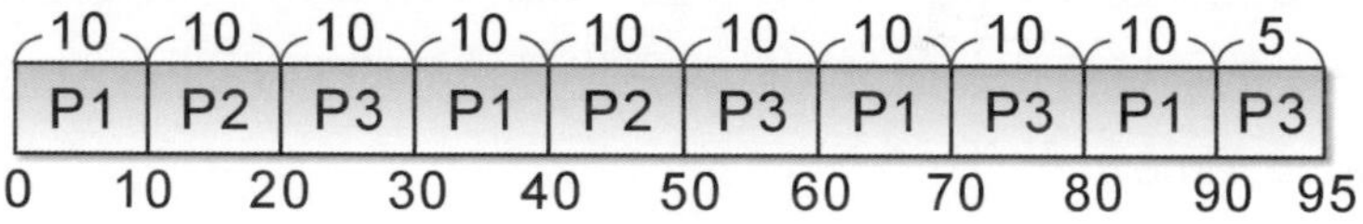

10	10	10	10	10	10	10	10	10	5
P1	P2	P3	P1	P2	P3	P1	P3	P1	P3

0　10　20　30　40　50　60　70　80　90　95

其中：

平均等待時間

$$=\frac{[0+10+20+(30-10)+(40-20)+(50-30)+(60-40)+(70-60)+(80-70)+(90-80)]}{3}=\frac{140}{3}$$

$$\text{平均回復時間}=\frac{(90+50+95)}{3}=\frac{235}{3}$$

6-6 認識程式語言

「程式語言」就是一種人類用來和電腦溝通的語言，也是用來指揮電腦運算或工作的指令集合。程式語言是一行行的指令與程式碼，可以將人類的思考邏輯和語言轉換成電腦能夠了解的語言，也就是直接利用 0 與 1 的二進位元模式機器語言來溝通。

沒有最好的程式語言，只有是否適合的程式語言，程式語言本來就只是工具，從來都不是重點。程式語言發展的歷史已有半世紀之久，由最早期的機器語言發展至今，已經邁入到第五代自然語言。每一代的語言都有其特色，並且一直朝著容易使用、除錯與維護功能更強的目標來發展。基本上，不論任何一種語言都有其專有語法、特性、優點及相關應用的領域。依照其演進過程分類如：

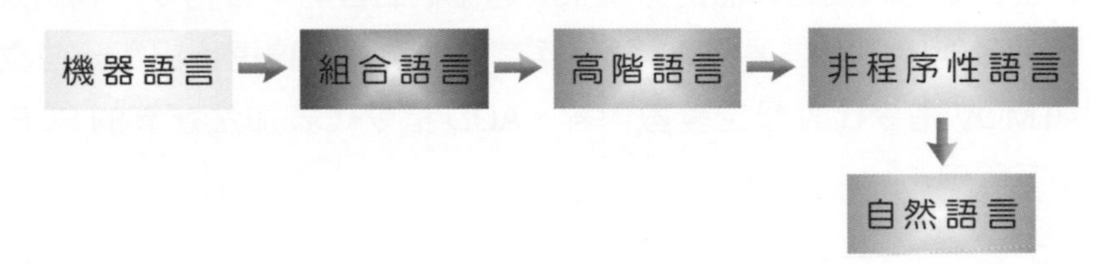

✪ 程式語言發展史

6-6-1 機械語言

機械語言（Machine Language）是最早期的程式語言，由 1 和 0 兩種符號構成，也是電腦能夠直接閱讀與執行的基礎語言，也就是任何程式在執行前都必須被轉換為機械語言。例如「10111001」代表「設定變數 A」，而「00000010」代表「數值 2」。當指示電腦將變數 A 設定為數值 2 時，機械語言寫法為：

```
10111001 （設定變數A）
00000010 （將A設定為數值2）
```

一段機器語言記錄了運作的種類及所要處裡的資料之相關訊息。不同的機器碼會引起計算機上不同電路產生動作，例如加法的機器碼會引起加法器產生動作。至於如何引起不同電路產生動作，則牽涉到計算機硬體的設計。通常在設計中，會加上一個機器碼解譯單元，對於不同的機器碼，它所解釋出的控制碼就不同，藉此可控制不同的電路產生動作。不過每一家電腦製造商，往往因為電腦硬體設計的不同而開發不同的機械語言。

這樣不但使用不方便，可讀性低也不容易維護，並且不同的機器平台，編碼方式都不盡相同。

6-6-2 組合語言

組合語言（Assembly Language）指令比機器碼指令有意義多了，但與機器語言仍然成一對一的對應，所以與機器語言一樣被歸類為低階語言。用組合語言所寫的程式，事實上也是很接近 CPU 所能認識的格式，只是它在撰寫上比機械語言來的容易多了。每一種系統的組合語言都不一樣，以 PC 而言，用的是 80x86 的組合語言。

假設 01100000B（C0H）是機械語言中，用來告訴 CPU 將 AX 暫存器的值放到記憶體堆疊的指令，若以組合語言來寫，則是用 PUSH AX 來表示。由這個範例可以很清楚的看到，組合語言是用較接近口語的方式來表達機械語言的一些指令。我們只要看到上述的指令，就大致能瞭解它是要將 AX 暫存器存到堆疊裡，這遠比記憶一些數字來的容易多了。例如 MOV 指令代表設定變數內容、ADD 指令代表加法運算的 SUB 指令代表減法運算，如下所示：

```
MOV  A , 2  （變數A的數值內容為2）
ADD  A , 2  （將變數A加上2後，將結果再存回變數A中，如A＝A+2）
SUB  A , 2  （將變數A減掉2後，將結果再存回變數A中，如A＝A-2）
```

6-6-3 高階語言

對一般人來說，純粹用組合語言完成一個程式，仍然是一件很困難的事，到了西元 1954 年，德州儀器（Texas Instruments）公司成功地研究出以矽做成的商業用電晶體，促使現代電腦製造技術的突飛猛進起飛。一些高階語言（High level language）也在這時期發展出來，取代以往所使用的低階語言。例如在 1954 年推出科學用途的 Fortran，與 1959 年商業用途的 COBOL 都是將程式語言賦予更類似人類語文文法般的指令，至此程式設計才變得語法更明瞭，且更具親和力。

顧名思義，高階語言就是比低階語言來更容易懂的程式語言。舉凡是 Fortran、COBOL、Java、Basic、C 或是 C++，都是高階語言的一員。對於高階語言，您所需要做的就是變數宣告，及程式流程的控制。至於那些煩人的記憶體位置，或是在進行麼樣的運算時，該將那個資料搬到什麼暫存器裡的瑣事就都不用費心。一個用高階語言撰寫而成的程式碼，必須經過編譯器或解譯器翻譯為電腦能解讀、執行的低階機器語言的程式，也就是執行檔，才能被 CPU 所執行。相對於組合語言，會顯得較沒有效率，而高階語言的移植性也較組合語言高，可以在不同品牌的電腦上執行。高階語言雖然執行速度較慢，但語言本身易學易用，因此被廣泛應用在商業、科學、教學、軍事…等相關的軟體開發上。

6-6-4 非程序性語言

「非程序性語言」(Non-procedural Language) 也稱為第四代語言，英文簡稱為 4GLS，特點是它的指令和程式真正的執行步驟沒有關聯。程式設計者只須將自己打算做什麼表示出來即可，而不須去理解電腦的執行過程。通常應用於各類型的資料庫系統。如醫院的門診系統、學生成績查詢系統等等，例如資料庫的結構化查詢語言 (Structural Query Language, 簡稱 SQL) 就是一種第四代語言。

如果要使用 SQL 語言來清除既存資料，則使用 DELETE (刪除資料) 命令。比如有些資料過期太久，我們可以將它們歸到歷史記錄檔，並從目前的表格中將此資料刪除，以節省空間，並使查詢效率不致減緩。清除資料命令相當簡單，如下所示：

```
DELETE FROM employees
WHERE employee_id = 'C800312' AND dept_id = 'R01';
```

6-6-5 自然語言

電腦科學家通常將人類的語言稱為自然語言 NL (Natural Language)，比如說中文、英文、日文、韓文、泰文等。自然語言最初都只有口傳形式，要等到文字的發明之後，才開始出現手寫形式。自然語言 (Natural Language) 稱為第五代語言，是程式語言發展的終極目標，當然依目前的電腦技術尚無法完全辦到，因為自然語言使用者口音、使用環境、語言本身的特性 (如一詞多義) 都會造成電腦在解讀時產生不同的結果。還有一點就是電腦能夠詮釋程式語言，是因為程式語言的語法都為事先定義的，當你使用某種語言就得依照其規定的語法來撰寫程式，否則程式無法編譯成功的。更遑論電腦能夠依照程式來執行工作，而自然語言的癥結即在此，如同樣意思的話會因不同的人而有不同的說法，所以自然語言必須搭配人工智慧 (Artificial Intelligence, AI) 技術來發展。

課後評量

1. 簡述 Linux 作業系統的特色。
2. 依照作業系統的特性來區分，可以分為以下三種？
3. DOS 作業系統的工作為何？
4. 試說明嵌入式作業系統的意義與功能。
5. 何謂「分段且分頁」模式（Segmentation With Paging）？
6. 試簡述虛擬記憶體的作法。
7. 分時（Time Sharing）作業系統的運作原理為何？
8. 請說明鬆耦合系統（Loosely Couple System）。
9. 多元程式系統規畫的主要目的為何？
10. 試簡述系統軟體及其工作內容。

CHAPTER

07 多媒體概說

「多媒體」(Multi Media)可以稱為是一項包括多種視聽(audio visual)表現模式的創作，在不同的時期有著不同的定義與內容，而其中的差異主要在於當時的電腦技術背景。近年來由於資訊社會急速發展，電腦科技日新月異，使得個人電腦對各種媒體的處理能力大為增加。因此對於各種媒體內容，均能夠將它們轉化成數位型態的資訊內容，然後再透過電腦加以整合與運用，最後配合周邊設備來展示多媒體效果。目前的多媒體相關產品已成功進入整個社會，乃至於家庭生活應用中，使得從電子科技界、資訊傳播界、專業設計業、電信業甚至於教育界和娛樂領域，無不處處充斥著它的影響力。

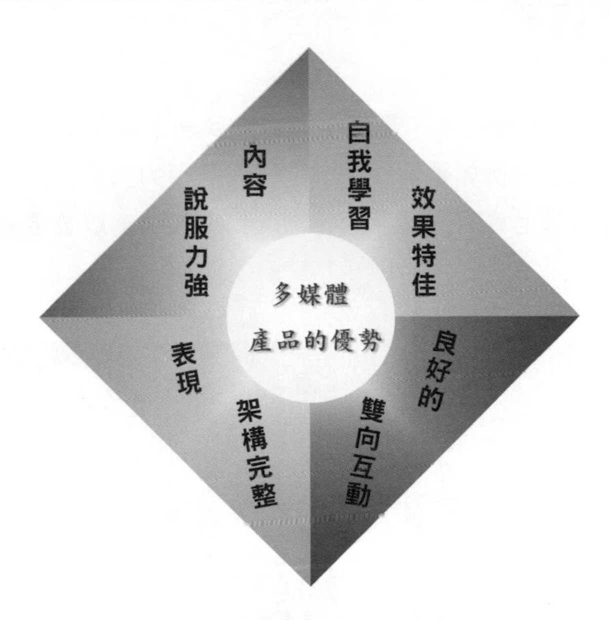

✪ 多媒體產品的四大優點

7-1 多媒體簡介

「多媒體」(Multi Media)可以稱為是一項包括多種視聽表現模式的創作，在不同的時期有著不同的定義與內含，而其中的差異主要在於當時的電腦技術背景。「多媒體」一詞是由「多」(Multi)及「媒體」(Media)兩字組合而成。所謂「媒體」，在今天的定義，則是代表所有能夠傳播資訊的媒介，其內容主要包含了文字(Text)、影像(Images)、音訊(Sound)、視訊(Video)及動畫(Animation)等媒介。因此對於「多媒體」，我們可以這樣定義：「同時運用與整合一個以上的媒體來進行資訊的傳播，而媒體的範圍則包含了文字、影像、音訊、視訊及動畫等素材」。現代多媒體產品的應用範圍則以網站(Web site)呈現與CD-title為最大宗，發展趨勢更由電腦平臺或設計專業人士的特殊工具，轉化為一般大眾的消費性數位產品，包括目前最風行的電視遊樂器、智慧型手機與平板電腦。

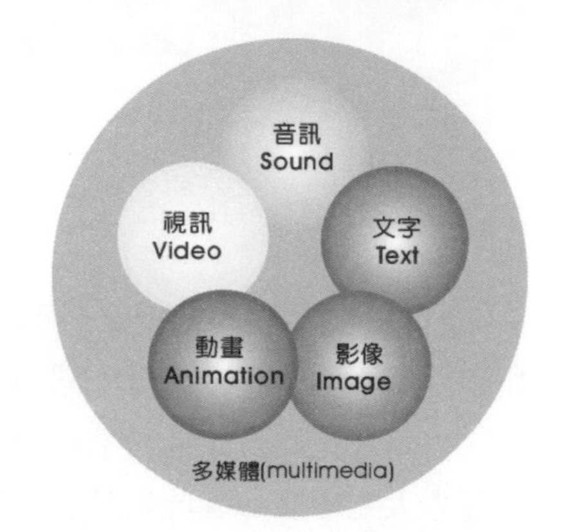

7-2 文字媒體

「文字」是最早出現的媒體型式，甚至可以追溯到數千年前文字發明的時期，人們利用文字來傳遞或交換訊息，例如書信往返就是一個明顯的例子。後來在進入資訊化社會以後，開始將平常在紙張上書寫的文字內容輸入到電腦中，以讓電腦來協助處理這些文字媒體。

✪ 影像融入文字中的效果及文字與背景色的對比效果

字型就是指文字表現的風格和式樣。以中文字而言，是相當具有美感與創意，而中文字型就是漢字作為文字被人們所認識的圖形。而字體就是由數量粗細不同的點和線所構成的骨架。例如各位耳熟能詳的粗體、斜體、細明體、標楷體等。文字的字型型態，通常可區分為「點陣字」與「描邊字」兩種類型。我們將分別介紹如下：

7-2-1 點陣字

點陣字主要是以點陣圖案的方式來構成文字，也就是說，是一種採用圖形格式（Paint-Formatting）的電腦文字來表示文字外型。例如一個大小為 24×24 的點陣字，實際上就是由長與寬各為 24 個黑色「點」（Dot）所組成的一個字元。因此如果將一個 16×16 大小的點陣字放大到 24×24 的大小，那麼在這個字元的邊邊，就會出現鋸齒狀失真的現象。

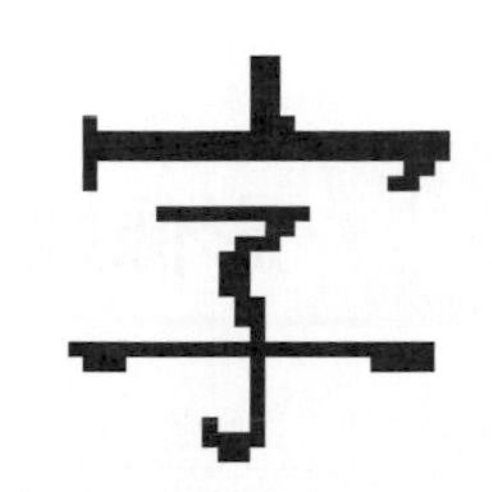

✪ 點陣字放大後，會出現鋸齒狀

7-2-2 描邊字

「描邊字」則是採用數學公式計算座標的方式來產生電腦文字。因此當文字被放大或縮小時，只要改變字型的參數即可，而不會出現失真的現象。目前字型廠商所研發的字型集大都屬於此類型，例如華康字型、文鼎字型…等。

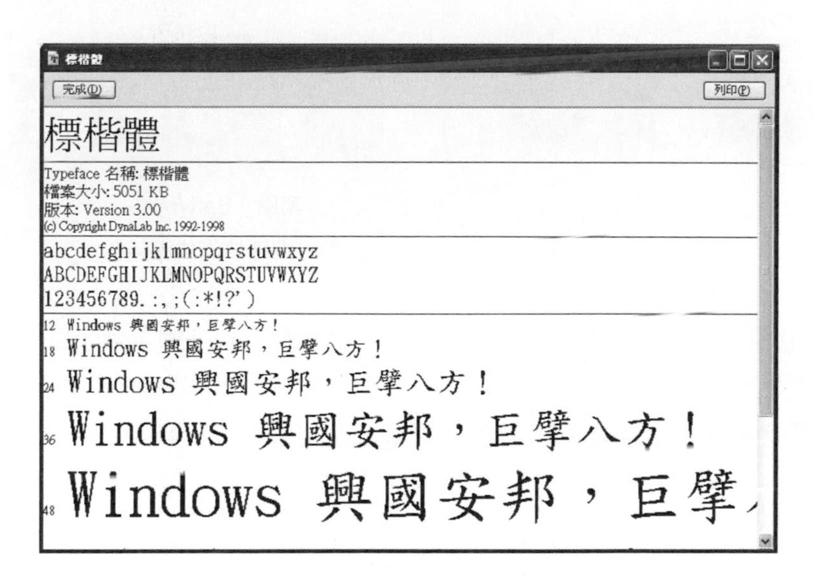

✪ 描邊字型即使放大也不會失真

由於文件交換牽涉各組織有不同版本與作業系統的問題，不同的字型編碼及樣式，在不同的電腦系統或作業環境下，會產生不同的顯示結果，因此後來發展出跨平台的電子文件格式，利用軟體技術將文件轉換成統一的格式，所謂 PDF（Portable Document Format）是一種可攜式電子文件，不論使用何種電腦平台或應用軟體編輯的文件，幾乎都可轉換成 PDF 格式互通使用。

7-3 影像媒體

原圖

套用「Earlybird」

✪ IG 社群上美美的濾鏡效果就是影像處理技術的應用

日常生活中隨處可見的傳統照片、圖片、手繪海報及電視畫面等，都可以算是影像的一種，隨著科技的進步，現階段所見的影像都由電腦配合相關軟體來處理。電腦的影像是由形狀和色彩所組合而成的，但是運用電腦來繪圖時，就必須牽涉到電腦資料的計算、色彩深度、色彩模式等問題。

例如數位相片透過影像處理軟體的自動或半自動編修，包含各種藝術的特殊效果處理，如水彩、彩色炭筆、浮雕、拼圖、磁磚等功能，就算遇到不完美的拍攝時機，也都能創造出完美的作品：

原圖

磁磚

✪ 數位相片的精彩編修特效

7-3-1 數位影像類型

首先來認識數位影像的類型。常見的數位影像類型可分為點陣圖與向量圖兩種，分別介紹如下：

點陣圖

點陣圖指影像是由螢幕上的像素（Pixel）所組成。所謂像素，就是螢幕畫面上最基本的構成粒子，每一個像素都記錄著一種顏色。而像素的數目越多，圖像的畫質就更佳，例如一般的相片。解析度（Resolution）是指每一英吋內的像素粒子數，則是決定點陣圖影像品質與密度的重要因素，通常是密度愈高，影像則愈細緻，解析度也愈高。例如畫面上的 1024×768 解析度，指的就是水平寬度為 1024 個像素，而垂直高度為 768 個像素的螢幕畫面：

解析度：300

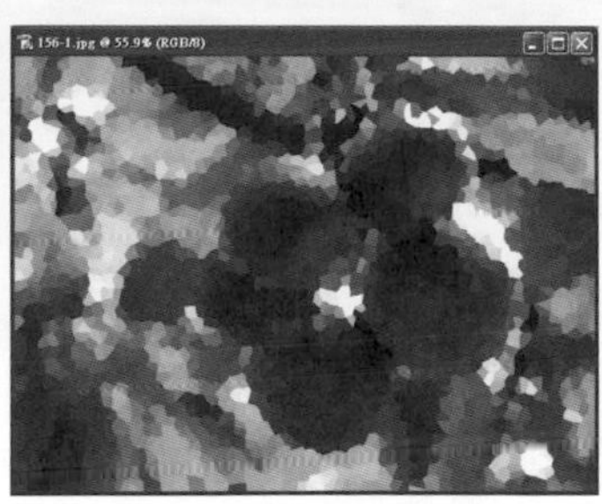

解析度：150

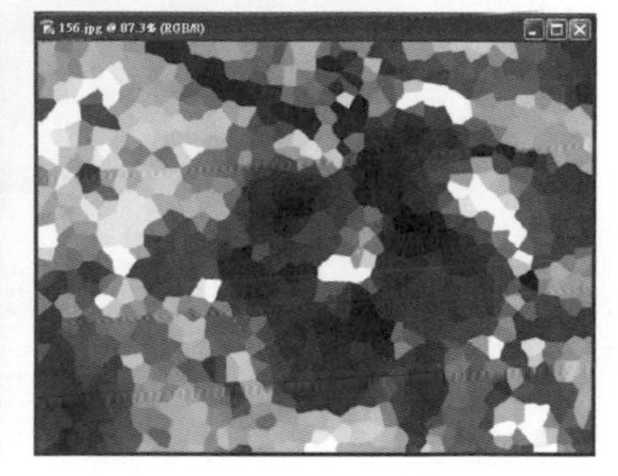

解析度：96

✪ 解析度越高，畫質越清晰

點陣圖的優點是可以呈現真實風貌，而缺點則為影像經由放大或是縮小處理後，容易出現失真的現象。常見的 Photoshop、PhotoImpact、小畫家等，即為點陣圖影像編輯軟體。

✪ 點陣圖放大後會產生失真現象

向量圖

向量圖形是由線條及面所組成，所有繪製的圖形均是由電腦數學計算式所描述繪成，顯像時再將結果來顯示。因為每次放大、縮小時都會重新計算過所以，就不會造成失真現象，另外由於向量圖形只需紀錄各點的座標就能將圖形呈現，檔案所佔用空間會比點陣圖形小上許多。無法表現出如點陣圖般的明暗、顏色等細致變化。常常應用於電腦繪畫領域，例如 CorelDraw、AutoCAD、Illustrator、Flash，即為此類型編輯軟體。

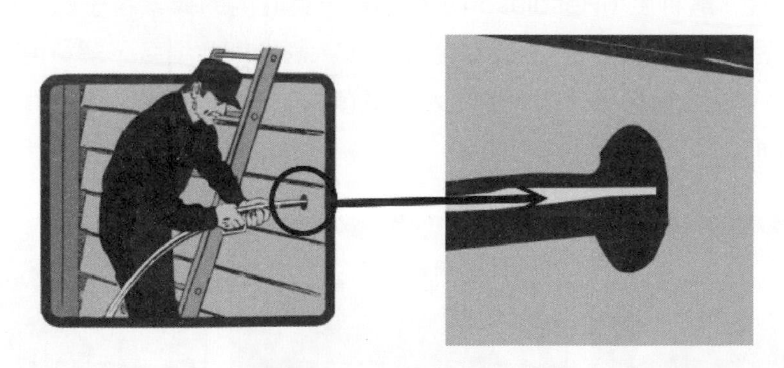

✪ 向量圖放大時不會產生失真現象

7-3-2 影像色彩模式

所謂的色彩模式，就是電腦影像上的色彩構成方式，或是決定用來顯示和列印影像的色彩模型。而電腦影像中，常用的色彩模式如下介紹。

RGB 色彩模式

所謂色光三原色，則為紅（Red）、綠（Green）、藍（Blue）三種。如果影像中的色彩皆是由紅（Red）、綠（Green）、藍（Blue）三原色各 8 位元（Bit）進行加法混色所形成，而且同時將此三色等量混合時，會產生白色光，則稱為 RGB 模式。所以此模式中每一個像素是由 24 位元（3 個位元組）表示，每一種色光都有 256 種光線強度（也就是 2^8 種顏色）。三種色光正好可以調配出 2^{24} = 16,777,216 種顏色，也稱為 24 位元全彩。例如在電腦、電視螢幕上展現的色彩，或是各位肉眼所看到的任何顏色，都是選用「RGB」模式。

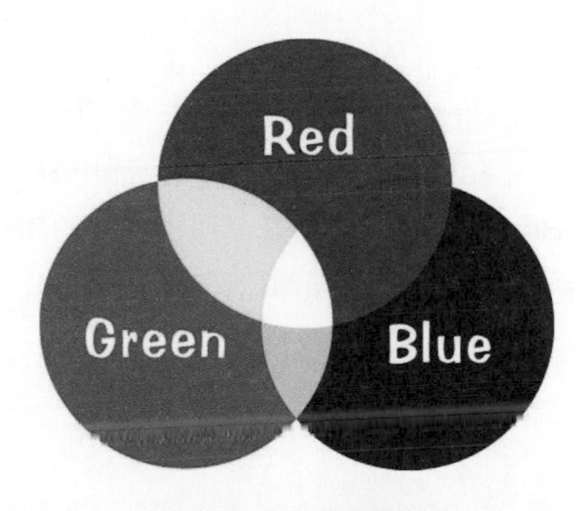

✪ 色光三原色圖

CMYK 色彩模式

所謂色料三原色，則為洋紅色（Magenta）、黃（Yellow）、青藍（Cyan）。至於 CMYK 色彩模式是由 C 是青色，M 是洋紅，Y 是黃色，K 是黑色，進行減法混色所形成，將此三色等量混合時，會產生黑色光。CMYK 模式是由每個像素 32 位元（4 個位元組）來表示，也稱為印刷四原色，屬於印刷專用，而其影像檔為向量圖檔，適合印表機與印刷相關用途。由於 CMYK 是印刷油墨，所以是用油墨濃度來表示，最濃是 100%，最淡則是 0%。一般的彩色噴墨印表機也是這四種墨水顏色。另外 CMYK 模式所能呈現的顏色數量會比 RGB 模式少，所以在影像軟體中所能套用的特效數量也會相對較少。故在使用上會先在RGB模式中套用所需特效，等最後輸出時，再轉換為CMYK模式。

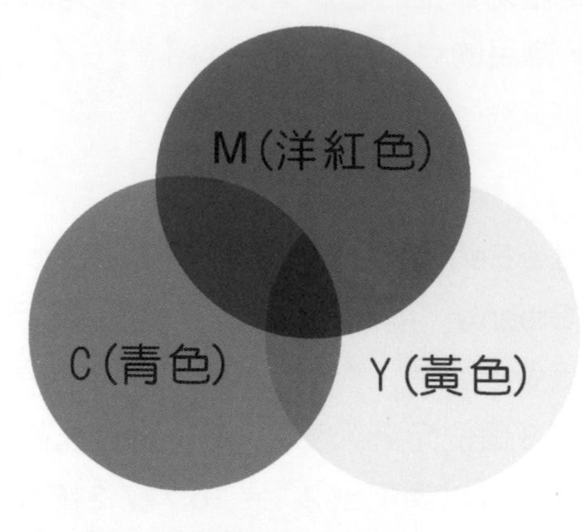

✪ 色料三原色圖

■ HSB 模式

還有一種HSB模式，可看成是RGB及CMYK的一種組合模式，其中HSB模式是指人眼對色彩的觀察來定義。在此模式中，所有的顏色都用H（色相，Hue）、S（彩度，Saturation）及B（亮度，Brightness）來代表，可視為是RGB及CMYK的一種組合模式，也是指人眼對色彩的觀察來定義，在螢幕上顯示色彩時，會有較逼真的效果。

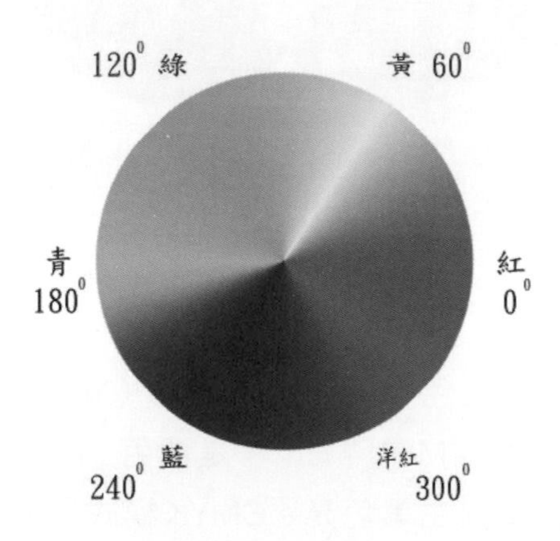

✪ HSB模式的色相環

7-3-3 影像色彩類型

由於一個位元只能表現出黑白兩色，我們平常所說的「色彩深度」便是以位元來表示，當位元數目越高，就代表影像所能夠具有的色彩數目越多，相對地，影像的漸層效果就越柔順。如下表所示：

色彩深度	1 位元	2 位元	4 位元	8 位元	16 位元	24 位元
色彩數目	2 色	4 色	16 色	256 色	65536 色（高彩）	16777216 色（全彩）

在一般常見的數位影像色彩中，主要區分成以下六種影像色彩類型。

黑白模式

在黑白色彩模式中，只有黑色與白色。每一個像素用一個位元來表示。這種模式的圖檔容量小，影像比較單純。但無法表現複雜多階的影像顏色，不過可以製作黑白的線稿（Line Art），或是只有二階（2 位元）的高反差影像。

✪ 黑白影像圖

灰階模式

可以製作灰階相片，每一個像素用 8 個位元來表示，亮度值範圍為 0~255，0 表示黑色、255 表示白色，共有 256（2^8）個不同層次深淺的灰色變化，也稱為 256 灰階。

16 色模式

每一個像素用 4 位元來表示，共可表示 16 種顏色，為最簡單的色彩模式，如果把某些圖片以此方式儲存，會有某些顏色無法顯示。

256 色模式

每一個像素用 8 位元來表示，共可表示 256 種顏色，已經可以把一般的影像效果表達的相當逼真，也是目前常用的彩色模式。

高彩模式

每一個像素用 16 位元來表示，其中紅色佔 5 位元，藍色佔 5 位元，綠色佔 6 位元，共可表示 65536 種顏色。通常在製作多媒體產品時，多半會採用 16 位元的高彩模式，但如果資料量過多，礙於儲存空間的限制，或是想加快資料的讀取速度，我們就會考慮以 8 位元（256 色）來呈現畫面。

全彩模式

每一個像素用 24 位元來表示，其中紅色佔 8 位元，藍色佔 8 位元，綠色佔 8 位元，共可表示 16,777,216 種顏色。全彩模式在色彩的表現上非常的豐富、完整，不過使用全彩模式及 256 色模式，光是檔案資料量的大小就差了三倍之多。

✪ 全彩影像圖

例如對於影像畫面解析度呈現規格來說，通常是採用 640×480、800×600、或 1024×768 的解析度。事實上，影像擁有越高的解析度，影像資料量也會越大。以一張

640×480的全彩（24位元）影像來說，其未壓縮的資料量就需要約900KB的記憶容量（640×480×24/8＝921,600 bytes）。

7-3-4 影像壓縮

當影像處理完畢，準備存檔時，常針對不同軟體的設計，必須選取合適的圖檔格式。不過由於影像檔案的容量都十分龐大，尤其在目前網路如此發達的時代，經常會事先經過壓縮處理，再加以傳輸或儲存。所謂影像壓縮，是根據原始影像資料與某些演算法，來產生另外一組資料，方式可區分為「破壞性壓縮」與「非破壞性壓縮」兩種。主要差距在於壓縮前的影像與還原後結果是否有失真現象，「破壞性壓縮」壓縮比率大，但容易失真，而「非破壞性壓縮」壓縮比率小，還原後不容易失真。例如PCX、PNG、GIF、TIF是屬於「非破壞性壓縮」格式，而JPG是屬於「破壞性壓縮」。

7-4 音訊媒體

聲音是由物體振動造成，並透過如空氣般的介質而產生的類比訊號，也是一種具有波長及頻率的波形資料，以物理學的角度而言，可分為音量、音調、音色三種組成要素。音量是代表聲音的大小，音調是發音過程中的高低抑揚程度，可以由阿拉伯数字的調值表示，而音色就是聲音特色，就是聲音的本質和品質，或不同音源間的區別。

分貝（dB）是音量的單位，而赫茲（Hz）是聲音頻率的單位，1Hz為每秒震動一次。

7-4-1 語音數位化

因為聲音訊號是屬於連續性的類比訊號，而電腦只能辨識0或1的數位訊號，所以我們可以將麥克風所收錄的類比訊號轉為數位訊號，稱為ADC（Analog-to-Digital Conversion），或將處理完後的數位訊號轉換為類比音號透過喇叭輸出，則稱為DAC（Digital-to-Analog Conversion）。所謂語音數位化，則是將類比語音訊號，透過取樣、切割、量化與編碼等過程，將其轉為一連串數字的數位音效檔。數位化的最大好處是方便資料傳輸與保存，使資料不易失真。例如VoIP（Voice over IP, 網路電話）就是一種提升網路頻寬效率的音訊壓縮型態，不過音質也會因為壓縮技術的不同而有差異。

由於聲音的類比訊號進入電腦中必須要先經過一個取樣（Sampling）的過程轉成數位訊號，這就和取樣頻率（Sample rate）和取樣解析度（Sample Resolution）有密切的關聯，請看以下的說明。

取樣

將聲波類比資料數位化的過程，稱為「取樣」，會產生一些誤差，取樣也分為單聲道（單音）或雙聲道（立體聲）。至於取樣頻率，每秒鐘聲音取樣的次數，以赫茲（Hz）為單位。例如各位使用麥克風收音後，再由電腦進行類比與數位聲音的轉換，轉換之後才能儲存在電腦媒體中。取樣解析度決定了被取樣的音波是否能保持原先的形狀，越接近原形則所需要的解析度越高。

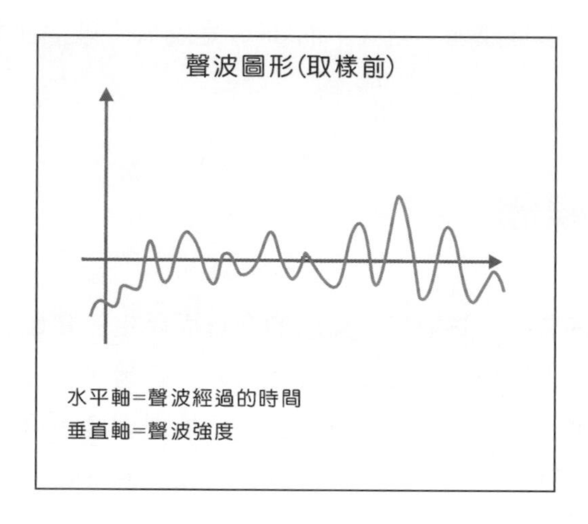

取樣率

取樣時的頻率密度或聲音頻率的取樣範圍。也就是每秒對聲波取樣的次數，以赫茲（Hz）為單位。常見的取樣頻率可分為 11KHz 及 44.1KHz，分別代表一般聲音及 CD 唱片效果。而現在最新的錄音技術，DVD 的標準甚至可達 96 KHz。

密度愈高取樣後的音質也會愈好，取樣頻率越高，表示聲音取樣數越多，失真率就愈小，越接近原始來源聲音，所佔用的空間也越大。

取樣解析度

取樣解析度代表儲存每一個取樣結果的資料量長度，以位元為單位，也就是要使用多少硬碟空間來存放每一個取樣結果。如果音效卡取樣解析度為 8 位元，則可將聲波分為

$2^8 = 256$ 個等級來取樣與解析，而 16 位元的音效卡則有 65536 種等級。如下圖中切割長條形的密度為取樣率，而長條形內的資料量則為取樣解析度：

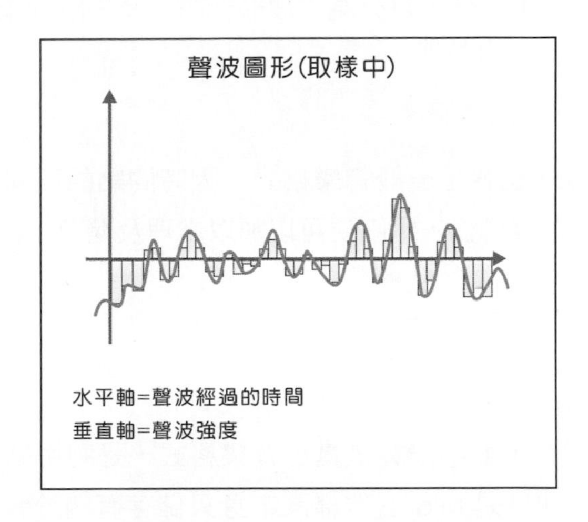

就像各位常聽的 CD 音樂，取樣率則為每秒鐘取樣 44100 次（44.1KHz），取樣解析度為 16 位元（共有 $2^{16} = 65536$ 個位階）。例如 CD 音樂光碟上儲存

1 秒的聲音共有 44100 筆，每筆有 16 位元，因此資料量是：

44100×16 = 705600bps = 705.6kbps

下圖則是將代表聲波的紅色曲線拿掉，內容所表示的長條圖數值就是轉換後數位音效的資料：

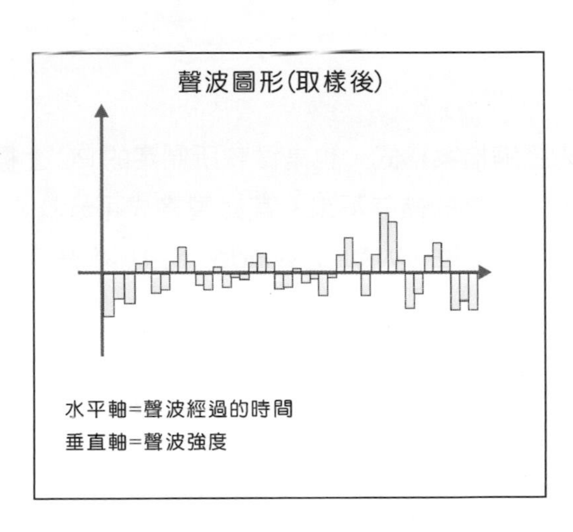

7-4-2 數位音效種類

數位音效依照聲音的種類區分，可分為「波形音訊」及「MIDI 音訊」。分述如下：

波形音訊

是由震動音波所形成，也就是一般音樂格式，因時間點的不同而產生聲音強度的高低。在它轉換成數位化的資料後，電腦便可以加以處理及儲存，例如旁白、口語、歌唱等，都算是波形音訊。

MIDI 音訊

為電腦合成音樂所設計，並不能算是真正音樂格式，是利用儲存於音效卡上的音樂節拍資料來播放音樂。也就是 Midi 音樂檔案本身只儲存有關於音樂的節拍、旋律等資料。它能紀錄各種不同音質的樂器，也能紀錄樂器演奏時所設定的聲音高低、時間長短、以及聲音大小。

7-4-3 音效檔案格式簡介

電腦上所使用的音效檔（經過數位化，能夠在電腦上播放的檔案）種類相當多，根據相關軟體與應用領不同也有區別。例如透過網際網路，用戶可以線上收聽無線電台、訪談、音樂和特效聲等，以下是常用的音效檔案格式介紹：

WAV

為波形音訊常用的未壓縮檔案格式，也是微軟所制定的 PC 上標準檔案。以取樣的方式，將所要紀錄的聲音，忠實的儲存下來。其錄製格式可分為 8 位元及 16 位元，且每一個聲音又可分為單音或立體聲，WAV 是 Windows 中標準語音檔的格式，可用於檔案交流的音樂格式。

MIDI

MIDI（Musical Instrument Digital Interface 的縮寫）為電子樂器與電腦的數位化介面溝通的標準，是連接各種不同電子樂器間的標準通訊協定。它的特點是容量小，音質佳。不直接儲存聲波，而儲存音譜相關資訊。缺點是難以使每台電腦達到一致的播放品質，因為 Midi 格式檔案中的聲音資訊不若 Wave 格式檔案來得豐富。

MP3

MP3是當前相當流行的破壞性音訊壓縮格式，全名為MPEG Audio Layer 3，為MPEG（Moving Pictures Expert Group）這個團體研發的音訊壓縮格式。也就是採用MPEG-1 Layer 3（MPEG-1的第三層聲音）來針對音訊壓縮格式所製造的聲音檔案，可以排除原始聲音資料中多餘的訊號，並能讓檔案大量減少。例如使用早期的電腦音樂格式，這些檔案可能超過20MB以上，而使用MP3格式來儲存，一首歌曲的大小可以低於3MB，而仍然維持相當不錯的音質。

MP4

MP4格式，為多媒體數據壓縮提供了一個更為廣闊的平台，定義的是一種規格而不像MP3是種具體演算法。所使用的是MPEG-2 AAC技術，可以將各種各樣的多媒體技術充分用進來，影像畫質接近DVD，且音質更好，但壓縮比更高，容量也較小。另外MP3只能呈現音訊，但MP4可以是影片、音訊、影片、音訊的方式呈現。其中MP4播放器（Mp4 Player），是一種攜帶型媒體播放器，除了可聽MP3音樂外，還可欣賞影片、瀏覽數位照片等。

7-5 視訊媒體

視訊，就是由會動的影像與聲音兩要素所構成，通常是由一連串些微差異的實際影像組成，當快速放映時，利用視覺暫留原理，影像會產生移動的感覺，這正是視訊播放的基本原理。例如從電影、電視或是錄影機中所播放出來的內容，皆屬於視訊的一種。而在科技不斷進步下，數位化視訊的風潮已經席捲全球視訊資料在數位化之後，不但產生的效果更加豐富與更清晰的畫質，而且只要使用適合的編修剪輯軟體，一般人就能輕鬆學習到視訊資料的處理與製作。

7-5-1 視訊原理簡介

我們知道當電影從業人員使用攝影機在拍攝電影時，便是將畫面記錄在連續的方格膠卷底片，等到日後播放時再快速播放這些靜態底片，達成讓觀眾感覺上有畫面動作的效果。通常每秒所顯示的畫格數越多，動態的感覺越流暢自然，這些所拍攝的畫面即為類比式視訊。

視訊資料在無線或有線傳輸的環境下可轉換成無線電波來傳送，視訊的型態可以分為兩種：一種是類比視訊，例如電視、錄放影機、V8、Hi8 攝影機所產生的視訊；另一種則為數位視訊，例如電腦內部由 0 與 1 所組成的數位視訊信號（signal），分述如下：

類比視訊

類比視訊的訊號傳輸是利用有線或無線的方式來進行傳送。所謂類比訊號是一種連續且不間斷的波形，藉由波的振幅和頻率來代表傳遞資料的內容。不過這種訊號的傳輸會受傳輸介質、傳輸距離或外力而產生失真的現象。例如 NTSC 標準是國際電視標準委員會（National Television Standard Committee），所制定的電視標準，其中基本規格是 525 條水平掃描線、FPS（每秒圖框、畫格）為 30 個。目前世界各國的電視系統已逐漸淘汰類比訊號電視系統，美國從 2009 年開始推行數位電視，我國則在 2012 年 7 月起台灣 5 家無線電視中午正式關閉類比訊號，完成數位轉換。

數位視訊

數位視訊是以視訊訊號的 0 與 1 來記錄資料，這種視訊格式比較不會因為外界的環境狀態而產生失真現象，不過其傳輸範圍與介面會有其限制。由於數位視訊會產生大量的資料，這會造成傳輸與儲存的不便，因此發展出 AVI、MOV、MPEG 視訊壓縮格式。數位視訊資料可以透過特定傳輸介面傳送到電腦之中，由於資料本身儲存時便以數位的方式，因此在傳送到電腦的過程中不會產生失真的現象，透過視訊剪輯軟體，使用者可以來進行編輯工作。無線電視數位化是世界潮流，數位電視播出方式可分為高畫質數位電視（HDTV）及標準畫質數位電視（SDTV），HDTV 解析度為 1920×1080，SDTV 解析度為 720×480。目前全球數位電視的規格三大系統：分別為美國 ATSC（Advanced Television Systems Committee）系統、歐洲 DVB-T（Digital Video Broadcasting）系統及日本 ISDB-T（Integrated Services Digital Broadcasting）系統，台灣數位電視系統則是採用歐洲 DVB-T 系統。

7-5-2 視訊檔案格式簡介

相信各位對於視訊壓縮有了基本認識後，我們要繼續介紹常用的視訊檔案規格：

MPEG

MPEG 是一個協會組織（Motion Pictures Expert Group）的縮寫，專門定義動態畫面壓縮規格，是一種圖像壓縮和視訊播放的國際標準，並運用較精緻的壓縮技術，可運用於電影、視訊、及音樂等。所以 MPEG 檔的最大好處在於其檔案較其他檔案格式的檔案小許多，MPEG 的動態影像壓縮標準分成幾種，MPEG-1 用於 VCD 及一些視訊下載的網路應用上，可將原來的 NTSC 規格的類比訊號壓縮到原來的 1/100 大小，在燒成 VCD 光碟後，畫質僅相當於 VHS 錄影帶水準，可在 VCD 播放機上觀看。

MPEG-2 相容於 MPEG-1，除了做為 DVD 的指定標準外，於 1993 年推出的更先進壓縮規格，較原先 MPEG-1 解析度高出一倍。還可用於為廣播、視訊廣播，而 DVD 提供的解析度達 720 x 480，所展現的影片品質較 MPEG-1 支援的錄影帶與 VCD 高出許多。至於 MPEG-4 規格畫壓縮比較高，MPEG-4 的壓縮率是 MPEG-2 的 1.4 倍，影像品質接近 DVD，同樣是影片檔案，以 MP4 錄製的檔案容量會小很多，所以除了網路傳輸外，目前隨身影音播放器或手機，都是以支援此種格式為主。例如以 MPEG 4 儲存 2 小時的影片，則約需要 650 MB 的硬碟空間，約可以放入一片 CD 片內。

Avi

Audio Video Interleave，即音頻視訊交叉存取格式，是由微軟所發展出來的影片格式，也是目前 Windows 平台上最廣泛運用的格式。它可分為未壓縮與壓縮兩種，一般來講，網路上的 avi 檔都是經過壓縮，若是 avi 檔案沒有事先經過壓縮，則會佔據很大的檔案容量，就不適合在網路上進行傳送。

DivX

由 Microsoft mpeg-4v3 修改而來，使用 MPEG-4 壓縮算法，最大的特點就是高壓縮比和清晰的畫質，更可貴的是 DivX 的對電腦系統要求也不高。

7-6 動畫媒體

「動畫」已經成為一種新興時尚的必需品，而且已經無所不在的融入了現代人的生活，從廣義的角度來看，動畫原理和視訊類似，都是利用視覺暫留原理來產生畫面上的連續動作效果，並透過剪接、配樂與特效設計所完成的連續動態影像動畫。兩者間主要的區別，在於對事物及動作的描述方式不同。

7-6-1 動畫原理

動畫的基本原理，也就是以一種連續貼圖的方式快速播放，再加上人類「視覺暫留」的因素，因而產生動畫呈現效果。什麼是「視覺暫留」現象？指的是您的「眼睛」和「大腦」聯合起來欺騙自己所產生的幻覺。當有一連串的「靜態影像」在您面前「快速的」循序播放時，只要每張影像的變化夠小、播放的速度夠快，您就會因為視覺暫留而產生影像移動的錯覺。

例如以下的 6 張影像，每一張影像的不同之處在於動作的細微變化，如果能夠快速的循序播放這 6 張影像，那麼您便會因為視覺暫留所造成的幻覺而認為影像在運動。如下圖所示：

以電影而言，其播放的速度為每秒 24 個靜態畫面，基本上這樣的速度不但已經非常足夠令您產生視覺暫留，而且還會令您覺得畫面非常流暢（沒有延遲現象）。由於衡量影像播放速度的單位為「FPS」（Frame Per Second），也就是每秒可播放的畫框（Frame）數，一個畫框中即包含一個靜態影像。不過也不是一味的調高 FPS 就可以解決所有的問題，過高的 FPS 並不保證能帶來最好的效果，並且您該考慮到電腦的等級，在應該多在不同的平台上執行看看，以設定最佳的動畫播放速度。

7-6-2 2D 動畫

2D 動畫主要是以線條繪製為主，再逼真也有限，也就是 2D 動畫中每個景物皆以平面繪圖方式達成，如果將物體上任何一點引入 2D 直角坐標系統，那麼只需（X, Y）兩個參數就能表示其在水平和高度的具體位置。因此無法顯現出物體在空間中的立體感。動畫是由一張一張的圖所構成，因此對於 2D 圖形只需考慮所顯示景物的表面形態和平面移動方向情況即可。至於圖形的儲存方式可區分為位元影像圖（Bitmap）與向量圖（Vector）方式兩種，例如 Adobe 所推出的 Flash 就是一種 2D 動畫軟體。

✪ 電腦繪圖的興起讓 2D 動畫的製作更加精緻與普遍

7-6-3 3D 動畫

由 2D 空間增加到 3D 空間，則物件由平面變化成立體，因此在 3D 空間的圖形，必須比 2D 空間多了一個座標軸。所謂 3D（Three-Dimension），其實就是三維的意思，也就是 X 軸、Y 軸加上 Z 軸，多了 Z 軸的考量因素，使物件有了前後及景深的效果，而且可以用任何角度去觀賞物件。

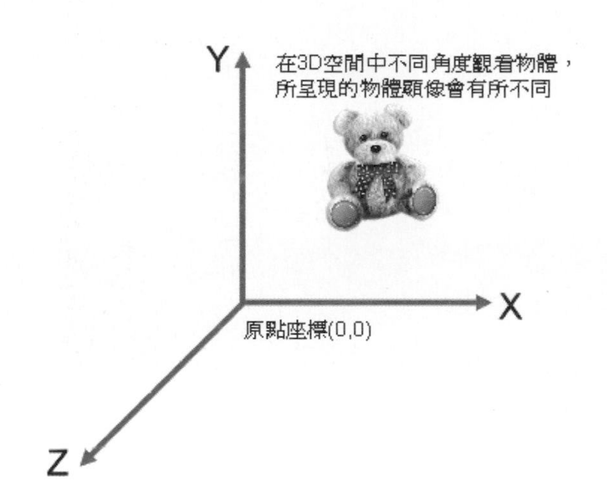

不同於一般 2D 動畫的製作，3D 動畫需針對不同應用環境的需求，於影像的製作過程中，必須考量場景深淺，精準地掌握雙眼視差的特性。並依據物件的形狀、材質、光線從不同的距離、角度照射在表面之上，所展現出的顏色層次感。接著還要能夠精準地掌握視差的特性，才能適當地顯現具有層次感的立體特效與影像。

課後評量

1. 請說明多媒體的定義。
2. 列舉至少三種現代多媒體的特性。
3. 簡述多媒體編輯軟體的類型。
4. 如果以軟體素材來區分，多媒體有那幾種編輯工具？
5. 多媒體檔案包括那幾種類型的資料？
6. 請舉出五種圖形編輯常用的檔案格式。
7. 請舉出三種聲音常用的檔案格式。
8. 目前國際間對於視訊的處理主要有那三種標準。
9. 常用的視訊格式有那五種？

CHAPTER

08 現代化資訊管理

蒸氣機的發明帶動了工業革命，電腦的發明則帶動了知識經濟與商業革命。從早期電腦單純在計算上的應用，到今日廣泛進入現代人的日常生活與企業組織內部，不但改變了生活型態與工作方式，甚至於幫助高層管理者進行決策與創造競爭優勢。現代化的資訊管理（Information Management）為資訊與管理兩大領域下的產物，最簡單的定義可以視為是企業組織對於內部相關資訊所採取的各項管理活動總稱，其中所涵蓋的學科範圍，包括了經濟學、電腦軟硬體科學、管理學、心理學、組織學、社會學等。

✪ 資訊管理成為企業成長的必要課題

當知識大規模的參與影響社會經濟活動，創造知識和應用知識的能力與效率正式凌駕於土地、資金等傳統生產要素之上，就是以知識作為主要生產要素的經濟形態，並且擁有、分配、生產和著重使用知識的新經濟模式，就是所謂「知識經濟」（Knowledge Economy）。

8-1 資訊管理簡介

「資訊管理」(Information Management)科學就是以管理學的理論與方法，應用流通訊息的管道與資訊科技，期望達到企業組織中的人員與資訊設備達成一個最佳整合。從管理學與資訊技術結合的角度來看，「資訊管理」的構成要素包括下列四種：

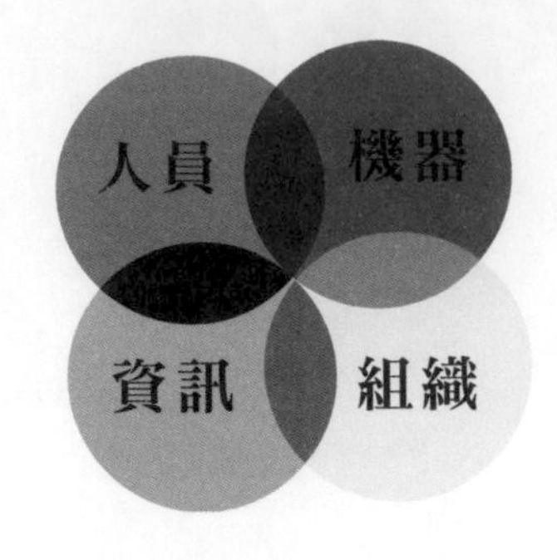

✪ 資訊管理的四種構成要素

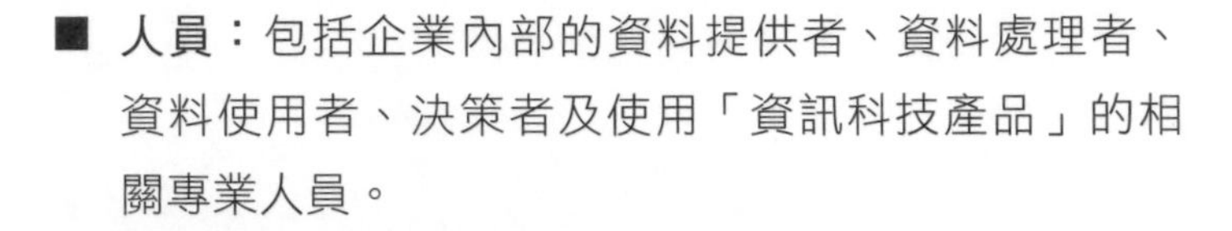

- **人員**：包括企業內部的資料提供者、資料處理者、資料使用者、決策者及使用「資訊科技產品」的相關專業人員。
- **機器**：即是「資訊科技產品」，包括了電腦硬體、軟體及電話、傳真機、網路等通訊設備。
- **資訊**：當組織成員作決策時，所有經過處理的資料。
- **組織**：是指人類為達成某些共同目標，經由權責分配所結合的完整結構，例如一般的企業組織與公民營機關。

8-1-1 資訊管理的對象

管理之父彼得杜拉克博士曾說：「做正確的事情，遠比把事情做正確來的重要」。因此，身為現代的管理者，首先需要具備系統規劃、思考及執行能力，能夠有效地收集資訊及有效地運用組織資源與相關資訊系統，最終達企業與組織的目標。

「資訊管理」科學的首要對象就是「資訊」(Information)。什麼是「資訊」呢？首先必須從「資料」(Data)談起。「資料」可以看成是一種未經處理的原始文字(Word)、數字(Number)、符號(Symbol)或圖形(Graph)，也就是一種沒有評估價值的基本元素或項目。基本上，「資訊」就是經過「處理」(Process)，而且具備某種意義或目的的資料，而這個處理程序就稱為「資料處理」(Data Processing)，包括對於資料進行記錄、排序、合併、整合、計算與統計等動作。例如消費者打算自行組裝一部電腦，那麼可以收集各種零件的售價與規格，並且分析比較得到結果，這些所搜集的結果，就是各位在選購電腦元件的重要「資訊」。

8-1-2 資訊管理的功能

「資訊管理」的功能，主要就是在完成企業組織內的「資訊資源管理」(Information Resource Management, IRM)。企業的資訊資源包括了「內部檔案式資訊資源」、「內部文件式資源」、「外部檔案式資訊資源」、「外部文件式資訊資源」四種。從狹義的角度來看，「資訊資源管理」(IRM)是指企業組織內相關的資訊資產，但是從廣義的角度來看，IRM 則必須包括以下兩項內容：

1. 資訊科技產品
2. 支援與使用資訊科技產品的作業人員

8-1-3 資訊管理的目的

資訊管理科學的目的是在引進資訊科技來處理資訊的過程中，不但促使原組織能適應資訊科技，並同步蛻變新組織中的一套知識與文化。就目的而言，包含了三種概念：資訊、資訊科技與組織(包括原組織及新組織)，就管理層面來看，可以區隔如下：

1. 資訊技術管理：包含資訊相關設備的管理與維護，人機整合與溝通等等。
2. 成本績效管理：嘗試利用先進的資訊設備，並找出低成本、高效率的方法來改善企業體質與增加獲利。
3. 人員行為管理：透過資訊技術來改善人員與組織的溝通意願及方式，並尋求適當的激勵與監督方法。

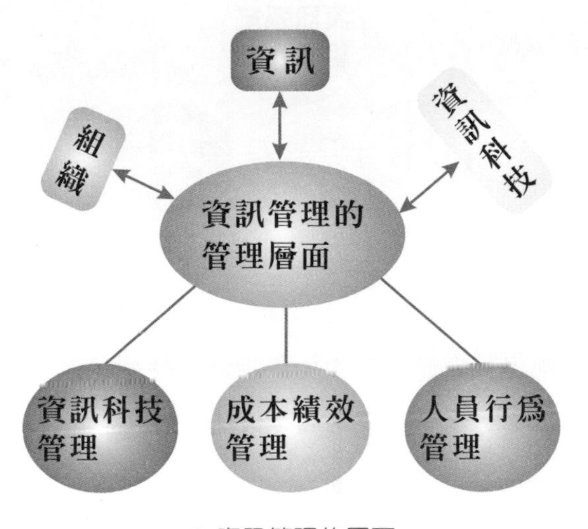

✪ 資訊管理的層面

由以上的說明可以清楚得知，資訊管理的目的就是期望在企業內進行工作方式與組織型態的重新整合與設計，藉以改善組織溝通、部門整合、企業績效等目的。

8-2 認識系統分析

從資訊管理的實作領域來看，「資訊系統」(Information System, IS) 無疑是企業組織中整合資訊科技與管理學常識的具體成果；而從商業角度看，一個資訊系統是一個用於解決環境所提出的挑戰，基於資訊技術為架構的組織管理方案。「資訊系統」的定義可以這樣描述：「將組織中，記錄、保存各種活動的資料。然後加以整理、分析、計算、產生有意義、價值的資訊，做為未來制定決策與行動參考的系統，就稱為資訊系統。

8-2-1 資訊系統組成元素

一個完整的資訊系統，必須包含以下五大組成要素，分述如下：

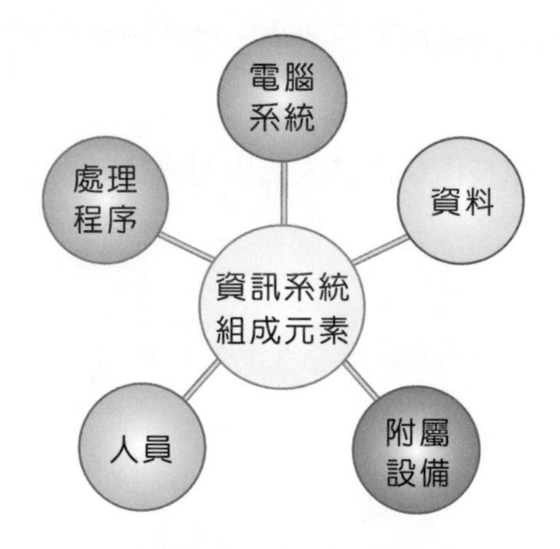

電腦系統

可分為硬體及軟體兩部份，硬體包含中央處理機、輸出設備、輸入設備、終端設備、通訊設備等，軟體包含系統軟體與應用軟體。

資料

包括輸入資料（原始憑證）、輸出資料、資料檔、資料庫與資料庫管理系統。

處理程序

是指資訊系統所應遵循的作業方法及規則。在此要順便一提的是在資訊系統中，雖然是利用電腦來擔任資料處理的工作，不過並不能完全自動化。免不了有許多工作如輸入資料、錯誤資料查核等工作還是要「人」來做。因此，理論上我們習慣把資訊系統視為一個人機系統（Man Machine System）。

人員

主要包括系統分析師、程式設計員、電腦操作員、資料管制員、資料登錄員、資料庫管理員及使用者。

附屬設備

包括資料登錄設備、資料檔保管設備及報表整理設備等等。

8-3 系統開發模式

由於資訊系統的需求經常會隨著主客觀環境的改變，如何快速因應系統的變化需求，這些與系統的開發模式有著莫大的關聯。在此我們將針對兩種常用的資訊系統開發模式，包含系統開發的模式、特色、應用程序及適用情況為各位介紹。

8-3-1 生命週期模式

在 1970 年代以後軟體工業開始引用流行於硬體工業界的「生命週期模式」（System Development Life Cycle, SDLC）做為軟體工程的開發模式，並很快的成為資訊系統發展模式的主流。SDLC 模式就是先行假設所開發的資訊系統像一般生物系統有其生命週期，而且每個資訊系統可以區分成由生產起始階段到系統淘汰且終止的幾個階段，並且在此生命週期的每一階段，如果發現錯誤或問題，應該回到影響所及的前面階段加以修正，才能夠繼續進行後續的問題，這種方法也稱為瀑布模式，如下圖所示：

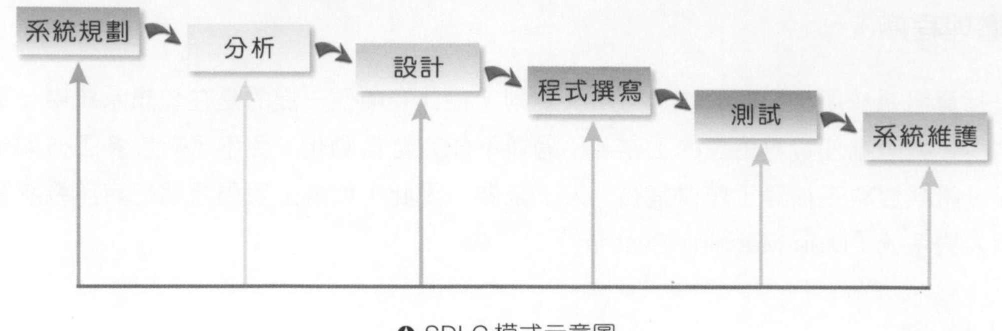

✪ SDLC 模式示意圖

SDLC 的優點是對每一個階段的分工及責任歸屬，區分得相當清楚，缺點就是如果在每一個階段的需求分析不盡完善，往往讓以前的開發工作困難重重，另外因為是以循序性方式進行階段轉移，往往導致系統在沒開發完成前，看不到任何成果。

8-3-2 軟體雛型模式

軟體雛型模型（Software Prototyping）就是建立一個資訊系統的初步模型，它需要是可操作的，且具有完成系統的部份關鍵功能，另外再配合高階開發工具與技術，如非程序語言、資料庫管理系統、使用者自建系統、資料字典、交談式系統等。

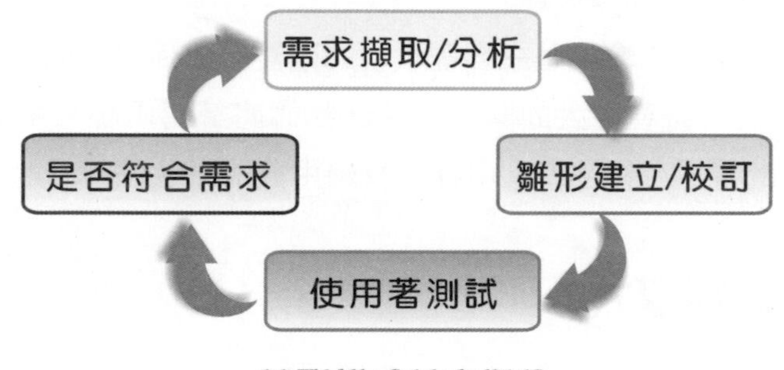

雛形模式基本概念

在系統分析科學中，資料字典是結構化規格書的一部份，主要是用來定義資料流程圖（DFD）的資料流、資料元素、檔案及處理程序。而使用者自建系統（End User Computing, EUC），就是使用者直接親自控制資訊處理活動的各個階段，並且可以運用電腦分析資料、繪圖、查詢、產生報表，而不需要MIS專業人員的介入，甚至於資訊人員也僅提供顧問的角色。

雛型法最重要的目的是希望可以快速、經濟有效的被開發出來。所以「軟體雛型法」的提出，就是要在短時間內使用者去修正意見，再經過快速的回饋（feedback）過程，反覆進行。直到最後資訊系統為使用者接受為止。下圖是雛型法的開發流程。可分為五階段論，如下圖所示：

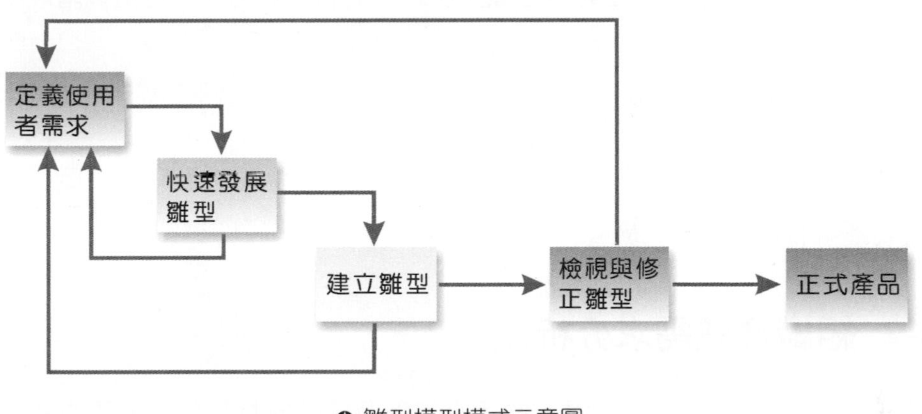

✪ 雛型模型模式示意圖

雛型法的優點是可以幫助使用者在很短時間內可以操作的系統，不過正因為雛型系統經常是使用高階輔助工具設計出來的，無可避免的缺乏結構化考量而無法通過品質保證檢驗。

8-4 系統規劃

在考量資訊系統規劃的方向時，可以從許多不同角度來思考，例如企業的目標與策略、內外部的資源與環境因素、開發時程規劃、預算個別計劃、資訊發展目標策略、組織資訊需求與資訊系統架構等。在此我們將介紹由美國人波曼（Brow man）等教授提出了所謂三階段資訊系統規劃模型，如下所述：

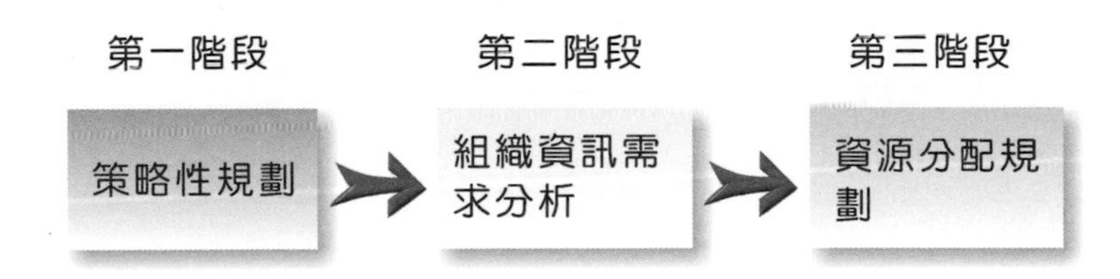

8-4-1 策略性規劃

對於系統規劃最困難之處就是如何從組織的整體策略中導引出正確的規劃。換句話說，本階段的目的在於訂定資訊系統的目標與策略，它必須與組織總體性目標、細部目標及策略並行不悖。也就是產生符合組織整體策略的目標與方法。在這個階段所要執行的內容有：

1. 定義出系統的目標及收集各種資料
2. 按照既定目標排定任務流程
3. 通盤考量所有可能影響因素

8-4-2 組織資訊需求分析

這個階段的主要成果是將資訊系統的所有流程及需求安排妥當。主要的執行內容包括：

1. 了解組織對資訊系統的整體需求。
2. 訂定資訊系統的開發流程。

本階段可以使用兩項重要的輔助工具，說明如下：

企業系統規劃（Business System Planning, BSP）

BSP 是一種由 IBM 公司所提倡的一套系統化的分析方法，強調的是由上而下設計，也就是從高層主管開始，瞭解並界定其資訊需求，再依組織層次往下推衍，直到瞭解全公司的資訊需求，完成整體的系統結構（包括子系統與系統間的介面）為止。

BSP 可以對組織中的資料元素、資料等級、企業流程及功能加以分析，並將這些統合到組織的資訊需求上，再將導出的企業整體策略轉換到資訊系統規劃中。由於它所收集的資料是以訪談為主。並著重企業處理活動（Business Processes），強調的是企業程序導向，主要是代表企業的主要活動及決策領域。並不是針對某特定部門的資訊需求。

關鍵成功因素（Critical Success Factors, CSF）

CSF的方法核心就是從管理的角度來找出資訊的需求。它起源於丹尼爾（R. Daniel, 1961）所提出的「成功因素」理論，也就是說CSF是找出管理階層所認為能讓企業成功的關鍵因素組合。不同於BSP之處在於它所關注的重點是企業經營成功的關鍵因素而非企業活動。它的假設是任何一個組織，要能經營成功，必定要掌握一些重要的因素，如果不能掌握這些特定因素，則必定失敗。

8-4-3 資源分配

這個階段的主要目的就是擬定資源分配計劃及排程。一般企業的資源有限，不可能一次完成所有的資訊系統，所以我們可以模組化（module），將其分成許多子系統，再決定那一個子系統應該事先規劃。

8-5 UML

物件導向分析與設計是目前系統分析與設計科學中最流行與普遍的模式。最大的特色是將系統資料塑模（Data Modeling）與流程（Processes）或行為（Behavior）整合在一起，將系統結構與行為一併考量與實作。UML為Unified Modeling Language的簡寫，中文譯為「統一塑模語言」，在1994年由Booch、Rumbaugh、Jacobson三人共同合創。UML與我們撰寫的電腦語言並不相同，一般的電腦語言是用來撰寫程式，而UML卻是用來進行分析與設計。概括來說，UML是一種從系統分析（System Analysis）、系統設計（System Design）到程式設計規範的標準化塑模語言。

8-5-1 UML的功用

所謂模型化的作用是仔細觀察一個對象，並將它的結構和特性分解成不同的子系統，並且加以定義，而有系統元件之間的互動行為。如果要在遊戲軟體中有一艘船，並從各種角度來觀察它，則它稱之為「對象」。「系統模型化」則是將船的結構進行歸納與整理，然後就可以透過UML來描述系統模型化結果：

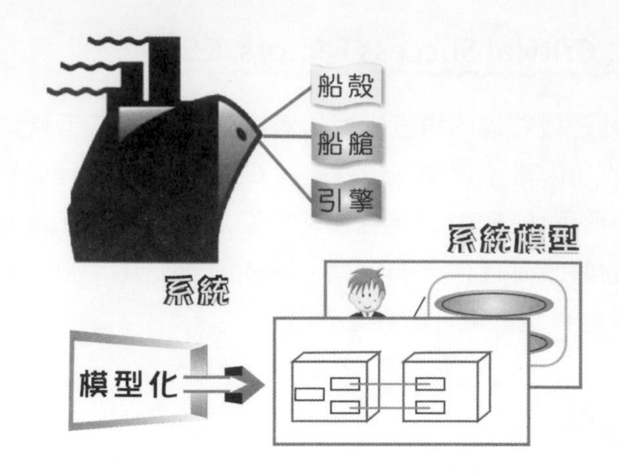

因此 UML 的最大用途是利用圖形來描述真實世界各個物件的符號標示，當我們在建構系統時，從系統需求、系統流程分析、物件模型化定義，一直到整個系統籌劃建置，不會因系統設計者使用不同的程式設計而有所不同。UML 的基本上與流程無關，其應用範圍為「使用案例驅動」(Use Case Driven)，以「架構為中心」(Architecture-Centric)，使用交互式 (Interactive)、漸增式 (Incremental) 做為流程開發。

8-6 企業電子化與資訊系統

✪ 台塑網是台塑集團電子化效果的最佳典範

由於電腦與網路科技的蓬勃發展與普遍，將資訊科技的應用帶入了企業體系中，透過新興電子化工具與策略的應用，許多企業均開始嘗試將企業內部作業流程最佳化。從早期單純的作為資料處理的工具，到今日支援知識工作，甚至於協助高層管理者應用充份資訊來進行決策活動。

✪ 企業電子化是企業實行電子商務的重要基礎

圖片來源：https://blog.boldcommerce.com/bold-news/winnipeg-best-location-ecommerce-business

「企業電子化」的定義可以描述如下：「適當運用資訊工具；包括企業決策模式工具、經濟分析工具、通訊網路工具、活動模擬工具、電腦輔助軟體工具等，來協助企業改善營運體質與達成總體目標。」現代企業 e 化的重要範圍主要是以 ERP（企業資源規劃）、CRM（顧客關係管理）、SCM（供應鏈管理）為主，而企業流程再造工程（Business Process Reengineering, BPR）為輔。簡單來説，「企業電子化」的最終目的就是希望利用各種資訊系統將整個產業鏈的上中下游廠商作最迅速予密切的結合，並為參與成員帶來最佳化的績效表現。

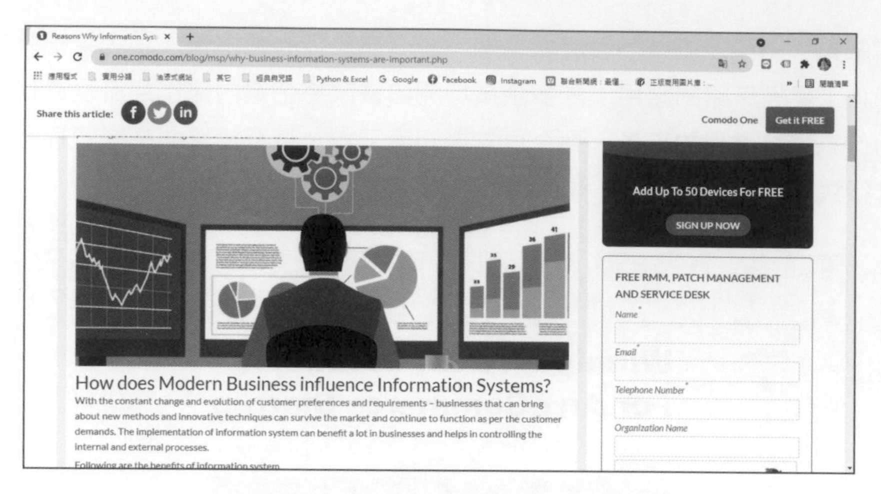

✪ 現代化資訊系統帶動電子商務的發展

8-6-1 企業再造工程

「企業流程再造」(Business Process Reengineering, BPR)是目前「企業電子化」科學中相當流行的課題，所闡釋的精神是如何運用最新的資訊工具，包括企業決策模式工具、經濟分析工具、通訊網路工具、電腦輔助軟體工程、活動模擬工具等，來達成企業崇高的嶄新目標。簡單地說，就是以工作流程為中心，重新設計企業的經營、管理及運作方式，時時評核新的程序和技術為組織所帶來人事、結構及工作內涵的變化。

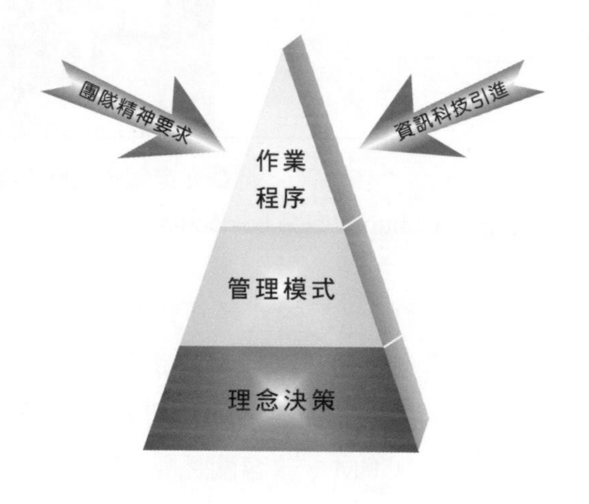

「企業再造工程」對於企業組織的影響層次，可包含以下三個階段，分述如下：

作業程序階段

詳細的評估與規劃，嘗試利用資訊科技將企業內部的結構性與非結構性業務通盤改變，最後並以績效及產能為最終目標。包括以下五種工作範圍：

1. 績效不佳，且位於「工作臨界點」(Critical Point)的程序
2. 顧客服務導向的關鍵程序
3. 附加價值高的程序

4. 高衝擊性的核心程序
5. 跨部門的工作程序

管理模式階段

於「作業程序階段」的改善成果，「企業再造工程」執行團隊還必須配合同步在員工薪資福利、管理模式與技巧、組織架構與制度等方面隨之變動，另外在進行時，仍需考慮組織架構及技術層面的影響，並時時評核新的程序和技術為組織所帶來人事、結構及工作內涵的變化，否則上一階段所做的努力，可能會前功盡棄。

理念決策階段

當成功的完成前兩個階段的目標與任務之後，這時「企業再造工程」執行團隊的理念及目標都因為資訊科技與團隊管理精神而做了徹頭徹尾的改變，也只有本階段的真正達成，才能為「企業再造工程」畫下一個完美句點，並將全新的理念與標準化作業普及到企業每個角落。

8-6-2 電子資料處理系統

「企業電子化」的第一步，就是建立內部的「電子資料處理系統」(Electronic Data Processing System, EDPS)。所謂的「電子資料處理系統」(EDPS)，主要用來支援企業或組織內部的基層管理與作業部門，例如員工薪資處理、帳單製發、應付應收帳款、人事管理等等，並且讓原本屬於人工處理的作業邁向自動化或電腦化，進而提高作業效率與降低作業成本。特別是由於「電子文件資料交換標準」(Electronic Data Interchange, EDI)的普及，大幅減少了「企業與企業間」或「辦公室與辦公室間」的資料格式轉換問題，不但可將文件傳達與資訊交換全權透過電腦處理，更能加速整合客戶與供應商或辦公室各單位間的生產力。例如「辦公室自動化」就是指對辦公室內向來在資料上很難處理或結構不明確的辦公室業務，充份結合了EDPS與EDI的特點，將電腦科技、行為理論與通訊技術應用在傳統資料處理無法妥善處理的辦公室作業程序。

8-6-3 管理資訊系統

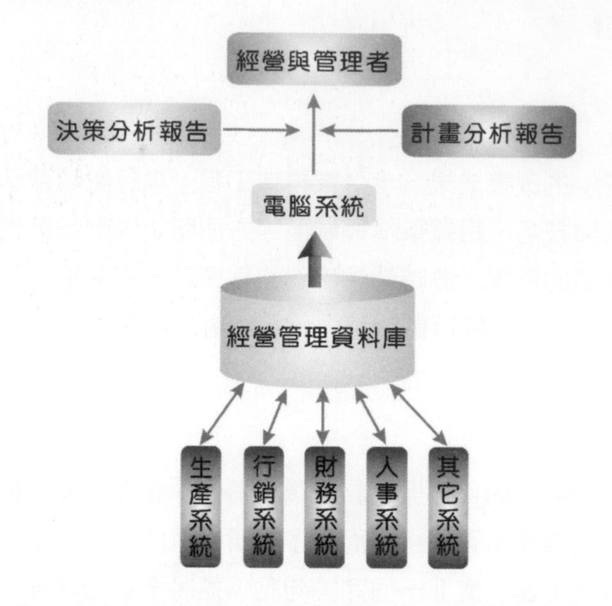

在任何的企業當中，不同層級的員工需要存取相同類型的資訊，但是也許會依照不同的限制規定方式，讓員工依照權限查閱這些資訊。「管理資訊系統」（Management Information System, MIS）的定義就是在企業與組織內部，將內部與外部的各種相關資料，透過使用電腦硬體與軟體，處理、分析、規劃、控制等系統過程來取得資訊，以做為各階層管理者日後決策之參考，並達成企業整體的目標。

MIS 是一種「觀念導向」（Concept-Driven）的整合性系統，不像電子資料處理系統（EDPS）所著重的是作業效率的增加，MIS 的功用則是加強改進組織的決策品質與管理方法的運用效果，MIS 必須架構在一般電子交易系統之上，利用交易處理所得結果（如生產、行銷、財務、人事等），經由垂直與水平的整合程序，將相關資訊建立一個所謂的經營管理資料庫（Business Management Database），提供給管理者作為營運上的判斷條件，例如產品銷售分析報告、市場利潤分析報告等等。下圖則是企業內資訊系統的作業層次圖：

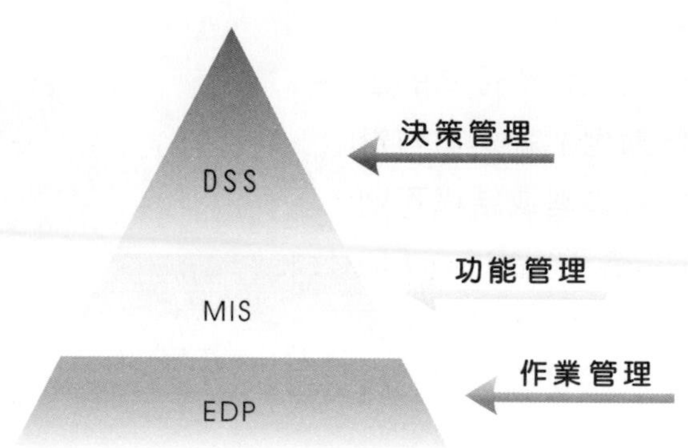

8-6-4 專家系統

「專家系統」(Expert System, ES)是一種將專家(如醫生、會計師、工程師、證券分析師)的經驗與知識建構於電腦上，以類似專家解決問題的方式透過電腦推論某一特定問題的建議或解答。例如環境評估系統、醫學診斷系統、地震預測系統等都是大家耳熟能詳的專業系統。

專家系統的組成架構，有下列五種元件：

知識庫(Knowledge Base)：

用來儲存專家解決問題的專業知識(Know-how)，一般建立「知識庫」的模式有以下三種：

1. 規則導向基礎(Rule-Based)
2. 範例導向基礎(Example-Based)
3. 數學導向基礎(Math-Based)

推理引擎(Inference Engine)：

是用來控制與產生推理知識過程的工具，常見的推理引擎模式有「前向推理」(Forward reasoning)及「後向推理」(Backward reasoning)兩種。

使用者交談介面(User Interface)

因為專家系統所要提供的目的就是一個擬人化的功用。同樣的，也希望給予使用者友善的資訊功能介面。

知識獲取介面(Knowledge Acquisition Interface)

ES 的知識庫與人類的專業知識相比，仍然是不完整的，因此必須是一種開放性系統，並透過「知識獲取介面」不斷充實，改善知識庫內容。

工作暫存區(Working Area)

一個問題的解決往往需要不斷地推理過程，因為可能的解答也許有許多組，所以必須反覆地推理。而「工作暫存區」的功用就是把許多較早得出的結果放在這裡。

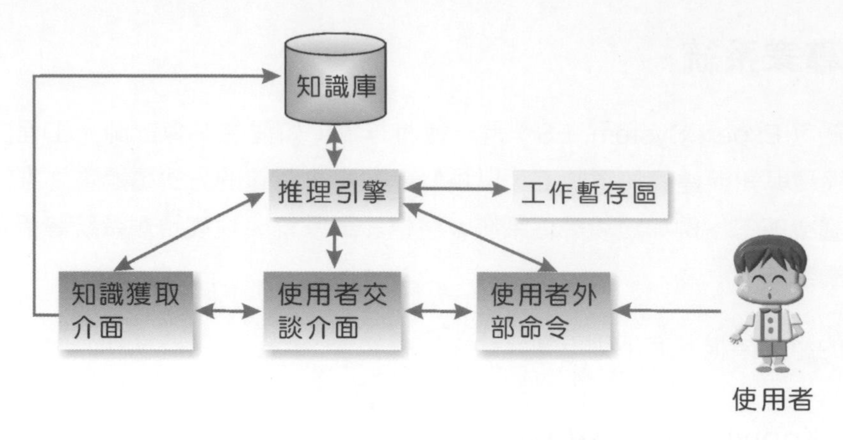

✪ 專家系統的結構及執行示意圖

8-6-5 策略資訊系統

「策略」(Strategy)可以視為是企業、市場與產業界三方面的交集點。台灣企業家郭台銘就曾經清楚定義:「策略是方向、時機與程度,而且順序還不能弄錯,先有方向、再等時機,最後決定投入程度。」而所謂「策略資訊系統」(Strategic Information System, SIS)的功能就是支援企業目標管理及競爭策略的資訊系統,或者可以看成是結合產品、市場,甚至於結合部分風險與獨特有效功能的市場競爭利器。例如目前銀行間的競爭相當激烈,各種行銷策略花招百出,例如在 24 小時的 7-eleven 放置的自動櫃員機(ATM),就是一種增加客戶服務時間與據點的創新策略導向的 SIS。

✪ 便利商店放置的自動櫃員機(ATM)

8-6-6 決策支援系統

「決策支援系統」(Decision Support System, DSS)的主要特色是利用「電腦化交談系統」(Interactive Computer-based system)協助企業決策者使用「資料與模式」(Data and Models)來解決企業內的「非結構化問題」。因此必須結合第四代應用軟體工具、資料庫系統、技術模擬系統、企業管理知識於一體，而形成一套以「經營管理資料庫」(Business Management Database)與「知識資料庫」(Knowledge Database)為基礎的「管理資訊系統」。

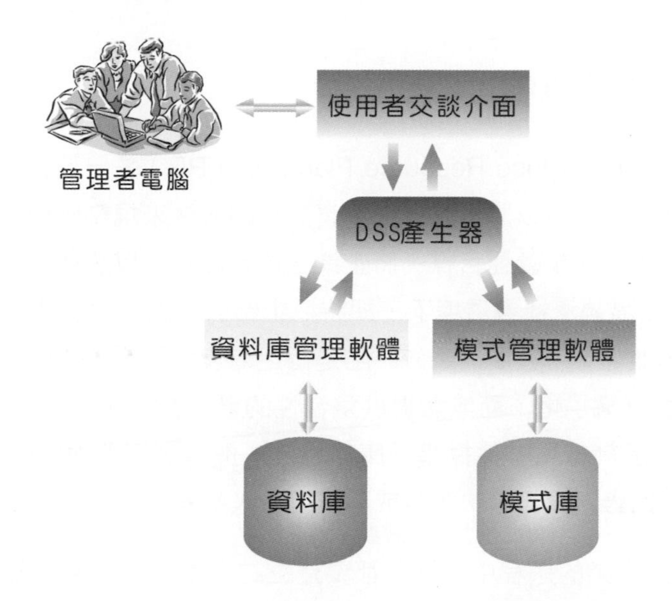

對於DSS的特性而言，是在於支援決策，而並不能取代決策，另外希望是達到「效能」的提升，而不是只要「效率」。也有許多學者將DSS、MIS與EDPS比擬為一個三角形關係，EDPS視為資訊科技應用的第一個階段，MIS則是EDPS的延伸系統，而DSS則是建立在MIS所提供的資訊，並未決策者提供「沙盤推演」(What-if)。

8-6-7 主管資訊系統

「主管資訊系統」(Executive Information System, EIS)可視為一種對象更高階、操作更簡單的DSS。EIS主要功用是使決策者擁有超強且「友善介面」的工具，以使他們對銷售、利潤、客戶、財務、生產力、顧客滿意度、股匯市變動、景氣狀況、市調狀況等領域的資訊，加以檢視和分析各項關鍵因素與績效趨勢，及提供多維分析(multi-Dimension)、整合性資料來輔助高階主管進行決策，而這些資訊往往是公司營運的關鍵成功因素(Critical Success Factor, CSF)，也是組織制定策略與願景的重要依據。

CSF（Critical Success Factor）的方法核心就是從管理的角度來找出資訊的需求。它起源於丹尼爾（R. Daniel, 1961）所提出的「成功因素」理論，也就是說 CSF 是找出管理階層所認為能讓企業成功的關鍵因素組合。

簡單的說，EIS 就是一種組織狀況回報系統，主要功用就在發現問題，並監督問題解決情形。也就是利用「例外管理」及「目標管理」的原則來輔助經營者得到即時、容易存取的資訊，讓高層主管有更充裕的資訊、時間來掌握各種資訊。

8-6-8 企業資源規劃（ERP）

「企業資源規劃」（Enterprise Resource Planning, ERP）是一種企業資訊系統，能提供整個企業的營運資料，可以將企業行為用資訊化的方法來規劃管理，並提供企業流程所需的各項功能，配合企業營運目標，將企業各項資源整合以提供即時而正確的資訊。ERP 在 21 世紀的知識經濟社會環境下，即將把企業的知識資源納入其管理之中並對其進行有效地管理，並非全新發展的系統，它是個逐漸演進的系統。例如以往只針對企業的某一項功能來進行電子化，而無法提供整合性的參考資訊，而 ERP 則可以全面性考量與規劃，包含產品計畫，零件採購，庫存維護，與供應商互動，提供客戶訂單追溯等，並提供全方位的最新資訊讓決策者或專業經理人參考。

當 ERP 系統導入企業的過程中，除了都要建立在非常穩定的高性能網路基礎上，往往還會造成財務（軟、硬體設備）與制度的重大衝擊，因此必須審慎評估是以「全面性導入」或「漸近式導入」方式來實施。所謂全面性導入指的是公司各部門全面同時導入，所花費的時間較長，風險也較大，好處是一次可以解決所有的問題，漸近式導入是將系統劃分為多個模組，每次導入一個或少數幾個模組，每一次導入的時間相對較短，好處是可以讓企業逐步的習慣新系統的作業方式，失敗的風險或損失也比較小。目前國內主流的 ERP 系統供應商為鼎新，而國際大廠則為 SAP 以及 Oracle。

ERP II 是 2000 年由美國調查諮詢公司 Gartner Group 在原有 ERP 的基礎上擴展後提出的新概念，比第一代的 ERP 更加靈活，相較於傳統 ERP 專注於製造業應用，更能有效應用網路 IT 技術及成熟的資訊系統工具，協助和優化企業內部和企業之間的協同運作和財務過程，ERPII 在行業的應用深度更為專業化，ERPII 的應用軟體是依據不同產業特性加以設計與開發，還可整合於產業的需求鏈及供應鏈中，也就是向外延伸至企業電子化領域內的其他重要流程。

8-6-9 供應鏈管理系統（SCM）與工業 4.0

隨著全球市場競爭態勢日趨激烈，企業為求提高競爭力，便不斷尋求各種措施的補強，如何維持企業永續的經營與增加企業未來的獲利，是現代企業所必須面對的重要課題。美國供應鏈協會（SCC）提出了（Supply Chain Operations Reference Model, SCOR）模型，適合於不同工業領域的供應鏈運作參考模型。供應鏈管理（Supply Chain Management, SCM）已經成為企業保持競爭優勢，並協助企業與供應商或企業伙伴間的跨組織整合所依賴的資訊系統。所謂供應鏈（Supply Chain）指的是一個企業與其上下游的相關業者所構成的整合性系統，包含從原料流動到產品送達最終消費者手中的整條鏈上的每一個組織與組織中的所有成員，形成了一個層級間環環相扣的連結關係。理論基礎是將企業供應鏈活動放入 SCOR 模式中，為供應鏈管理提供一個流程架構，將供應鏈的流程區分為五大類—計劃（Plan）、採購（Source）、製造（Make）、配送（Deliver）及退貨（Return）：

✪ 供應鏈管理是企業電子化中相當重要的一環

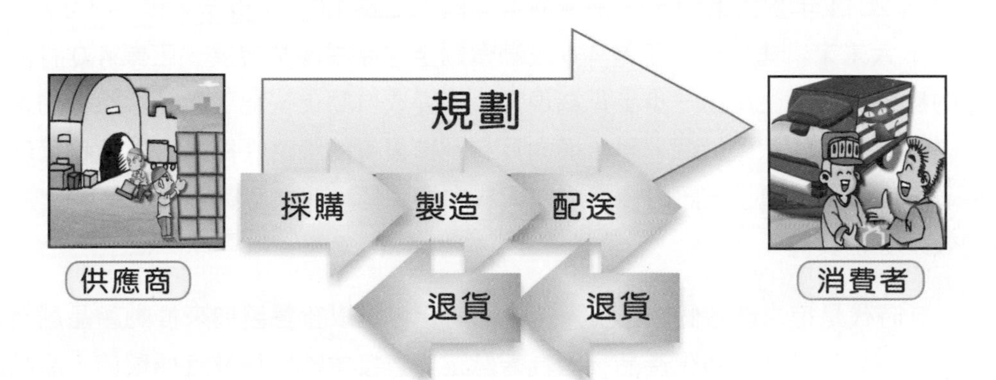

供應鏈管理系統的最大目標就是在提升客戶滿意度、降低公司的成本及企業流程品質最優化的三大前提下，以資訊與網路科技對於供應鏈的所有環節以有效的組織方式進行綜合管理，相對於企業電子化需求的兩大主軸而言，ERP 是以企業內部資源為核心，SCM 則是企業與供應商或策略夥伴間的跨組織整合，在大多數情況下，ERP 系統是 SCM 的資訊來源，ERP 系統導入與實行時間較長，SCM 系統實行時間較短。

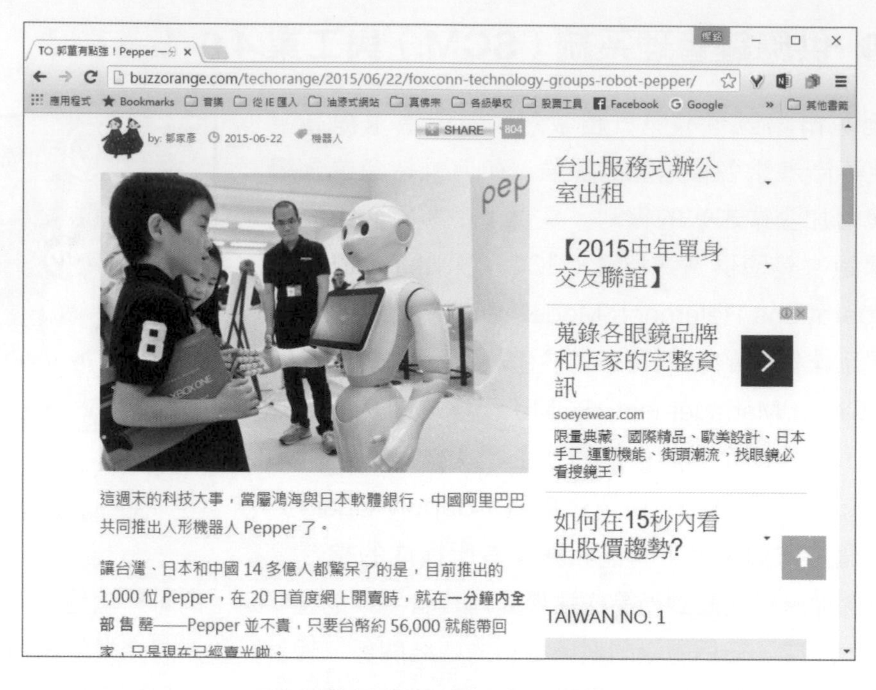

✪ 鴻海推出的機器人 -Pepper

德國政府 2011 年提出第四次工業革命（又稱「工業 4.0」）概念，做為「2020 高科技戰略」十大未來計畫之一，工業 4.0 浪潮牽動全球產業趨勢發展，工業 4.0 將影響未來工廠的樣貌，智慧生產正一步步化為現實，轉變成自動化智能工廠，供應鏈的重要性大大提高，複雜性也大大加深，開始邁向具有創造價值的策略性採購與供應鏈管理。因為網路、感測元件、電子通訊的技術成熟與成本的降低，讓供應鏈管理（SCM）的進階應用的效果更加具體。

工業 4.0 時代是追求產品個性化及人性化的時代，是以智慧製造來推動產品創新，並取代傳統的機械和機器一體化產品，因為智慧工廠直接省略銷售及流通環節，產品的整體成本比過去減少近 40%，進而從智慧工廠出發，可以垂直的整合企業管理流程、水平的與供應鏈結合，並進階到「大規模訂製」（Mass Production）。工業自動化在製造業已形成一股潮流，電子產業需求急起直追，為了因應全球化人口老齡化、勞動人口萎縮、物料成本上漲、產品與服務生命週期縮短等問題，間接也帶動智慧機器人需求及應用發展，面對當前機器人發展局勢，未來市場需求將持續成長，生產線上大量智慧機器人已經是可能的場景。

8-6-10 顧客關係管理系統（CRM）

管理大師杜拉克（Peter Drucker）曾經說過，商業的目的不在創造產品，而在創造顧客。企業經營的最大目標不僅是向消費者推銷，而是隨時維持與顧客間的關係，了解顧客的需求，進而掌握顧客消費行為的趨勢。「顧客關係管理」（Customer Relationship Management, CRM）最早是由 Brian Spengler 在 1999 年提出，在今日的網路熱潮下，尤其企業競爭力與經營模式必須受到來自全球競爭對手的挑戰，幾乎已經成為企業面對生存發展的最基本管理課題。

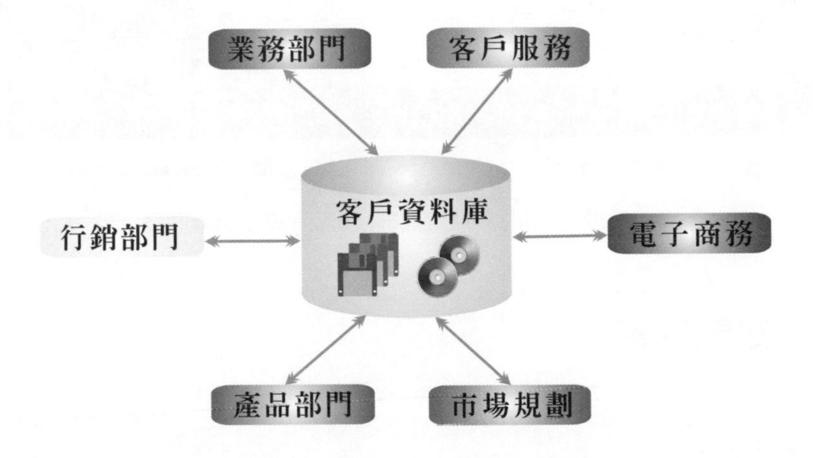

顧客關係管理系統就是建立一套資訊化標準模式，運用資訊技術來大量收集且儲存客戶相關資料，加以分析整理出有用資訊，並提供這些資訊用來輔助決策的完整程序。對於一個企業而言，贏得一個新客戶所要花費的成本，幾乎就是維持一個舊客戶的五倍。因此當引入 CRM 系統時，無論是供應端的產品供應鏈管理、需求端的客戶需求鏈管理，都應該全面整合包括行銷、業務、客服、電子商務等部門，還應該在服務客戶的機制與流程中，主動了解與檢討客戶滿意的依據，並適時推出滿足客戶個人的商品，以客戶為導向才是企業競爭力的基礎工程，進而達成促進企業獲利的整體目標。

許多企業往往希望不斷的拓展市場，經常把焦點放在吸收新顧客上，卻忽略了手頭上原有的舊客戶，如此一來，也就是費盡心思地將新顧客拉進來時，被忽略的舊用戶又從後門悄悄地溜走了，這種現象便造成了所謂的「旋轉門效應」（Revolving-door Effect）。

✪ 叡揚資訊是國內顧客關係管理系統的領導廠商

8-6-11 知識管理

✪ 台積電在知識管理的領域相當成功

知識（Knowledge）是將某些相關聯的有意義資訊或主觀結論累積成某種可相信或值得重視的共識，也就是一種有價值的智慧結晶，當知識大規模的參與影響社會經濟活動，就是所謂知識經濟。對於企業來說，知識可區分為內隱知識與外顯知識兩種，內隱知識存在於個人身上，與員工個人的經驗與技術有關，是比較難以學習與移轉的知識。外顯知識則是存在於組織，比較具體客觀，屬於團體共有的知識，例如已經書面化的製造程序或標準作業規範，相對也容易保存與分享。

所謂知識管理（Knowledge Management），就是企業透過正式的途徑獲取各種有用的經驗、知識與專業能力，不僅包含取得與應用知識，還必須加以散布與衡量衝擊，使其能創造競爭優勢、促進研發能力與強化顧客價值的一連串管理活動。知識管理的目標在於提升組織的生產力與創新能力，通常當企業內部資訊科技愈普及時，愈容易推動知識管理，知識管理的重點之一，就是要將企業或個人的內隱知識轉換爲外顯知識，因爲只有將知識外顯化，才能透過資訊科技與設備儲存起來，以便日後知識的分享與再利用。例如利用較資深員工的帶領，仿照母雞帶小雞的方式讓新進員工從他們的身上開始學習。不過在實際推動實施知識管理內容時，必須與企業經營績效結合，才能說服企業高層全力支持。

Nonaka & Takeuchi（1995）提出了知識螺旋架構SECI模式（socialization, Externalization, Combination, internalization），強調知識的創造乃經由內隱與外顯知識互動創造而來，組織本身無法創造知識，內隱知識是組織知識創造的基礎，這個創造過程是一種螺旋過程，是由個人層次開始，逐漸上升並擴大互動範圍，進而擴散至團體、組織，最後至組織外，都是由內隱（Tacit）與外顯（Explicit）知識互動而得。知識螺旋有下列四種不同的知識轉換模式，分述如下：

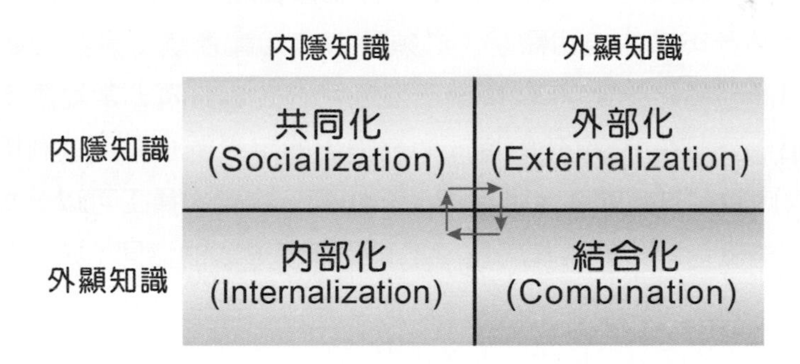

✪ 知識創造模式（Nonaka & Takeuchi, 1995）

8-6-12 協同商務

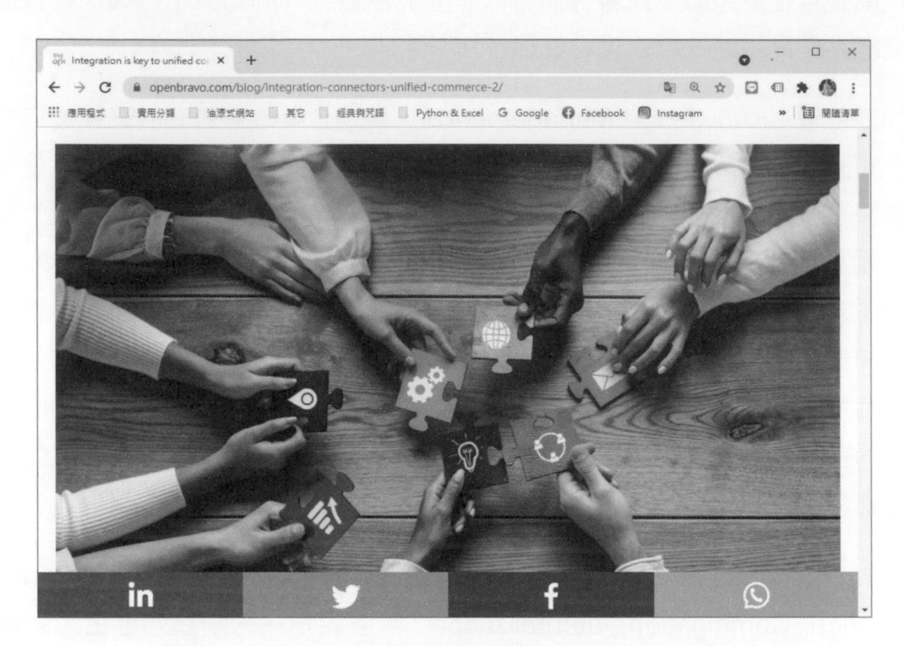

✪ 協同商務的目的是將具有共同商業利益的合作伙伴整合起來

圖片來源：https://www.openbravo.com/blog/integration-connectors-unified-commerce-2/

協同商務（Collaborative Commerce）被看成是下一代的商務模式，不論是企業資源規劃（ERP）、供應鏈管理（SCM）、是顧客關係管理（CRM）目前都已經無法單獨滿足企業對快速回應市場的迫切需求，必須將這些知識系統工具整合起來以達資訊共享的應用。協同商務興起於 90 年代後期，協同商務定義其實非常地廣泛，美國加特那（Gartner Group）公司在 1999 年對協同商務提出的定義為企業可以利用網際網路的力量整合內部與供應鏈，包括顧客、供應商、配銷商、物流、員工可以分享等相關合作夥伴，擴展到提供整體企業間的商務服務，不管是任何形式的協同（如產品設計、供應鏈規劃、或是預測、物流、行銷等），甚至是加值服務，並達成資訊共用使得企業獲得更大的利潤。協同商務的應用與模式，隨著產業因應供需鏈轉速加快的需求而逐漸成為企業關鍵發展策略，簡單來說，協同商務就是一種買賣雙方彼此互相分享知識並共同緊密合作的一個商業環境。

協同商務必須可以提供安全可靠的商務交易流程，美國研究機構梅塔集團（META Group）由商務模式觀點歸納出四種企業協同商務營運模式，包括設計協同商務（Design Collaboration）、行銷／銷售協同商務（Marketing ／ Selling Collaboration）、採購協同商務（Procurement Collaboration）、規劃／預測協同商務（Planning ／

Forecasting Collaboration），通常需結合不同的協同營運模式來實施，或者四種功能將被整合為一種解決方案，能確保企業決策的準確性和整體運作的高效率，尤其適用於合作製造環境，有助於體系上中下游之所有參與協同作業對象。

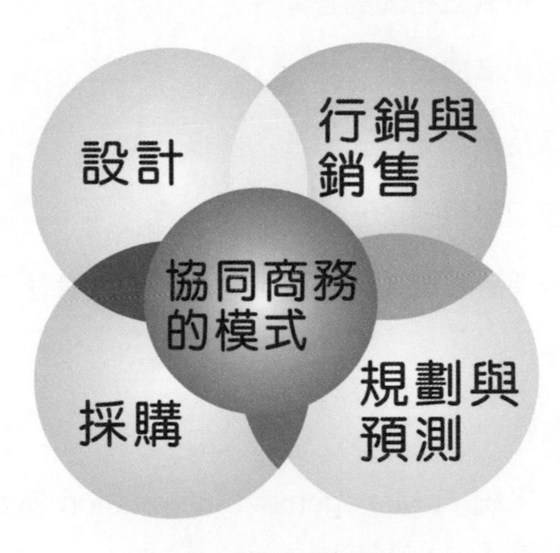

✪ 協同商務四種營運模式

課後評量

1. 簡述資料、資訊、知識三者間的差異性。
2. 簡述資訊管理的四種構成要素。
3. 請解釋資料、資訊及資料處理三者間的關係。
4. 企業的資訊資源包括那幾種？
5. 資訊管理科學就管理層面來看，可以區隔成那幾種管理？
6. 簡述「企業電子化」的定義。
7. 簡述 EDPS 的五點特色。
8. 試比較「管理資訊系統」(Management Information System, MIS)與「資訊管理」在概念上的差異性。
9. 請詳述專家系統組成元素。
10. 策略資訊系統必須依循哪三道步驟來建立？
11. 從廣義的角度來看，IRM 則必須包括以下兩項內容？
12. 請列出一個完整的資訊系統的五大組成要素。
13. 由美國人波曼(Brow man)等教授提出了所謂三階段資訊系統規劃模型為何？
14. 舉出兩種常用的資訊系統開發模式。
15. 簡述 SDLC 模式的意義。
16. 請簡單說明「企業再造工程」(Business Reengineering)的意義。
17. 請說明「專家系統」(Expert System, ES)的優點。
18. 請簡述美國供應鏈協會(SCC)所提出的(Supply Chain Operations Reference Model, SCOR)模型。
19. 試簡述協同商務的內容。
20. Michael Polanyi 最早於 1966 年將知識區分為哪兩種？試簡述之。

CHAPTER

09 資料庫與大數據

✪ 電腦化作業增加，帶動了數位化資料的大量成長

人們當初試圖建造電腦的主要原因之一，主要就是用來儲存及管理一些數位化資料清單與資料，後來因為電腦化作業的增加，同時帶動了數位化資料的大量成長，為了日後方便持續擴充以及資料查詢翻閱，希望能以電子資料庫的形式建立與儲存數據，這也是資料庫觀念的由來。

近年來由於社群網站和行動裝置風行，加上萬物互聯的時代無時無刻產生大量的數據，使用者瘋狂透過手機、平板電腦、電腦等，在社交網站上大量分享各種資訊，傳統的資料庫已經無法處理這些龐大的數據，同時也帶動了資料科學（Data Science）應用的需求，所謂資料科學就是研究從大量的結構性與非結構性資料中，透過資料科學分析其行為模式與關鍵影響因素，來發掘或解讀隱藏在大數據（Big Data）背後的商機。

✪ Facebook 廣告背後包含了最新大數據技術

9-1 認識資料庫

在早期電腦尚未全面普及的時代裡，企業組織以傳統紙筆或印刷的方式記錄公司所有的日常事物文件，例如醫院會將事先設計好的個人病歷表格準備好，當有新病患上門時，就請他們自行填寫，之後管理人員可能依照某種次序分類，然後用資料夾或檔案櫃加以收藏。日後當某位病患回診時，只要詢問病患的姓名或是年齡。讓管理人員可以快速地從資料夾或檔案櫃中找出病患的病歷表，而這個檔案櫃中所存放的病歷表就是一種「資料庫」管理的雛型概念。

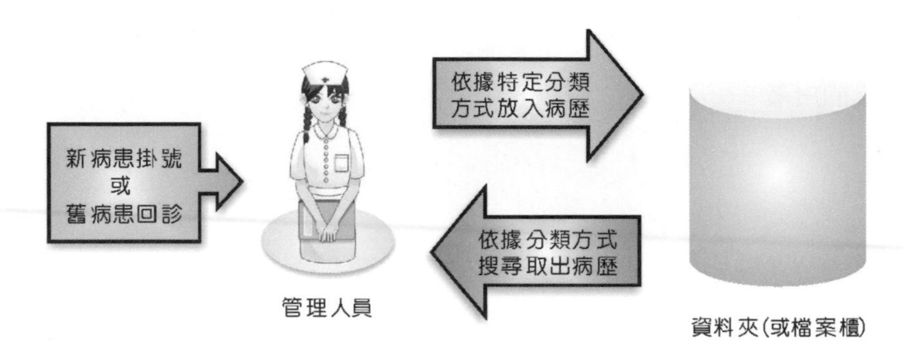

✪ 病歷表就是一種資料庫管理的雛型概念

在開始說明資料庫之前，我們首先要來介紹電腦中所儲存和使用的資料對象，可以去分為兩大類：

結構化資料（structured data）

目標明確，有一定規則可循，每筆資料都有固定的欄位與格式，偏向一些日常且有重覆性的工作，例如薪資會計作業、員工出勤記錄、進出貨倉管記錄，通常一般商業交易所使用的資料大抵是以結構化資料為主。

非結構化資料（unstructured data）

隨著科技型態快速改變，導致資料爆增速度變快，人類活動的軌跡越來越能夠被詳實記錄，目標不明確，不能數量化或定型化的非固定性工作、讓人無從打理起的資料格式，所有的資料，最初本質就是非結構式的，網路走過必留痕跡，例如社交網路的互動資料、網際網路上的文件、影音圖片、網路搜尋索引、Cookie 紀錄、醫學記錄等資料。

Cookie 是網頁伺服器放置在電腦硬碟中的一小段資料，例如用戶最近一次造訪網站的時間、用戶最喜愛的網站記錄以及自訂資訊等，這些資訊可用於追蹤人們上網的情形，並協助統計人們最喜歡造訪何種類型的網站。

9-1-1 資料庫簡介

如果說網路改變了人類溝通的方式，或許也可以說資料庫改變了人類管理與掌控資料的方式，資料庫系統普及的程度，遠超乎許多人的想像。無論是龐大的商業應用軟體，或小至個人的文書處理軟體，每項作業的核心仍與資料庫有莫大的關係。

✪ 圖書館的管理就是一種資料庫的應用

「資料庫」(Database)是什麼?簡單來說,就是存放資料的所在地。更嚴謹的定義,「資料庫」就是針對企業與組織需求,將不重覆的各種資料數位化後的檔案儲存在一起,包括各種不同形式的資料,包括文字、圖形或影音等檔案所組成的集合體,儘量以不重覆的方式儲存在一起,並利用「資料庫管理系統」(DataBase Management System, DBMS)以中央控管方式,提供企業或機關所需的資料。

資料庫管理系統(Database management System, DBMS)就是一套用來管理資料庫的應用軟體,使用者可以藉由此一資料庫管理系統而新增、刪除、更新與選擇等功能,更動與查詢資料庫裡的資料,例如目前相當普及的 Access、MySQL、Microsoft SQL Server 都是一種 DBMS。

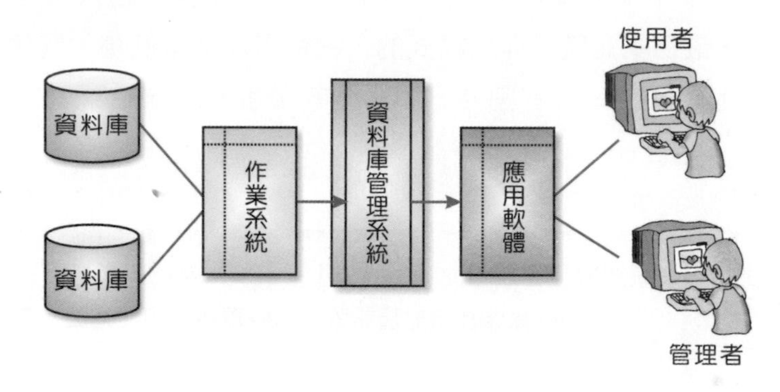

✪ 資料庫系統運作示意圖

日常生活中無論各位到銀行開戶、醫院掛號或是到學校註冊,一定都會填寫所謂的個人資料,裡面通常包括姓名、性別、生日、電話、住址等項目,而這些項目所要填寫的即為專屬於您個人的「資料」(Data),為了讓資料更具價值性,應該把所有有意義且相關聯的資料項目找出來放在一起,如此一來所收集到的資料才會更加完整,那就是運用「資料表」(Table)方式來儲存資料,這也是常見的模式。

關聯式資料庫最主要的特徵是以資料表方式來儲存資料,由許多行及列資料所組成,所謂的「關聯」是資料表與資料表之間以欄位值來進行關聯,透過關聯可篩選出所需的資料,優點是容易理解、設計單純、可用較簡單的方式存取資料,節省程式發展或查詢資料的時間,適合於隨機查詢。缺點是存取速度慢,所需的硬體成本較高。

所謂的「資料表」，其實就是一種二維的矩陣，縱的方向稱為「欄」(Column)，橫的方向我們稱為「列」(Row)，每一張資料表的最上面一列用來放資料項目的名稱，稱為「欄位名稱」(Field Name)，而除了欄位名稱這一列以外，通通都用來存放一項項的資料，則稱為「值」(Value)，如下表所示：

欄位　　欄位名稱　　列(記錄)　　值

姓名	性別	生日	職稱	薪資
李正銜	男	61/01/31	總裁	200,000.0
劉文沖	男	62/03/18	總經理	150,000.0
林大牆	男	63/08/23	業務經理	100,000.0
廖鳳茗	女	59/03/21	行政經理	100,000.0
何美菱	女	64/01/08	行政副理	80,000.0
周碧豫	女	66/06/07	秘書	40,000.0

當然光是一張資料表所能處理的業務並不多，如果要符合各式各樣的業務需求，一般都得結合好幾張資料表才足夠應付。以學校為例，光是學生註冊後選課的業務就至少應該包含學生的資料、課程的資料、教室的資料及老師的資料等資料表彼此之間相互關聯配合才能完成，當我們因為業務或功能的需求所建立的各種資料表集合，那麼這一堆資料表就可以把它稱為「資料庫」(Database)，如下圖所示：

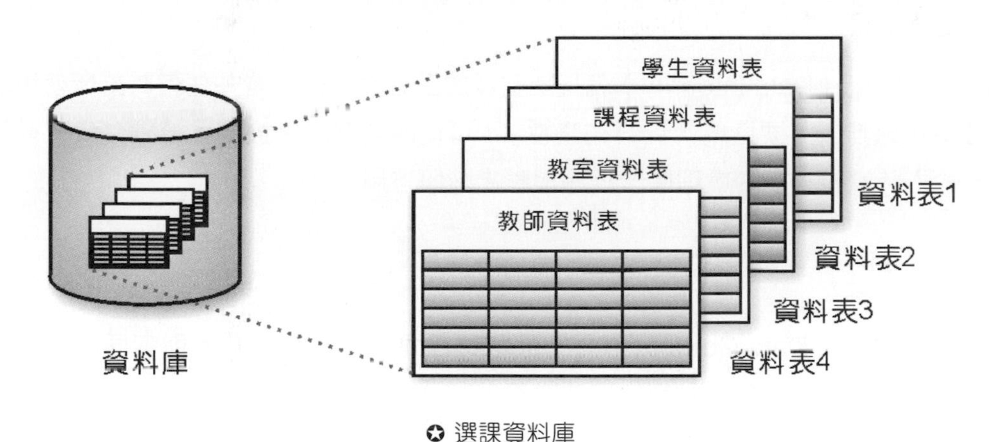

✪ 選課資料庫

9-1-2 資料庫的特性

在資料科學（Data Science）的應用上，資料庫可以說是最屹立不搖的領域，資料庫指的是一個具有結構性的資料集合，所有會更動到資料庫中資料內容的動作都以異動交易為主要的處理原則，因此一個完整的資料庫必須具備以下四種特性：

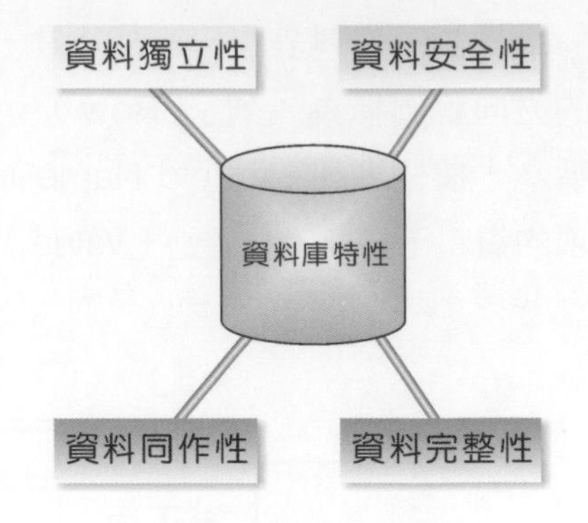

✪ 資料庫特性示意圖

資料安全性

所謂「資料安全性」（Data Safety）主要是強調資料庫的保護，也就是要維持一個資料庫的運作，首先必須將資料定時備份，遭受破壞時才能回復。另外使用者和應用程式之間也應設定不同的權限（authority），才能確保資料的安全運作。

資料獨立性

資料獨立性（Data Independence）是指在資料庫中，儲存的資料和應用程式之間沒有依賴性（dependence），也就是使用者不需知道資料庫內部的儲存結構或存取方式，即使儲存方式或檔案格式有所改變，也不會造成應用程式必須重新撰寫。

資料完整性

「資料完整性」（Data Integrity）就是指資料的正確性，使用者在任何時刻所使用的資料都必須正確無誤。要達成「資料完整性」，可從四個階段來控制，分別是輸入前資料控制、輸入時資料控制、處理階段控制與輸出階段控制。

資料同作性

「資料同作性」（Data Concurrency）是避免在同一時間有許多使用者同時存取相同一筆資料，並使使每一個異動都能同時執行。

資料科學（Data Science）實際上其涉獵的領域是多個截然不同的專業領域，主要是為企業組織解析大量資料當中所蘊含的規律，就是研究從大量的結構性與非結構性資料中，透過資料科學分析其行為模式與關鍵影響因素，來發掘隱藏在巨量資料背後的無限商機。

9-1-3 資料庫的架構

通常一份原始資料必須透過許多步驟的處理，才能轉換為有用的資訊。從早期的檔案系統，到現今的資料庫管理系統，要了解資料庫的建置過程，首先必須透過資料庫的抽象化層次，說明資料庫的三層架構模式：

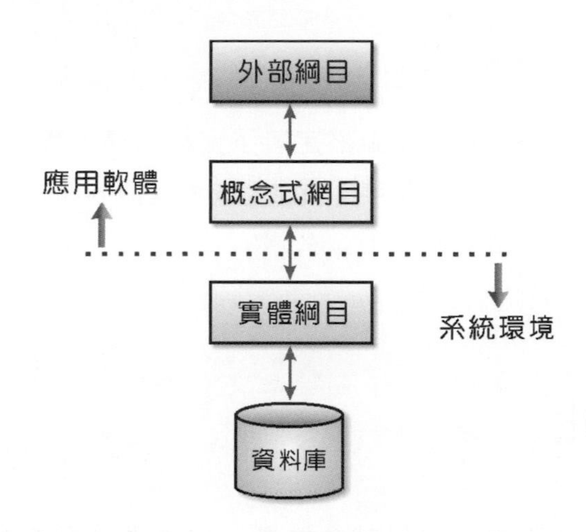

由上面圖例得知，三層模式架構描繪出資料庫的基本架構，外部綱目是外部應用軟體的集合，概念式綱目屬於邏輯檔案的集合，而實體綱目則是用來儲存各類的檔案，其目的就是用來管理資料庫中的資料，它也是一個關聯式資料庫。

就以 Access 軟體來說，我們將進一步透過資料庫的三層模式架構來說明運作方式。其中外部綱目和概念式綱目之間提供了概念資料獨立性，概念式綱目和實體綱日之問則是提供了實際儲存資料的獨立性：

外部綱目

外部綱目（External Schema）是最接近使用者，也就是說不同使用者會使用不同資料，因此對資料庫也產生不同的觀點。它可提供不同的應用軟體，以「表單」來建立使用者的操作介面，這包含了一般的輸入介面（如建立員工的資料），也可以查詢語法（SQL）定義其查詢方式，再透過表單來進行操作，也可使用「報表」將資料以不同方式輸出。

概念式綱目

「概念式綱目」(Conceptual Schema)是對整個資料邏輯結構的描述，也是一種群體使用者的觀點。例如透過「資料表」來定義儲存資料的屬性，包含欄位的大小，使用的資料型態等，因此包含了資料庫結構的完整資訊。

實體綱目

「實體綱目」(Physical Schema)雖然定義了資料結構，實際上並沒有儲存任何資料，實體綱目就是用來決定資料要儲存於磁碟上或者其他的儲存媒體，決定資料的儲存路徑，在建立資料庫時就必須決定。

9-2 正規化

如果資料庫結構設計不良，資料就會重覆，這樣很容易使得資料庫在新增、修改、刪除時，出現資料不一致的情形。為達成資料的一致性，需要對資料庫做正規化(Normalizing)。正規化的目的是把重複性資料最佳化，提升資料存取的效率。例如第一正規化是去除所有重複項，而第二正規化則是去除所有的部份功能相依性。我們來看一個實際例子，例如以下表格：

客戶編號	客戶名稱	產品編號	產品名稱	產品價格
C930001	張三	P900003	電扇_甲型	3600
C980010	王五	P900012	冰箱_乙型	35000
C960006	趙六	P900009	電視_乙型	20000
C970023	李四	P900011	洗衣機_甲型	25000

如果將所有客戶與商品價目放在同一個表格，那麼一旦刪除客戶 C930001 的資料，就竟然再也找不到產品 P900003 的名稱與價格，這就稱為異常性的刪除。也就是刪除了某一件事：「張三這個客戶購買了價格 3600 的甲型電扇」，卻連帶使得不該刪除的資料「甲型電扇定價 3600」也跟著消失。接著假如新進了一批新型產品，定價為 5200，卻無法將產品價格寫入表格中，只因為還沒有客戶購買，如此奇怪的現象也會跟著出現。

以上異常現象的原因是出於這個表格要同時記錄兩種以上的事實：客戶資料，產品資料，哪一位客戶購買了哪些產品…等。如果將這個表格做切割，以上問題就可解決。各位可將上表分成以下兩個表格：

客戶編號	客戶名稱	產品編號
C930001	張三	P900003
C980010	王五	P900012
C960006	趙六	P900009
C970023	李四	P900011

將設計不良的表格細分成多個，這樣的過程可以一直持續下去，直到每個表格可以避免資料重複或相互矛盾的情形，這個過程就是正規化，它能使資料庫在使用時更容易維護。

正規化通常可分為以下幾個階段：第一正規化（First Normal Form, 1NF），第二正規化（Second Normal Form, 2NF），第三正規化（Third Normal Form, 3NF），Boyce-Codd 正規化（Boyce-Codd Normal Form, BCNF），第四正規化（Fourth Normal Form, 4NF），第五正規化（Fifth Normal Form, 5NF）。如下說明：

第一正規化	去除所有重複項。
第二正規化	去除所有的部份功能相依性。
第三正規化	去除所有的遞移相依性。
第四正規化	去除所有的多鍵值相依性。
第五正規化	去除剩餘所有的異常現象。

就如同一棟建築物，有二樓就一定有一樓，表格若是在 2NF，就一定已經符合 1NF。一般的資料庫表格，若進行到第三正規化（3NF）就不錯了。此處僅就第一至第三正規化序敘述如下。

9-2-1 第一正規化

第一正規化（First Normal Form, 1NF）的表格必須符合以下條件：

1. 表格的每一筆資料只描述一件事。

2. 每一欄位只含有單一事物特性。

3. 每一筆資料的每個欄位內只允許存放單一值，亦即基本單元 (Atomic)。
4. 每個欄位的名稱必須唯一。
5. 不可有任兩筆資料是完全相同的。
6. 資料列和欄位的先後順序是無關緊要的。

例如以下表格：

訂單編號	訂貨項目	總價
N0001	1203，1504，1620	7500
N0002	2003，1004	9500
N0003	2457，3001	5900

表格訂貨項目欄位內應只允許存放單一值，因此可先對部份表格做 1NF 如下：

訂單編號	子項目	貨品編號
N0001	1	1203
N0001	2	1504
N0001	3	1620
N0002	1	2003
N0002	2	1004
N0003	1	2457
N0003	2	3001

9-2-2 第二正規化

第二正規化（Second Normal Form，2NF）是為了避免功能依存性（Functional Dependency）。功能依存性是指某欄位值是否合法，完全可以由其他攔位來決定。例如總價這個欄位值，可以由產品價格，購買產品，購買數量等欄位來決定。即總價＝甲產品價格 × 購買甲產品數量＋乙產品價格 × 購買乙產品數量＋…，所以總價是依其他欄位值變化而變化的，也就是功能依存於其他欄位。我們可以定義貨品價格，訂購數量，而無需總價欄位，如下表：

訂單編號	子項目	貨品編號	訂購數量	貨品價格
N0001	1	1203	1	2500
N0001	2	1504	1	3000
N0001	3	1620	1	2500
N0002	1	2003	1	4200
N0002	2	1004	1	5300
N0003	1	2457	1	2200
N0003	2	3001	1	3800

如此即進行了 2NF。其中訂單編號及子項目兩個欄位共同構成這個表格資料的主鍵。

9-2-3 第三正規化

第三正規化（Third Normal Form, 3NF）是為了避免轉移依存性（transitive dependency），轉移依存性是指某欄位值是否存在會遞移地影響到其他攔位的存在。

例如訂單編號 N0001 的客戶若改變主意，不買編號 1620 這個貨品。這時我們若從表格中將這一筆資料刪除，勢必連帶使得編號 1620 這個貨品的單價 2500 也跟著消失。也就是訂單編號及子項目值的存在與否，遞移地影響了貨品單價這個欄位值的存在。如此我們應當進行 3NF，將以上表格再切割開來，如下表：

訂單編號	子項目	貨品編號	訂購數量
N0001	1	1203	1
N0001	2	1504	1
N0001	3	1620	1
N0002	1	2003	1
N0002	2	1004	1
N0003	1	2457	1
N0003	2	3001	1

貨品編號	貨品名稱	貨品價格
1203	AT	2500
1504	BT	3000
1620	CT	2500
2003	DT	4200
1004	ET	5300
2457	FT	2200
3001	GT	3800

9-3 SQL 語言

SQL（Structured Query Language）結構化查詢語言主要對資料庫做資料的新增、修改、刪除及查詢等功能，是用來與關聯式資料庫溝通的語言。它與一般電腦程式語言最大的不同是SQL是一種非程序性的（non-procedural）語言。雖然SQL語言是所謂的結構化查詢語言，不過就其功能而言，提供的不只是「查詢」功能而已，其中包含建立資料表、增修刪資料等。大致上SQL語言依功能可以分為三種：資料定義語言、資料操作語言及資料控制語言等。

9-3-1 資料定義語言

資料定義語言主要在建立、設定或刪除資料表。資料庫中的資料表名稱、欄位屬性、資料型態等皆可透過資料定義功能加以設定。資料定義相關保留字有CREATE、ALTER、DROP等。例如我們想在資料庫裡產生一個新的表格名稱為personnel，裡面包含身份證字號、姓名、性別、出生年月日、電話、居住城市、地址等欄位，使用CREATE（建立資料庫或表格）指令，可以產生如下TABLE：

```
CREATE TABLE personnel (
 id_no      character(10) PRIMARY KEY,
 last_name   character(6) not null,
 first_name  character(10),
 sex        bit(1),
 birthday    date,
 phone      character(12),
 city        character(10),
 address     character(40) )；
```

上述表格的身份證字號，姓氏，設定了限制條件（constraint），身份證字號為主鍵，指明此欄位值不可重覆。

9-3-2 資料操作語言

當資料庫中的資料表已建立完成，接著就是資料的建立、修改、刪除及查詢等動作。資料操作功能提供多樣且靈活的資料處理保留字，經過適當的安排查詢字串，可有效的處理所要資料，比如 INSERT、UPDATE、DELETE、SELECT…等即是屬於 DML。例如當表格剛產生的時候，內容是空的。我們可以使用 INSERT 命令來新增資料進去，比如現在有一個新的表格，名為 employees，欄位有員工編號 employee_id、所屬部門代號 dept_id、身份證號碼 id_no 職別 official_rank、就職日期 date_employed、離職日期 date_leave。那麼新增一筆資料命令如下：

```
INSERT INTO employees (employee_id，dept_id，id_no，official_rank，
date_employed，date_leave)
VALUES ('C920705'，'R01'，'D120384756'，7，DATE '2003-09-05'，null)；
```

如果我們在 INSERT INTO 的時候，省略了某些欄位，那麼這些欄位會自動放入 null，或是預設值（default value）。但是 primary key 欄位是不可以被省略的，它一定要給定唯一值才行。

9-3-3 資料控制語言

資料控制語言主要作為資料庫的存取，資料庫管理人員利用資料庫控制功能可以管理存取者的權限、建立或設定使用者資料、保護資料庫及避免被有意或無意地破壞。相關保留字如 GRANT、REVOKE、COMMIT、ROLLBACK 等即是屬於 DCL。例如 GRANT 指令配合 SELECT 指令，可控制查詢資料的權限，也可配合 INSERT、UPDATE、DELETE 則分別控制新增、修改、刪除資料的權限。例如 GRANT 指令配合 SELECT 指令，可控制查詢資料的權限，也可配合 INSERT、UPDATE、DELETE 則分別控制新增、修改、刪除資料的權限。比如以下指令授予所有 PUBLIC 使用者查詢客戶資料表的權限：

```
GRANT SELECT ON customers TO PUBLIC；
```

以下指令則是授予 personnel_manager 新增，修改，刪除人事資料表的權限：

```
GRANT INSERT，UPDATE，DELETE ON employees TO personnel_manager；
```

9-4 大數據簡介

大數據時代的到來，正在翻轉了現代人們的生活方式，自從2010年開始全球資料量已進入ZB（zettabyte）時代，並且每年以60%~70%的速度向上攀升，面對不斷擴張的巨大資料量，正以驚人速度不斷被創造出來的大數據，為各種產業的營運模式帶來新契機。特別是在行動裝置蓬勃發展、全球用戶使用行動裝置的人口數已經開始超越桌機，一支智慧型手機的背後就代表著一份獨一無二的個人數據！例如透過即時蒐集用戶的位置和速度，經過大數據分析Google Map就能快速又準確地提供用戶即時交通資訊；

透過大數據分析就能提供用戶最佳路線建議

將數據應用延伸至實體場域最早是前世紀在90年代初，全球零售業的巨頭沃爾瑪（Walmart）超市就選擇把店內的尿布跟啤酒擺在一起，透過帳單分析，找出尿片與啤酒產品間的關聯性，尿布賣得好的店櫃位附近啤酒也意外賣得很好，進而調整櫃位擺設及推出啤酒和尿布共同銷售的促銷手段，成功帶動相關營收成長，開啟了數據資料分析的序幕。阿里巴巴創辦人馬雲在德國CeBIT開幕式上如此宣告：「未來的世界，將不再由石油驅動，而是由數據來驅動！」

✪ 沃爾瑪啤酒和尿布的研究開啟了大數據分析的序幕

9-4-1 大數據的特性

沒有人能夠告訴各位，超過哪一項標準的資料量才叫大數據，如果資料量不大，可以使用電腦及常用的工具軟體慢慢算完，就用不到大數據資料的專業技術，也就是說，只有當資料量巨大且有時效性的要求，較適合應用大數據技術進行相關處理。由於數據的來源有非常多的途徑，大數據的格式也將會越來越複雜，大數據解決了企業無法處理的非結構化資料，優化了組織決策的過程。

大數據涵蓋的範圍太廣泛，許多專家對大數據的解釋又各自不同，在維基百科的定義，大數據是指無法使用一般常用軟體在可容忍時間內進行擷取、管理及分析的大量資料，我們可以這麼簡單解釋：大數據其實是巨大資料庫加上處理方法的一個總稱，是一套有助於企業組織大量蒐集、分析各種數據資料的解決方案，並包含以下四種基本特性：

大量性（Volume）

現代社會每分每秒都正在生成龐大的數據量，堪稱是以過去的技術無法管理的巨大資料量，資料量的單位可從 TB（terabyte, 一兆位元組）到 PB（petabyte, 千兆位元組）。

速度性（Velocity）

隨著使用者每秒都在產生大量的數據回饋，更新速度也非常快，資料的時效性也是另一個重要的課題，反應這些資料的速度也成為他們最大的挑戰。大數據產業應用成功的關鍵在於速度，往往取得資料時，必須在最短時間內反應，許多資料要能即時得到結果才能發揮最大的價值，否則將會錯失商機。

多樣性（Variety）

大數據技術徹底解決了企業無法處理的非結構化資料，例如存於網頁的文字、影像、網站使用者動態與網路行為、客服中心的通話紀錄，資料來源多元及種類繁多。通常我們在分析資料時，不會單獨去看一種資料，大數據課題真正困難的問題在於分析多樣化的資料，彼此間能進行交互分析與尋找關聯性，包括企業的銷售、庫存資料、網站的使用者動態、客服中心的通話紀錄；社交媒體上的文字影像等。

真實性(Veracity)

企業在今日變動快速又充滿競爭的經營環境中，取得正確的資料是相當重要的，因為要用大數據創造價值，所謂「垃圾進，垃圾出」(GIGO)，這些資料本身是否可靠是一大疑問，不得不注意數據的真實性。大數據資料收集的時候必須分析並過濾資料有偏差、偽造、異常的部分，資料的真實性是數據分析的基礎，防止這些錯誤資料損害到資料系統的完整跟正確性，就成為一大挑戰。

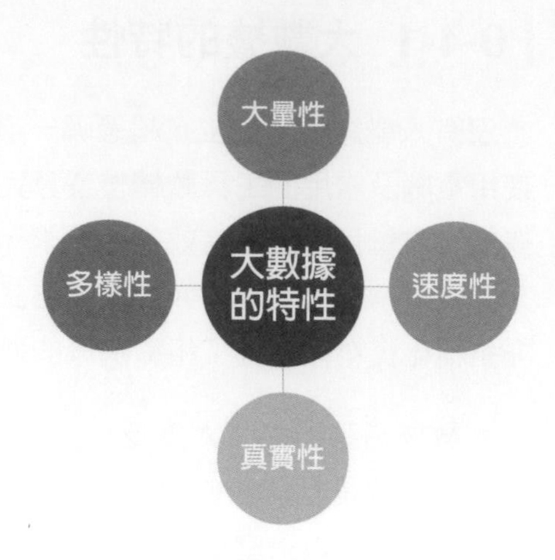

✪ 大數據的四項特性

9-4-2 資料倉儲

大數據的熱浪來襲，企業開始面臨儲存海量數據的問題，特別是企業在今日變動快速又充滿競爭的經營環境中，取得正確的資料是相當重要的，隨著企業中累積相關資料量的大增，如果沒有適當的管理模式，將會造成資料大量氾濫。許多企業為了有效的管理運用這些資訊，紛紛建立資料倉儲(Data Warehouse)模式來來整合眾多來源的資料與收集資訊以支援管理決策，設計良好的資料倉儲能夠非常快速的執行查詢，並為終端使用者提供充分的資料運用彈性。

資料倉儲於1990年由資料倉儲Bill Inmon首次提出，就是資訊的中央儲存庫，以分析與查詢為目的所建置的系統，這種系統能整合及運用資料，協助與提供決策者有用的相關情報。建置資料倉儲的目的是希望整合企業的內部資料，並綜合各種外部資料，經由適當的安排來建立一個資料儲存庫，使作業性的資料能夠以現有的格式進行分析處理，讓企業的管理者能有系統的組織已收集的資料，目的是要協助資料從營運系統進而支援如客戶關係管理(CRM)、決策支援系統(DSS)、主管資訊系統(EIS)、銷售點交易、行銷自動化等，最後能快速支援使用者的管理決策。

資料倉儲對於企業而言，是一種整合性資料的儲存體，僅用於執行查詢和分析，且經常包含大量的歷史記錄資料，能夠適當的組合及管理不同來源的資料的技術，兼具效率與彈性的資訊提供管道。資料倉儲與一般資料庫雖然都可以存放資料，但是儲存架構有所不同，最好能先建立資料庫行銷的資料市集(data mart)，再建置整合性客戶行銷資料倉儲系統，以瞭解客戶需求，才能對顧客進行一對一的行銷活動。例如企業或店家建立顧客忠誠度必須先建立長期的顧客關係，而維繫顧客關係的方法即是要建置一個顧客資料倉儲，是作為支援決策服務的分析型資料庫，運用大量平行處理技術，將來自不同系統來源的營運資料作適當的組合彙總分析，通常可使用線上分析處理技術（OLAP）建立多維資料庫（Multi Dimensional Database），這有點像試算表的方式，整合各種資料類型，日後可以設法從大量歷史資料中統計、挖掘出有價值的資訊，能夠有效的管理及組織資料，進而幫助決策的建立。

線上分析處理（Online Analytical Processing, OLAP）可被視為是多維度資料分析工具的集合，使用者在線上即能完成的關聯性或多維度的資料庫（例如資料倉儲）的資料分析作業並能即時快速地提供整合性決策，主要是提供整合資訊，以做為決策支援為主要目的。

9-4-3 資料探勘

每個人的生活裡，都充斥著各式各樣的數據，從生日、性別、學歷、經歷、居住地等基本資料，再到薪資收入、帳單、消費收據、有興趣的品牌等等，這些數據堆積如山，就像一座等待開墾的金礦。資料探勘（Data Mining）就是一種資料分析技術，也稱為資料採礦，可視為資料庫中知識發掘的一種工具，資料必須經過處理、分析及開發才會成為最終有價值的產品，簡單來說，資料探勘像是一種在大數據中挖掘金礦的相關技術。

在數位化時代裡，氾濫的大量資料卻未必馬上有用，資料若沒有經過妥善的「加工處理」和「萃取分析」，本身的價值是尚未被開發與決定的，資料探勘可以從一個大型資料庫所儲存的資料中萃取出隱藏於其中的有著特殊關聯性（association rule learning）的資訊的過程，主要利用自動化或半自動化的方法，從大量的資料中探勘、分析發掘出有意義的模型以及規則，是將資料轉化為知識的過程，也就是從一個大型資料庫所儲存的大量資料中萃取出用的知識，資料探勘技術係廣泛應用於各行各業中，現代商業及科學領域都有許多相關的應用，最終的目的是從資料中挖掘出你想要的或者意外收穫的資訊。

例如資料探勘是整個 CRM 系統的核心，可以分析來自資料倉儲內所收集的顧客行為資料，資料探勘技術常會搭配其他工具使用，例如利用統計、人工智慧或其他分析技術，嘗試在現有資料庫的大量資料中進行更深層分析，發掘出隱藏在龐大資料中的可用資訊，找出消費者行為模式，並且利用這些模式進行區隔市場之行銷。

國內外許多的研究都存在著許許多多資料探勘成功的案例，例如零售業者可以更快速有效的決定進貨量或庫存量。資料倉儲與資料探勘的共同結合可幫助建立決策支援系統，以便快速有效的從大量資料中，分析出有價值的資訊，幫助建構商業智慧與決策制定。

商業智慧（Business Intelligence, BI）是企業決策者決策的重要依據，屬於資料管理技術的一個領域。BI 一詞最早是在 1989 年由美國加特那（Gartner Group）分析師 Howard Dresner 提出，主要是利用線上分析工具（如 OLAP）與資料探勘（Data Mining）技術來淬取、整合及分析企業內部與外部各資訊系統的資料資料，將各個獨立系統的資訊可以緊密整合在同一套分析平台，並進而轉化為有效的知識。

9-4-4 大數據的應用

大數據現在不只是資料處理工具，更是一種企業思維和商業模式，大數據揭示的是一種「資料經濟」的精神。長期以來企業經營往往仰仗人的決策方式，往往導致決策結果不如預期，日本野村高級研究員城田真琴曾經指出，「與其相信一人的判斷，不如相信數千萬人的資料」，她的談話就一語道出了大數據分析所帶來商業決策上的價值，因為採用大數據可以更加精準的掌握事物的本質與訊息。

國內外許多擁有大量顧客資料的企業，都紛紛感受到這股如海嘯般來襲的大數據浪潮，這些大數據中遍地是黃金，不少企業更是從中嗅到了商機。大數據分析技術是一套有助於企業組織大量蒐集、分析各種數據資料的解決方案。大數據相關的應用，不完全只有那些基因演算、國防軍事、海嘯預測等資料量龐大才需要使用大數據技術，甚至橫跨電子商務、決策系統、廣告行銷、醫療輔助或金融交易⋯等，都有機會使用大數據相關技術。

我們就以醫療應用為例，能夠在幾分鐘內就可以解碼整個 DNA，並且讓我們製定出最新的治療方案，為了避免醫生的疏失，美國醫療機構與 IBM 推出 IBM Watson 醫生診斷輔助系統，會從大數據分析的角度，幫助醫生列出更多的病徵選項，大幅提升疾病治癒率，甚至能幫助衛星導航系統建構完備即時的交通資料庫。即便是目前喊得震天價響的全通路零售，真正核心價值還是建立在大數據資料驅動決策上。

✪ IBM Waston 透過大數據實踐了精準醫療的成果

不僅如此，大數據還能與行銷領域相結合，當作末端的精準廣告投放，只要有能力整合這些資料並做分析，在大數據的幫助下，消費者輪廓將變得更加全面和立體，包括使用行為、地理位置、商品傾向、消費習慣都能記錄分析，就可以更清楚地描繪出客戶樣貌，更可以協助擬定最源頭的行銷策略，進而更精準的找到潛在消費者。

例如 Amazon 商城會根據客戶瀏覽的商品，從已建構的大數據庫中整理曾瀏覽該商品的所有人，然後會給這位新客戶一份建議清單，在建議清單中會列出曾瀏覽這項商品的人也會同時瀏覽過哪些商品？甚至那些曾購買這項商品的人也會同時購買哪些相關性的商品，由這份建議清單，新客戶可以快速作出購買的決定，而這種大數據結合相關技術的推薦作法，也確實為 Amazon 商城帶來更大量的商機與利潤。

✪ Amazon 應用大數據提供更優質購物體驗

課後評量

1. 請簡述資料探勘（Data Mining）。
2. 資料倉儲（Data Warehouse）有何功用？試說明之。
3. 請簡述大數據（又稱大資料、大數據、海量資料，big data）及其特性。
4. 請簡介 Hadoop。
5. 請簡介 Spark。
6. 什麼是類神經網路（Artificial Neural Network）？
7. 請簡述平行處理（Parallel Processing）與高效能運算（High Performance Computing, HPC）。
8. 請簡述機器學習（Machine Learning, ML）。
9. 請簡述人工智慧（Artificial Intelligence, AI）。
10. 資料庫的三層模式架構是指那些？
11. 簡述關聯式資料庫的概念及其優缺點。
12. 解釋資料庫正規化的用意，並說明正規化的種類。

網路篇

網路篇則以通訊網路概說、通訊網路概說、網際網路通訊與交友實務、瀏覽器與全球資訊網、Web 2.0時代的網際網路應用、資訊安全實務、資訊倫理與法律、電子商務與網路行銷為介紹單元。本篇中將從認識通訊網路的入門知識開始談起，這些基礎知識包括網路的組成、網路拓撲、通訊傳輸方向、資料交換技術、通訊媒介、通訊協定、連結裝置、區域網路、無線網路等。另外還會介紹當紅的瀏覽器及網際網路相關應用。包括：全球資訊網、電子郵件、微網誌、臉書、檔案傳輸、網路電話…等。本篇中也會介紹各種網際網路服務及最新的Web技術。最後則會介紹網路上的安全及法律問題，例如：駭客、電腦病毒、隱私權、著作權…等。其中電子商務及各種數位行銷的工具，也是在本篇中會談論的主題。

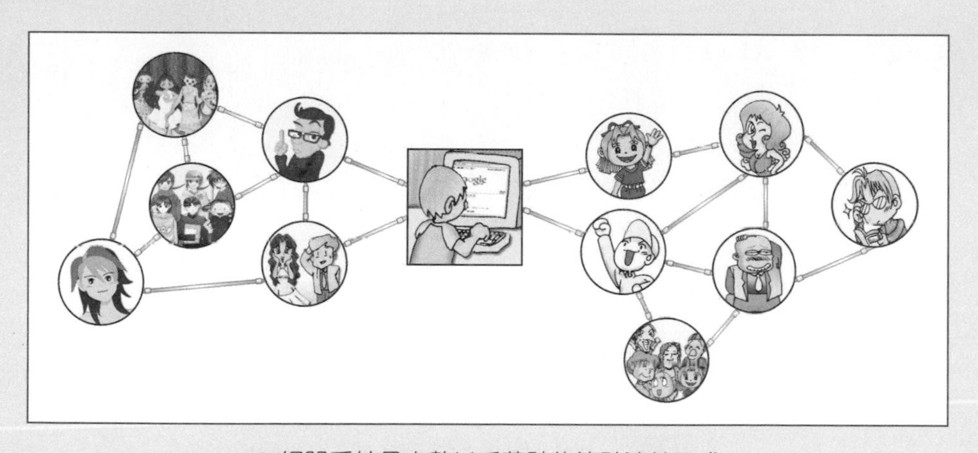

✪ 網路系統是由數以千萬計的節點連結而成

CHAPTER

10 通訊網路實務

使用『無孔不入』來形容網路或許稍嫌誇張，但網路確實已經成為現代人生活中的一部份，也全面地影響了人類的日常生活型態。網路的一項重要特質就是互動，乙太網路的發明人包博，梅特卡夫（Bob, Metcalfe）就曾說過網路的價值與上網的人數呈正比，如今全球已有數十億上網人口。所謂網路（Network）可視為是包括硬體、軟體與線路連結或其它相關技術的結合，並將兩台以上的電腦連結起來，使相距兩端的使用者能即時進行溝通、交換資訊與分享資源。

10-1 通訊網路簡介

「網路」可以將兩台以上的電腦連結起來，讓彼此可以達到「資源共享」與「傳遞訊息」的功用。

資源共享

包含在網路中的檔案或資料與電腦相關設備都可讓網路上的用戶分享、使用與管理。

訊息交流

電腦連線後可讓網路上的用戶彼此傳遞訊息與交流資訊。

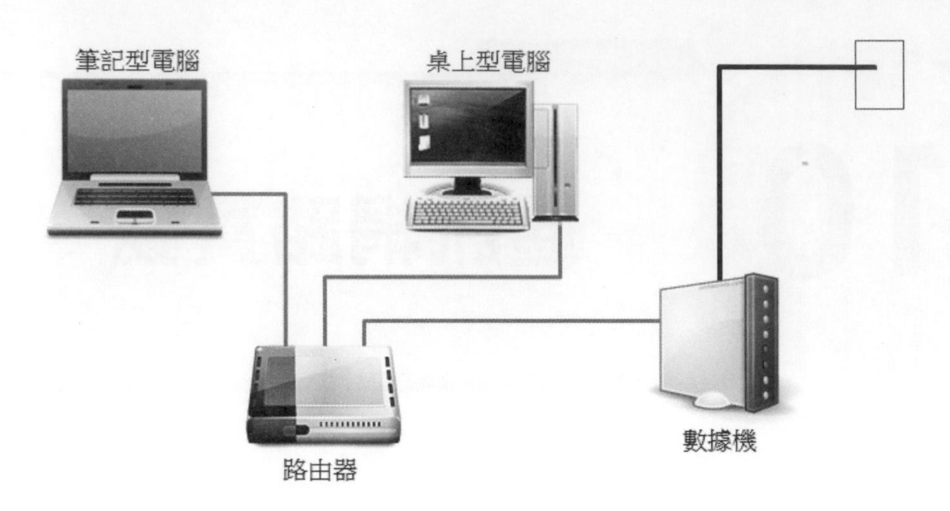

✪ 乙太網路簡單架構示意圖

Tips

乙太網路（Ethernet）是目前最普遍的區域網路存取標準，乙太網路的起源於 1976 年 Xerox PARC 將乙太網路正式轉為實際的產品，1979 年 DEC、Intel、Xerox 三家公司（稱為 DIX 聯盟）試圖將 Ethernet 規格交由 IEEE 協會（電子電機工程師協會）制定成標準。IEEE 並公佈適用於乙太網路的標準為 IEEE802.3 規格，直至今日 IEEE 802.3 和乙太網路意義是一樣的，一般我們常稱的「乙太網路」，都是指 IEEE 802.3 中所規範的乙太網路。

一個完整的通訊網路系統元件，不只包括電腦與其周邊設備，甚至有電話、手機、PDA 等。也就是說，任何一個透過某個媒介體相互連接架構，可以彼此進行溝通與交換資料，即可稱之為「網路」。歷史上的第一個網路即是以電話線路為基礎，也就是「公共交換電話網路」（Public Switched Telephone Network, PSTN）。而連結的媒介體除了常見的雙絞線、同軸電纜、光纖等實體媒介，甚至也包括紅外線、微波等無線傳輸模式。

在網路上，當資料從發送到接收端，必須透過傳輸媒介將資料轉成所能承載的訊號來傳送（類比訊號），一旦接收端收到承載的訊號後，再將它轉換成可讀取的資料（數位訊號）。「數位」就如同電腦中階段性的高低訊號，而「類比」則是一種連續性的自然界訊號（如同人類的聲音訊號）。如下圖所示：

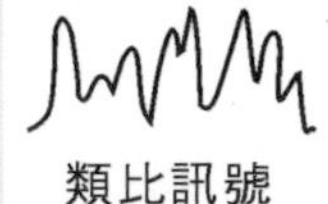

數位訊號

10-1-1 通訊網路型態

如果依照通訊網路的架設規模與傳輸距離的遠近，可以區分為三種網路型態：

區域網路（Local Area Network, LAN）

「區域網路」是一種最小規模的網路連線方式，涵蓋範圍可能侷限一個房間、同一棟大樓或者一個小區域內，達到資源共享的目的：

✪ 同棟大樓內的網路系統是屬於區域網路

都會網路（Metropolitan Area Network, MAN）

「都會網路」的涵蓋區域比區域網路更大，可能包括一個城市或大都會的規模。簡單的說，就是數個區域網路連結所構成的系統。例如校園網路（Campus Area Network, CAN）。不同地區的校園辦公室與組織可以被連結在一起，如總務處的會計辦公室可以被連接至教務處的註冊辦公室，算小型都會網路的一種。

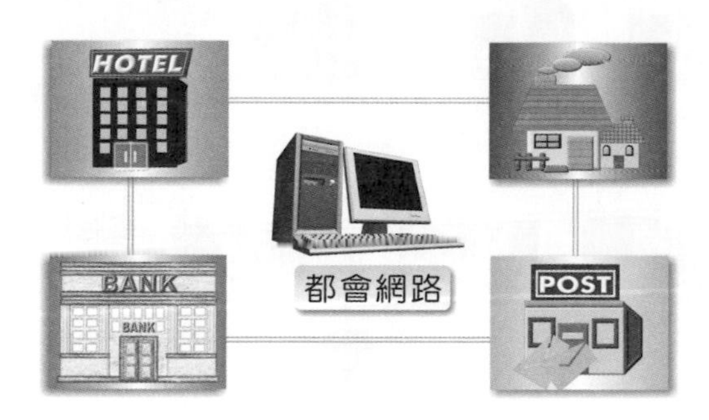

✪ 都會網路可以將更多個區域網路連結在一起

廣域網路（Wide Area Network, WAN）

「廣域網路」（Wide Area Network, WAN）是利用光纖電纜、電話線或衛星無線電科技將分散各處的無數個區域網路與都會網路連結在一起。可能是都市與都市、國家與國家，甚至於全球間的聯繫。廣域網路並不一定包含任何相關區域網路系統，例如兩部遠距的大型主機都不是區域網路的一部分，但仍可透過廣域網路進行通訊，網際網路則是最典型的廣域網路。

10-2 網路作業方式

如果是將網路依照資源處理方式來區分，可分為對等式網路（Peer-to-Peer）與主從式網路（Client/Server）兩種，分述如下。

10-2-1 主從式網路

在中大型的網路通訊網路中，安排一台電腦做為網路伺服器，統一管理網路上所有用戶端所需的資源（包含硬碟、列表機、檔案等）。主從式網路不僅包含電腦節點，也包含一部中央電腦，並具有當作共享儲存設備的高容量硬碟，主從式優點是網路的資源可以共管共用，可以有效率地將處理與儲存工作量分配到各資源，如此使用者能更快速地取得他們所需要的資訊。缺點是必須有相當專業的網管人員負責，軟硬體的成本較高。如下圖所示：

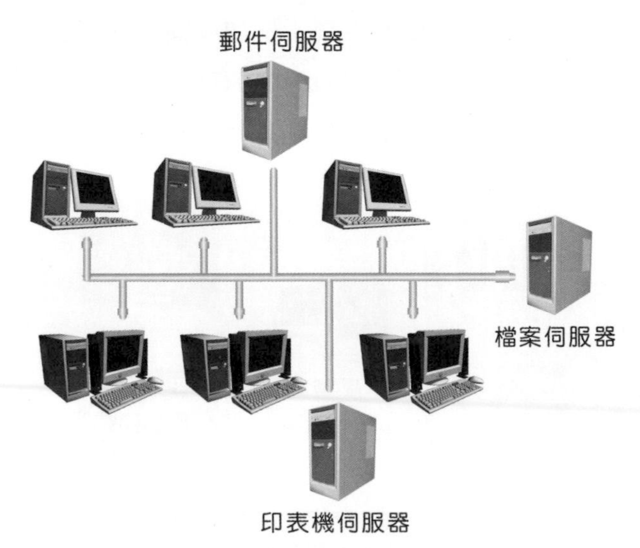

✪ 主從式網路的資源可以共管共用

10-2-2 對等式網路

在對等式網路中，並沒有主要的伺服器，每台網路上的電腦都具有同等級的地位，並且可以同時享用網路上每台電腦的資源。優點是架設容易，不必另外設定一台專用的網路伺服器，成本花費自然較低。缺點是資源分散在各部電腦上，管理與安全性都有缺陷。

✪ 對等式網路沒有主要的伺服器

10-3 通訊網路拓撲

所謂拓撲即通訊網路連結型態，也就是網路連線的實體排列形狀，或稱為「實體拓撲」(Topology)而因為傳輸媒介與連線裝置的不同，以下是四種常見的連結型態：

10-3-1 星狀拓撲

星狀拓撲(Star Topology)會以某個網路設備為中心，通常是集線器。以放射狀方式，透過獨立纜線連接每一個系統。傳送訊息時，傳送端的電腦會將訊號傳給設備中心，由它來決定路徑及傳送與否，再將訊息傳送至接收端的電腦：

✪ 星狀拓撲示意圖

優點是如果有一條線路出現問題，只會影響到該電腦，不致於癱瘓整個網路。由於此種網路是屬於中樞控制架構，在擴充及管理時都頗為方便。缺點是每台電腦都需要一條網路線與中心集線器相連，使用線材較多，成本也較多。另外當中心節點集線器故障時，則有可能癱瘓整個網路。

10-3-2 環狀拓撲

環狀拓撲（Ring Topology）的所有節點會串成一個環形。環狀拓蹼通常採用一種稱為記號傳遞（Token Passing）的技術來傳遞資料，會以電腦的連接埠為開始，連接下一部電腦的接收埠，將所有電腦依序連接。傳送訊息時，會以順時針或逆時針的固定方向，經過每一台電腦時會進行判讀記號，只有取得該記號的設備才能傳輸資料，傳輸完成後再釋放記號供其他設備使用，如果記號不屬於自己，會將記號傳遞給下一台電腦：

✪ 環狀拓撲示意圖

優點是網路上的每台電腦都處於平等的地位，也沒有一個中央控管單位來進行資源的分配與管理，所以每台電腦傳遞訊息的機會都相等。另外因為訊號傳遞為單方向，傳遞路徑大為簡化，訊號不會有衰減（Attenuation）現象，缺點是當網路上的任一台電腦或線路故障，網路上其它電腦部會受到影響。

10-3-3　匯流排拓撲

匯流排拓撲（Bus Topology）也稱為直線型網路，各個設備會透過個別纜線連接到一條主幹線上，主幹線二端必須以終端電阻來結束佈線。匯流排網路中的任一節點都可以傳送訊息至另一個節點中，當裝置欲傳送訊息時，必須先判斷傳輸媒體是否有使用，在匯流排上一次只能有一台電腦傳送訊息，而且只有目的電腦才會接收此訊息：

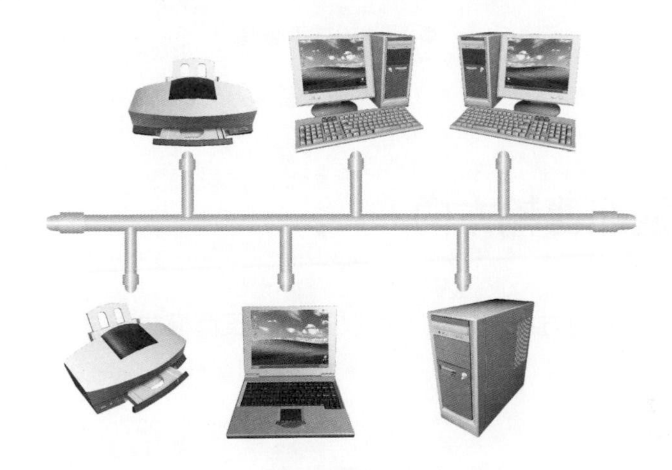

匯流排拓撲示意圖

優點是由於電腦與周邊設備都在此匯流排上，安裝與擴充設備都很容易，成本花費也較低。缺點是當新增或移除此網路上的任何節點時，必須中斷網路的功能，當傳輸出現問題時，由於只利用一條匯流排，所以其他網路上的節點也會受到影響。另外整個網路的規模或範圍不能太大，因為這會造成訊號強度減弱，降低傳輸效率。

10-3-4　網狀拓撲

網狀拓撲，則是一台電腦裝置至少與其它兩台裝置進行連接，這種安排最大的優點就是資料比較不會有傳送失敗的情形。所以網狀拓撲的網路會具備有較高的容錯能力，也就是如果此條線路不通，還可以用另外的路徑來傳送資料，雖然如此，但網狀拓撲的成本較高，要連接兩台以上的裝置也較為複雜，所以建置不易，一般還是很少看到網狀拓撲的應用。

✪ 網狀拓撲示意圖

10-4 通訊傳輸方向

通訊網路依照通訊傳輸方向來分類，可以區分為三種模式：

10-4-1 單工

單工（Simplex）是指傳輸資料時，只能做固定的單向傳輸，訊息的傳送與接收都是獨立扮演的角色，負責傳送的裝置就只有傳送而不負責接收。所以一般單向傳播的系統，都屬於此類，例如有線電視網路、廣播系統、擴音系統等等。

10-4-2 半雙工

半雙工（Half-Duplex）是指傳輸資料時，允許在不同時間內互相交替單向傳輸，一次僅能有一方傳輸資料，另一方必須等到對方傳送完後才能傳送，也就是同一時間內只能單方向由一端傳送至另一端，無法雙向傳輸，例如火腿族或工程人員所用的無線電對講機。

10-4-3 全雙工

全雙工（full-duplex）是指傳輸資料時，即使在同一時間內也可同步進行雙向傳輸，也就是收發端可以同時接收與發送對方的資料，例如日常使用的電話系統雙方能夠同步接聽與說話，或者電腦網路連線完成後可以同時上傳或下載檔案都是屬於全雙工模式。

所謂「頻寬」（bandwidth），是指固定時間內網路所能傳輸的資料量，通常在數位訊號中是以 bps 表示，即每秒可傳輸的位元數（bits per second），其他常用傳輸速率如下：

- Kbps：每秒傳送仟位元數。
- Mbps：每秒傳送百萬位元數。
- Gbps：每秒傳送十億位元數。

10-5 並列傳輸與序列傳輸

如果是依照通訊網路傳輸時的線路多寡來分類，可以區分為兩種模式，分別是並列傳輸（Parallel Transmission）與序列傳輸（Serial Transmission），分述如下。

10-5-1 並列傳輸

並列傳輸通常用於短距離的傳輸，是透過多條傳輸線路或數個載波頻率同時傳送固定位元到目的端點，傳輸速率快、線路多、成本自然較高。例如個人電腦的 LPT1 埠與電腦內之控制匯流排、位址匯流排上的傳輸。

發訊端		收訊端
	01011011	
	10110101	
	11111101	
	00000011	
	10111011	
	01111100	
	00000010	
	11000000	

✪ 並列傳輸示意圖

10-5-2 序列傳輸

序列傳輸通常用於長距離的傳輸，是將一連串的資料只用一條通訊線路，以一個位元接著一個位元的方式傳送到目的端點，傳輸速率較慢，成本較低。例如個人電腦的COM1、COM2 埠、RS-232 介面的傳輸。

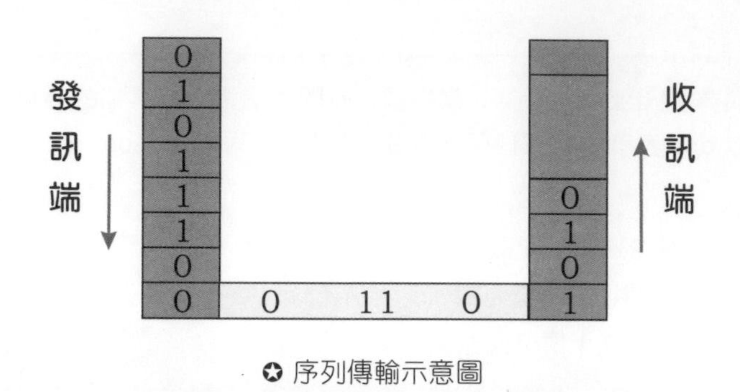

✪ 序列傳輸示意圖

「序列傳輸」傳送方式還可依照資料是否同步，再細分為「同步傳輸」與「非同步傳輸」兩種，分述如下：

「同步傳輸」(Synchronous Transfer Mode)

一次可傳送數個位元，資料是以區塊(block)的方式傳送，並在資料區塊的開始和終止的位置加上偵測位元(check bit)。優點是可以做較高速的傳輸，缺點是所需設備花費較高，而且如果在傳輸過程中發生錯誤，整段傳送訊息都會遭到破壞：

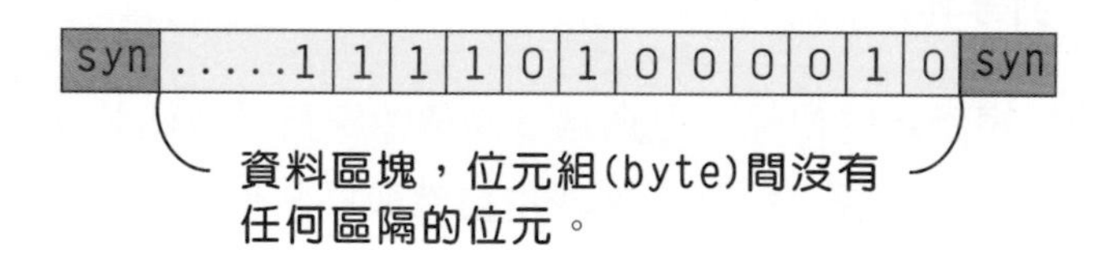

✪ 同步傳輸示意圖

「非同步傳輸」(Asynchronous Transfer Mode)

一次可傳送一個位元，在傳輸過程中，每個位元開始傳送前會有一個「起始位元」(Start Bit)，傳送結束後也有一個「結束位元」(Stop Bit)來表示結束，這種方式較適合低速傳輸：

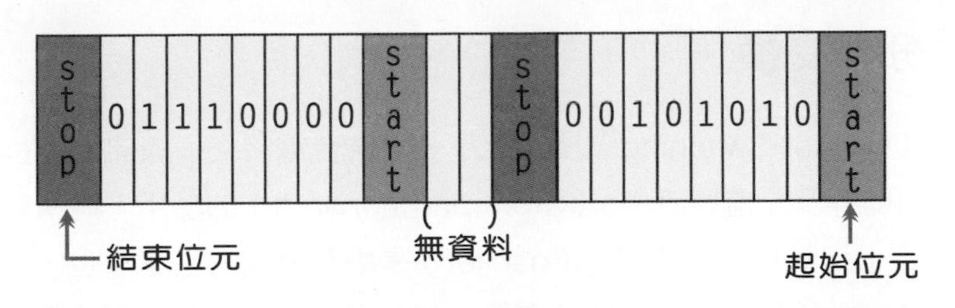

✪ 非同步傳輸示意圖

10-6 資料傳輸交換技術

「公眾數據網路」(Public Data Network) 是一種於傳輸資料時，才建立連線的網路系統，具有建置成本低、收費低廉、服務項目多等特色。由於資料從某節點傳送到另一節點的可能路徑有相當多，因此如何快速有效地將資料傳送到目的端，必須藉由資料傳輸交換技術。本節中將為各位介紹常見的資料傳輸交換技術。

10-6-1 電路交換

「電路交換」(Circuit Switching) 技術就如同一般所使用的電話系統。當您要使用時，才撥打對方的電話號碼與利用線路交換功能來建立連線路徑，此路徑由發送端開始，一站一站往目的端串聯起來。不過一旦建立兩端間的連線後，它將維持專用 (dedicated) 狀態，無法讓其他節點使用正在連線的線路，直到通信結束之後，這條專用路徑才停止使用。這種方式費用也較貴，而且連線時間緩慢。

10-6-2 訊息交換

「訊息交換」(Message Switching) 技術就是利用訊息可帶有目的端點的位址，在傳送過程中可以選擇不同傳輸路徑，因此線路使用率較高。並使用所謂「介面訊息處理器」來暫時存放轉送訊息，當資料傳送到每一節點時，還會進行錯誤檢查，傳輸錯誤率低。缺點是傳送速度也慢，需要較大空間來存放等待的資料，另外即時性較低，重新傳送機率高，較不適用於大型網路與即時性的資訊傳輸，通常用於如電報、電子郵件的傳送方式。

10-6-3 分封交換

「分封交換」(Packet Switching)技術就是一種結合電路交換與訊息交換優點的交換方式，利用電腦儲存及「前導傳送」(Store and Forward)的功用，將所傳送的資料分為若干「封包」(packet)，「封包」(packet)是網路傳輸的基本單位，也是一組二進位訊號，每一封包中並包含標頭與標尾資訊。每一個封包可經由不同路徑與時間傳送到目的端點後，再重新解開封包，並組合恢復資料的原來面目，這樣不但可確保網路可靠性，並隨時偵測網路資訊流量，適時進行流量控制。優點是節省傳送時間，並可增加線路的使用率，目前大部份的通信網路都採用這種方式。

10-7 有線通訊傳輸媒介

一個完整的通訊網路架構，還必須有一些傳輸媒介來配合進行電腦與終端機間傳輸與聯結工作。對於這些設備的了解與認識，是進入網路通訊領域的必備課程。

10-7-1 雙絞線

✪ 雙絞線剖面圖

「雙絞線」(Twisted Pair)是一種將兩條絕緣導線相互包裹絞繞在一塊的網路連線媒介，通常又可區分為「無遮蔽式雙絞線」(Unshielded Twisted Pair, UTP)與「遮蔽式雙絞線」(Shielded Twisted Pair, STP)兩種。例如家用電話線路是一種「無遮蔽式雙絞線」，優點是價格便宜，缺點是容易被外界電磁波干擾。應用於 IBM「符記環」(Token Ring)網路上的電纜線則是一種「遮蔽式雙絞」，由於遮蔽式雙絞線在線路外圍加上了金屬性隔離層，較不易受電磁波干擾，但成本較高。

10-7-2 同軸電纜

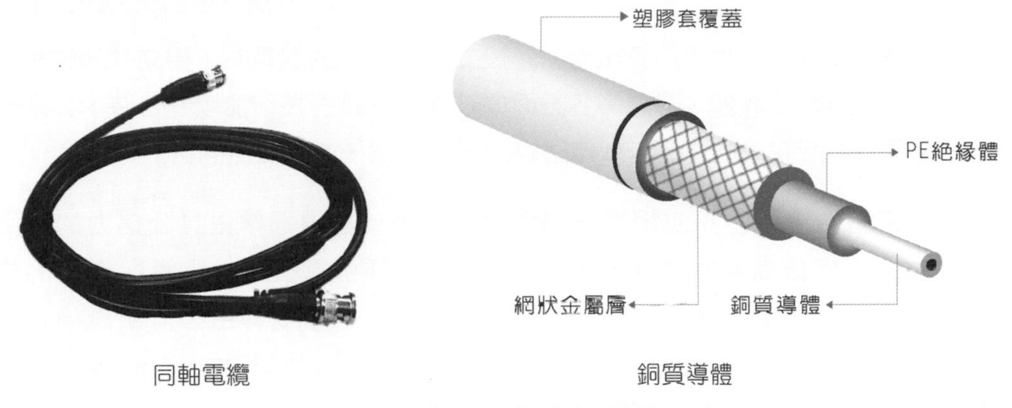

✪ 同軸電纜外觀與剖面圖

「同軸電纜」(Coaxial Cable)的構造中央為銅導線，外面圍繞著一層絕緣體，然後再圍上一層網狀編織的導體，這層導體除了有傳導的作用之外，還具有隔絕雜訊的作用，最後外圍會加上塑膠套以保護線路。在價格上比雙絞線略高，普及率也僅次於雙絞線。

10-7-3 光纖

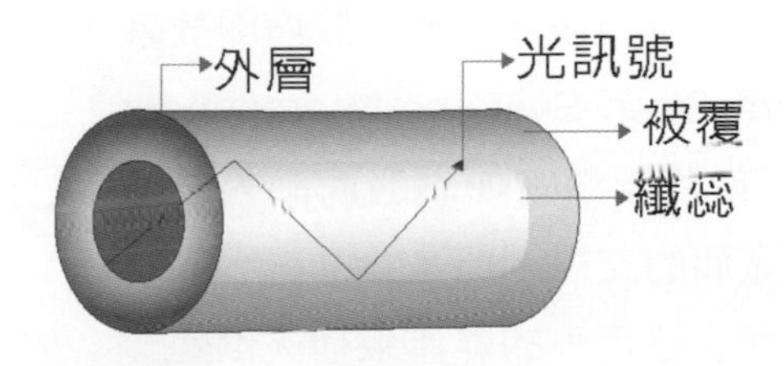

✪ 光纖剖面圖

「光纖」(Optical Fiber)所用的材質是玻璃纖維，並利用光的反射來傳遞訊號，主要是由纖蕊(Core)，被覆(Cladding)及外層(Jacket)所組成，它是利用光的反射特性來達到傳遞訊號的目的。傳遞原理是當光線在介質密度比外界低的玻璃纖維中傳遞時，如果入射的角度大於某個角度(臨界角)，就會發生全反射的現象，也就是光線會完全在線路中傳遞，而不會折射至外界。由於光纖所傳遞的光訊號，所以速度快，而且不受電磁波干擾。

10-8 網路參考模型

由於網路是個運行於全世界的資訊產物，設立模型的目的就是為了樹立共同的規範或標準，由於網路結合了軟體、硬體等各方面的技術，在這些技術加以整合時，如果沒有共同遵守的規範，所完成的產品，就無法達到彼此溝通、交換資訊的目的。

因此網路模型在溝通上扮演極重要的角色，模型或標準通常由具公信力的組織來訂立，而後由業界廠商共同遵守，OSI 模型就是一種由具公信力組織所製定的標準的範例。不過有時候某些標準是許多廠商使用已久，卻沒有經由公訂組織經正式會議來制定標準，這種大家默許認同的標準，就稱之為「業界標準」（de facto），例如 DoD 模型。基於此種模型所建立起來的通訊協定就是大家耳熟能詳的 TCP/IP 協定組合；如果某些業界標準非常普及，訂立標準的公信組織有時也會順水推舟地將它納入正式的標準之中。本節中將為您介紹建立網路標準的兩個重要參考模型：OSI 模型（Open Systems Interconnection Reference Model）與 DoD 模型（Department of Defense）。

10-8-1 OSI 參考模型

OSI 參考模型是由「國際標準組織」（International Standard Organization, ISO）於 1988 年的「政府開放系統互連草案」（Government Open Systems Interconnect Profile, GOSIP）所訂立，當時雖然有要求廠商必須共同遵守，不過一直沒有得到廠商的支持，但是 OSI 訂立的標準有助於瞭解網路裝置、通訊協定等的運作架構，倒是一直被學術界拿來作為研究的對象。OSI 模型共分為七層，如右圖所示：

Application Layer（應用層）
Presentation Layer（表現層）
Session Layer（會議層）
Transport Layer（傳輸層）
Network Layer（網路層）
Data Link Layer（資料連結層）
Physical Layer（實體層）

✪ OSI 參考模型示意圖

實體層（Physical Layer）

是 OSI 模型的第一層，所處理的是電子訊號，主要的作用是定義網路資訊傳輸時的實體規格，包含了連線方式、傳輸媒介、訊號轉換等等，也就是對數據機、集線器、連接線與傳輸方式等加以規定。例如我們常見的「集線器」（Hub），也都是屬於典型的實體層設備。

資料連結層（Data Link Layer）

實體位址與邏輯位址中間轉換的工作是由資料連結層負責這項工作。它可以透過「位址解析協定」（Address Resolution Protocol, ARP）來取得網路裝置的「媒體存取控制位址」（Media Access Control Address, MAC），MAC 位址是網路裝置的實體位址。因此像是網路卡、橋接器，或是交換式集線器（Switch Hub）等設備，都屬於此層的產品。

網路層（Network Layer）

網路層的工作就是負責解讀並決定資料要傳送給哪一個網路設備，如果是在同一個區域網路中，就會直接傳送給網路內的主機，如果不是在同一個網路內，就會將資料交給路由器，並由它來決定資料傳送的路徑，而目的網路的最後一個路由器再直接將資料傳送給目的主機。

傳輸層（Transport Layer）

傳輸層主要工作是提供網路層與會談層一個可靠且有效率的傳輸服務，所負責的任務就是將網路上所接收到的資料，分配（傳輸）給相對應的軟體，例如將網頁相關資料傳送給瀏覽器，或是將電子郵件傳送給郵件軟體，而這層也負責包裝上層的應用程式資料，指定接收的另一方該由哪一個軟體接收此資料並進行處理。

會議層（Session Layer）

會議層的作用就是在於建立起連線雙方應用程式互相溝通的方式，例如何時表示要求連線、何時該終止連線、發送何種訊號時表示接下來要傳送檔案，也就是建立和管理接收端與發送端之間的連線對談形式。這層可利用全雙工、半雙工或單工來建立雙向連線，並維護與終止兩台電腦或多個系統間的交談，透過執行緒的運作，決定電腦何時可傳送 / 接收資料。

表現層（Presentation Layer）

表現層主要功能是讓各工作站間資料格式能一致，包含資料交換格式（如 ASCII、JPEG、MPEG）、字元轉換碼、資料的壓縮與加密。全球資訊網中有文字、各種圖片、甚至聲音、影像等資料，而表現層就是負責訂定連線雙方共同的資料展示方式，例如文字編碼、圖片格式、視訊檔案的開啟等等。

應用層（Application Layer）

在這一層中運作的就是我們平常接觸的網路通訊軟體，直接提供了使用者程式與網路溝通的「操作介面」，例如瀏覽器、檔案傳輸軟體、電子郵件軟體等。它的目的在於建立使用者與下層通訊協定的溝通橋樑，並與連線的另一方相對應的軟體進行資料傳遞。

10-8-2 DoD 參考模型

OSI 模型是在 1988 年所提出，但是網路的發展卻是早在 1960 年代就開始，所以不可能是按照 OSI 模型來運作，在 OSI 模型提出來之前，TCP/IP 也早就於 1982 年提出，當時 TCP/IP 的架構又稱之為 TCP/IP 模型，同年美國國防部（Department of Defense）將 TCP/IP 納為它的網路標準，所以 TCP/IP 模型又稱之為 DoD 模型。DoD 模型是個業界標準（de facto），並未經公信機構標準化，但由於推行已久，加上 TCP/IP 協定的普及，因此廣為業界所採用，DoD 模型的層次區分如右圖所示：

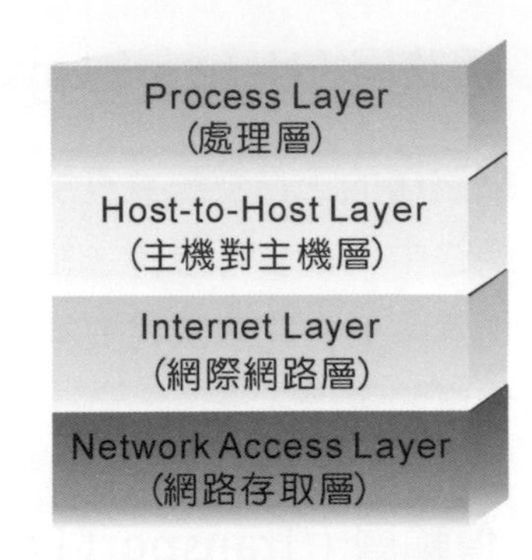

✪ DoD 模型架構圖

處理層

所謂的處理層顧名思義，就是程式處理資料的範圍，這一層的工作相當於 OSI 模型中的應用層、表現層與會議層三者的負責範圍，只不過在 DoD 模型中不若 OSI 模型區分地這麼詳細。

主機對主機層

主機對主機層所負責的工作，相當於 OSI 模型的傳輸層，這層中負責處理資料的確認、流量控制、錯誤檢查等事情。

網際網路層

網際網路層所負責的工作，相當於 OSI 模型的網路層與資料連結層，例如 IP 定址、IP 路徑選擇、MAC 位址的取得等，都是在這層中加以規範。

網路存取層

網際存取層所負責的工作，相當於 OSI 模型的實體層，將封裝好的邏輯資料以實際的物理訊號傳送出去。

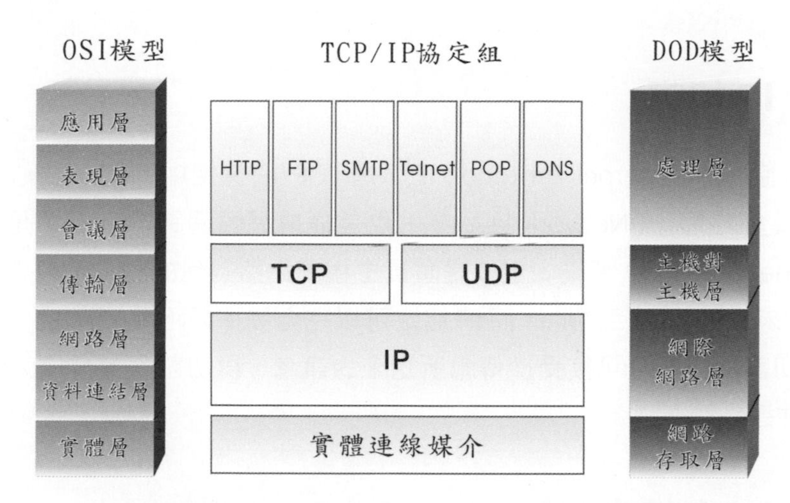

✪ OSI 模型、DoD 模型與 TCP/IP 三者間的對應關係

10-9 常見的通訊協定

在網路世界中，為了讓所有電腦都能互相溝通，就必須制定一套可以讓所有電腦都能夠了解的語言，這種語言便成為「通訊協定」(Protocol)，通訊協定就是一種公開化的標準，而且會依照時間與使用者的需求而逐步改進。在此將為各位介紹幾種常見的通訊協定：

10-9-1 TCP 協定

「傳輸通訊協定」(Transmission Control Protocol, TCP) 是一種「連線導向」資料傳遞方式。當發送端發出封包後，接收端接收到封包時必須發出一個訊息告訴接收端：「我收到了！」，如果發送端過了一段時間仍沒有接收到確認訊息，表示封包可能遺失，必須重新發出封包。也就是說，TCP 的資料傳送是以「位元組流」來進行傳送，資料的傳送具有「雙向性」。建立連線之後，任何一端都可以進行發送與接收資料，而它也具備流量控制的功能，雙方都具有調整流量的機制，可以依據網路狀況來適時調整。TCP 協定能確保對方有收到資料的緣故，是因為它會在封包之前加上一個 TCP 標頭，其內容包含了流量控制、順序和錯誤檢查等相關資訊。當進行 TCP 連線時，都會指派一個連接埠（port）編號，讓送往主機的資料元正確抵達目的地。例如郵件伺服器會使用埠號 25，當郵件要運送時，會在郵件標頭加入此埠號標記，才能把資料送到這個連接埠。

10-9-2 IP 協定

「網際網路協定」（Internet Protocol, IP）是 TCP/IP 協定中的運作核心，存在 DoD 網路模型的「網路層」（Network layer），也是構成網際網路的基礎，是一個「非連接式」（Connectionless）傳輸，主要是負責主機間網路封包的定址與路由，並將封包（Packet）從來源處送到目的地。而 IP 協定可以完全發揮網路層的功用，並完成 IP 封包的傳送、切割與重組。可接受從傳輸所送來的訊息，再切割、包裝成大小合適 IP 封包，然後再往連結層傳送。

10-9-3 UDP 協定

「使用者資料包通訊協定」（User Datagram Protocol, UDP）是一種較簡單的通訊協定，例如 TCP 的可靠性雖然較好，但是缺點是所需要的資源較高，每次需要交換或傳輸資料時，都必須建立 TCP 連線，並於資料傳輸過程中不斷地進行確認與應答的工作。對於一些小型但頻率高的資料傳輸，這些工作都會耗掉相當的網路資源。而 UDP 則是一種非連接型的傳輸協定，它允許在完全不理會資料是否傳送至目的地的情況進行傳送，當然這種傳輸協定就比較不可靠。不過它適用於廣播式的通訊，也就是 UDP 還具備有一對多資料傳送的優點，這是 TCP 一對一連線所沒有的特性。

10-9-4 ARP 協定

「位址解析協定」（Address Resolution Protocol, ARP）是在『探測』封包內加入此 IP 擁有者的要求，然後針對網路上所有的實體位址進行廣播（Broadcast）。一旦擁有此 IP 的電腦收到封包時，就會回覆對方，告訴自己的實體位址。「位址解析協定」會有一份對照清單，用來記錄 IP 與實體位址，因此無須每次都要送出探測封包來找尋實體位址。

10-9-5 ICMP 協定

「網際網路控制訊息協定」（Internet Control Message Protocol, ICMP）是用來偵測網路狀態的協定，主要是用來報告網路上的錯誤狀況，可以產生與 IP 相關的測試封包，例如 Ping 指令是傳送一個 ICMP 封包給某部主機，以偵測該主機的狀態。

10-10 通訊網路連結裝置

一個完整的通訊網路架構，還必須有一些相關硬體設備來配合進行電腦與終端機間傳輸與聯結工作。本節中我們將分別介紹這些設備的功能與用途。

10-10-1 數據機

數據機的原理是利用調變器（Modulator）將數位訊號調變為類比訊號，再透過線路進行資料傳送，而接收方收到訊號後，只要透過解調器（Demodulator）將訊號還原成數位訊號。如果以頻寬區分，可以區分為窄頻與寬頻兩種，傳統的撥接式數據機傳輸速率最多只能到 56Kbps，因此稱為窄頻，而傳輸速率在 56Kbps 以上的則通稱為寬頻，例如目前相當流行的寬頻上網 ADSL（Asymmetric Digital Subscriber Line, 非對稱數位用戶迴路）數據機與纜線數據機（Cable Modem）。

10-10-2 中繼器

訊號在網路線上傳輸時，會隨著網路線本身的阻抗及傳輸距離而逐漸使訊號衰減，而中繼器主要的功能就是用來將資料訊號再生的傳輸裝置，它屬於 OSI 模型實體層中運作的裝置。不過使用中繼器也會有些問題，錯誤的封包會同時被再生，進而影響網路傳輸的品質。而且中繼器也不能同時連接太多台（通常不超過 3 台），因為訊號再生時多少會與原始訊號不相同，在經過多次再生後，再生訊號與原始訊號的差異性就會更大。

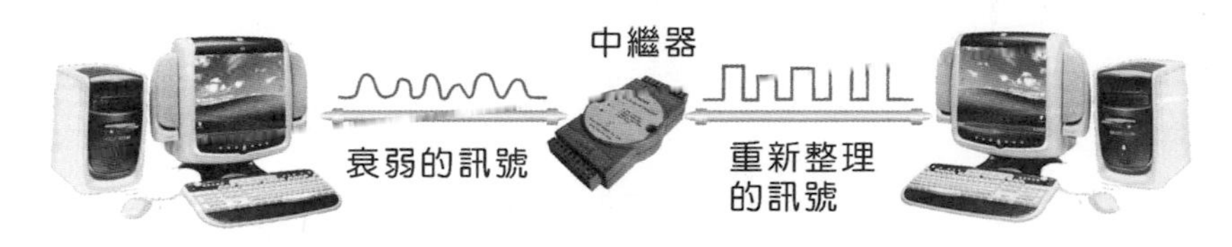

✪ 中繼器可以將訊號重新整理再傳送

5-4-3 原則

網路線路的傳輸距離如果節點之間的距離太遠，就需要在中間使用中繼器（Repeater）來將訊號放大後繼續傳輸。5-4-3 原則就是乙太網路最多只能使用 4 個中繼器，所以形成 5 個網段，但只有 3 個網段能連接電腦，其餘 2 個網段只能用來延伸距離。

10-10-3 集線器

集線器（Hub）通常使用於星狀網路，並具備多個插孔，可用來將網路上的裝置加以連接，集線器上可同時連接多個裝置，但在同一時間僅能有一對（兩個）的裝置在傳輸資料，而其它裝置的通訊則暫時排除在外。這是因為集線器採用「共享頻寬」的原則，各個連接的裝置在有需要通訊時，會先以「廣播」（Broadcast）方式來傳送訊息給所有裝置，然後才能搶得頻寬使用。還有一種「交換式集線器」（或稱交換器），交換器與集線器在網路內的功用大致相同，其間最大的差異在於可以讓各埠的傳輸頻寬獨立而不受其它埠是否正在傳送的影響，由於各埠都有各自使用的頻寬，減少發生搶用頻寬的情形，使得網路傳輸效能於同一時間內所能傳輸的資料量較大。由於集線器的整體效率較差，目前幾乎已是交換器的天下了。

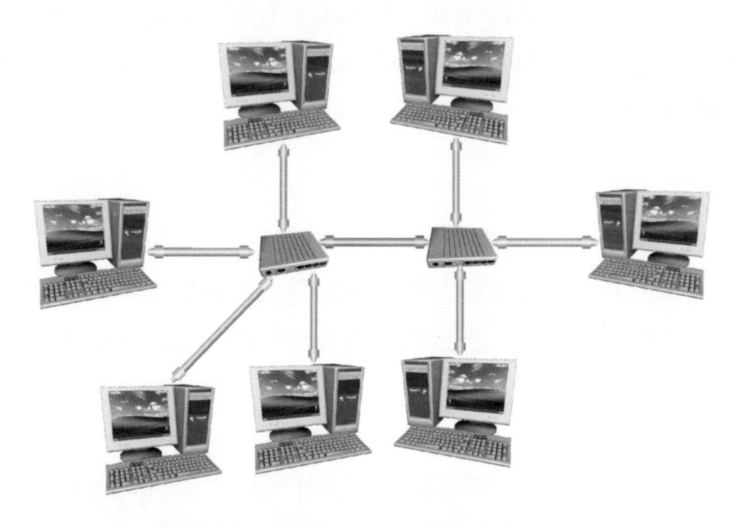

✪ 集線器的功用可以擴大區域網路的規模

10-10-4 橋接器

當乙太網路上的電腦或裝置數量增加時，由於傳輸訊號與廣播訊號的碰撞增加，任何訊號在網路上的每一台電腦都會收到，因此會造成網路整體效能的降低。而橋接器可以連接兩個相同類型但通訊協定不同的網路，並藉由位址表（MAC 位址）判斷與過濾是否要傳送到另一子網路，是則通過橋接器，不是則加以阻止，如此就可減少網路負載與改善網路效能。橋接器能夠切割同一個區域網路，也可以連接使用不同連線媒介的兩個網路。

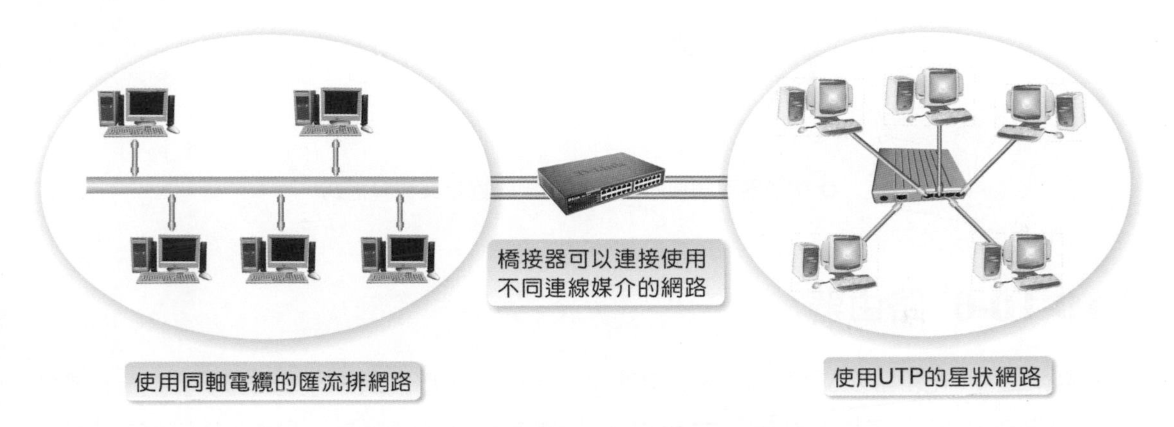

✪ 透過橋接器可減少網路負載與改善網路效能

10-10-5 閘道器

閘道器（gateway）可連接使用不同通訊協定的網路，讓彼此能互相傳送與接收。由於可以運作於 OSI 模型的七個階層，所以它可以處理不同格式的資料封包，並進行通訊協定轉換、錯誤偵測、網路路徑控制與位址轉換等。只要閘道器內有支援的架構，就隨時可對系統執行連接與轉換的工作，可將較小規模的區域網路連結成較大型的區域網路。

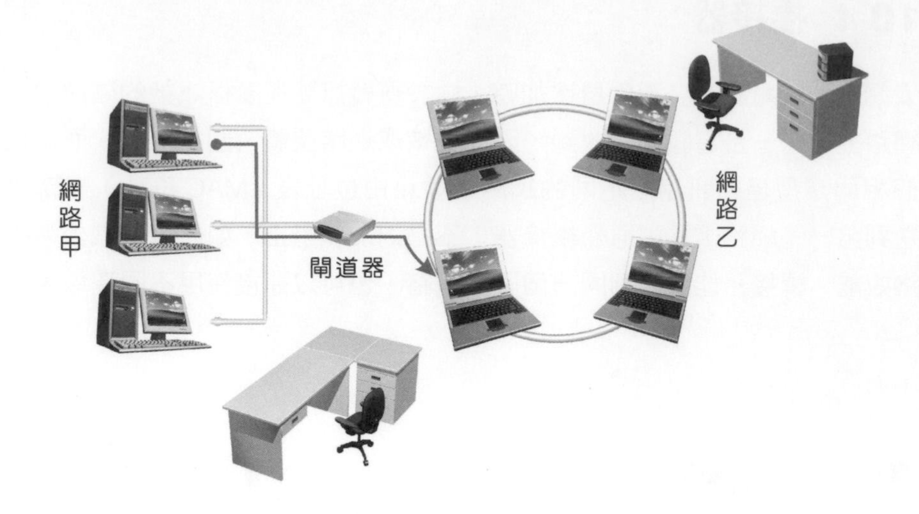

✪ 閘道器可轉換不同網路拓撲的協定與資料格式

10-10-6 路由器

「路由器」(router)又稱「路徑選擇器」，是在中大型網路中十分常見的裝置，屬於OSI模型網路層中運作的裝置。它可以過濾網路上的資料封包，且將資料封包依照大小、緩急與「路由表」來選擇最佳傳送路徑，綜合考慮包括頻寬、節點、線路品質、距離等因素，以將封包傳送給指定的裝置。例如下圖所示：

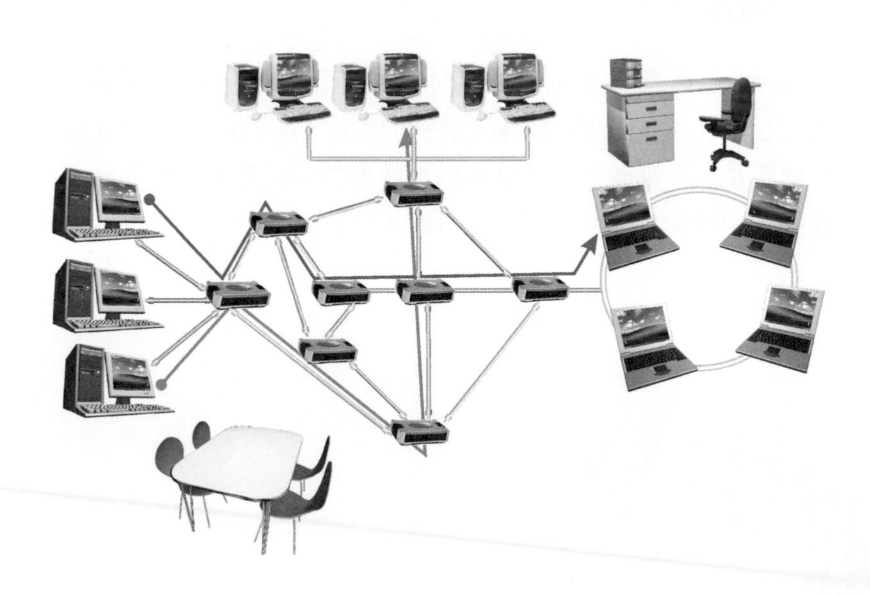

✪ 路由器可在不同網路拓撲中選擇最佳封包路徑

課後評量

1. 若以 56Kbps 的傳輸速率傳送 17500 個英文字，需多少時間？
2. 以 57600bps 的傳輸速率傳送 1.44Mbytes 的資料需時約多久？
3. 簡述網路的定義。
4. 常見的通訊媒介體有那些？
5. 簡述通訊網路系統（Network Communication System）的組成元件。
6. 試解釋主從式網路（client/server network）與對等式網路（peer-to-peer network）兩者間的差異。
7. 依照通訊網路的架設範圍與規模，可以區分為三種網路型態？
8. 通訊網路依照通訊方向來分類，可以區分哪為三種模式？
9. 「序列傳輸」的傳送方式還可在細分為哪兩種？
10. 網路上常見的資料交換法有哪幾種？
11. 請說明路由表（Routing Table）的主要功能。

memo

CHAPTER

11 無線網路與行動科技

網路已成為現代人生活最重要的通訊工具，雖然寬頻的普及程度越來越高，不過隨之而來的網路線也越來越多，不但造成一間辦公室內經常看到一大堆的網路線，而使用者對於網路使用空間與時間的要求越來越高，這也加速了無線網路的興起與流行，提供了有線網路無法達到的無線漫遊的服務，特別是隨著智慧形手機及行動裝置的快速普及，幾乎人人都可享受輕鬆無線上網的便利及樂趣。

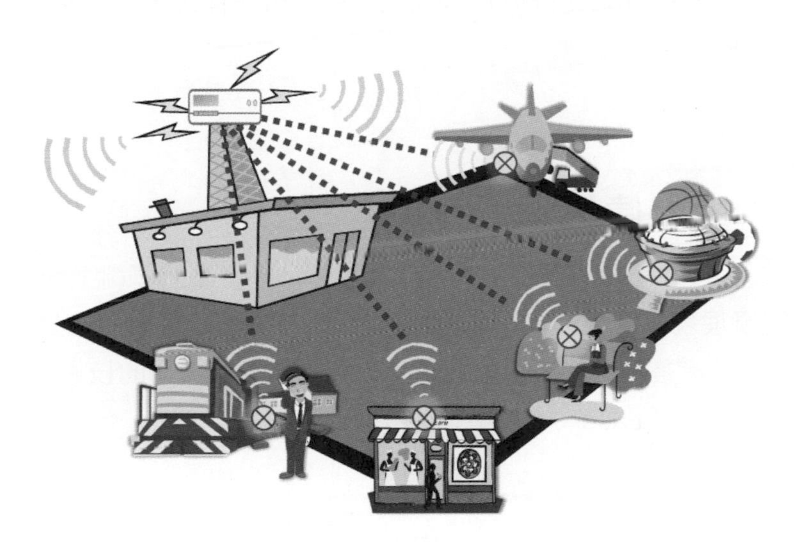

✪ 隨著 4G LTE 的普及化，開啟了現代行動生活的序幕

11-1 認識無線網路

隨著新興無線通訊技術與網際網路的高度普及化，加速了無線網路的發展與流行。無線網路可應用的產品範圍相當廣泛，涵蓋資訊、通訊、消費性產品的3C產業，並可與網際網路整合，提供了有線網路無法達到的無線漫遊的服務。例如利用無線上網功能，各位可以輕鬆在會議室、走道、旅館大廳、餐廳及任何含有熱點（Hot Spot）的公共場所，即可連上網路存取資料。

所謂「熱點」（Hotspot），是指在公共場所提供無線區域網路（WLAN）服務的連結地點，讓大眾可以使用筆記型電腦或PDA，透過熱點的「無線網路存取點」（AP）連結上網際網路，無線上網的熱點愈多，無線上網的涵蓋區域便愈廣。

無線網路雖然不用透過實體網路線就可以傳送資料，以現在的無線通訊技術而言，無線傳輸媒介可以分成兩大類，分別是「光學傳輸」與「無線電波傳輸」。也就是利用光波（有紅外線－Infrared和雷射光－Laser）或無線電波（有窄頻微波、直接序列展頻（DSSS）、跳頻展頻（FHSS）、HomeRF和Bluetooth－藍牙技術）等傳輸媒介來進行資料傳輸的資訊科技。

11-2 光學傳輸

光學傳輸的原理就是利用光的特性來進行資料傳送。以目前所知道的訊息傳輸媒介中，光的傳播速率是最快的。目前採用「光」做為傳輸媒介的技術，有「紅外線」（Infrared）與「雷射」（Laser）兩種。

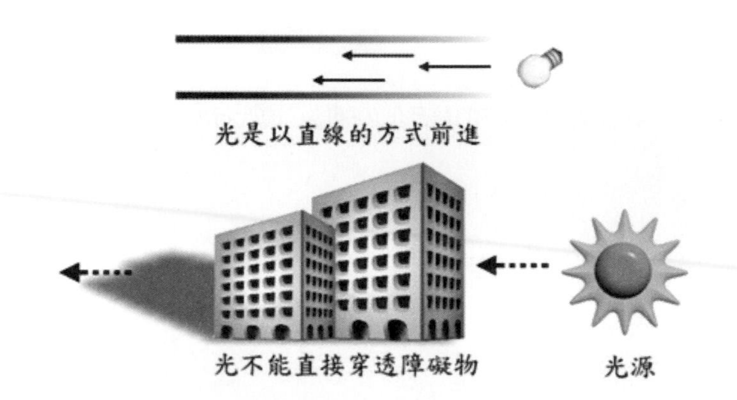

11-2-1 紅外線

「紅外線」(Infrared, IR)是相當簡單的無線通訊媒介之一，經常使用於遙控器、家電設備、筆記型電腦、熱源追蹤、軍事探測…等，做為遙控或資料傳輸之用。頻率比可見光還低，其波長在760奈米(nm)至1毫米(mm)之間，對應頻率約是在430 THz到300 GHz的範圍內，較適用在低功率、短距離的點對點(Point to Point)半雙工傳輸。紅線的傳輸比較需要考慮到角度的問題，角度差太多的話，會接收不到。由於紅外線的直射特性，不適合傳輸障礙較多的地方。紅外線傳輸有具備以下特點：

1. 傳輸速率每秒基本為115KB。
2. 最大傳輸角度為30度。
3. 屬於點對點半雙工傳輸。
4. 傳輸距離約在1.5公尺之內。

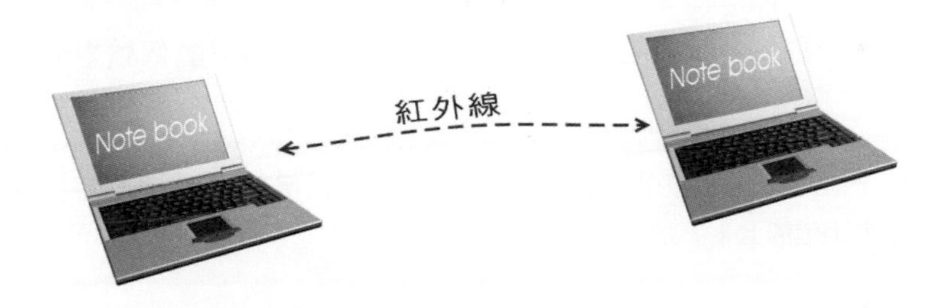

✪ 紅外線適合筆記型電腦間短距離的資料傳輸

例如無線滑鼠或筆記型電腦間的傳輸，都採用紅外線方式。至於市面上常見的紅外線傳輸技術如下：

紅外線傳輸技術	特色與說明
直接式紅外線傳輸	直接式紅外線傳輸(Direct Beam IR, DB/IR)，是利用兩個紅外線接收端面對面來進行資料的傳輸，所以中間也不能有任何阻隔物。缺點是距離不能太遠，範圍也不得超過30度。
散射式紅外線傳輸	散射式紅外線傳輸(Diffuse IR, DF/IR)，是利用放射狀方式來進行連線的動作，可克服直進的限制。通訊的雙方只要處於同一個密閉的空間內，便可傳輸訊號。不過卻容易受到其它光源干擾，例如太陽光等。
全向性紅外線傳輸	全向性紅外線傳輸(Omnidirectional IR, Omni/IR)是包含直接式與散射式兩者的優點，在空間建立一個紅外線中繼台，提供中繼台四周的工作站的連接埠以定向的方式與基地台連接，以便傳輸資料。

11-2-2 雷射光

雷射光（Light Amplification by Stimulated Emission of Radiation, LASER）與一般光線不同之處在於它會先將光線集中成為「束狀」，然後再投射到目的地。除了本身所具備的能量較強外，同時也不會產生散射的情形。在光學無線網路傳輸的安全機制中，雷射就遠比紅外線來的強，除了攜帶訊號的能力強外，也增加連線的距離。

11-3 無線電波傳輸

無線電磁波像收音機發出的電波一樣，具備穿透率強和不受方向限制的全方位傳輸特性，與光媒介比較起來，它確實較適合使用在無線傳輸，並且也不容易受到鋪設及維護線路的限制。由於無線電磁波的頻帶相當寶貴，所以它受到各國之間的嚴格控管，為了可以使用無線電磁波。因此各國之間便訂定出一個公用的頻帶，頻帶為 2.4 GHz 或 5.8 GHz，目前市面的滑鼠大多採用 2.4 GHz 這個頻帶作為電磁波的傳輸媒介。

「頻帶」（Band）就是頻率的寬度，單位 Hz，也就是資料通訊中所使用的頻率範圍，通常會訂定明確的上下界線。

目前利用無線電波做為傳輸媒介的技術，最主要的技術包括微波（Microwave）、展頻及多工存取等技術，請看以下說明。

11-3-1 微波

微波不能沿地表的曲面傳送，
所以天線越高，距離越遠。

由於無線電波的頻率與波長成反比，頻率愈高者其波長愈小，傳輸距離就會越遠。與無線電波來比較，微波就是一種波長較短的波，頻率範圍在 2GHz ～ 40GHz，傳送與接收端間不能存有障礙物體阻擋，並且其所攜帶之能量通常隨傳播之距離衰減，通常高山或大樓頂樓經常會設置有微波基地台高臺來加強訊號，克服因天然屏障或是建築物所形成的傳輸阻隔。此外，也可透過環繞在地球大氣層軌道上的衛星作為中繼站，不過由於衛星與地面電台的距離很遠，所以必須以很大的功率來發射電波。

11-3-2 展頻技術

由於窄頻電波會受到相同頻率的通訊來源干擾，而且也十分容易被竊取，並不具備可靠傳輸的特性，所以為了軍事與國防需求，美國軍方發展出了展頻技術（Spread Spectrum, SS），希望在戰爭環境中，依然能保持通訊信號的穩定性及保密性，將原本窄頻功率高的電波轉為頻率較寬與功率較小的電波。展頻技術的優點包括可抵抗或抑制各種干擾造成的破壞性效應，是一種重要的二次調變技術，特色為寬頻及低功率，也就是利用訊息展開到一個較寬頻帶的技術，再以此寬頻來攜帶訊號，當遇到雜訊干擾時，由於這些雜訊所涵蓋的頻帶寬度沒有展頻訊號那麼寬，所以展頻訊號依然可以順利傳遞。

在OSI模型中的實體層裡，展頻技術主要區分為「跳頻展頻」(Frequency-Hopping Spread Spectrum, FHSS)技術及「直接序列展頻」(Direct Sequence Spread Spectrum, DSSS)兩種，可以應用在無線區域網路(IEEE802.11)、藍牙無線傳輸(Bluetooth)、全球衛星定位系統(GPS)等產品上，展頻技術為目前無線區域網路使用最廣泛的傳輸技術。

跳頻展頻(FHSS)

「跳頻展頻」(Frequency Hopping Spread Spectrum, FHSS)是將信號透過一系列不同頻率範圍廣播出去，並且利用2.4GHz的頻帶，以1MHz的頻寬將它劃分成75個以上的無線電頻率通道(Radio Frequency Channel, 簡稱RFC)，很快地從一個頻段跳到另一個頻段，兩個不同頻寬之間跳躍的最大時間間隔為0.04秒，並且使用接收和發送兩端一樣的「頻率跳躍模式」(Frequency Hopping)來接發訊號，所以只有相對應的發射器與接收器才知道彼此跳躍方式，藉此來避免資訊被擷取。跳頻展頻在同步情況下，採用所謂頻率位移鍵(Frequency Shift Keying, FSK)技術，讓發射與接收兩端以特定型式窄頻電波來傳送訊號，另外為了避免在特定頻段受其他雜訊干擾，收發兩端傳送資料經過一段極短的時間後，便同時切換到另一個頻段。由於不斷的切換頻段，因此較能減少在一個特定頻道受到的干擾，經常用在軍方通訊，較不容易被竊聽，優點在於成本較低，可以使用在低功率的短距離無線傳輸，如藍牙與HomeRF都是採用跳頻展頻技術。

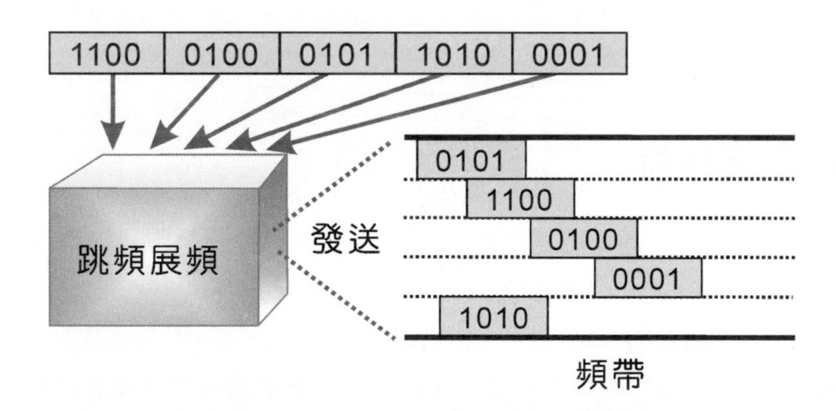

由於不斷的切換頻段，因此較能減少在一個特定頻道受到的干擾，經常用在軍方通訊，也不容易被竊聽，優點在於成本較低和使用材料彈性度上較為優良，而且可以讓許多網路共存在一個實體區域中，因此一些以低成本技術如藍牙與HomeRF都是採用跳頻展頻技術。

直接序列展頻（DSSS）

「直接序列技術」（Direct Sequence Spread Spectrum, DSSS）提供一個可靠的無線傳輸技術，原理是將要發送的基頻訊號轉換為展頻，將原來一個位元的訊號，利用多個位元來表示，使得原來窄頻率的訊號變成寬頻率的訊號，這種展開的方法會將原來訊號的能量降低，以有效控制雜訊干擾並防止訊號被截取。這些轉變後的載波訊號稱為「展頻碼」（Spreading Code），展頻碼的數量越多越可以增加資料安全性，也就越能抵抗雜訊干擾。不過由於每個頻道的頻率範圍有部分重疊，實務上只使用不互相干擾的頻道。一般來說，直接序列技術會使用 10 ～ 20 個展頻碼。由於 DSSS 是採用全頻帶傳送資料，故速度快，傳輸距離較遠，單位時間傳輸量較大，但其成本也較高，適用於固定環境中或對傳輸品質要求較高的應用，例如醫院、社區網路等。

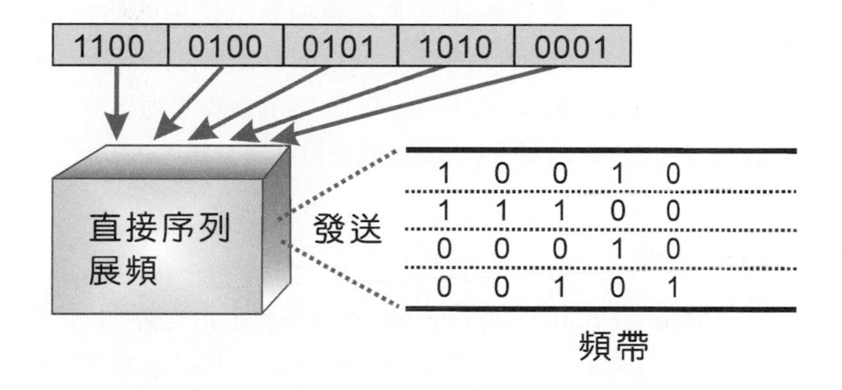

一般來說，直接序列技術會使用 10 ～ 20 個展頻碼，目前在無線網路的應用上，使用 11 位元的展開碼將原來的無線電波訊號展開為 11 倍後再傳送，而且原始訊號必須透過二次展頻碼的處理才可獲得還原的訊號。由於 DSSS 是採用全頻帶傳送資料，故速度快，傳輸距離較遠，單位時間傳輸量較大，但其成本也較高，適用於固定環境中或對傳輸品質要求較高的應用，例如無線醫院、網路社區等。

Tips

「正交分頻多工」（Orthogonal Frequency Division Multiplexing, OFDM）是一種多載波（multi-carrier）調變的展頻技術，與跳頻展頻類似，適合於高速率資料傳輸，可以視為調變與多工技術的結合，主要是利用平行傳輸的觀念將寬頻訊號分成多個子頻道後傳送較低速度的資料流，以窄頻訊號整排整列地傳送出去，由於訊號資料被平均分配於各個子頻道同時傳送，有效降低每個子頻道之實質資料量與傳送速率，可以使得頻寬使用效率上升，OFDM 與其它展頻技術的不同之處在於這些訊號彼此互為正交（Orthogonal），可有效避免相鄰載波間之相互干擾，能提升傳輸速率並且克服多重路徑的問題。

11-4 無線網路技術

無線網路在目前現代生活中應用範圍也已相當廣泛，如果依其所涵蓋的地理面積大小來區分，無線網路的種類有「無線廣域網路」(Wireless Wide Area Network, WWAN)、「無線都會網路」(Wireless Metropolitan Area Network, WMAN)、「無線個人網路」(Wireless Personal Area Network, WPAN)與「無線區域網路」(Wireless Local Area Network, WLAN)，接下來將從「無線廣域網路」開始為您介紹。

11-4-1 無線廣域網路

「無線廣域網路」(WWAN)是行動電話及數據服務所使用的數位行動通訊網路(Mobil Data Network)，由電信業者所經營，其組成包含有行動電話、無線電、個人通訊服務(Personal Communication Service, PCS)、行動衛星通訊等。可以包括早期的AMPS，到現在通行的GSM，GPRS與第四代行動通訊系統(4G)。

AMPS

AMPS (Advance Mobile Phone System, AMPS)系統是北美第一代行動電話系統，採用類比式訊號傳輸，即是第一代類比式的行動通話系統(1G)。類比式行動電話系統已經正式走入歷史，例如早期耳熟能詳的「黑金剛」大哥大。

GSM

「全球行動通訊系統」(Global System for Mobile communications, GSM)是於1990年由歐洲發展出來，即為第二代行動電話通訊協定，GSM系統利用無線電波傳遞，頻帶有900MHz、1800MHz及1900MHz三種，由於GSM通訊系統的誕生，它刺激了行動通訊市場，也拉近了全球的通訊距離。GSM的優點是不易被竊聽與盜拷，並可進行國際漫遊。但缺點為通話易產生回音與品質較不穩定，所以需要較多的基地台才能維持理想的通話品質。

GPRS

「整合封包無線電服務技術」(General Packet Radio Service, GPRS)的傳輸技術採用無線調變標準、頻帶、結構、跳頻規則以及TDMA技術都與GSM相同，但是GPRS

允許兩端線路在封包轉移的模式下發送或接收資料，而不需要經由電路交換的方式傳遞資料，屬於 2.5G 行動通訊標準。GPRS 採用 IP 協定，更有利與網際網路連線，所以只要是手機能收到訊號的地方隨時隨地都可以上網。

3G

3G（3rd Generation）就是第三代行動通訊系統，是一種透過大幅提升資料傳輸速度（速率一般在幾百 kbps 以上），並將無線通訊與網際網路等多媒體通訊結合的新一代通訊系統。和 2G 比較起來，3G 除了有更佳的頻寬，更結合較佳的軟體壓縮技術，提供語音服務以外的多媒體服務，當然也比 2.5G － GPRS 在無線資料傳輸速度上更具優勢。

4G/LTE

4G（fourth-generation）是指行動電話系統的第四代，為新一代行動上網技術的泛稱，4G 所提供頻寬更大，也是 3G 之後的延伸，所以業界稱為 4G。LTE（Long Term Evolution, 長期演進技術）則是以現有的 GSM/UMTS 的無線通信技術為主來發展，能與 GSM 服務供應商的網路相容，最快的理論傳輸速度可達 170Mbps 以上。

5G

5G（Fifth-Generation）指的是行動電話系統第五代，也是 4G 之後的延伸，由於大眾對行動數據的需求年年倍增，因此就會需要第五代行動網路技術，現在我們已經習慣用 4G 頻寬欣賞愈來愈多串流影片，5G 很快就會成為必需品，5G 智慧型手機即將在 2019 年上半年正式推出，宣告高速寬頻新時代正式來臨，屆時除了智慧型手機，5G 還可以被運用在無人駕駛、智慧城市和遠程醫療領域。

在 5G 時代，全球將可以預見有一個共通的標準。韓國三星電子在 2013 年宣布，已經在 5G 技術領域獲得關鍵突破，5G 標準將於 2018 年 6 月完成第二階段的制訂。5G 技術是整合多項無線網路技術而來，包括幾乎所有以前幾代行動通訊的先進功能，對一般用戶而言，最直接的感覺是 5G 比 4G 又更快、更不耗電，5G 不只注重飆速度，更重視網路的效率，也更方便各種新的無線裝置。5G 未來除提供行動寬頻服務，將與智慧城市、交通、醫療、重工業等領域更緊密結合，還可透過 5G 網路和各種感測器提供美好的聯網應用，預計未來將可實現 10Gbps 以上的傳輸速率。這樣的傳輸速度下可以在短短 6 秒中，下載 15GB 完整長度的高畫質電影。

✪ 5G 時代為用戶實現零時延的網路體驗

11-4-2 無線都會網路

無線都會區域網（WMAN）路是指傳輸範圍可涵蓋城市或郊區等較大地理區域的無線通訊網路，例如可用來連接距離較遠的地區或大範圍校園。此外，IEEE 組織於 2001 年 10 月完成標準的審核與制定 802.16 為「全球互通微波存取」（Worldwide Interoperability for Microware Access, WIMAX），是一種應用於都會型區域網路的無線通訊技術。

WiMax 有點像 Wi-Fi 無線網路（即 802.11），最大的差別之處是 WiMax 通信距離是以數十公里計，而 Wi-Fi 是以公尺，WiMax 與 Wi-Fi 最大的差別就是在頻寬的大小。簡單來說，Wi-Fi 是代表 802.11 標準的小範圍區域網路通訊技術，Wi-Fi 技術為 WLAN 帶來了類似有線乙太網路（Ethernet）一樣的性能，與 Wi-Fi 相比，只是它的訊號範圍更廣、傳遞速度更快。WiMax 通常被視為取代固網的最後一哩，作為電纜和 xDSL 之外的選擇，實現廣域範圍內的移動 WiMax 接入。能夠藉由寬頻與遠距離傳輸，協助 ISP 業者建置無線網路。

Wi-Fi（Wireless Fidelity）是泛指符合 IEEE802.11 無線區域網路傳輸標準與規格的認證。也就是當消費者在購買符合 802.11 規格的相關產品時，只要看到 Wi-Fi 這個標誌，就不用擔心各種廠牌間的設備不能互相溝通的問題。

11-4-3 無線區域網路

無線區域網路（Wireless LAN, WLAN），是讓電腦等行動裝置，透過無線網路卡（Wireless Card/PC/MCIA卡）與「無線網路橋接器」（Access Point）的結合，來進行區域無線網路連結與資源的存取，將用戶端接取網路的線路以無線方式來傳輸。無線區域網路標準是由「美國電子電機學會」（IEEE），在1990年11月制訂出一個稱為「IEEE802.11」的無線區域網路通訊標準，採用2.4GHz的頻段，資料傳輸速度可達11Mbps。

無線基地台（Access Point, AP）扮演中介的角色，用來和使用者的網路來源相接，一般無線AP都具有路由器的功能，可將有線網路轉化為無線網路訊號後發射傳送，做為無線設備與無線網路及有線網路設備連結的轉接設備，類似行動電話基地台的性質。

IEEE 802.11詳細訂定了有關Wi-Fi無線網路的各項內容，除了無線區域網路外，還包含了資訊家電、行動電話、影像傳輸等環境。也就是當消費者在購買符合802.11規格的相關產品時，只要看到Wi-Fi這個標誌，就不用擔心各種廠牌間的設備不能互相溝通的問題。

隨著使用者增加與應用範圍擴大，因此在1999年IEEE同時發表IEEE 802.11b及IEEE 802.11a兩種標準。不過由於802.11a與802.11b是兩種互不相容的架構，這也讓網路產品製造商無法確定那一種規格標準才是未來發展方向，因此在2003年才又發展出802.11g的標準，後續又推出802.11n、802.11ac等。

802.11b

最早開始被廣泛使用的是802.11b，802.11b是利用802.11架構作為一個延伸的版本，採用的展頻技術是「高速直接序列」，頻帶為2.4GHz，最大可傳輸頻寬為11Mbps，傳輸距離約100公尺，是相當普遍的標準。802.11b使用的是單載波系統，調變技術為CCK（Complementary Code Keying）。在802.11b的規範中，設備系統必須支援自動降低傳輸速率的功能，以便可以和直接序列的產品相容。另外為了避免干擾情形的發生，在IEEE 802.11b的規範中，頻道的使用最好能夠相隔25MHz以上。

CCK（Complementary Code Keying）是一種調變的技術，被使用在無線網路 IEEE 802.11 的規範中，傳輸速率可達 5.5Mbps 與 11Mbps 的速度。

802.11a

802.11a 採用「正交分頻多工」（Orthogonal Frequency Division Multiplexing, OFDM）的多載波調變技術，在 2.4GHz 頻帶已經被到處使用的情況下，採用 5GHz 的頻帶。由於其展頻與調編的方式改變，最大傳輸速率可達 54Mbps，傳輸距離約 50 公尺，因為普及率較低，而且頻段較寬，能提供比 IEEE 802.11b 更多的無線電頻道，不過耗電量高，傳輸距離短，加上晶片供應商少與 802.11b 不相容，改用 802.11a 需將設備更新，成本過高，尚未被市場廣泛接受。

802.11g

802.11g 標準就是為了解決 802.11b 傳輸速度過低以及與 802.11a 相容性的問題所提出，算是 802.11b 的進階版，在 2.4G 頻段使用 OFDM 調製技術，使數據傳輸速率最高提升到 54 Mbps 的傳輸速率。由於與 802.11b 的 WI-FI 系統後向相容，又擁有 802.11a 的高傳輸速率，使得原有無線區域網路系統可以向高速無線區域網延伸，同時延長了 802.11b 產品的使用壽命，而且在成本價格逐漸滑落的情況下，成為前幾年時無線區域網路的主流產品。

802.11n

IEEE 802.11n 是一項新的無線網路技術，也是無線區域網路技術發展的重要分水嶺，使用 2.4GHz 與 5GHz 雙頻段，所以與 802.11a、802.11b、802.11g 皆可相容，雖然基本技術仍是 WiFi 標準，不過提供了可媲美有線乙太網路的性能與更快的數據傳輸速率，網路的覆蓋範圍更為寬廣。尤其在未來數位家庭環境中，將大量以無線傳輸取代有線連接，802.11n 資料傳輸速度估計將達 540Mbit/s，此項新標準要比 802.11b 快上 50 倍，而比 802.11g 快上 10 倍左右。尤其在未來數位家庭環境中，目前許多廠商寄望 802.11n 能成為數位家庭中主要的無線網路技術，並做為數位影音串流的應用。

802.11ac

802.11ac 俗稱第 5 代 Wi-Fi（5th Generation of Wi-Fi），第一個草案（Draft 1.0）發表於 2011 年 11 月，是指它運作於 5 GHz 頻率，也就是透過 5GHz 頻帶進行通訊，追求更高傳輸速率的改善，並且支援最高 160 MHz 的頻寬，傳輸速率最高可達 6.93Gbps，比目前主流的第四代 802.11n 技術在速度上將提高很多，並與 802.11n 相容，算是它的後繼者，在最理想情況下可以達到驚人的 6.93Gbps。

IEEE 802.11p 是 IEEE 在 2003 年以 802.11a 為基礎所擴充的通訊協定，稱為車用環境無線存取技術（Wireless Access in the Vehicular Environment, WAVE），使用 5.9 GHz（5.85-5.925GHz）波段，此頻帶上有 75MHz 的頻寬，以 10MHz 為單位切割，將有七個頻道可供操作，可增加在高速移動下傳輸雙方可運用的通訊時間。

802.11ad

802.11 ad 標準是由 WiGig 聯盟制定，隨後在 2013 年該聯盟併入 WiFi 聯盟，工作在 60GHz 頻段，理論連線速度高達 7Gbps，比現有任何 IEEE 802.11ac 規格快兩倍以上，不過其電磁波波長僅為 5mm 因此訊號衰減極快，缺點是雖然增長了傳輸速度，極容易受障礙物影響，因此其覆蓋範圍受到限制。

802.11 ah

Wi-Fi 聯盟於 2016 年正式將 IEEE 802.11ah 標準命名為 Halow，運作頻段則設定為 1GHz 以下，約為運作於 2.4GHz Wi-Fi 標準連線距離的 2 倍，且盡量降低功率消耗，同時具備更高的滲透率的訊號傳輸能力，適合作為家用物聯網（IOT）的連接方式。

11-4-4 無線個人網路

無線個人網路（WPAN），通常是指在個人數位裝置間作短距離訊號傳輸，通常不超過 10 公尺，並以 IEEE 802.15 為標準。通訊範圍通常為數十公尺，目前通用的技術主要有：藍牙、紅外線、Zigbee 等。最常見的無線個人網路（WPAN）應用就是紅外線傳輸，目前幾乎所有筆記型電腦都已經將紅外線網路（IrDA，Infrared Data Association）作為標準配備。

藍牙技術

藍牙技術（Bluetooth）最早是由「易利信」公司於1994年發展出來，接著易利信、Nokia、IBM、Toshiba、Intel…等知名廠商，共同創立一個名為「藍牙同好協會」（Bluetooth Special Interest Group, Bluetooth SIG）的組織，大力推廣藍牙技術，並且在1998年推出了「Bluetooth 1.0」標準。可以讓個人電腦、筆記型電腦、行動電話、印表機、掃瞄器、數位相機等等數位產品之間進行短距離的無線資料傳輸。

✪ 造型特殊的藍牙耳機

藍牙技術主要支援「點對點」（point-to-point）及「點對多點」（point-to-multi points）的連結方式，它使用2.4GHz頻帶，目前傳輸距離大約有10公尺，每秒傳輸速度約為1Mbps，預估未來可達12Mbps。藍牙已經有一定的市占率，也是目前最有優勢的無線通訊標準，未來很有機會成為物聯網時代的無線通訊標準。

Beacon是種低功耗藍牙技術（Bluetooth Low Energy, BLE），藉由室內定位技術應用，可做為物聯網和大賣場的小型串接裝置，比GPS有更精準的微定位功能，是連結店家與消費者的重要環節，只要手機安裝特定App，透過藍牙接收到代碼便可觸發App做出對應動作，可以包括在室內導航、行動支付、百貨導覽、人流分析，及物品追蹤等近接感知應用。

ZigBee

ZigBee是一種低速短距離傳輸的無線網路協定，是由非營利性ZigBee聯盟（ZigBee Alliance）制定的無線通信標準，目前加入ZigBee聯盟的公司有Honeywell、西門子、德州儀器、三星、摩托羅拉、三菱、飛利浦等公司。ZigBee聯盟於2001年向IEEE提案納入IEEE 802.15.4標準規範之中，IEEE802.15.4協定是為低速率無線個人區域網路所制定的標準。ZigBee工作頻率為868MHz、915MHz或2.4GHz，主要是採用

2.4GHz 的 ISM 頻段，傳輸速率介於 20kbps ～ 250kbps 之間，每個設備都能夠同時支援大量網路節點，並且具有低耗電、彈性傳輸距離、支援多種網路拓撲、安全及最低成本等優點，可應用於無線感測網路（WSN）、工業控制、家電自動化控制、醫療照護等領域。

HomeRF

HomeRF 也是短距離無線傳輸技術的一種，是由「國際電信協會」（International Telecommunication Union, ITU）所發起，它提供了一個較不昂貴，並且可以同時支援語音與資料傳輸的家庭式網路，也是針對未來消費性電子產品數據及語音通訊的需求，所制訂的無線傳輸標準。設計的目的主要是為了讓家用電器設備之間能夠進行語音和資料的傳輸，並且能夠與「公用交換電話網路」（Public Switched Telephone Network, 簡稱 PSTN）和網際網路各種進行各種互動式操作。工作於 2.4GHz 頻帶上，並採用數位跳頻的展頻技術，最大傳輸速率可達 2Mbps，有效傳輸距離 50 公尺。

RFID

「無線射頻辨識技術」（radio frequency identification, RFID）是一種自動無線識別數據獲取技術，可以利用射頻訊號以無線方式傳送及接收數據資料，而且卡片本身不需使用電池，就可以永久工作。RFID 主要是由 RFID 標籤（Tag）與 RFID 感應器（Reader）兩個主要元件組成，原理是由感應器持續發射射頻訊號，當 RFID 標籤進入感應範圍時，就會產生感應電流，並回應訊息給 RFID 辨識器，以進行無線資料辨識及存取的工作，最後送到後端的電腦上進行整合運用，也就是讓 RFID 標籤取代了條碼，RFID 感應器也取代了條碼讀取機。

例如在所出售的衣物貼上晶片標籤，透過 RFID 的辨識，可以進行衣服的管理，包括如地方公共交通、汽車遙控鑰匙、行動電話、寵物所植入的晶片、醫療院所應用在病患感測及居家照護、航空包裹、防盜應用、聯合票證及行李的識別等領域內，甚至於 RFID 在企業供應鏈管理（Supply Chain Management, SCM）上的應用，例如採用 RFID 技術讓零售業者在存貨管理與貨架補貨上獲益良多。

✪ RFID 也可以應用在日常生活的各種領域

NFC

✪ NFC 目前是最為流行的金融支付應用

NFC（Near Field Communication, 近場通訊）是由 PHILIPS、NOKIA 與 SONY 共同研發的一種短距離非接觸式通訊技術，又稱近距離無線通訊，以 13.56MHz 頻率範圍運作，能夠在 10 公分以內的距離達到非接觸式互通資料的目的，資料交換速率可達 424 kb/s，可在您的手機與其他 NFC 裝置之間傳輸資訊，因此逐漸成為行動支付、行銷接收工具的最佳解決方案。NFC 技術其實並不是新技術，也是由 RFID 感應技術演變而來的一種非接觸式感應技術，簡單來說，RFID 是一種較長距離的射頻識別技術，而 NFC 是更短距離的無線通訊技術。NFC 的應用是只要讓兩個 NFC 裝置相互靠近，就能夠啟動 NFC 功能，接著迅速將內容分享給其他相容於 NFC 行動裝置。

課後評量

1. 請舉出常見的無線網路的類型？
2. 常見的第三代行動通信標準（3G）技術種類有那幾種規格。
3. 請説明無線廣域網路的意義及組成。
4. 請簡述 GSM 的優缺點。
5. 什麼是無線應用協定 WAP？
6. Wi-Fi 是指那一方面的認證？
7. 用紅外線來建構無線個人網路有何特點？
8. 請簡述藍牙技術的特點。
9. 請問常見的無線區域網路架構模式有那兩種？
10. 何謂所謂「熱點」（Hotspot）？
11. 試簡述 HomeRF。
12. 請説明「跳頻展頻技術」（Frequency-Hopping Spread Spectrum, FHSS）的優點。
13. 請簡述正交分頻多工（OFDM）展頻的特點。
14. 市面上常見的紅外線傳輸技術有哪幾種？
15. 試簡述「頻帶」（Band）的意義。
16. 請説明展頻技術的原理。
17. 何謂行動支付（Mobile Payment）？

memo

CHAPTER

12 網際網路、雲端運算與物聯網

由於網路的快速普及，漸漸的改變了我們日常生活的習慣，不但讓使用者可以從個人電腦上存取幾乎每一類資訊，也給了我們一個新的購物、研讀、工作、社交和釋放心情的新天地。

✪ 全球網路簡單示意圖

Internet 最簡單的說法，就是一種連接各種電腦網路的網路，並且可為這些網路提供一一致性的服務。事實上，Internet 並不是代表著某一種實體網路，而是嘗試將橫跨全球五大洲的電腦網路連結一個全球化網路聚合體。隨著網路技術和頻寬的發達，雲端（Cloud Computing）應用已經被視為下一波電腦與網路科技的重要商機，或者可以看成將運算能力提供出來作為一種服務。所謂「雲端」其實就是泛指「網路」，希望以雲深不知處的意境，來表達無窮無際的網路資源，更代表了規模龐大的運算能力，今天的網際網路資源與服務與過去網路服務最大的不同就是「規模」，我們今天就從網際網路的基礎來開始介紹。

12-1 網際網路的興起

網際網路的誕生，其實可追溯到 1960 年代美國軍方為了核戰時仍能維持可靠的通訊網路系統，而將美國國防部內所有軍事研究機構的電腦及某些軍方有合作關係大學中的電腦主機是以某種一致且對等的方式連接起來，這個計劃就稱 ARPANET 網際網路計劃（Advanced Research Project Agency, ARPA）。

✪ 網際網路帶來了現代社會的巨大變革

由於網際網路的運作成功，加上後來美國軍方為了本身需要及管理方便則將ARPANET分成兩部分；一個是新的ARPANET供非軍事之用，另一個則稱為MILNET。直到80年代國家科學基金會（National Science Foundation, NSF）以TCP/IP為通訊協定標準的NSFNET，才達到全美各大機構資源共享的目的。

ISP是Internet Service Provider（網際網路服務提供者）的縮寫，所提供的就是協助用戶連上網際網路的服務。像目前大部分的一般用戶都是使用ISP提供的帳號，透過數據機連線上網際網路，另外如企業租用專線、架設伺服器、提供電子郵件信箱等等，都是ISP所經營的業務範圍。

12-1-1 IP位址

任何連上Internet上的電腦，我們都叫做「主機」（host），只要是Internet上的任何一部主機都有唯一的識別方法去辨別它。換個角度來說，各位可以想像成每部主機有獨一無二的網路位址，也就是俗稱的網址。表示網址的方法有兩種，分別是IP位址與網域名稱系統（DNS）兩種。

IP位址就是「網際網路通訊定位址」（Internet Protocol Address, IP Address）的簡稱。一個完整的IP位址是由4個位元組，即32個位元組合而成。而且每個位元組都代表一個0~255的數字。

例如以下的IP Address：

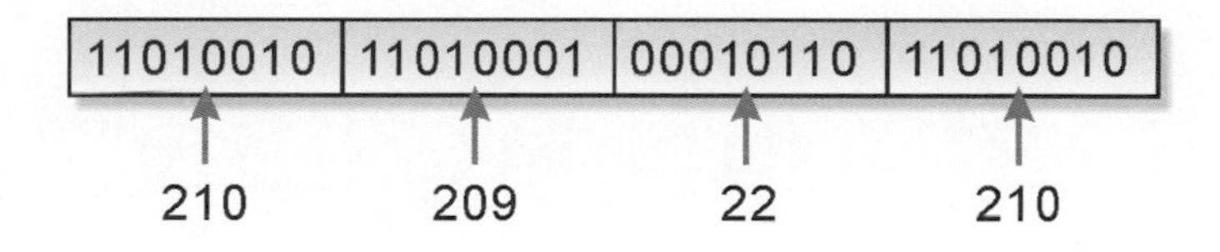

這四個位元組，可以分為兩個部分—「網路識別碼」（Net ID）與「主機識別碼」（Host ID）：

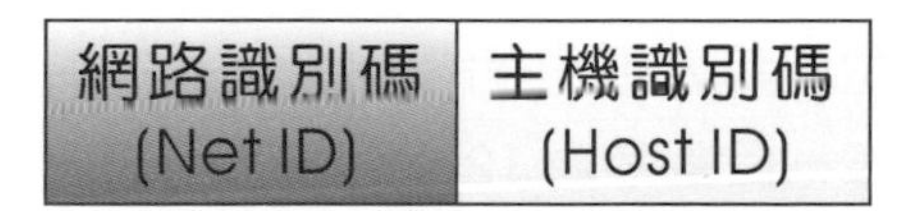

✪ 位址是由網路識別碼與主機識別碼所組成

請注意！IP位址具有不可移動性，也就是說您無法將IP位址移到其它區域的網路中繼續使用。IP位址的通用模式如下：

0~255.0~255.0~255.0~255

例如以下都是合法的IP位址：

140.112.2.33
198.177.240.10

IP位址依照等級的不同，可區分為A、B、C、D、E五個類型，可以從IP位址的第一個位元組來判斷。如果開頭第一個位元為「0」，表示是A級網路，「10」表示B級網路，「110」表示C級網路…以此類推，說明如下：

Class A

前導位元為0，以1個位元組表示「網路識別碼」(Net ID)，3個位元組表示「主機識別碼」(Host ID)，第一個數字為0～127。每一個A級網路系統下轄2^{24} = 16,777,216個主機位址。通常是國家級網路系統，才會申請到A級位址的網路，例如12.18.22.11。

Class B

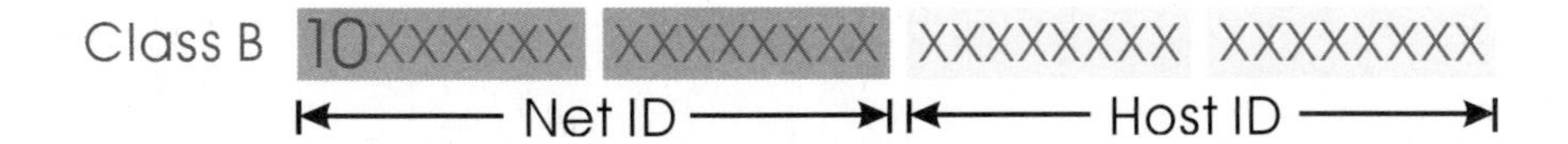

前導位元為10，以2個位元組表示「網路識別碼」(Net ID)，2個位元組表示「主機識別碼」(Host ID)，第一個數字為128～191。每一個B級網路系統下轄2^{16} = 65,536個主機位址。因此B級位址網路系統的對象多半是ISP或跨國的大型國際企業，例如129.153.22.22。

Class C

前導位元為 110，以 3 個位元組表示「網路識別碼」(Net ID)，1 個位元組表示「主機識別碼」(Host ID)，第一個數字為 192 ～ 223。每一個 C 級網路系統僅能擁有 2^8 = 256 個 IP 位址。適合一般的公司或企業申請使用，例如 194.233.2.12。

Class D

前導位元為 1110，第一個數字為 224 ～ 239。此類 IP 位址屬於「多點廣播」(Multicast) 位址，因此只能用來當作目的位址等特殊用途，而不能作為來源位址，例如 239.22.23.53。

Class E

前導位元為 1111，第一個數字為 240 ～ 255。全數保留未來使用。所以並沒有此範圍的網路，例如 245.23.234.13。

12-1-2 IPv6

前面所介紹的現行 IP 位址劃分制度稱為 IPv4（32 位元），由於劃分方式採用網路識別碼與主機識別碼的劃分方式，以致造成今日 IP 位址的嚴重不足。我們知道傳統的 IPv4 使用 32 位元來定址，因此最多只能有 2^{32} = 4,294,927,696 個 IP 位址。而為了解決 IP 位址不足的問題，提出了新的 IPv6 版本。IPv6 採用 128 位元來進行定址，如此整個 IP 位址的總數量就有 2^{128} 個位址。至於定址方式則是以 16 個位元為一組，一共可區分為 8 組，而每組之間則以冒號「：」區隔。IPv6 位址表示法整理如下：

- 以 128Bits 來表示每個 IP 位址
- 每 16Bits 為一組，共分為 8 組數字
- 書寫時每組數字以 16 進位的方法表示
- 書寫時各組數字之間以冒號「：」隔開

例如：

0111101100101101 0100001101011001 0110001100000000

7B2D : 4359 : BA98 : 3120 : ADBF : 2455 : 2341 : 6300

✪ IPv6 的 IP 位址表示法

因此 IPv6 的位址表示範例如下：

2001：5E0D：309A：FFC6：24A0：0000：0ACD：729D

3FFE：0501：FFFF：0100：0205：5DFF：FE12：36FB

21DA：00D3：0000：2F3B：02AA：00FF：FE28：9C5A

IPv6 的出現不僅在於解除 IPv4 位址數量之缺點，更加入許多 IPv4 不易達成之技術，兩者的差異可以整理如下表：

特性	IPv4	IPv6
發展時間	1981 年	1999 年
位址數量	$2^{32} = 4.3 \times 10^{9}$	$2^{128} = 3.4 \times 10^{38}$
行動能力	不易支援跨網段；需手動配置或需設置系統來協助	具備跨網段之設定；支援自動組態，位址自動配置並可隨插隨用
網路服務品質	網路層服務品質（Quality of service, 縮寫 QoS）支援度低	表頭設計支援 QoS 機制
網路安全	安全性需另外設定	內建加密機制

12-1-3 網域名稱（DNS）

由於 IP 位址是一大串的數字組成，因此十分不容易記憶。如果每次要連接到網際網路上的某一部主機時，都必須去查詢該主機的 IP 位址，經常會十分不方便。至於「網域名稱」（Domain Name）的命名方式，是以一組英文縮寫來代表以數字為主的 IP 位址。而其中負責 IP 位址與網域名稱轉換工作的電腦，則稱為「網域名稱伺服器」

（Domain Name Server, DNS）。這個網域名稱的組成是屬於階層性的樹狀結構。共包含有以下四個部分：

主機名稱、機構名稱、機構類別、地區名稱

例如榮欽科技的網域名稱如下：

以下網域名稱中各元件的說明：

元件名稱	特色與說明
主機名稱	指主機在網際網路上所提供的服務種類名稱。例如提供服務的主機，網域名稱中的主機名稱就是「www」，如 www.zct.com.tw，或者提供 bbs 服務的主機，開頭就是 bbs，例如 bbs.ntu.edu.tw。
機構名稱	指這個主機所代表的公司行號、機關的簡稱。例如微軟（microsoft）、台大（ntu）、zct（榮欽科技）。
機構類別	指這個主機所代表單位的組織代號。例如 www.zct.com.tw，其中 com 就表示一種商業性組織。
地區名稱	指出這個主機的所在地區簡稱。例如 www.zct.com.tw，這個 tw 就是代表台灣）。

常用的機構類別與地區名稱簡稱如下：

機構類別	說明
edu	代表教育與學術機構
com	代表商業性組織
gov	代表政府機關單位
mil	代表軍事單位
org	代表財團法人、基金會等非官方機構
net	代表網路管理、服務機構

常用的機構類別名稱如下：

地區名稱代號	國家或地區名稱
at	奧地利
fr	法國
ca	加拿大
be	比利時
jp	日本

12-1-4 網際網路連線方式

如何從各位眼前的電腦連上 Internet 有許多方式，早期是利用現有的電話線路，在撥接至伺服器之後，就可以與網路連線。本節中我們將會介紹各種常見連線方式。

ADSL 連線上網

ADSL 上網是寬頻上網的一種，它是利用一般的電話線（雙絞線）為傳輸媒介，這個技術能使同一線路上的「聲音」與「資料」分離，下載時的連線速度最快可以達到 9Mbps，而上網最快可以達到 1Mbps；也因為上傳和下載的速度不同，所以稱為「非對稱性」（Asymmetric）。如果各位使用 ADSL 方式連線，則可以同時上網及撥打電話，不必要另外再申請一條電話線。

有線電視上網

有線電視上網是利用家中的纜線數據機（Cable Modem）來作為和 Internet 連線的傳輸媒介。由於同軸電纜中包含有數據的數位資料，以及電視訊號的類比資料，因此能夠在進行數據傳輸的同時，還可以收看一般的有線電視節目。各位家中如果接有有線電視系統，可以直接向業者申請帳號即可，由於纜線數據機的連線架構是採用「共享」架構，當使用者增加時，網路頻寬會被分割掉，而造成傳輸速率受到影響。

光纖寬頻上網

對於頻寬的需求帶動了光纖網路的發展，如前所述，由於價格高昂及需求的問題，所以早期光纖發展僅限於長途通訊幹線上的運用，不過近幾年在通訊量的快速增加及網際網路的爆炸性成長下，光纖網路的應用已從過去的長途運輸（Long Haul Transport）的骨幹網路擴展到大城市運輸（Metro Transport）的區域幹線。

FTTx是「Fiber To The x」的縮寫，意謂光纖到x，是指各種光纖網路的總稱，其中x代表光纖線路的目的地，也就是目前光世代網路各種「最後一哩（last mile）」的解決方案，透過接一個稱為ONU（Optical Network Unit）的設備，將光訊號轉為電訊號的設備。因應FTTx網路建置各種不同接入服務的需求，根據光纖到用戶延伸的距離不同，區分成數種服務模式，請看以下說明：

- **FTTC（Fiber To The Curb, 光纖到街角）**：可能是幾條巷子有一個光纖點，而到用戶端則是直接以網路線連接光纖，並沒有到你家，也沒到你家的大樓，是只接到用戶家附近的介接口。
- **FTTB（Fiber To The Building, 光纖到樓）**：光纖只拉到建築大樓的電信室或機房裡。再從大樓的電信室，以電話線或網路線等等的其它通訊技術到用戶家。
- **FTTH（Fiber To The Home, 光纖到家）**：是直接把光纖接到用戶的家中，範圍從區域電信機房局端設備到用戶終端設備。
- **FTTCab（Fiber To The Cabinet, 光纖到交換箱）**：這比FTTC又離用戶家更遠一點，只到類似社區的一個光纖交換點，再一樣以不同的網路通訊技術（同樣，如VDSL），提供網路服務。

專線上網

專線（Lease Line）是數據通訊中最簡單也最重要的一環，專線的優點是工作容易查修方便，其服務性能與方便度高達99.99%。用戶端與專線服務業者之間透過中華電信等ISP所提供之數據線路相連申請　條固定傳輸線路與網際網路連接，利用此數據專線，達到提供二十四小時全年無休的網路應用服務。

1960年代貝爾實驗室便發展了T-Carrier（Trunk Carrier）的類比系統，到了1983年AT&T發展數位系統，主要是使用雙絞線傳輸，T-Carrier系統的第一個成員是T1，可以同時傳送24個電話訊號通道，即第零階訊號（Digital Signal Level 0, DS0）所組成，每路訊號為64 Kbps，總共可提供1.544Mbps的頻寬，這是美制的規格。T2則擁有96個頻道，且每秒傳送可達6.312Mbps的數位化線路。T3則擁有672個頻道，且每秒傳送可達44.736Mbps的數位化線路。T4擁有4032個頻道，且每秒傳送可達274.176Mbps的數位化線路。

12-2 全球資訊網（Web）

由於寬頻網路的盛行，熱衷使用網際網路的人口也大幅的增加，而在網際網路所提供的服務中，又以「全球資訊網」（WWW）的發展最為快速與多元化。「全球資訊網」（World Wide Web, WWW）又簡稱為 Web，一般將 WWW 唸成「Triple W」、「W3」或「3W」，它可說是目前 Internet 上最流行的一種新興工具，它讓 Internet 原本生硬的文字介面，取而代之的是聲音、文字、影像、圖片及動畫的多元件交談介面。Web 主要是由全球大大小小的網站所組成的，其主要是以「主從式架構」（Client/Server）為主，並區分為「用戶端」（Client）與「伺服端」（Server）兩部份。WWW 的運作原理是透過網路客戶端（Client）的程式去讀取指定的文件，並將其顯示於您的電腦螢幕上，而這個客戶端（好比我們的電腦）的程式，就稱為「瀏覽器」（Browser）。目前市面上常見的瀏覽器種類相當多，各有其特色。

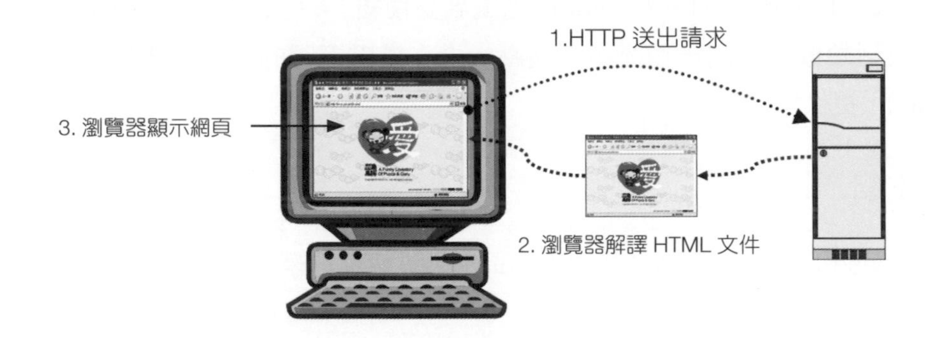

例如我們可以使用家中的電腦（客戶端），並透過瀏覽器與輸入 URL 來開啟某個購物網站的網頁。這時家中的電腦會向購物網站的伺服端提出顯示網頁內容的請求。一旦網站伺服器收到請求時，隨即會將網頁內容傳送給家中的電腦，並且經過瀏覽器的解譯後，再顯示成各位所看到的內容。

12-2-1 全球資源定位器（URL）

當各位打算連結到某一個網站時，首先必須知道此網站的「網址」，網址的正式名稱應為「全球資源定位器」（URL）。簡單的說，URL 就是 WWW 伺服主機的位址用來指出某一項資訊的所在位置及存取方式。嚴格一點來說，URL 就是在 WWW 上指明通訊協定及以位址來享用網路上各式各樣的服務功能。使用者只要在瀏覽器網址列上輸入正確的 URL，就可以取得需要的資料，例如「http://www.yahoo.com.tw」就是 Yahoo! 奇摩網站的 URL，而正式 URL 的標準格式如下：

```
protocol://host[:Port]/path/filename
```

其中 protocol 代表通訊協定或是擷取資料的方法，常用的通訊協定如下表：

通訊協定	說明	範例
http	HyperText Transfer Protocol，超文件傳輸協定，用來存取 WWW 上的超文字文件（hypertext document）。	http://www.yam.com.tw（蕃薯藤 URL）
ftp	File Transfer Protocol，是一種檔案傳輸協定，用來存取伺服器的檔案。	ftp://ftp.nsysu.edu.tw/（中山大學 FTP 伺服器）
mailto	寄送 E-Mail 的服務	mailto://eileen@mail.com.tw
telnet	遠端登入服務	telnet://bbs.nsysu.edu.tw（中山大學美麗之島 BBS）
gopher	存取 gopher 伺服器資料	gopher://gopher.edu.tw/（教育部 gopher 伺服器）

host 可以輸入 Domain Name 或 IP Address，[:port] 是埠號，用來指定用哪一個通訊埠溝通，每部主機內所提供之服務都有內定之埠號，在輸入 URL 時，它的埠號與內定埠號不同時，就必須輸入埠號，否則就可以省略，例如 http 的埠號為 80，所以當我們輸入 Yahoo! 奇摩的 URL 時，可以如下表示：

```
http://www.yahoo.com.tw:80/
```

由於埠號與內定埠號相同，所以可以省略「:80」，寫成下式：

```
http://www.yahoo.com.tw/
```

12-2-2 Web 演進史 -Web 1.0~Web 4.0

隨著網際網路的快速興起，從最早期的 Web 1.0 到目前即將邁入 Web 4.0 的時代，每個階段都有其象徵的意義與功能，對人類生活與網路文明的創新也影響越來越大，尤其目前即將進入了 Web 4.0 世代，帶來了智慧更高的網路服務與無線寬頻的大量普及，更是徹底改變了現代人工作、休閒、學習、行銷與獲取訊息方式。

在 Web 1.0 時代，受限於網路頻寬及電腦配備，對於 Web 上網站內容，主要是由網路內容提供者所提供，使用者只能單純下載、瀏覽與查詢，例如我們連上某個政府網站去看公告與查資料，使用者只能乖乖被動接受，不能輸入或修改網站上的任何資料，單向傳遞訊息給閱聽大眾。

Web 2.0 時期寬頻及上網人口的普及，其主要精神在於鼓勵使用者的參與，讓使用者可以參與網站這個平臺上內容的產生，如部落格、網頁相簿的編寫等，這個時期帶給傳統媒體的最大衝擊是打破長久以來由媒體主導資訊傳播的藩籬。PChome Online 網路家庭董事長詹宏志就曾對 Web 2.0 作了個論述：如果說 Web1.0 時代，網路的使用是下載與閱讀，那麼 Web2.0 時代，則是上傳與分享。

✪ 部落格是 Web 2.0 時相當熱門的新媒體創作平臺

在網路及通訊科技迅速進展的情勢下，我們即將進入全新的 Web 3.0 時代，Web 3.0 跟 Web 2.0 的核心精神一樣，仍然不是技術的創新，而是思想的創新，強調的是任何人在任何地點都可以創新，人們可以隨心所欲地獲取各種知識，而這樣的創新改變，也使得各種網路相關產業開始轉變出不同的樣貌。Web 3.0 能自動傳遞比單純瀏覽網頁更多的訊息，還能提供具有人工智慧功能的網路系統，隨著網路資訊的爆炸與泛濫，整理、分析、過濾、歸納資料更顯得重要，網路也能越來越了解你的偏好，而且基於不同需求來篩選，同時還能夠幫助使用者輕鬆獲取感興趣的資訊。

✪ Web 3.0 時代，許多電商網站還能根據臉書來提出產品建議

Web 4.0 雖然到目前為止，還沒有一致的定義，通常會被認為是網路技術的重大變革，屬於人工智慧（AI）與實體經濟的真正融合，將在人類與機器之間建立新的共生關係，除了資料與數據收集分析外，也可以透過回饋進行各種控制，關鍵在於它在任何時候、任何地方都能夠提供任何需要的資訊。例如智慧物聯網（AIoT）將會是電商與網路行銷產業未來最熱門的趨勢，未來電商可藉由智慧型設備與 AI 來了解用戶的日常行為，包括輔助消費者進行產品選擇或採購建議等，並將其轉化為真正的客戶商業價值。

12-2-3 社群網路服務（SNS）

時至今日，我們的生活已經離不開網路，而與網路最形影不離的就是「社群」，這已經從根本撼動我們現有的生活模式了。「社群」最簡單的定義，各位可以看成是一種由節點（node）與邊（edge）所組成的圖形結構（graph），其中節點所代表的是人，至於邊所代表的是人與人之間的各種相互連結的關係，新的使用者成員會產生更多的新連結，節點間相連結的邊的定義具有彈性，甚至於允許節點間具有多重關係。整個社群的生態系統就是一個高度複雜的圖表，它交織出許多錯綜複雜的連結，整個社群所帶來的價值就是每個連結創造出個別價值的總和，進而形成連接全世界的社群網路。

✪ 美國前總統川普經常在推特社群上發文表達政見

「同溫層」(stratosphere)是近幾年出現的流行名詞，簡單來說，與我們生活圈接近且互動頻繁的用戶，通常同質性高，所獲取的資訊也較為相近，容易導致比較願意接受與自己立場相近的觀點，對於不同觀點的事物，選擇性地忽略，進而形成一種封閉的同溫層現象。

社群網路服務(Social Networking Service, SNS)就是Web體系下的一個技術應用架構，是基於哈佛大學心理學教授米爾格藍(Stanely Milgram)所提出的「六度分隔理論」(Six Degrees of Separation)運作。這個理論主要是說在人際網路中，要結識任何一位陌生的朋友，中間最多只要通過六個朋友就可以。從內涵上講，就是社會型網路社區，即社群關係的網路化。通常SNS網站都會提供許多方式讓使用者進行互動，包括聊天、寄信、影音、分享檔案、參加討論群組等等。

網路社群或稱虛擬社群(virtual community或Internet community)是網路獨有的生態，可聚集共同話題、興趣及嗜好的社群網友及特定族群討論共同的話題，達到交換意見的效果。網路社群的觀念可從早期的BBS、論壇、一直到近期的部落格、噗浪、微博或者 Facebook、IG、Line 等，隨著各類部落格及社群網站（SNS）的興起，網路傳遞的主控權已快速移轉到網友手上，由於這些網路服務具有互動性，因此能夠讓網友在一個平台上，彼此溝通與交流。

打卡（在臉書上標示所到之處的地理位置）是特普遍流行的現象，透過臉書打卡與分享照片，更讓學生、上班族、家庭主婦都為之瘋狂。例如餐廳給來店消費打卡者折扣優惠，利用臉書粉絲團商店增加品牌業績，對店家來說也是接觸普羅大眾最普遍的管道之一。

12-3 雲端運算與服務

所謂「雲端」其實就是泛指「網路」，希望以雲深不知處的意境，來表達無窮無際的網際網路資源，更代表了規模龐大的運算能力。雲端運算（Cloud Computing）是一種基於網際網路的運算方式，已經成為下一波電腦與網路科技的重要商機，或者可以看成將運算能力提供出來作為一種服務。

✪ Google 是最早提出雲端運算概念的公司

最初 Google 開發雲端運算平台是為了能把大量廉價的伺服器集成起來、以支援自身龐大的搜尋服務，最簡單的雲端運算技術在網路服務中已經隨處可見，例如「搜尋引擎、網路信箱」等，進而透過這種方式，共用的軟硬體資源和資訊可以按需求提供給電腦各種終端和其他裝置。Google 執行長施密特（Eric Schmidt）在演說中更大膽的說：「雲端運算引發的潮流將比個人電腦的出現更為龐大！」。

12-3-1 雲端運算的定義

由於網路是透過各種不同的媒介模式、將用戶端的個人電腦與遠端伺服器連結在一起，只要使用者能透過網路、由用戶端登入遠端伺服器進行操作，就可以稱為雲端運算。雲端運算原理源自於網格運算（Grid Computing），實現了以分散式運算技術來創造龐大的運算資源，以解決專門針對大型的運算任務，也就是將需要大量運算的工作，分散給很多不同的電腦一同運算，簡單來說，就是將分散在不同地理位置的電腦共同聯合組織成一個虛擬的超級電腦，運算能力並藉由網路慢慢聚集在伺服端，伺服端也因此擁有更大量的運算能力，最後再將計算完成的結果回傳。「雲端運算」的目標就是未來每個人面前的電腦，都將會簡化成一臺最陽春的終端機，只要具備上網連線功能即可，也就是利用分散式運算，共用的軟硬體資源和資訊可以按需求提供給電腦各種終端和其他裝置，將終端設備的運算分散到網際網路上眾多的伺服器來幫忙，讓網路變成一個超大型電腦，未來要讓資訊服務如同水電等公共服務一般，隨時都能供應。

✪ 雲端運算要讓資訊服務如同家中水電設施一樣方便

12-3-2 雲端服務簡介

所謂「雲端服務」，簡單來説，其實就是「網路運算服務」，如果將這種概念進而延伸到利用網際網路的力量，讓使用者可以連接與取得由網路上多台遠端主機所提供的不同服務，就是「雲端服務」的基本概念。根據美國國家標準和技術研究院（National Institute of Standards and Technology, NIST）的雲端運算明確定義了三種服務模式：

軟體即服務（Software as a service, SaaS）

是一種軟體服務供應商透過 Internet 提供軟體的模式，使用者用戶透過租借基於 Web 的軟體，使用者本身不需要對軟體進行維護，可以利用租賃的方式來取得軟體的服務，而比較常見的模式是提供一組帳號密碼。例如：Google docs。

平台即服務（Platform as a Service, PaaS）

是一種提供資訊人員開發平台的服務模式，公司的研發人員可以編寫自己的程式碼於 PaaS 供應商上傳的介面或 API 服務，再於網絡上提供消費者的服務。例如：Google App Engine。

基礎架構即服務（Infrastructure as a Service, IaaS）

消費者可以使用「基礎運算資源」，如 CPU 處理能力、儲存空間、網路元件或仲介軟體。例如：Amazon.com 透過主機託管和發展環境，提供 IaaS 的服務項目。

隨著個人行動裝置正以驚人的成長率席捲全球，成為人們使用科技的主要工具，不受時空限制，就能即時能把聲音、影像等多媒體資料直接傳送到行動裝置上，也讓雲端服務的真正應用達到了最高峰階段。雲端服務包括許多人經常使用 Flickr、Google 等網路相簿來放照片，或者使用雲端音樂讓筆電、手機、平板來隨時點播音樂，打造自己的雲端音樂台；甚至於透過免費雲端影像處理服務，就可以輕鬆編輯相片或者做些簡單的影像處理。例如雲端筆記本是目前相當流行的一種雲端服務，我們可以使用雲端筆記本記錄來隨時待辦事項、創意或任何想法，還可將它集中儲存在雲端硬碟，無論人在哪何處，只要手邊有電腦、平板電腦和手機，都可以快速搜尋到所建立的筆記，讓筆記資料跨平台同步。

✪ 微軟的雲端 OneNote 筆記本可以隨時記錄待辦事項

12-3-3 雲端運算部署模型

雲端運算的部署模型主要有底下四種：

公用雲（Public Cloud）

公用雲是透過網路及第三方服務供應者，提供一般公眾或大型產業集體使用的雲端基礎設施，通常公用雲價格較低廉。不過這並不表示使用者資料可供任何人檢視。如果客戶有能力部署及使用雲端服務，使用公用雲作為企業的解決方案，相對較具成本效益。

私有雲（Private Cloud）

根據維基百科的定義：「私有雲是將雲基礎設施與軟硬體資源建立在防火牆內，以供機構或企業共享數據中心內的資源。」私有雲和公用雲一樣，都能為企業提供彈性的服務，而最大的不同在於，私有雲服務的資料與程式皆在組織內管理，也就是說，私有雲是一種完全為特定組織建構的雲端基礎設施。另外，比起公用雲來說，私有雲服務讓使用者更能掌控雲端基礎架構，同時也較不會有網路頻寬限制及安全疑慮。

社群雲（Community Cloud）

社群雲是由有共同的任務或安全需求的特定社群共享的雲端基礎設施，所有的社群成員共同使用雲端上資料及應用程式，社群雲管理者可能是組織本身，也能是第三方。

混合雲（Hybrid Cloud）

混合雲結合公用雲及私有雲，這個模式中，使用者通常將非企業關鍵資訊直接在公用雲上處理，但企業關鍵服務及資料則以私有雲的方式來處理。

12-4 邊緣運算

我們知道傳統的雲端資料處理都是在終端裝置與雲端運算之間，這段距離不僅遙遠，當面臨越來越龐大的資料量時，也會延長所需的傳輸時間，特別是人工智慧運用於日常生活層面時，常因網路頻寬有限、通訊延遲與缺乏網路覆蓋等問題，遭遇極大挑戰，未來 AI 從過去主流的雲端運算模式，必須大量結合邊緣運算（Edge Computing）模式，搭配 AI 與邊緣運算能力的裝置也將成為幾乎所有產業和應用的主導要素。據國內工研院估計，到 2022 年時，將會有高達 75%的資料處理工作不在雲端資料中心完成，因為邊緣運算可以減少在遠端伺服器上往返傳輸資料進行處理所造成的延遲及頻寬問題。

✪ 雲端運算與邊緣運算架構的比較示意圖

圖片來源：https://www.ithome.com.tw/news/114625

12-4-1 邊緣運算的應用

邊緣運算（Edge Computing）屬於一種分散式運算架構，可讓企業應用程式更接近本端邊緣伺服器等資料，資料不需要直接上傳到雲端，而是盡可能靠近資料來源以減少延遲和頻寬使用，目的是減少集中遠端位置雲中執行的運算量，從而最大限度地減少異地用戶端和伺服器之間必須發生的通訊量。邊緣運算因為將運算點與數據生成點兩者距離縮短，而具有了「低延遲（Low latency）」的特性，這樣一來資料就不需要再傳遞到遠端的雲端空間。

✪ 音樂類 App 透過邊緣運算，聽歌不會卡卡

邊緣運算的最大優點是可以拉近資料和處理器之間的物理距離，例如在處理資料的過程中，把資料傳到在雲端環境裡運行的 App，勢必會慢一點才能拿到答案；如果要降低 App 在執行時出現延遲，就必須傳到鄰近的邊緣伺服器，速度和效率就會令人驚豔，如果開發商想要提供給用戶更好的使用體驗，最好將大部份 App 資料移到邊緣運算中心進行運算。例如許多分秒必爭的 AI 運算作業更需要進行邊緣運算，這些龐大作業處理不用將工作上傳到雲端，即時利用本地邊緣人工智慧，便可瞬間做出判斷，像是自動駕駛車、醫療影像設備、擴增實境、虛擬實境、無人機、行動裝置、智慧零售等應用項目，最需要低延遲特點來加快現場即時反應，減少在遠端伺服器上往返傳輸資料進行處理所造成的延遲及頻寬問題。

✪ 無人機需要即時影像分析，邊緣運算可以加快 AI 處理速度

12-5 物聯網的未來

當人與人之間隨著網路互動而增加時，萬物互聯的時代已經快速降臨，物聯網（Internet of Things, IoT）就是近年資訊產業中一個非常熱門的議題，台積電董事長張忠謀於 2014 年時出席台灣半導體產業協會年會（TSIA），明確指出：「下一個 big thing 為物聯網，將是未來五到十年內，成長最快速的產業，要好好掌握住機會。」他認為物聯網是個非常大的構想，很多東西都能與物聯網連結。

12-5-1 物聯網（IoT）簡介

物聯網（Internet of Things, IoT）是近年資訊產業中一個非常熱門的議題，物聯最早的概念是在 1999 年時由學者 Kevin Ashton 所提出，是指將網路與物件相互連接，實際操作上是將各種具裝置感測設備的物品，例如 RFID、藍芽 4.0 環境感測器、全球定位系統（GPS）雷射掃描器等種種裝置與網際網路結合起來而形成的一個巨大網路系統，全球所有的物品都可以透過網路主動交換訊息，越來越多日常物品也會透過網際網路連線到雲端，透過網際網路技術讓各種實體物件、自動化裝置彼此溝通和交換資訊。

12-5-2 物聯網的架構

物聯網的運作機制實際用途來看，在概念上可分成 3 層架構，由底層至上層分別為感知層、網路層與應用層：

感知層

感知層主要是作為識別、感測與控制物聯網末端物體的各種狀態，對不同的場景進行感知與監控，主要可分為感測技術與辨識技術，包括使用各式有線或是無線感測器及如何建構感測網路，然後經由轉換元件將相關信號變為電子訊號，再透過感測網路將資訊蒐集並傳遞至網路層。

網路層

則是如何利用現有無線或是有線網路來有效的傳送收集到的數據傳遞至應用層，特別是網路層不斷擴大的網路頻寬能夠承載更多資訊量，並將感知層收集到的資料傳輸至雲端、邊緣，或者直接採取適當的動作，並建構無線通訊網路。

應用層

為了彼此分享資訊，必須使各元件能夠存取網際網路以及子系統重新整合來滿足物聯網與不同行業間的專業進行技術融合，同時也促成物聯網五花八門的應用服務，涵蓋到應用領域從環境監測、無線感測網路（Wireless Sensor Network, WSN）、能源管理、醫療照護（Health Care）、智慧照明、智慧電表、家庭控制與自動化與智慧電網（Smart Grid）等等。

✪ 物聯網的架構式意圖

圖片來源：https://www.ithome.com.tw/news/90461

12-5-3 智慧物聯網（AIoT）

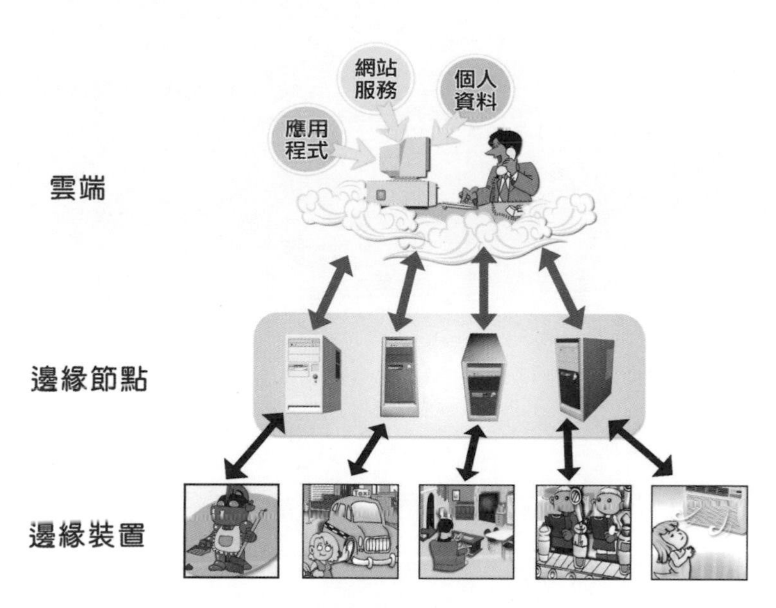

智慧物聯網的應用

現代人的生活正逐漸進入一個始終連接（Always Connect）網路的世代，物聯網的快速成長，快速帶動不同產業發展，除了資料與數據收集分析外，也可以回饋進行各種控制，這對於未來人類生活的便利性將有極大的影響，AI結合物聯網（IoT）的智慧物聯網（AIoT）將會是電商產業未來最熱門的趨勢，特別是電子商務為不斷發展的技術帶來了大量商業挑戰和回報率，未來電商可藉由智慧型設備來了解用戶的日常行為，包括輔助消費者進行產品選擇或採購建議等，並將其轉化為真正的客戶商業價值。

近年來由於網路頻寬硬體建置普及、行動上網也漸趨便利，加上各種連線方式的普遍，網路也開始從手機、平板的裝置滲透至我們生活的各個角落，資訊科技與家電用品的應用，也是電商產業的未來發展趨勢之一。科技不只來自人性，更須適時回應人性，「智慧家電」（Information Appliance）是從電腦、通訊、消費性電子產品3C領域匯集而來，也就是電腦與通訊的互相結合，未來將從符合人性智慧化操控，能夠讓智慧家電自主學習，並且結合雲端應用的發展。各位只要在家透過智慧電視就可以上網隨選隨看影視節目，或是登入社交網路即時分享觀看的電視節目和心得。例如聲寶公司首款智能冰箱，就讓智慧冰箱也將成為電商的銷售通路，就具備食材管理、App下載等多樣智慧功能。只要使用者輸入每樣食材的保鮮日期，當食材快過期時，會自動發出提醒警示，未來若能透過網路連線，適時推播相關行銷訊息，讓使用者能直接下單採買食材。

課後評量

1. 通常表示網址的方法有哪兩種？
2. 網域名稱的組成是屬於階層性的樹狀結構，共包含哪四部份？
3. 請列出網際網路的四種連線方式。
4. 請說明 Cable modem 上網的技術原理。
5. FTTx 網路有哪些服務模式？
6. 試說明 URL 的意義。
7. 試簡介 IPv6 位址表示法。
8. 試簡述 web 3.0 的精神。
9. 通常表示網址的方法有哪兩種？
10. 請簡述雲端運算。
11. 美國國家標準和技術研究院的雲端運算明確定義了哪三種服務模式？
12. 試說明物聯網（Internet of Things, IoT）。
13. 物聯網的架構有哪三層？

memo

CHAPTER

13 網路安全的認識與防範

隨著網路的盛行，除了帶給人們許多的方便外，也帶來許多安全上的問題，例如駭客、電腦病毒、網路竊聽、隱私權困擾等。當我們可以輕易取得外界資訊的同時，相對地外界也可能進入電腦與網路系統中。在這種門戶大開的情形下，對於商業機密或個人隱私的安全性，都將岌岌可危。因此如何在網路安全的課題上繼續努力與改善，將是本章討論的重點。

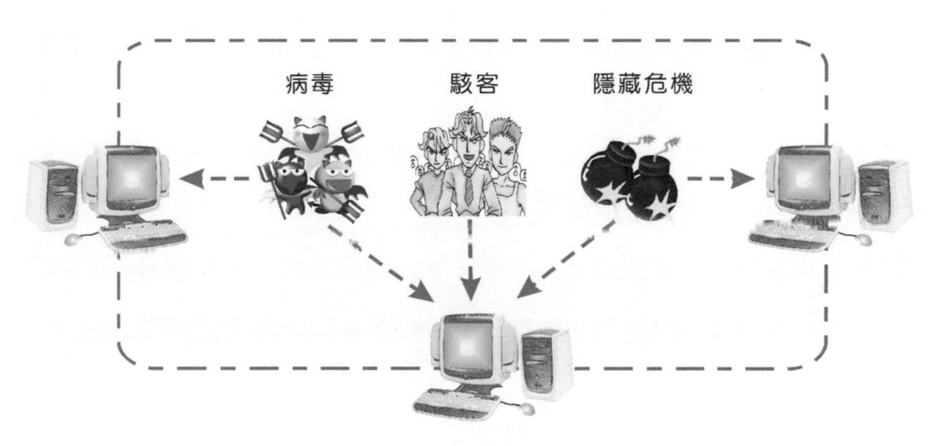

✪ 網路安全是雲端時代的重要課題

13-1 漫談資訊安全

在尚未進入正題，討論網路安全的課題之前，我們先來對資訊安全有個基本認識。資訊安全的基本功能就是在達到資料被保護的三種特性（CIA）：機密性（Confidentiality）、完整性（Integrity）、可用性（Availability），進而達到如不可否認性（Non-repudiation）、身份認證（Authentication）與存取權限控制（Authority）等安全性目的。從廣義的角度來看，資訊安全所涉及的影響範圍包含軟體與硬體層面談起，共可區分為四類，分述如下：

影響種類	說明與注意事項
天然災害	電擊、淹水、火災等天然侵害。
人為疏失	人為操作不當與疏忽。
機件故障	硬體故障或儲存媒體損壞，導致資料流失。
惡意破壞	泛指有心人士入侵電腦，例如駭客攻擊、電腦病毒與網路竊聽等。

資訊安全所討論的項目，可以從四個角度來討論，說明如下：

1. 實體安全：硬體建築物與週遭環境的安全與管制。例如對網路線路或電源線路的適當維護。
2. 資料安全：確保資料的完整性與私密性，並預防非法入侵者的破壞，例如不定期做硬碟中的資料備份動作與存取控制。
3. 程式安全：維護軟體開發的效能、品管、除錯與合法性。例如提升程式寫作品質。
4. 系統安全：維護電腦與網路的正常運作，例如對使用者宣導及教育訓練。

✪ 資訊安全涵蓋的四大項目

國際標準制定機構英國標準協會（BSI），於1995年提出BS 7799資訊安全管理系統，最新的一次修訂已於2005年完成，並經國際標準化組織（ISO）正式通過成為ISO 27001資訊安全管理系統要求標準，為目前國際公認最完整之資訊安全管理標準，可以幫助企業與機構在高度網路化的開放服務環境鑑別、管理和減少資訊所面臨的各種風險。

13-1-1 網路安全的定義

網路使用已成為我們日常生活的一部分，使用公共電腦上網的機率也越趨頻繁，個人重要資料也因此籠罩在外洩的疑慮之下。從廣義的角度來看，網路安全所涉及的範圍包含軟體與硬體兩種層面，例如網路線的損壞、資料加密技術的問題、伺服器病毒感染與傳送資料的完整性等。而如果從更實務面的角度來看，那麼網路安全所涵蓋的範圍，就包括了駭客問題、隱私權侵犯、網路交易安全、網路詐欺與電腦病毒等問題。

對於網路安全而言，很難有一個十分嚴謹而明確的定義或標準。例如就個人使用者來說，可能只是代表在網際網路上瀏覽時，個人資料或自己的電腦不被竊取或破壞。不過對於企業組織而言，可能就代表著進行電子交易時的安全考量、系統正常運作與不法駭客的入侵等。

13-2 常見網路犯罪模式

雖然網路帶來了相當大的便利，但相對地也提供了一個可能或製造犯罪的管道與環境。而且現在利用電腦網路犯罪的模式，遠比早期的電腦病毒來得複雜，且造成的傷害也更為深遠與廣泛。例如網際網路架構協會（Internet Architecture Board, IAB），負責於網際網路間的行政和技術事務監督與網路標準和長期發展，並將以下網路行為視為不道德：

1. 在未經任何授權情況下，故意竊用網路資源。
2. 干擾正常的網際網路使用。
3. 以不嚴謹的態度在網路上進行實驗。
4. 侵犯別人的隱私權。
5. 故意浪費網路上的人力、運算與頻寬等資源。
6. 破壞電腦資訊的完整性。

以下我們將開始為各位介紹破壞網路安全的常見模式，讓各位在安全防護上有更深入的認識。

13-2-1 駭客攻擊

✪ 駭客藉由 Internet 隨時可能入侵電腦系統

只要是經常上網的人，一定都經常聽到某某網站遭駭客入侵或攻擊，也因此駭客便成了所有人害怕又討厭的對象，不僅攻擊大型的社群網站和企業，還會使用各種方法破壞和用戶的連網裝置。駭客在開始攻擊之前，必須先能夠存取用戶的電腦，其中一個最常見的方法就是使用名為「特洛伊式木馬」的程式。

駭客在使用木馬程式之前，必須先將其植入用戶的電腦，此種病毒模式多半是 E-mail 的附件檔，或者利用一些新聞與時事消息發表吸引人的貼文，使用者一旦點擊連結按讚，可能立即遭受感染，或者利用聊天訊息散播惡意軟體，趁機竊取用戶電腦內的個人資訊，甚至駭客會利用社交工程陷阱（Social Engineering），假造的臉書按讚功能，導致帳號被植入木馬程式，讓駭客盜臉書帳號來假冒員工，然後連進企業或店家的資料庫中竊取有價值的商業機密。

社交工程陷阱（social engineering）是利用大眾的疏於防範的資訊安全攻擊方式，例如利用電子郵件誘騙使用者開啟檔案、圖片、工具軟體等，從合法用戶中套取用戶系統的秘密，例如用戶名單、用戶密碼、身分證號碼或其他機密資料等。

13-2-2 網路竊聽

由於在「分封交換網路」(Packet Switch)上，當封包從一個網路傳遞到另一個網路時，在所建立的網路連線路徑中，包含了私人網路區段(例如使用者電話線路、網站伺服器所在區域網路等)及公眾網路區段(例如 ISP 網路及所有 Internet 中的站台)。

而資料在這些網路區段中進行傳輸時，大部分都是採取廣播方式來進行，因此有心竊聽者不但可能擷取網路上的封包進行分析(這類竊取程式稱為 Sniffer)，也可以直接在網路閘道口的路由器設個竊聽程式，來尋找例如 IP 位址、帳號、密碼、信用卡卡號等私密性質的內容，並利用這些進行系統的破壞或取得不法利益。

13-2-3 網路釣魚

Phishing 一詞其實是「Fishing」和「Phone」的組合，中文稱為「網路釣魚」，網路釣魚的目的就在於竊取消費者或公司的認證資料，而網路釣魚透過不同的技術持續竊取使用者資料，已成為網路交易上重大的威脅。網路釣魚主要是取得受害者帳號的存取權限，或是記錄您的個人資料，輕者導致個人資料外洩，侵犯資訊隱私權，重則危及財務損失，最常見的伎倆有兩種：

- 利用偽造電子郵件與網站作為「誘餌」，輕則讓受害者不自覺洩漏私人資料，成為垃圾郵件業者的名單，重則電腦可能會被植入病毒(如木馬程式)，造成系統毀損或重要資訊被竊，例如駭客以社群網站的名義寄發帳號更新通知信，誘使收件人點擊 E-mail 中的惡意連結或釣魚網站。
- 修改網頁程式，更改瀏覽器網址列所顯示的網址，當使用者認定正在存取真實網站時，即使你在瀏覽器網址列輸入正確的網址，還是會輕易移花接木般轉接到偽造網站上，或者利用一些熱門粉專內的廣告來感染使用者，向您索取個人資訊，意圖侵入您的社群帳號，因此很難被使用者所察覺。

社群網站日益盛行，網路釣客也會趁機入侵，消費者對於任何要求輸入個人資料的網站要加倍小心，跟電子郵件相比，人們在使用社群媒體時比較不會保持警覺，例如有些社群提供的性向測驗可能就是網路釣魚(Phishing)的掩護，甚至假裝臉書官方網站，要你輸入帳號密碼及個人資訊。

跨網站腳本攻擊（Cross-Site Scripting, XSS）是當網站讀取時，執行攻擊者提供的程式碼，例如製造一個惡意的URL連結（該網站本身具有XSS弱點），當使用者端的瀏覽器執行時，可用來竊取用戶的cookie，或者後門開啟或是密碼與個人資料之竊取，甚至於冒用使用者的身份。

13-2-4 盜用密碼

有些較粗心的網友往往會將帳號或密碼設定成類似的代號，或者以生日、身分證字號、有意義的英文單字等容易記憶的字串，來做為登入社群系統的驗證密碼，因此盜用密碼也是網路社群入侵者常用的手段之一。因此入侵者就抓住了這個人性心理上的弱點，透過一些密碼破解工具，即可成功地將密碼破解，入侵使用者帳號最常用的方式是使用「暴力式密碼猜測工具」並搭配字典檔，在不斷地重複嘗試與組合下，一次可以猜測上百萬次甚至上億次的密碼組合，很快得就能夠找出正確的帳號與密碼，當駭客取得社群網站使用者的帳號密碼後，就等於取得此帳號的內容控制權，可將假造的電子郵件，大量發送至該帳號的社群朋友信箱中。

例如臉書在2016年時修補了一個重大的安全漏洞，因為駭客利用該程式漏洞竊取「存取權杖」（access tokens），然後透過暴力破解臉書用戶的密碼，因此當各位在設定密碼時，密碼就需要更高的強度才能抵抗，除了用戶的帳號安全可使用雙重認證機制，確保認證的安全性，建議各位依照下列幾項基本原則來建立密碼：

1. 密碼長度儘量大於8~12位數。
2. 最好能英文+數字+符號混合，以增加破解時的難度。
3. 為了要確保密碼不容易被破解，最好還能在每個不同的社群網站使用不同的密碼，並且定期進行更換。
4. 密碼不要與帳號相同，並養成定期改密碼習慣，如果發覺帳號有異常登出的狀況，可立即更新密碼，確保帳號不被駭客奪取。
5. 儘量避免使用有意義的英文單字做為密碼。

點擊欺騙（click fraud）是發佈者或者他的同伴對PPC（pay by per click, 每次點擊付錢）的線上廣告進行惡意點擊，因而得到相關廣告費用。

13-2-5 服務拒絕攻擊與殭屍網路

服務拒絕（Denia1 of Service, DoS）攻擊方式是利用送出許多需求去轟炸一個網路系統，讓系統癱瘓或不能回應服務需求。DoS 阻斷攻擊是單憑一方的力量對 ISP 的攻擊之一，如果被攻擊者的網路頻寬小於攻擊者，DoS 攻擊往往可在兩三分鐘內見效。但如果攻擊的是頻寬比攻擊者還大的網站，那就有如以每秒 10 公升的水量注入水池，但水池裡的水卻以每秒 30 公升的速度流失，不管再怎麼攻擊都無法成功。例如駭客使用大量的垃圾封包塞滿 ISP 的可用頻寬，進而讓 ISP 的客戶將無法傳送或接收資料、電子郵件、瀏覽網頁和其他網際網路服務。

殭屍網路（botnet）的攻擊方式就是利用一群在網路上受到控制的電腦轉送垃圾郵件，被感染的個人電腦就會被當成執行 DoS 攻擊的工具，不但會攻擊其他電腦，一遇到有漏洞的電腦主機，就藏身於任何一個程式裡，伺機展開攻擊、侵害，而使用者卻渾然不知。後來又發展出 DDoS（Distributed DoS）分散式阻斷攻擊，受感染的電腦就會像殭屍一般任人擺佈執行各種惡意行為。這種攻擊方式是由許多不同來源的攻擊端，共同協調合作於同一時間對特定目標展開的攻擊方式，與傳統的 DoS 阻斷攻擊相比較，效果可說是更為驚人。過去就曾發生殭屍網路的管理者可以透過 Twitter 帳號下命令來加以控制病毒來感染廣大用戶的帳號。

13-2-6 電腦病毒

電腦病毒是一種入侵電腦的惡意程式，會造成許多不同種類的損壞，當某程式被電腦病毒傳染後，它也成一個帶原的程式了，會直接或間接地傳染至其他程式。例如刪除資料檔案、移除程式或摧毀在硬碟中發現的任何東西，不過並非所有的病毒都會造成損壞，有些只是顯示某些特定的討厭訊息。這個程式具有特定的邏輯，且具有自我複製、潛伏、破壞電腦系統等特性，這些行為與生物界中的病毒之行為模式確實極為類似，因此稱這類的程式碼為電腦病毒。

✪ 病毒會在某個時間點發作與從事破壞行為

檢查病毒需要防毒軟體，這些軟體掃可以掃描磁碟和程式，尋找已知的病毒並清除它們。防毒軟體安裝在系統上並啟動後，有效的防毒程式在你每次插入任何種類磁片或使用你的數據機擷取檔案時，都會自動檢查以尋找受感染的檔案。此外，新型病毒幾乎每天隨時發佈，所以並沒有任何程式能提供絕對的保護。因此病毒碼必須定期加以更新。防毒軟體可以透過網路連接上伺服器，並自行判斷有無更新版本的病毒碼，如果有的話就會自行下載、安裝，以完成病毒碼的更新動作。

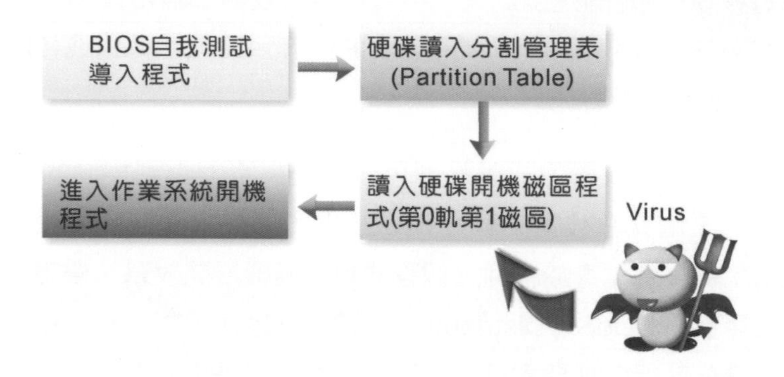

✪ 開機型病毒會在作業系統載入前先行進入記憶體

防毒軟體有時也必須進行「掃描引擎」(Scan Engine)的更新，在一個新種病毒產生時，防毒軟體並不知道如何去檢測它，例如巨集病毒在剛出來的時候，防毒軟體對於巨集病毒根本沒有定義，在這種情況下，就必須更新防毒軟體的掃描引擎，讓防毒軟體能認得新種類的病毒。

✪ 病毒碼就有如電腦病毒指紋

✪ 更新掃描引擎才能讓防毒軟體認識新病毒

13-3 認識資料加密

從古到今不論是軍事、商業或個人為了防止重要資料被竊取，除了會在放置資料的地方安裝保護裝置或過程外，還會對資料內容進行加密，以防止其它人在突破保護裝置或過程後，就可真正得知真正資料內容。尤其當在網路上傳遞資料封包時，更擔負著可能被擷取與竊聽的風險，因此最好先對資料進行「加密」(encrypt)的處理。

13-3-1 加密與解密

「加密」最簡單的意義就是將資料透過特殊演算法，將原本檔案轉換成無法辨識的字母或亂碼。因此加密資料即使被竊取，竊取者也無法直接將資料內容還原，這樣就能夠達到保護資料的目的。就專業的術語而言，加密前的資料稱為「明文」(plaintext)，經過加密處理過程的資料則稱為「密文」(Ciphertext)。而當加密後的資料傳送到目的地後，將密文還原成明文的過程就稱為「解密」(decrypt)，而這種「加\解密」的機制則稱為「金鑰」(key)，通常是金鑰的長度越長越無法破解，示意圖如下所示：

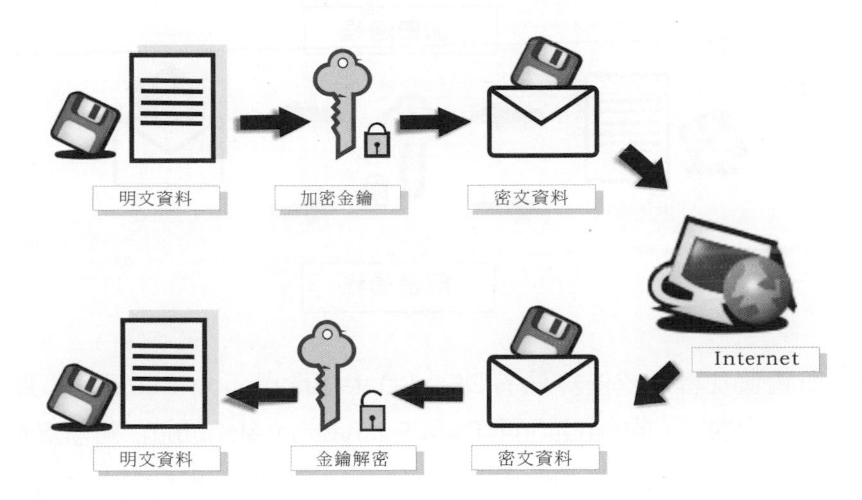

13-3-2 常用加密系統

資料加 / 解密的目的是為了防止資料被竊取，以下將為各位介紹目前常用的加密系統：

對稱性加密系統

「對稱性加密法」（Symmetrical key Encryption）又稱為「單一鍵值加密系統」（Single key Encryption）或「秘密金鑰系統」（Secret Key）。這種加密系統的運作方式，是發送端與接收端都擁有加 / 解密鑰匙，這個共同鑰匙稱為秘密鑰匙（secret key），它的運作方式則是傳送端將利用秘密鑰匙將明文加密成密文，而接收端則使用同一把秘密鑰匙將密文還原成明文，因此使用對稱性加密法不但可以為文件加密，也能達到驗證發送者身份的功用。

因為如果使用者 B 能用這一組密碼解開文件，那麼就能確定這份文件是由使用者 A 加密後傳送過去，如下圖所示：

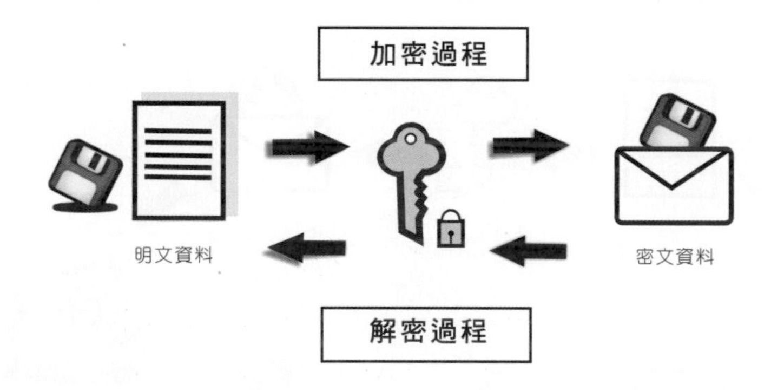

常見的對稱鍵值加密系統演算法有 DES（Data Encryption Standard, 資料加密標準）、Triple DES、IDEA（International Data Encryption Algorithm, 國際資料加密演算法）等，對稱式加密法的優點是加解密速度快，所以適合長度較長與大量的資料，缺點則是較不容易管理私密鑰匙。

非對稱性加密系統

「非對稱性加密系統」是目前較為普遍，也是金融界應用上最安全的加密系統，或稱為「雙鍵加密系統」（Double key Encryption）。它的運作方式是使用兩把不同的「公開鑰匙」（public key）與「秘密鑰匙」（Private key）來進行加解密動作。「公開鑰匙」可在網路上自由流傳公開作為加密，只有使用私人鑰匙才能解密，「私密鑰匙」則是由私人妥為保管。

例如使用者 A 要傳送一份新的文件給使用者 B，使用者 A 會利用使用者 B 的公開金鑰來加密，並將密文傳送給使用者 B。當使用者 B 收到密文後，再利用自己的私密金鑰解密。過程如下圖所示：

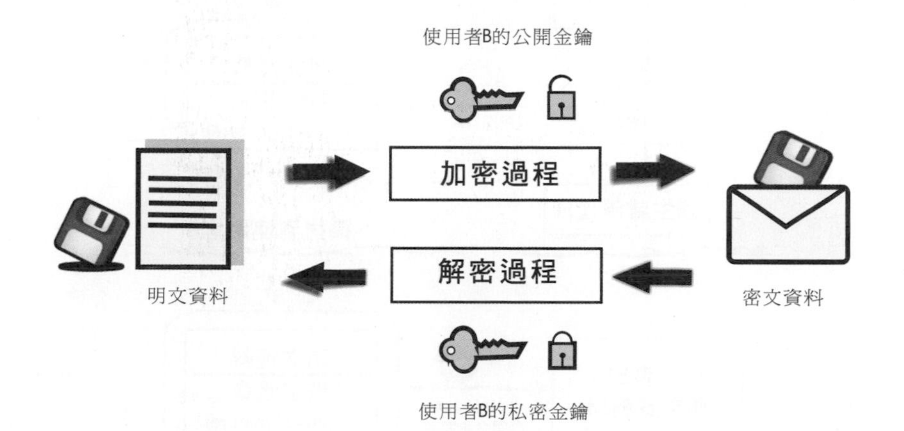

例如各位可以將公開金鑰告知網友，讓他們可以利用此金鑰加密信件您，一旦收到此信後，再利用自己的私密金鑰解密即可，通常用於長度較短的訊息加密上。「非對稱性加密法」的最大優點是密碼的安全性更高且管理容易，缺點是運算複雜、速度較慢，另外就是必須借重「憑證管理中心」（CA）來簽發公開金鑰。

目前普遍使用的「非對稱性加密法」為 RSA 加密法，它是由 Rivest、Shamir 及 Adleman 所發明。RSA 加解密速度比「對稱式加解密法」來得慢，是利用兩個質數作為加密與解密的兩個鑰匙，鑰匙的長度約在 40 個位元到 1024 位元間。公開鑰匙是用來加密，只有使用私人鑰匙才可以解密，要破解以 RSA 加密的資料，在一定時間內是幾乎不可能，所以是一種十分安全的加解密演算法。

13-3-3 數位簽章

在日常生活中，簽名或蓋章往往是個人對某些承諾或文件署名的負責，而在網路世界中，所謂「數位簽章」（Digital Signature）就是屬於個人的一種「數位身分證」，可以來做為對資料發送的身份進行辨別。「數位簽章」的運作方式是以公開金鑰及雜湊函數互相搭配使用，使用者 A 先將明文的 M 以雜湊函數計算出雜湊值 H，接著再用自己的私有鑰匙對雜湊值 H 加密，加密後的內容即為「數位簽章」。最後再將明文與數位簽章一起發送給使用者 B。

由於這個數位簽章是以 A 的私有鑰匙加密，且該私有鑰匙只有 A 才有，因此該數位簽章可以代表 A 的身份。因此數位簽章機制具有發送者不可否認的特性，因此能夠用來確認文件發送者的身份，使其它人無法偽造此辨別身份。

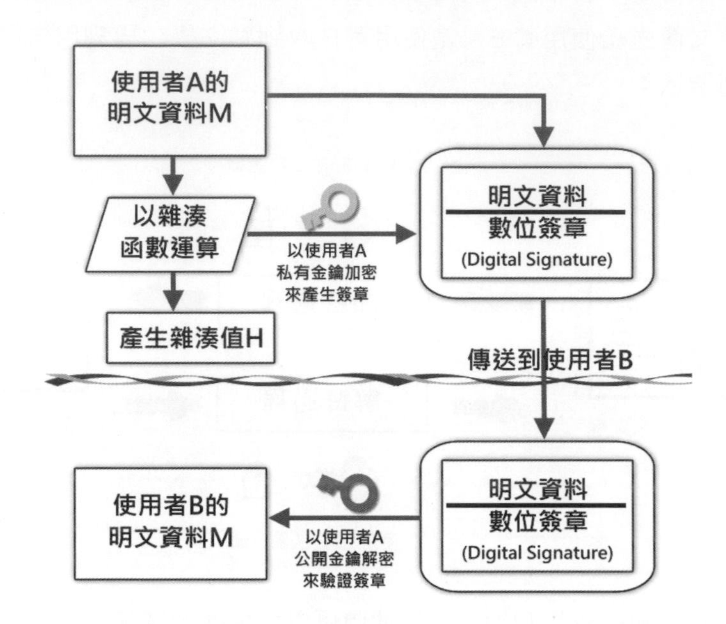

雜湊函數（Hash Function）是一種保護資料安全的方法，它能夠將資料進行運算，並且得到一個「雜湊值」，接著再將資料與雜湊值一併傳送。

想要使用數位簽章，當然第一步必須先向認證中心（CA）申請電子證書（Digital Certificate），它可用來證明公開金鑰為某人所有及訊息發送者的不可否認性，而認證中心所核發的數位簽章則包含在電子證書上。通常每一家認證中心的申請過程都不相同，只要各位跟著網頁上的指引步驟去做，即可完成。

憑證管理中心（Certification Authority, CA）：為一個具公信力的第三者身分，主要負責憑證申請註冊、憑證簽發、廢止等等管理服務。國內知名的憑證管理中心如下：

- 政府憑證管理中心：http://www.pki.gov.tw
- 網際威信：http://www.hitrust.com.tw/

13-3-4 認證

在資料傳輸過程中，為了避免使用者 A 發送資料後卻否認，或是有人冒用使用者 A 的名義傳送資料而不自知，我們需要對資料進行認證的工作。後來又衍生出了第三種加密方式，它是結合了上述兩種加密方式。

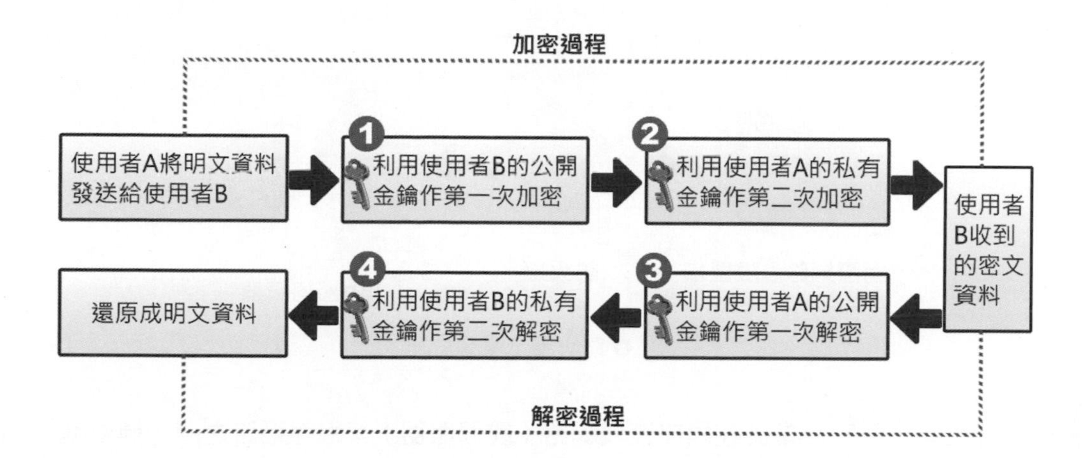

首先是以使用者 B 的公開鑰匙加密，接著再利用使用者 A 的私有鑰匙做第二次加密。使用者 B 在收到密文後，先以 A 的公開鑰匙進行解密，此舉可確認訊息是由 A 所送出。接著再以 B 的私有鑰匙解密，若能解密成功，則可確保訊息傳遞的私密性，這就是所謂的「認證」。認證的機制看似完美，但是使用公開鑰匙作加解密動作時，計算過程卻是十分複雜，對傳輸工作而言不啻是個沈重的負擔。

數位信封（digital envelop）則是結合了對稱式金鑰加密法及非對稱式金鑰加密法的優點所設計的安全機制，作法就是將加密的信件與鑰匙寄給收信，使用收訊人的公開金鑰（public key）對某些機密資料作加密，收訊人收到後再使用自己的私密金鑰（private key）解密而讀取資料。

13-4 認識防火牆

為了防止外來的入侵，現代企業在建構網路系統，通常會將「防火牆」（Firewall）建置納為必要考量因素。防火牆是由路由器、主機與伺服器等軟硬體組成，是一種用來控制網路存取的設備，可設置存取控制清單，並阻絕所有不允許放行的流量，並保護我們自己的網路環境不受來自另一個網路的攻擊，讓資訊安全防護體系達到嚇阻（deter）、偵測（detect）、延阻（delay）、禁制（deny）的目的。

雖然防火牆是介於內部網路與外部網路之間，並保護內部網路不受外界不信任網路的威脅，但它並不是一昧地將外部的連線要求阻擋在外，因為如此一來便失去了連接到 Internet 的目的了：

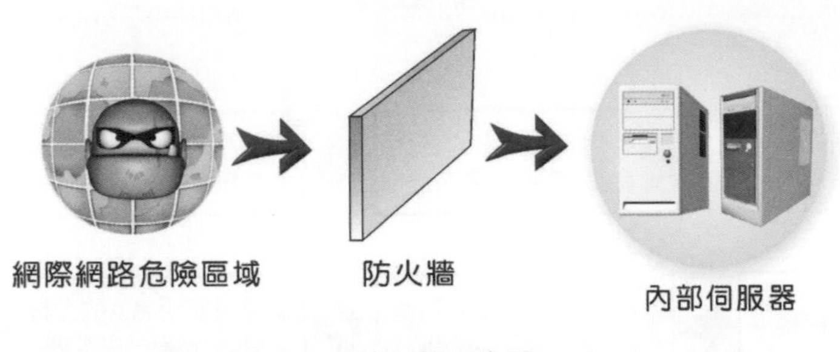

✪ 防火牆示意圖

防火牆的運作原理相當於在內部區域網路（或伺服器）與網際網路之間，建立起一道虛擬的防護牆來做為隔閡與保護功能。這道防護牆是將另一些未經允許的封包阻擋於受保護的網路環境外，只有受到許可的封包才得以進入防火牆內，例如阻擋如 .com、.exe、.wsf、.tif、.jpg 等檔案進入，甚至於防火牆內也會使用入侵偵測系統來避免內部威脅，不過防火牆和防毒軟體是不同性質的程式，無法達到防止電腦病毒與內部的人為不法行為。事實上，目前即使一般的個人網站，也開始在自己的電腦中加裝防火牆軟體，防火牆的觀念與作法也逐漸普遍。一般依照防火牆在 TCP/IP 協定中的工作層次，主要可以區分為 IP 過濾型防火牆與代理伺服器型防火牆。IP 過濾型防火牆的工作層次在網路層，而代理伺服器型的工作層次則在應用層。

13-4-1 IP 過濾型防火牆

由於 TCP/IP 協定傳輸方式中，所有在網路上流通的資料都會被分割成較小的封包（packet），並使用一定的封包格式來發送。這其中包含了來源 IP 位置與目的 IP 位置。使用 IP 過濾型防火牆會檢查所有收到封包內的來源 IP 位置，並依照系統管理者事先設定好的規則加以過濾。

通常我們能從封包中內含的資訊來判斷封包的條件，再決定是否准予通過。例如傳送時間、來源 / 目的端的通訊連接埠號，來源 / 目的端的 IP 位址、使用的通訊協定等資訊，就是一種判斷資訊，這類防火牆的缺點是無法登陸來訪者的訊息。

13-4-2 代理伺服器型防火牆

「代理伺服器型」防火牆又稱為「應用層閘道防火牆」(Application Gateway Firewall),它的安全性比封包過濾型來的高,但只適用於特定的網路服務存取,例如 HTTP、FTP 或是 Telnet 等等。它的運作模式主要是讓網際網路中要求連線的客戶端與代理伺服器交談,然後代理伺服器依據網路安全政策來進行判斷,如果允許的連線請求封包,會間接傳送給防火牆背後的伺服器。接著伺服器再將回應訊息回傳給代理伺服器,並由代理伺服器轉送給原來的客戶端。

課後評量

1. 請簡述社交工程陷阱（social engineering）。
2. 什麼是跨網站腳本攻擊（Cross-Site Scripting, XSS）？
3. 請簡述殭屍網路（botnet）的攻擊方式。
4. 試簡單說明密碼設置的原則。
5. 請簡述「加密」（encrypt）與「解密」（decrypt）。
6. 資訊安全所討論的項目，可以從四個角度來討論。
7. 目前防火牆的安全機制具哪些缺點？試簡述之。
8. 請舉出防火牆的種類。

CHAPTER

14 電子商務導論

隨著資訊科技與網際網路的高速發展，手機和網路覆蓋率不斷提高的刺激下，各國無不致力於推動涵蓋網路共通基礎建設措施，新經濟現象帶來許多數位化的衝擊與變革，加上資訊科技進步與網路交易平台流程的改善，讓網路購物越來越便利與順暢，不但改變了企業經營模式，也改變了全球市場的消費習慣，目前正在以無國界、零時差的優勢，提供全年無休的電子商務（Electronic Commerce, EC）新興市場的快速崛起。

✪ 後新冠疫情時代，momo 購物商城的業績大幅成長

2020 年網路電商更在新冠肺炎疫情的推波助瀾下，許多國家紛紛採取封城禁足措施，讓全球「無接觸經濟」崛起，雖然實體店業績受到疫情影響，嚴峻的疫情局勢更促使全球電子商務規模快速增長，多數消費者紛紛選擇數位通路。根據市場調查機構

eMarketer 的最新報告指出，2023 年的全球零售電子商務銷售額將可以成長至 6 兆美元以上，例如（Amazon）亞馬遜就成為新冠病毒大流行病的最大業績受益者之一，不論是傳統產業或新興科技產業都深深受到電子商務這股潮流的影響。

14-1 電子商務與網路經濟

電子商務是網路經濟（Network Economy）發展下所帶動的新興產業，也連帶啟動了新的交易觀念與消費方式，阿里巴巴董事局主席馬雲更大膽直言 2020 年之後電子商務將取代傳統實體零售商家主導地位。由於今日實體與虛擬通路趨於更完善的整合，都使電子商務購物環境日趨成熟，從亞馬遜（Amazon）對 Walmart 造成威脅，到阿里巴巴屢次在 11 光棍節創下令人瞠目結舌的銷售額，電子商務（Electronic Commerce, EC）讓現代商務活動具有安全、可靠、便利快速的特點，沒有了時間及空間條件上的限制，越來越多的電子化貨幣與在線付款方式將在電子交易中使用，現代人的生活和工作將變得方便與靈活。

14-1-1 網路經濟簡介

在二十世紀末期，隨著電腦的平價化、作業系統操作簡單化、網際網路興起等種種因素組合起來，也同時帶動了網路經濟的盛行，這個現象更帶來許多數位化的衝擊與變革。從技術的角度來看，人類利用網路通訊方式進行交易活動已有幾十年的歷史了，蒸氣機的發明帶動了工業革命，工業革命由機器取代了勞力，網路的發明則帶動了「網路經濟」（Network Economic）與商業革命，網路經濟就是利用網路通訊進行傳統的經濟活動的新模式，而這樣的方式也成為繼工業革命之後，另一個徹底改變人們生活型態的重大變革。

網路經濟是一種分散式經濟，帶來了與傳統經濟方式完全不同的改變，最重要的優點就是可以去除傳統中間化，降低市場交易成本，對於整個經濟體系的市場結構也出現了劇烈變化，這種現象讓自由市場更有效率地靈活運作。在傳統經濟時代，價值來自產品的稀少珍貴性，對於網路經濟所帶來的「網路效應」（Network Effect）而言，有一個很大的特性就是在這個體系下的產品的價值取決於其總使用人數，透過網路無遠弗屆的特性，一旦使用者數目跨過門檻，換言之，也就是越多人有這個產品，那麼它的價值自然越高。

14-1-2 電子商務的定義

電子商務的主要功能是將供應商、經銷商與零售商結合在一起，透過網際網路提供訂單、貨物及帳務的流動與管理，大量節省傳統作業的時程及成本，從買方到賣方都能產生極大的助益。如果正式談到電子商務的定義，美國學者 Kalakota and Whinston 認為所謂電子商務是一種現代化的經營模式，就是利用網際網路進行購買、銷售或交換產品與服務，並達到降低成本的要求。

✪ 年輕人喜愛的手機遊戲也算是一種電子商務型態

根據經濟部商業司的定義，只要是經由電子化形式所進行的商業交易活動，都可稱為「電子商務」，也就是「商務＋網際網路＝電子商務」。而這也賦予電商活動無限的想像空間，更嚴謹的角度來看，電子商務主要是指透過網際網路上所進行的任何實體或數位化商品的交易行為，交易的標的物可能是實體的商品，例如線上購物、書籍銷售，或是非實體的商品，例如廣告、軟體授權、交友服務、遠距教學、網路銀行等商業活動也算是商務。

電子商務生態系統（E-commerce ecosystem）是指以電子商務為主體結合商業生態系統概念，包括各種電子商務生態系統的成員，例如產品交易平台業者、網路開店業者、網頁設計業者、網頁行銷業者、社群網站、網路客群、相關物流業者等單位透過跨領域的協同合作來完成，並且與系統中的各成員共創新的共享商務模式和協調與各成員的關係，進而強化相互依賴的生態關係，所形成的一種網路生態系統。

14-2 電子商務的特性

由於電子商務已經躍昇為今日現代商業活動的主流，不論是傳統產業或新興科技產業都深受這股潮流的影響，透過電子商務的技術，企業能夠快速地和產品設計及市場行銷等公司形成線上的商業關係。電子商務提供企業全球性的虛擬貿易環境，大大提高了商務活動的水平和規模。隨著亞馬遜書店、eBay、Yahoo!、PC home 奇摩拍賣等的興起，讓許多人跌破眼鏡，原來商品也可以在網路虛擬市場上販賣，而且有那麼驚人的商業績效。對於一個成功的電子商務模式，與傳統產業相比而言，電子商務具備了以下的特性。

14-2-1 全球化交易市場

上網人口的持續成長，促進全球電子商務在網路上的無限延伸，不但可以普及全球各地，也能使商業行為跨越文化與國家藩籬。在面對全球化的競爭壓力之下，消費者可在任何時間和地點，透過網際網路進入購物網站購買到各種式樣商品。對業者而言，可讓商品縮短行銷通路，全世界每一角落的網民都是潛在的顧客，也可以將全球消費者納入店家商品的潛在客群。

✪ Agoda 網站提供全球最優惠線上訂房價格

14-2-2 全年無休營運模式

由於網路的便利性，電子商務的市場範圍已超越傳統商店模式，消費者能透過電商網站的建構與運作，可以全年無休，全天後 24 小時提供商品資訊與交易服務，透過網路消費，不論任何時間、地點，都可利用簡單的工具上線執行交易行為進而提升消費的便利，間接提高了商務活動的水平和服務品質。

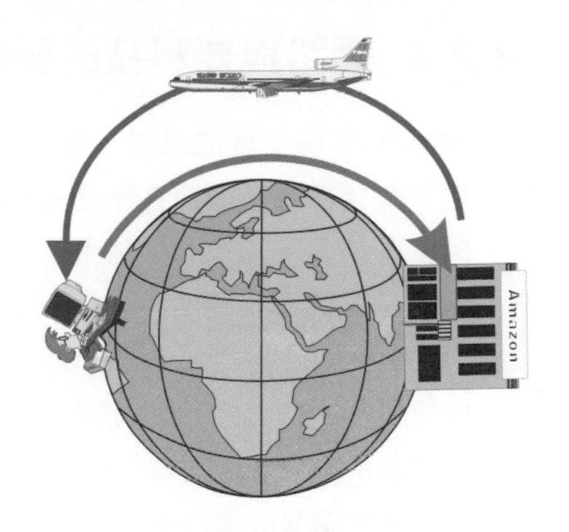

✪ 消費者可在任何時間地點透過 Internet 消費

14-2-3 即時互動溝通能力

一個線上交易的網站，提供了一個買賣雙方可以即時互動的雙向溝通管道，如果網站沒有與消費者維持高度互動，就稱不上是一個完備的電子商務網站，包括了線上瀏覽、搜尋、傳輸、付款、廣告行銷、電子信件交流及線上客服討論等，廠商可隨時依照買方的消費與瀏覽行為，即時調整或提供量身訂制的資訊或產品，買方也可以主動在線上傳遞服務要求。

✪ 蘭芝公司成功與消費者互動，打響了品牌知名度

14-2-4 網路與新科技的輔助

科技是電子商務發展的基礎，讓各式各樣的商務模式得以實現，例如相對於傳統市場，電子商務提升了資訊在市場交易上的重要性，線上交易的好處在於它對資料的收集、保留、整合、加值、再利用都十分方便。新技術的輔助是電子商務的一項發展利器，無論是動態網頁語言、多媒體展示、資料搜尋、虛擬實境技術（Virtual Reality Modeling Language, VRML）等，都是傳統產業所達不到的，而創新技術更是不斷的在提出。由於網際網路上所行銷或販售的商品，主要是透過資訊相關設備來呈現商品的外觀，不管是多枯燥乏味的內容，適當地加上音效、圖片、動畫或視訊等吸引人的元素之後，就能變得豐富又吸睛而蓬勃發展。

✪ 信義房屋透過提供 3D 線上賞屋與 720 度全景看屋的優質看房體驗

VRML 是一種程式語法，主要是利用電腦模擬產生一個三度空間的虛擬世界，提供使用者關於視覺、聽覺、觸覺等感官的模擬，利用此種語法可以在網頁上建造出一個 3D 的立體模型與立體空間。VRML 最大特色在於其互動性與即時反應，可讓設計者或參觀者在電腦中就可以獲得相同的感受，如同身處在真實世界一般。

14-2-5 低成本的競爭優勢

電子商務的崛起，使網路交易越來越頻繁，越來越多消費者喜歡透過網路商店購物，對業者而言，網路可讓商品縮短行銷通路、降低營運成本，買賣雙方的購買支付與商品解說收款等整個過程都可以在網上進行。網際網路減少了商務資訊綢來不對稱的情形，供應商的議價能力越來越弱，電商一方面可以在全球市場內尋找求價格最優惠的供應商，另一方面減少中間商與租金成本，進而節省大量開支和人員投入，並隨著網際網路的延伸而達到全球化銷售的規模，因此能夠提供較具競爭性又物美價廉的價格給顧客。

所謂跨境電商（Cross-Border Ecommerce）是全新的一種國際電子商務貿易型態，指的就是消費者和賣家在不同的關境（實施同一海關法規和關稅制度境域）交易主體，透過電子商務平台完成交易、支付結算與國際物流送貨、完成交易的一種國際商業活動。如阿里巴巴也發表了「天貓出海」計畫，打著「一店賣全球」的口號，幫助商家以低成本、低門檻地從國內市場無縫拓展，目標將天貓生態模式逐步複製並推行至東南亞、乃至全球市場。

14-3 電子商務的四流

面臨全球環境變遷對各產業所造成的影響，網際網路可視同一個開放性資料的網路，電子商務已經成為產業衝擊下的一股勢不可擋的潮流。對現代企業而言，電子商務已不僅僅是一個嶄新的配銷通路模式，最重要是提供企業一種全然不同的經營與交易模式。透過 e 化的角度，可將電子商務分為四個流（flow），分述如下。

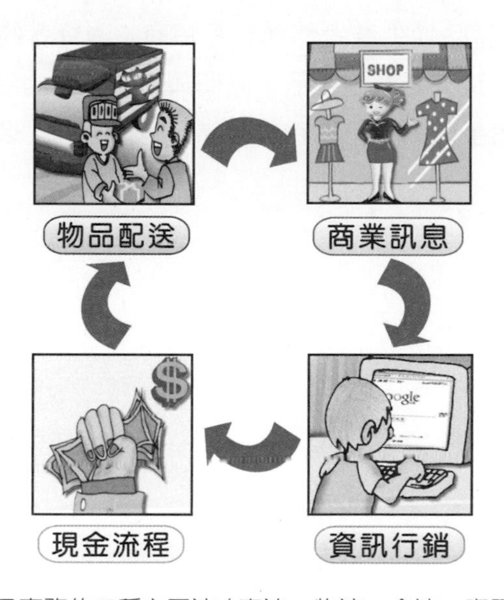

✪ 電子商務的四種主要流（商流、物流、金流、資訊流）

14-3-1 商流

電子商務的基本核心就是商流，「商流」是指交易作業的流通，或是市場上所謂的「交易活動」，就是將實體產品的策略模式移至網路上來執行與管理的動作，代表資產所有權的轉移過程，內容則涵蓋將商品由生產者處傳送到批發商手後，再由批發商傳送到零售業者，最後則由零售商處傳送到消費者手中的商品販賣交易程序。商流屬於電子商務的後端管理，包括了銷售行為、商情蒐集、商業服務、行銷策略、賣場管理、銷售管理、產品促銷、消費者行為分析等活動。

14-3-2 金流

金流就是指資金的流通，就是有關電子商務中「錢」的處理流程，包含應收、應付、稅務、會計、信用查詢、付款指示明細、進帳通知明細等，並且透過金融體系安全的認證機制完成付款。金流體系的健全與否，是電子商務的「基本生存條件」，重點在付款系統與安全性，為了增加線上交易的安全性，市場不斷有新的解決方案出現。金流是處理交易的方式，網站為了避免不同的消費習性，不可避免的各種金流方案都可以嘗試選擇使用，目前常見的方式有貨到付款、線上刷卡、ATM 轉帳、電子錢包、手機小額付款、超商代碼繳費等。

14-3-3 物流

物流（logistics）是指產品從生產者移轉到經銷商、消費者的整個流通過程，主要重點就是當消費者在網際網路下單後的產品，廠商如何將產品利用運輸工具就可以抵達目地的，最後遞送至消費者手上的所有流程，並結合包括倉儲、裝卸、包裝、運輸等相關活動。

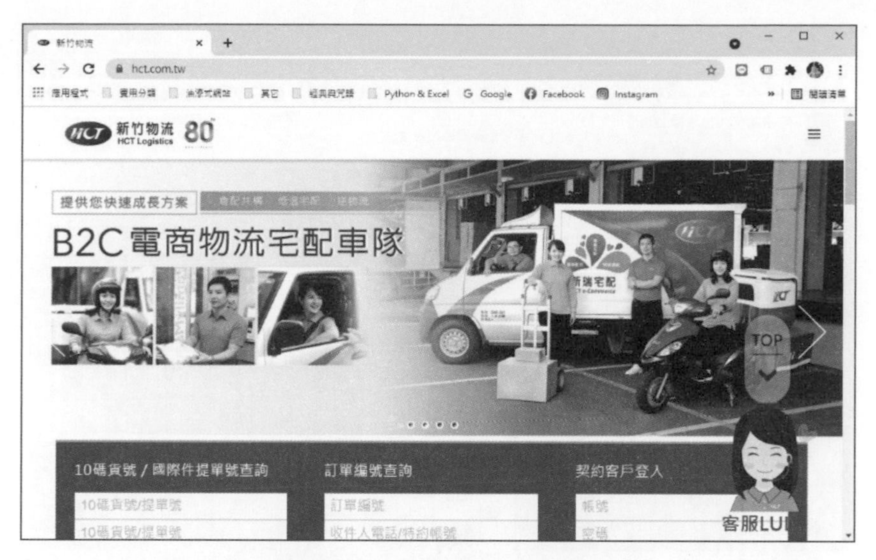

✪ 新竹物流是一家信譽良好的物流公司

電子商務決戰物流已經是目前電商競爭中最顯而易見的課題，物流使產品的通路變成更加靈活與機動性，由於電子商務主要功能是將供應商、經銷商與零售商結合一起，通常當經營網站事業進入成熟期，接單量越來越大時，物流配送是電子商務不可缺少的重要環節，重要性甚至不輸於金流，目前常見的物流運送方式有郵寄、貨到付款、超商取貨、宅配等。

14-3-4 資訊流

在商業現代化的機能中，資訊流是一切電子商務活動的核心，是店家與消費者之間透過商品或服務的交易，使得彼此相關的資訊得以運作的情形，也就是為達上述三項流動而造成的資訊交換。資訊流是目前環境發展比較成熟的構面，好的資訊流是電子商務成功的先決條件。所有上網的消費者首先接觸到的就是資訊流，例如貨物線上上架系統，銷售系統、出貨系統，都可以透過系統連接來確認訂單的流向。網站上的商品不像真實的賣場可以親自感受商品，因此商品的圖片、詳細說明與各式各樣的促銷活動就相當重要，規劃良好的資訊流讓消費者可以快速的找到自己要的產品，企業應注意維繫資訊流暢通，以有效控管電子商務正常運作，是電子商務成功很重要的因素。

✪ 博碩文化的資訊流構面建置相當成功

14-4 電子商務的營運模式

✪ 國際時裝品牌 Zara 因為新冠疫情，全力轉向電商模式

電子商務經過近年來快速的發展，大大提高了商務活動水平和服務品質，營運模式會隨著時間的演進與實務觀點有所不同，營運模式的選擇往往決定了一個企業的成敗，

已經成為企業競爭優勢的一個重要組成部分。電子商務在網際網路上的營運模式極為廣泛，本節中將介紹目前電子商務經由實務應用與交易對象區分，可以分為以下幾種類型。

14-4-1 B2B 模式

企業對企業間（Business to Business, 簡稱 B2B）的電子商務指的是企業與企業間或企業內透過網際網路所進行的一切商業活動，大至工廠機械設備與零件，小到辦公室文具，都是 B2B 的範圍，也就是企業直接在網路上與另一個企業進行交易活動，包括上下游企業的資訊整合、產品交易、貨物配送、線上交易、庫存管理等，這種模式可以讓供應鏈得以做更好的整合，交易模式也變得更透明化，企業間電子商務的實施將帶動企業成本的下降，同時能擴大企業的整體收入來源。

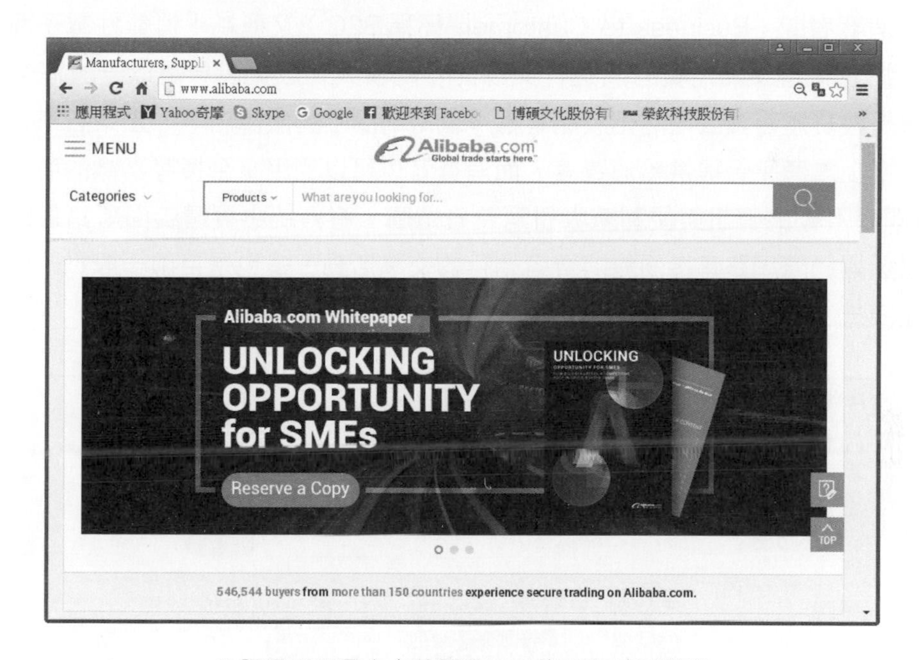

✪ 阿里巴巴是大中華圈最知名的 B2B 交易網站

隨著電商化採購逐漸成為趨勢，B2B 電商的業態變化直接影響到企業採購模式的轉變，透過網路媒體大量向產品供應商或零售商訂購，以低於市場價格獲得產品或服務的採購行為。由於 B2B 商業模式參與的雙方都是企業，特點是訂單數量金額較大，適用於有長期合作關係的上下游廠商，例如阿里巴巴（http://www.1688.com/）就是典型的 B2B 批發貿易平台，即使是小買家、小供應商也能透過阿里巴巴進行採購或銷售。

14-4-2 B2C 模式

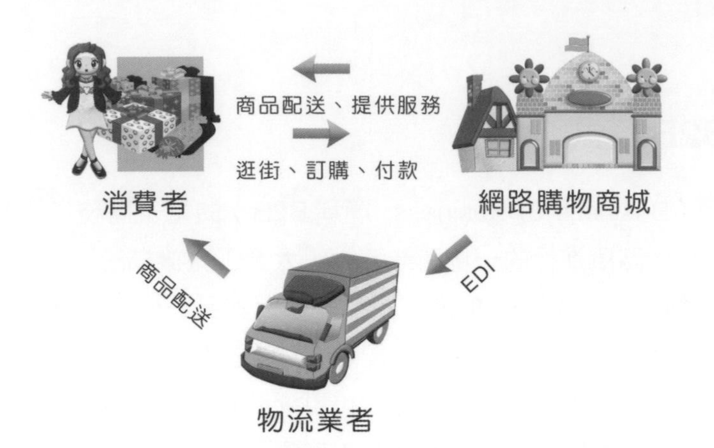

企業對消費者間（Business to Customer, 簡稱 B2C）又稱為「消費性電子商務」模式，就是指企業直接和消費者間進行交易的行為模式，販賣對象是以一般消費大眾為主，就像是在實體百貨公司的化妝品專櫃，或是商圈中的服飾店等，企業店家直接將產品或服務推上電商平台提供給消費者，而消費者也可以利用平台搜尋喜歡的商品，並提供 24 時即時互動的資訊與便利來吸引消費者選購，將傳統由實體店面所銷售的實體商品，改以透過網際網路直接面對消費者進行的交易活動，這也是目前一般電子商務最常見的營運模式，例如 Amazon、天貓都是經營 B2C 電子商務的知名網站。

✪ 天貓網是全中國最大的 B2C 網站

14-4-3 C2C 模式

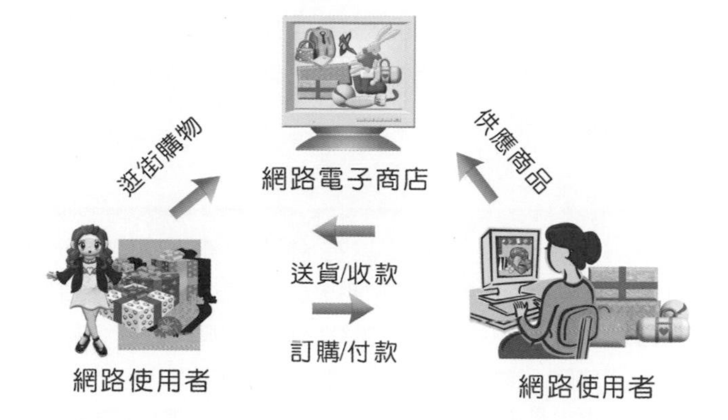

「客戶對客戶型電子商務」(Customer-to-Customer, 簡稱 C2C),就是個人網路使用者透過網際網路與其他個人使用者進行直接交易的商業行為,主要就是消費者之間自發性的商品交易行為。網路使用者不僅是消費者也可能是提供者,供應者透過網路虛擬電子商店設置展示區,提供商品圖片、規格、價位及交款方式等資訊,最常見的 C2C 型網站就是拍賣網站。至於拍賣平台的選擇,免費只是網拍者的考量因素之一,擁有大量客群與具備完善的網路交易環境才是最重要關鍵。

✪ eBay 是全球最大的拍賣網站

「共享經濟」(The Sharing Economy)的C2C模式正在日漸成長，這樣的經濟體系是讓個人都有額外創造收入的可能，就是透過網路平台所有的產品、服務都能被大眾使用、分享與出租的概念，例如類似計程車「共乘服務」(Ride-sharing Service)的Uber，絕大多數的司機開的是自己的車輛，大家可以透過網路平台，只要家中有空車，人人都能提供載客服務。

隨著獨立集資、第三方支付等工具在台灣的興起和普及，台灣的群眾集資(Crowdfunding)發展逐漸成熟，打破傳統資金的取得管道。所謂群眾集資就是過群眾的力量來募得資金，使C2C模式由生產銷售模式，延伸至資金募集模式，以群眾的力量共築夢想，來支持個人或組織的特定目標。近年來群眾募資在各地掀起浪潮，募資者善用網際網路吸引世界各地的大眾出錢，用小額贊助來尋求贊助各類創作與計畫。

14-4-4 C2B模式

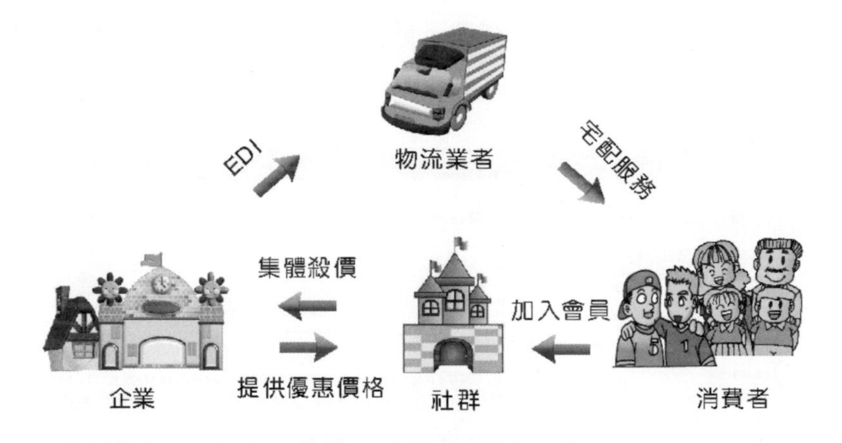

✪ 消費者對企業間的電子商務

「消費者對企業型電子商務」(Customer-to-Business, 簡稱C2B)是一種將消費者帶往供應者端，並產生消費行為的電子商務新類型，也就是主導權由廠商手上轉移到了消費者手中。在C2B的關係中，則先由消費者提出需求，透過「社群」力量與企業進行集體議價及配合提供貨品的電子商務模式，也就是集結一群人用大量訂購的方式，來跟供應商要求更低的單價。例如近年來團購被市場視為「便宜」代名詞，琳瑯滿目的團購促銷廣告時常充斥在搜尋網站的頁面上，不過團購今日也成為眾多精打細算消費者紛紛追求的一種現代與時尚的購物方式：

✪ 夠麻吉是台灣最大的團購平台

14-5 行動商務與創新應用

隨著 5G 行動寬頻、網路和雲端服務產業的帶動下，全球行動裝置快速發展，結合了無線通訊無所不在的行動裝置充斥著我們的生活，這股「新眼球經濟」所締造的市場經濟效應，正快速連結身邊所有的人、事、物，改變著我們的生活習慣，讓現代人在生活模式、休閒習慣和人際關係上有了前所未有的全新體驗。「後行動時代」來臨，消費者在網路上的行為越來越複雜，這股行動浪潮也帶動電商市場的競爭愈趨激烈，越來越多消費者使用行動裝置購物，行動上網已逐漸成為網路服務之主流，連帶也使行動商務成為兵家必爭之地。行動商務（Mobile Business）可以看成是電子商務的延伸，連帶也使行動商務成為兵家必爭之地，越來越多消費者使用行動裝置購物，藉由人們日益需求行動通訊，而讓商業的活動從線上（on-Line）延伸到人們線下（off-line）生活。

✪ 世界知名 UNIQLO 服飾相當努力經營行動商務

行動商務（Mobile Commerce, m-Commerce）是電商發展最新趨勢，不但促進了許多另類商機的興起，更有可能改變現有的產業結構。談到行動商務（M-Commerce, Mobile Commerce）的定義，簡單來說就是使用者以行動化的終端設備透過行動通訊網路來進行商業交易活動，較狹義的定義為透過行動化網路所進行的一種具有貨幣價值的交易。而廣義的來說，只要是人們由透過行動化網路來使用的服務與應用，都可以被定義在行動商務的範疇內。事實上，從網路優先（Web First）向行動優先（Mobile First）靠攏的數位浪潮上跟所有其他商務平台相比，行動商務的轉換率（Conversation Rate）及投資報酬率 ROI（Return of Investment）最高。

轉換率（Conversion Rate）就是網路流量轉換成實際訂單的比率，訂單成交次數除以同個時間範圍內帶來訂單的廣告點擊總數。投資報酬率（Return of Investment）則是指透過投資一項行銷活動所得到的經濟回報，以百分比表示，計算方式為淨收入(訂單收益總額 – 投資成本)除以「投資成本」。

行動購物族有三高：黏著度高、下單頻率高、消費金額也比一般消費者高。對於企業或店家來說，這種利用行動裝置來行銷的策略，將可以為企業業績帶來全新的商業藍海。在投入行動行銷前，企業的思考重心，應放在如何滿足客戶價值與興趣，創新才是真正能促進行動行持續發展的重要驅動因素。

當前許多實體零售店想切入行動商務的領域，或是小型品牌商想開拓App商機，無論是線上消費或帶動客戶到實體通路購買，顯然透過行動商務的應用已經從過去單純的訊息傳遞，變成引導消費者完成消費過程的行銷工具。行動商務已完全融入我們的生活，為了因應新興行動網路應用服務模式的演進趨勢，許多行動行銷的型態已日新月異，接下來我們將會為各位介紹目前最當紅行動商務與科技的創新應用。

14-5-1 定址服務（LBS）

「定址服務」（Location Based Service, LBS）或稱為「適地性服務」，就是行動商務中相當成功的環境感知的種創新應用，就是指透過行動隨身設備的各式感知裝置，例如當消費者在到達某個商業區時，可以利用手機等無線上網終端設備，快速查詢所在位置周邊的商店、場所以及活動等即時資訊。對店家而言，LBS有著目標客群精準、行銷預算低廉和廣告效果即時的顯著優點，只要消費者的手機在指定時段內進入該店家所在的區域，就會立即收到相關的行銷簡訊，為商家創造額外的營收。

✪ 奧迪汽車推出Audi Service App，並採用定位技術進行行動服務

LBS能夠提供符合個別需求及差異化的服務，使人們的生活帶來更多的便利，從許多手機加值服務的消費行為分析，都可以發現地圖、定址與導航資訊主要是消費者的首選。台灣奧迪汽車推出可免費下載的Audi Service App，專業客服人員提供全年無休的即時服務，為提供車主快速且完整的行車資訊，並且採用最新行動定位技術，當路上有任何緊急或車禍狀況發生，只需按下聯絡按鈕，客服中心與道路救援團隊可立即定位取得車主位置。

14-5-2 虛實整合模式（O2O）

✪ 買家於虛擬通路（Online）付費購買，而後至實體商店（Offline）取貨

新一代的電子商務已經逐漸發展出創新的離線商務模式（Online To Offline, O2O），透過更多的虛實整合，全方位滿足顧客需求。O2O 就是整合「線上（Online）」與「線下（Offline）」兩種不同平台所進行的一種行銷模式，因為消費者也能「Always Online」，讓線上與線下能快速接軌，透過改善線上消費流程，直接帶動線下消費，消費者可以直接在網路上付費，而在實體商店中享受服務或取得商品，全方位滿足顧客需求。

Tips

零售 4.0 時代是在「社群」與「行動載具」的迅速發展下，朝向行動裝置等多元銷售、支付和服務通路，消費者掌握了主導權，再無時空或地域國界限制，從虛實整合到朝向全通路（Omni-Channel），迎接以消費者為主導的無縫零售時代。

全通路是利用各種通路為顧客提供交易平台，以消費者為中心的 24 小時營運模式，並且消除各個通路間的壁壘，包括在實體和數位商店之間的無縫轉換，去真正滿足消費者的需要，不管是透過線上或線下都能達到最佳的消費體驗。

O2O 能整合實體與虛擬通路的 O2O 行銷，特別適合「異業結盟」與「口碑銷售」，因為 O2O 的好處在於訂單於線上產生，每筆交易可追蹤，也更容易溝通及維護與用戶的關係，反而傳統交易因為較無法掌握消費者的個人資料與喜好。我們以提供消費者 24 小時餐廳訂位服務的訂位網站「EZTABLE 易訂網」為例，易訂網的服務宗旨是希望消費者從訂位開始就是一個很棒的體驗，除了餐廳訂位的主要業務，後來也導入了主動銷售餐券的服務，不僅滿足熟客的需求，成為免費宣傳，也實質帶進訂單，並拓展了全新的營收來源。

14-5-3 虛擬實境

隨著虛擬實境（Virtual Reality Modeling Language, VRML）的軟硬體技術逐漸走向成熟，將為廣告和品牌行銷業者創造未來無限可能，從娛樂、遊戲、社交平台、電子商務到網路行銷，最近全球又再次掀起了虛擬實境（Virtual Reality Modeling Language, VRML）相關產品的搶購熱潮，許多智慧型手機大廠 HTC、Sony、Samsung 等都積極準備推出新的虛擬實境裝置，創造出新的消費感受與可能的商業應用。不同於 AR 為現有的真實環境增添趣味，VR 則是將用戶帶到全新的虛擬異想世界，享受沉浸式的異想互動體驗，用戶能在虛擬世界中聯繫互動。

阿里巴巴旗下著名的購物網站淘寶網，將發揮其平台優勢，全面啟動「Buy＋」計畫引領未來購物體驗，結合了網路購物的便利性，以及實體店面的真實感，向世人展示了利用虛擬實境技術改進消費體驗的構想，戴上連接感應器的 VR 眼鏡，直接感受在虛擬空間購物，帶給用戶身歷其境的體驗。不但能讓使用者進行互動以傳遞更多行動行銷資訊，還能增加消費者參與的互動和好感度，同時提升品牌的印象，為市場帶來無限商機，也優化了買家的購物體驗，進而提高用戶購買慾和商品出貨率，由此可見建立個性化的 VR 商店將成為未來消費者購物的新潮流。

✪「Buy＋」計畫引領未來虛擬實境購物體驗

14-5-4 元宇宙

隨著互聯網、AI、AR、VR、3D與5G技術的高度發展與到位，科幻小說家筆下的元宇宙（Metaverse）構想距離實現也愈來愈近。今天人們可以使用尖端的穿戴式裝置進入元宇宙，而不是螢幕或鍵盤，並讓佩戴者看到自己走進各式各樣的3D虛擬世界，現在人們所理解的網際網路，未來也會進化成為元宇宙，臉書執行長佐伯格就曾表示「元宇宙就是下一世代的網際網路（Internet），並希望要將臉書從社群平台轉型為Metaverse公司。」因為元宇宙是比現在的臉書更能互動與優化你的真實世界，並且串聯不同虛擬世界的創新網際網路模式。

✪ Vans服飾與ROBLOX合力推出滑板主題的元宇宙世界-Vans World來行銷品牌

圖片來源：https://www.vans.com.hk/news/post/roblox-metaverse-vans-world.html

在元宇宙中可以跨越所有距離限制，完成現實中任何不可能達成的事，並且讓品牌與廣告提供足夠好的使用者界面（User Interface, UI）及如同混合實境（Mixed Reality）般真假難辨的沉浸式體驗感，因此也為電子商務與網路行銷帶來嶄新的契機。從網路時代跨入元宇宙時代的過程中，愈來愈多企業或品牌都正以元宇宙（Metaverse）技術，來提供新服務、宣傳產品及吸引顧客，品牌與廣告主如果有興趣開啟元宇宙行銷，或者也想打造屬於自己的專屬行銷空間，未來可以思考讓品牌形象，高度融合品牌調性的完美體驗，透過賦予人們在虛擬數位世界中的無限表達能力，創造出能吸引消費者的元宇宙世界。

14-6 電子商務交易安全機制

目前電子商務的發展受到最大的考驗，就是線上交易安全性，由於線上交易時，必須於網站上輸入個人機密的資料，例如身分證字號、信用卡卡號等資料，為了讓消費者線上交易能得到一定程度的保障，到目前為止，最被商家及消費者所接受的電子安全交易機制就是 SSL/TLS 及 SET 兩種。

14-6-1 SSL/TLS 協定

安全插槽層協定（Secure Socket Layer, SSL）是一種 128 位元傳輸加密的安全機制，由網景公司於 1994 年提出，目的在於協助使用者在傳輸過程中保護資料安全，是目前網路上十分流行的資料安全傳輸加密協定。

SSL 憑證包含一組公開及私密金鑰，以及已經通過驗證的識別資訊，並且使用 RSA 演算法及證書管理架構，它在用戶端與伺服器之間進行加密與解密的程序，由於採用公眾鑰匙技術識別對方身份，受驗證方須持有認證機構（CA）的證書，其中內含其持有者的公共鑰匙。目前最新的版本為 SSL3.0，並使用 128 位元加密技術。當各位連結到具有 SSL 安全機制的網頁時，在瀏覽器下網址列右側會出現一個類似鎖頭的圖示，表示目前瀏覽器網頁與伺服器間的通訊資料均採用 SSL 安全機制：

例如右圖是網際威信 HiTRUST 與 VeriSign 所簽發之「全球安全網站認證標章」，讓消費者可以相信該網站確實是合法成立之公司，並說明網站可啟動 SSL 加密機制，以保護雙方資料傳輸的安全，如右圖所示。

而傳輸層安全協定（Transport Layer Security, TLS）是由 SSL 3.0 版本為基礎改良而來，會利用公開金鑰基礎結構與非對稱加密等技術來保護在網際網路上傳輸的資料，使用該協定將資料加密後再行傳送，以保證雙方交換資料之保密及完整，在通訊的過程中確保對像的身份，提供了比 SSL 協定更好的通訊安全性與可靠性，避免未經授權的第三方竊聽或修改，可以算是 SSL 安全機制的進階版。

憑證管理中心（Certificate Authority, CA）：為一個具公信力的第三者身分，是由信用卡發卡單位所共同委派的公正代理組織，負責提供持卡人、特約商店以及參與銀行交易所需的電子證書（Certificate）、憑證簽發、廢止等等管理服務。國內知名的憑證管理中心如下：

- 政府憑證管理中心：http://www.pki.gov.tw
- 網際威信：http://www.hitrust.com.tw/

14-6-2 SET 協定

由於SSL並不是一個最安全的電子交易機制，為了達到更安全的標準，於是由信用卡國際大廠VISA及MasterCard，於1996年共同制定並發表的「安全交易協定」（Secure Electronic Transaction, SET），並陸續獲得IBM、Microsoft、HP及Compaq等軟硬體大廠的支持，加上SET安全機制採用非對稱鍵值加密系統的編碼方式，並採用知名的RSA及DES演算法技術，讓傳輸於網路上的資料更具有安全性，將可以滿足身份確認、隱私權保密資料完整和交易不可否認性的安全交易需求。

SET機制的運作方式是消費者網路商家並無法直接在網際網路上進行單獨交易，雙方都必須在進行交易前，預先向「憑證管理中心」（CA）取得各自的SET數位認證資料，進行電子交易時，持卡人和特約商店所使用的SET軟體會在電子資料交換前確認雙方的身份。

Tips

「信用卡3D」驗證機制是由VISA、MasterCard及JCB國際組織所推出，作法是信用卡使用者必須在信用卡發卡銀行註冊一組3D驗證碼完成註冊之後，當信用卡使用者在提供3D驗證服務的網路商店使用信用卡付費時，必須在交易的過程中輸入這組3D驗證碼，確保只有您本人才可以使用自己的信用卡成功交易，才能完成線上刷卡付款動作。

課後評量

1. 舉出三種電子商務的類型。
2. 電子商務的交易流程是由那些單元組合而成。
3. 請說明 SET 與 SSL 的最大差異在何處？
4. 請說明行動商務的定義。
5. 試說明 O2O 模式（Online To Offline, O2O）。
6. 何謂入口網站（portal）？
7. 請說明商流的意義。
8. 請簡介「定址服務」（Location Based Service, LBS）。
9. 何謂群眾集資？
10. 試舉例簡述「共享經濟」（The Sharing Economy）模式。
11. 請簡介擴增實境（Augmented Reality, AR）。
12. 請簡介元宇宙（Metaverse）。

CHAPTER

15 資訊倫理與相關法律研究

隨著資訊科技的快速發展，帶動人類有史以來，最大規模的資訊與社會革命。特別是網際網路與雲端服務的快速普及，成功地讓網路的使用成為一種現代人的生活習慣，不論是一般民眾的生活型態，企業經營模式或政府機關的行政服務，均朝向網路電子化方向漸進發展，這時許多前所未有的操作與交易模式產生，例如線上交易、線上金融、網路銀行、隱私權保護、電子憑證、數位簽章、消費者保護、不公平競爭、ISP 責任限制、使用 FB 或是 Twitter 社群網站上的照片與圖像等課題。

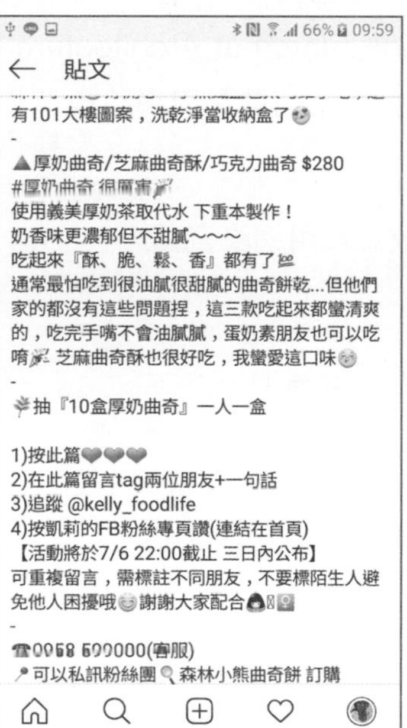

✪ 社群、部落格上圖片或影音的引用都受到著作權相關法律的約束

由於傳統的法律規定與商業慣例，限制了網上交易的發展空間，我國政府於特別制定「電子簽章法」，並自 2002 年 4 月 1 日開始施行。電子簽章法的目的就是希望透過賦予電子文件和電子簽章法律效力，建立可信賴的網路交易環境，使大眾能夠於網路交易時安心，還希望確保資訊在網路傳輸過程中不易遭到偽造、竄改或竊取，並能確認交易對象真正身分，並防止事後否認已完成交易之事實。

15-1 網路行為與資訊素養

網路發展帶來了便利生活和豐富的資訊世界，網路文化的特性是在網路世界的普遍性中，即使是位於社會網路中最底層的人，也都與其它佔據較優勢社會地位的人一樣，在網路中擁有同等機會與地位來陳述他們自己的意見。甚至透過大眾討論與交流的管道，搖身一變成為影響社會的重大力量，俗稱為婉君（網軍）。

在網路世界上，雖然並無國界可言，但是網路世界並非就因此就不受原本現實世界的法律或倫理所拘束。由於網路的特性，具有公開分享、快速、匿名等因素，在社會中產生了越來越多的倫理價值改變與偏差行為，因此網路行為與素養的議題越來越受到各界廣泛的重視。網際網路架構協會（Internet Architecture Board, IAB）主要的工作是國際上負責網際網路間的行政和技術事務監督與網路標準和長期發展，就曾經將以下網路行為視為不道德：

1. 在未經任何授權情況下，故意竊用網路資源。
2. 干擾正常的網際網路使用。
3. 以不嚴謹的態度在網路上進行實驗。
4. 侵犯別人的隱私權。
5. 故意浪費網路上的人力、運算與頻寬等資源。
6. 破壞電腦資訊的完整性。

15-1-1 資訊素養的定義

素養一詞是指對某種知識領域的感知與判斷能力，例如英文素養，指的就是對英國語文的聽、說、讀、寫綜合能力。而資訊素養（Information Literacy）可以看成是個人對於資訊工具與網路資源價值的了解與執行能力，更是未來資訊社會生活中必備的基本能力。

資訊素養的核心精神是在訓練國民，在符合資訊社會的道德規範下應用資訊科技，對所需要的資訊能利用專業的資訊工具，有效地查詢、組織、評估與利用。McClure 教授於 1994 年時，首度清楚將資訊素養的範圍劃分為傳統素養（traditional literacy）、媒體素養（media literacy）、電腦素養（computer literacy）與網路素養（network literacy）等數種資訊能力的總合，分述如下：

傳統素養（traditional literacy）

個人的基本學識，包括聽說讀寫及一般的計算能力。

媒體素養（media literacy）

在目前這種媒體充斥的年代，個人使用媒體與還要善用媒體的一種綜合能力，包括分析、評估、分辨、理解與判斷各種媒體的能力。

電腦素養（computer literacy）

在資訊化時代中，指個人可以用電腦軟硬體來處理基本工作的能力，包括文書處理、試算表、影像繪圖等。

網路素養（network literacy）

認識、使用與處理通訊網路的能力，但必須包含遵守網路禮節的態度。

15-2 認識資訊倫理

倫理是一個社會的道德規範系統，賦予人們在動機或行為上判斷的基準，也是存在人們心中的一套價值觀與行為準則，如同我們討論醫生對病人必須有醫德，律師與他的訴訟人有某些保密的職業道德一樣。對於擁有龐大人口的電腦相關族群，當然也須有一定的道德標準來加以規範，這就是「資訊倫理」所將要討論的範疇。資訊倫理的適用對象，包含了廣大的資訊從業人員與使用者，範圍則涵蓋了使用資訊與網路科技的態度與行為，包括資訊的搜尋、檢索、儲存、整理、利用與傳播，凡是探究人類使用資訊行為對與錯之道德規範，均可稱為資訊倫理。

簡單來說，「資訊倫理」就是探究人類使用資訊行為對與錯之問題，適用的對象則包含了廣大的資訊從業人員與使用者，範圍則涵蓋了使用資訊與網路科技的價值觀與行為準則。接下來我們將引用 Richard O. Mason 在 1986 年時提出以資訊隱私權（Privacy）、資訊正確性（Accuracy）、資訊所有權（Property）、資訊存取權（Access）等四類議題，稱為 PAPA 理論，來討論資訊倫理的標準所在。

15-2-1 資訊隱私權

在今天高速資訊化環境中，不論是電腦或網路中所流通的資訊，都已經是一種數位化資料，透過電腦硬碟或網路雲端資料庫的儲存，因此取得與散佈機會也相對容易，間接也造成隱私權容易被侵害的潛在威脅，越來越受到消費者對隱私權日益重視。隱私權在法律上的見解，就是一種「獨處而不受他人干擾的權利」，屬於人格權的一種，是為了主張個人自主性及其身分認同，並達到維護人格尊嚴為目的，在國外隱私權政策最早可以追溯到 1988 年 10 月，歐盟當時通過監督隱私權保護指導原則（OECD 原則），而到了 1997 年 7 月則有美國政府也公佈「全球電子商務架構」的政策等，都是針對現代網路社會隱私權的討論。

「資訊隱私權」則是討論有關個人資訊的保密或予以公開的權利，並應該擴張到由我們自己控制個人資訊的使用與流通，核心概念就是在於個人掌握資料之產出、利用與查核權利。包括什麼資訊可以透露？什麼資訊可以由個人保有？也就是個人有權決定對其資料是否開始或停止被他人收集、處理及利用的請求，並進而擴及到什麼樣的資訊使用行為，可能侵害別人的隱私和自由的法律責任。

有些人喜歡未經當事人的同意，而將寄來的 e-mail 轉寄給其他人，這就可能侵犯到別人的資訊隱私權。如果是未經網頁主人同意，就將該網頁中的文章或圖片轉寄出去，就有侵犯重製權的可能。Google 也十分注重使用者的隱私權與安全，當 Google 地圖小組在收集街景服務影像時會進行模糊化處理，讓使用者無法認出影像中行人的臉部和車牌，以保障個人的資訊隱私權，避免透露入鏡者的身分與資料。

目前電商網站中最常用來追蹤瀏覽者行為以做為未來關係行銷的依據，就是使用 Cookie 這樣的小型文字檔。Cookies 在網際網路上所扮演的角色，基本上就是一種針對不同網路使用者而予以「個人化」功能的過濾機制，作用就是透過瀏覽器在使用者電腦上記錄使用者瀏覽網頁的行為，網站經營者可以利用 Cookies 來瞭解到使用者的造訪記錄，例如造訪次數、瀏覽過的網頁、購買過哪些商品等，進而根據 Cookies 及相關資訊科技所發展出來的客戶資料庫，企業可以直接鎖定特定消費者的消費取向，進而進行未來產品銷售的依據。

> **Tips** Cookie 是網頁伺服器放置在電腦硬碟中的一小段資料，例如用戶最近一次造訪網站的時間、用戶最喜愛的網站記錄以及自訂資訊等。當用戶造訪網站時，瀏覽器會檢查正在瀏覽的 URL 並查看用戶的 cookie 檔，如果瀏覽器發現和此 URL 相關的 cookie，會將此 cookie 資訊傳送給伺服器。這些資訊可用於追蹤人們上網的情形，並協助統計人們最喜歡造訪何種類型的網站。

隨著數據帶來的便利與精準度等益處，「數據隱私」也成了大命題，在未經網路使用者或消費者同意的情況下，收集、處理、流通甚至公開其個人數據，人們一方面期望保護個資及消費記錄，也想了解這些數據的使用方式及所提供的足跡與回饋，更加凸顯出個人隱私保護與商業利益間的緊張關係與平衡問題。例如以台灣的個人資料保護法為例，蒐集、處理及利用個人資料都必須符合比例原則、合理關聯性原則。由於消費者隱私意識逐漸覺醒，Safari 早在 2017 年便推出智慧反追蹤功能（Intelligent Tracking Prevention），Google 也不得不順應這股趨勢，希望能在減少侵犯消費者隱私的前提下，也宣布 Chrome 瀏覽器將在 2022 年後停止支持第三方 Cookie。

✪ 上網過程中 Cookie 文字檔，透過瀏覽器記錄使用者的個人資料

圖片來源：http://shopping.pchome.com.tw/

> **Tips** 為了遏止網購業者洩露個資而讓網路詐騙有機可乘，經過各界不斷的呼籲與努力，法務部組成修法專案小組於 93 年間完成修正草案，歷經數年審議，終於 99 年 4 月 27 日完成三讀，同年 5 月 26 日總統公布「個人資料保護法」，其餘條文行政院指定於 101 年 10 月 1 日施行。個資法的核心是為了避免人格權受侵害，並促進個人資料合理利用。

之前臉書為了幫助用戶擴展網路上的人際關係，設計了尋找朋友（Find Friends）功能，並且直接邀請將這些用戶通訊錄名單上的朋友來加入 Facebook。後來德國柏林法院判決臉書敗訴，這個功能因為並未得到當事人同意而收集個人資料作為商業利用，後來臉書這個功能也改為必須經過用戶確認後才能寄出邀請郵件。

隨著全球無線通訊的蓬勃發展及智慧型手機普及率的提升，結合無線通訊與網際網路的行動網路（mobile Internet）服務成為最被看好的明星產業，其中相當熱門的定位服務（Location Based System, LBS）是電信業者利用 GPS、藍牙 Wi-Fi 熱點和行動通訊基地台來判斷您的裝置位置的功能，並將用戶當時所在地點及附近地區的資訊，下載至用戶的手機螢幕上，當電信業者取得用戶所在地的資訊，就會帶來各種行動行銷的商機。

這時有關定位資訊的控管與利用當然也會涉及隱私權的爭議，因為用戶個人手機會不斷地與附近基地台進行訊號聯絡，才能在移動過程中接收來電或簡訊，因此相關個人位址資訊無可避免的會暴露在電信業者手中。濫用定位科技所引發的隱私權侵害並非空穴來風，例如手機業者如果主動發送廣告資訊，會涉及用戶是否願意接收手機上傳遞的廣告與是否願意暴露自身位置，或者個人定位資訊若洩露給第三人作為商業利用，也造成隱私權侵害將會被擴大。

15-2-2 資訊精確性

資訊精確性的精神就在討論資訊使用者擁有正確資訊的權利或資訊提供者必須提供正確資訊的責任，也就是除了確保資訊的正確性、真實性及可靠性外，還要規範提供者如果提供錯誤的資訊，所必須負擔的責任。網路成為大眾最仰賴的資訊媒介，例如有人謊稱某處遭到核彈衝突，甚至造成股市大跌，更有人提供錯誤的美容小偏方，讓許多相信的網友深受其害，但卻是求訴無門。有些網路行銷業者為了讓產品快速抓住廣大消費者的目光，紛紛在廣告中使用誇張用語來放大產品的效用，例如在商品廣告中使用世界第一、全球唯一、網上最便宜、最安全、最有效等誇大不實的用語來吸引消費者購買，或許成功達到廣告吸睛的目的，但稍有不慎就有可能觸犯各國不實廣告（False advertising）的規範，這就是強調資訊精確性的重要。

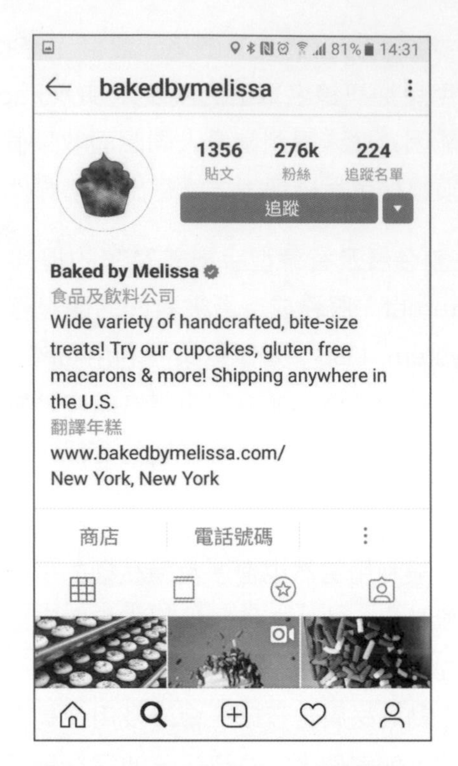

✪ 網路上刊登廣告必須符合不實廣告的規範

2014 年時台灣三星電子在臺灣就發生了一件稱為三星寫手事件，是指台灣三星電子疑似透過網路打手進行不真實的產品行銷被揭發而衍生的事件。三星涉嫌與網路業者合作雇用工讀生，假冒消費者在網路上發文誇大行銷三星產品的功能，蓄意惡意解讀數據，再以攻擊方式評論對手宏達電（HTC）出產的智慧式手機，企圖影響網路輿論，並打擊競爭對手的品牌形象。這也涉及了造假與所謂資訊精確性的問題。後來這個事件也創下了台灣網路行銷史上最高的罰鍰金額，除了金錢的損失以外，對於三星也賠上了消費者對品牌價值的信任。

15-2-3 資訊財產權

在現實的生活中，一份實體財產要複製或轉移都相當不易，例如一臺汽車如果要轉手，非得到要到監理單位辦上一堆手續，更不用談複製一臺汽車了，那乾脆重新跟車行買一臺可能還更划算。資訊產品的研發，一開始可能要花上大筆費用，完成後資訊產品本身卻很容易重製，這使得資訊產權的保護，遠比實物產權來得困難。對於一份資訊產品的產生，所花費的人力物力成本，絕不在一家實體財產之下，例如一套單機板遊戲軟體的開發可能就要花費數千萬以上，而所有的內容可儲存一張薄薄的光碟上，任何人都可隨時帶了就走。

✪ 本公司開發的巴冷公主單機版遊戲就花了預算三千萬

因為資訊類的產品是以數位化格式檔案流通，所以很容易產生非法複製的情況，加上燒錄設備的普及與網路下載的推波助瀾下，使得侵權問題日益嚴重。例如在網路或部路落格上分享未經他人授權的MP3音樂，其中像美國知名的音樂資料庫網站MP3.com，提供消費者MP3音樂下載的服務，就遭到美國五大唱片公司指控其大量侵犯他們的著作權。或者有些公司員工在離職後，帶走在職其間所開發的軟體，並在新公司延續之前的設計，這都是涉及了侵犯資訊財產權的行為。

✪ KKBOX的歌曲都是取得唱片公司的合法授權

圖片來源：http://www.kkbox.com.tw/funky/index.html

資訊財產權的意義就是指資訊資源的擁有者對於該資源所具有的相關附屬權利，包括了在什麼情況下可以免費使用資訊？什麼情況下應該付費或徵得所有權人的同意方能使用？簡單來說，就是要定義出什麼樣的資訊使用行為算是侵害別人的著作權，並承擔哪些責任。

就拿 YouTube 上影片使用權的問題，許多網友經常隨意把他人的影片或音樂放上 YouTube 供人欣賞瀏覽，雖然沒有營利行為，但也造成了需多糾紛，甚至有人控告 YouTube 不僅非法提供平台讓大家上載影音檔案，還積極地鼓勵大家非法上傳影音檔案，這就是盜取別人的資訊財產權。

✪ YouTube 上的影音檔案也擁有資訊財產權

後來 YouTube 總部引用美國 1998 年數位千禧年著作權法案（DMCA），內容是防範任何以電子形式（特別是在網際網路上）進行的著作權侵權行為，其中訂定有相關的免責的規定，只要網路服務業者（如 YouTube）收到著作權人的通知，就必須立刻將被指控侵權的資料隔絕下架，網路服務業者就可以因此免責，YouTube 網站充分遵守 DMCA 的免責規定，所以我們在 YouTube 經常看到很多遭到刪除的影音檔案。

15-2-4 資訊使用權

資訊存取權最直接的意義，就是在探討維護資訊使用的公平性，包括如何維護個人對資訊使用的權利？如何維護資訊使用的公平性？與在哪個情況下，組織或個人所能存取資訊的合法範圍，例如在社群中讓可以控制成員資格，並管理社群資源的存取權，也盡量避免共用帳號，以降低資訊存取風險。隨著智慧型手機的廣泛應用，最容易發生資訊存取權濫用的問題，特別要注意勿觸犯個人資料保護法、落實企業義務。

通常手機的資料除了有個人重要資料外，還有許多朋友私人通訊錄與或隱私的相片。各位在下載或安裝App時，有時會遇到許多App要求權限過高，這時就可能會造成資訊全安的風險。蘋果iOS市場比android市場更保護資訊使用權，例如App Store對於上架App的要求存取權限與功能不合時，在審核過程中就可能被踢除掉，即使是審核通過，iOS對於權限的審核機制也相當嚴格。

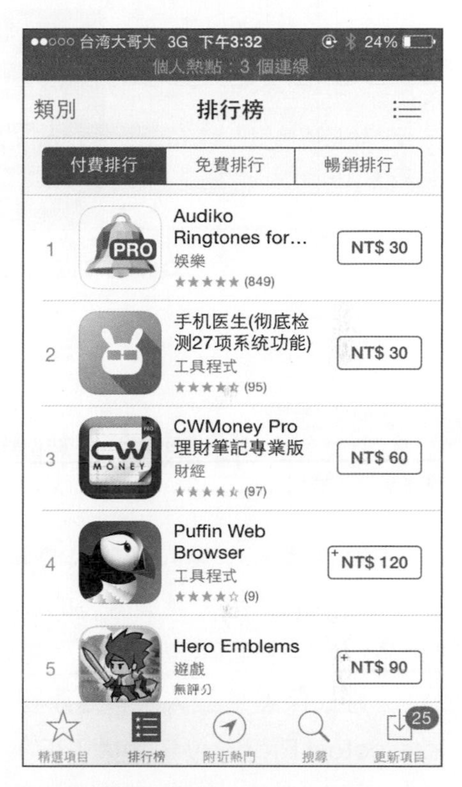

✪ App Store首頁畫面：下載App時經常會發生資訊存取權的問題

我們知道P2P（Peer to Peer）是一種點對點分散式網路架構，可讓兩台以上的電腦，藉由系統間直接交換來進行電腦檔案和服務分享的網路傳輸型態。雖然伺服器本身只提供使用者連線的檔案資訊，並不提供檔案下載的服務，可是凡事有利必有其弊，如今的P2P軟體儼然成為非法軟體、影音內容及資訊文件下載的溫床。雖然在使用上有其便利性、高品質與低價的優勢，不過也帶來了病毒攻擊、商業機密洩漏、非法軟體下載等問題。在此特別提醒讀者，要注意所下載軟體的合法資訊存取權，不要因為方便且取得容易，就造成侵權的行為。

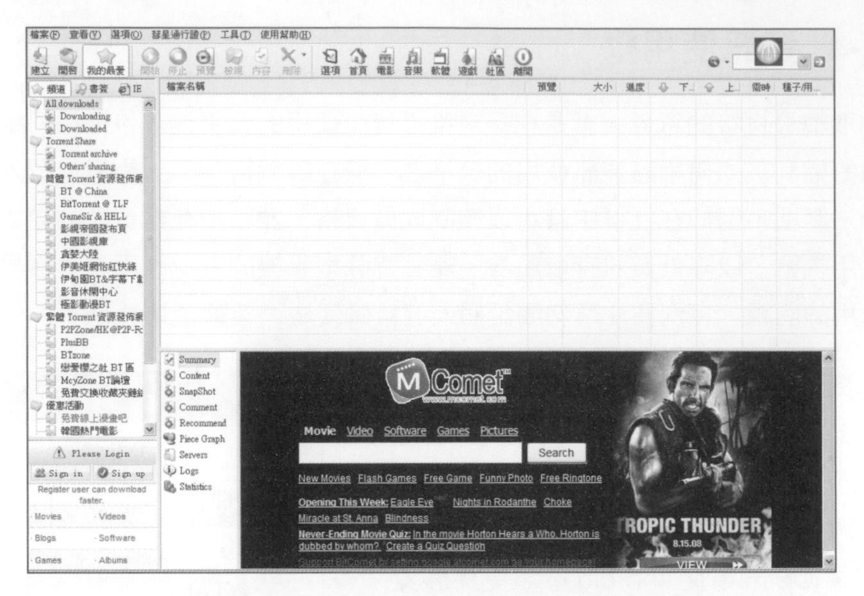

✪ 使用 Bit Comet 來下載軟體容易造成侵權的爭議

15-3 智慧財產權相關規範

說到財產權，一般人可能只會聯想到不動產或動產等有形體與價值的所有物，因為時代的不斷進步，無形財產的價值也愈受到重視，就是人類智慧所創造與發明的無形產品，內容包羅萬象，包括了著作、音樂、圖畫、設計等等泛智慧型產品，而國家以立法方式保護這些人類智慧產物與創作人得專屬享有之權利，就叫做「智慧財產權（Intellectual Property Rights, IPR）」。

15-3-1 智慧財產權的範圍

「智慧財產權」（Intellectual Property Rights, IPR）必須具備「人類精神活動之成果」與「產生財產上價值」之特性範圍，同時也是一種「無體財產權」，並由法律所創設之一種權利。智慧財產權立法目的，在於透過法律，提供創作或發明人專有排他的權利，包括了「商標權」、「專利權」、「著作權」。

權利的內容涵蓋人類思想、創作等智慧的無形財產，並由法律所創設之一種權利。或者可以看成是在一定期間內有效的「知識資本」（Intellectual capital）專有權，例如發明專利、文學和藝術作品、表演、錄音、廣播、標誌、圖像、產業模式、商業設計等等。分述如下：

著作權

指政府授予著作人、發明人、原創者一種排他性的權利。著作權是在著作完成時立即發生的權利，也就是說著作人享有著作權，不須要經由任何程序，當然也不必登記。

專利權

專利權是指專利權人在法律規定的期限內，對保其發明創造所享有的一種獨佔權或排他權，並具有創造性、專有性、地域性和時間性。但必須向經濟部智慧財產局提出申請，經過審查認為符合專利法之規定，而授與專利權。

商標權

「商標」是指企業或組織用以區別自己與他人商品或服務的標誌，自註冊之日起，由註冊人取得「商標專用權」，他人不得以同一或近似之商標圖樣，指定使用於同一或類似商品或服務。

巴冷公主商標是屬於榮欽科技公司所有

15-4 著作權

著作權則是屬於智慧財產權的一種，我國也在保護著作人權益，調和社會利益，促進國家文化發展，制定著作權法。所謂著作，從法律的角度來解釋，是屬於文學、科學、藝術或其他學術範圍的創作，包括語言著作及視聽製作，但不包括如憲法、法律、命令或政府公文，或依法令舉行的各種考試試題。

我國著作權法對著作的保護，採用「創作保護主義」，而非「註冊保護主義」而著作權內容則是指因著作完成，就立即享有這項著作著作權，須要經由任何程序，於著作人之生存期間及其死後五十年。至於著作權的內容則包括以下項目。

15-4-1 著作人格權

保護著作人之人格利益的權利，為永久存續，專屬於著作人本身，不得讓與或繼承。細分以下三種：

姓名表示權

著作人對其著作有公開發表、出具本名、別名與不具名之權利。

禁止不當修改權

著作人就此享有禁止他人以歪曲、割裂、竄改或其他方法改變其著作之內容、形式或名目致損害其名譽之權利。例如要將金庸的小說改編成電影，金庸就能要求是否必須忠於原著，能否省略或容許不同的情節。

公開發表權

著作人有權決定他的著作要不要對外發表，如果要發表的話，決定什麼時候發表，以及用什麼方式來發表，但一經發表這個權利就消失了。

15-4-2 著作財產權

即著作人得利用其著作之財產上權利，包括以下項目：

重製權

是指以印刷、複印、錄音、錄影、攝影、筆錄或其他方法有形之重複製作，是著作財產權中最重要的權利，也是著作權法最初始保護的對象。著作權係法律所賦予著作權人之排他權，未經同意，他人不得以任何方式引用或重複使用著作物，所以任何人要重製別人的著作，都要經過著作人的同意。

公開口述權

僅限於語文著作有此項權利，是指用言詞或其他方法向公眾傳達著作內容的行為。

公開播放權

指基於公眾直接收聽或收視為目的，以有線電、無線電或其他器材之傳播媒體傳送訊息之方法，藉聲音或影像，向公眾傳達著作內容。其中傳播媒體包括電視、電臺、有線電視、廣播衛星或網際網路等。

公開上映權

以單一或多數視聽機或其他傳送影像之方法，於同一時間向現場或現場以外一定場所之公眾傳達著作內容。

公開演出權

是指以演技、舞蹈、歌唱、彈奏樂器或其他方法向現場之公眾傳達著作內容。

公開展示權

是特別指未發行的美術著作或攝影著作的著作人享有決定是否向公眾展示的權利。

公開傳輸權

指以有線電、無線電之網路或其他通訊方法，藉聲音或影像向公眾提供或傳達著作內容，包括使公眾得於其各自選定之時間或地點，以上述方法接收著作內容。

改作權

是指以翻譯、編曲、改寫、拍攝影片或其他方法就原著作另為創作。因此改作別人的著作，就必須徵得著作財產權人的同意。

編輯權

是指著作權人有權決定自己的著作，是否要被選擇或編排在他人的編輯著作中。其實編輯權是蠻常見的社會現象，像是某個年度的排行榜精選曲。

出租權

是指著作原件或其合法著作重製物之所有人，得出租該原件或重製物。也就是把著作出租給別人使用，而獲取收益的權利。例如市面上一些 DVD 影碟出租店將 DVD 出租給會員在家觀看之用。

散布權

指著作人享有就其著作原件或著作重製物對公眾散布或所有權移轉之專有權利。例如販賣盜版 CD、畫作、錄音帶等實體物之著作內容傳輸，等皆屬侵害散布權，但透過電台或網路所作的傳輸則不屬於散布權的範圍。

15-4-3 合理使用原則

基於公益理由與基於促進文化、藝術與科技之進步，為避免過度之保護，且為鼓勵學術研究與交流，法律上乃有合理使用原則。所謂著作權法的「合理使用原則」，就是即使未經著作權人之允許而重製、改編及散布仍是在合法範圍內。其中的判斷標準包括使用的目的、著作的性質、佔原著作比例原則與對市場潛在影響等。

例如為了教育目的之公開播送、學校授課需要之重製、時事報導之利用、公益活動之利用、盲人福利之重製與個人或家庭非營利目的之重製等等。在著作的合理使用原則下，不構成著作財產權之侵害，但對於著作人格權並不生影響。或者對於研究、評論、報導或個人非營利使用等目的，在合理的範圍之內，得引用別人已經公開發表的著作。也就是說，在這種情形之下，不經著作權人同意，而不會構成侵害著作權。

舉例來說，如果以 101 大樓為背景設計廣告或者自行拍攝 101 大樓照片並作成明信片等行為，雖然「建築物」也是受著作權法保護的著作之一。但是基於公益考量，定有許多合理使用的條文，101 大樓是普遍性的大眾建築，經濟部智慧財產局曾經表示，拍影片將 101 大樓入鏡或以 101 為背景拍攝海報等，以上行為都是「合理使用」，並不算侵權。但如果以雕塑方式重製雕塑物，那就侵權了。

在此要特別提醒大家注意的是，即使某些合理使用的情形，也必須明示出處，寫清楚被引用的著作的來源。當然最佳的方式是在使用他人著作之前，能事先取得著作人的授權。

15-4-4 創用 CC 授權

✪ 臺灣創用 CC 的官網

隨著數位化作品透過網路的快速分享與廣泛流通，各位應該都有這樣的經驗，有時因為電商網站設計或進行網路行銷時，需要到網路上找素材（文章、音樂與圖片），不免都會有著作權的疑慮，一般人因為害怕造成侵權行為，卻也不敢任意利用。不過現代人觀念的改變，多數人也樂於分享，總覺得獨樂樂不如眾樂樂，也有越來越多人喜歡將生活點滴以影像或文字記錄下來，並透過許多社群來分享給普羅大眾。

因此在網路上也發展出另一種新的著作權分享方式，就是目前相當流行的「創用 CC」授權模式。基本上，創用 CC 授權的主要精神是來自於善意換取善意的良性循環，不僅不會減少對著作人的保護，同時也讓使用者在特定條件下能自由使用這些作品，並因應各國的著作權法分別修訂，許多共享或共筆的網站服務都採用此種授權方式，讓大眾都有機會共享智慧成果，並激發出更多的創作理念。

所謂創用 CC（Creative Commons）授權是源自著名法律學者美國史丹佛大學 Lawrence Lessig 教授於 2001 年在美國成立 Creative Commons 非營利性組織，目的在提供一套簡單、彈性的「保留部分權利」（Some Rights Reserved）著作權授權機制。「創用 CC 授權條款」分別由四種核心授權要素（「姓名標示」、「非商業性」、「禁止改作」以及「相同方式分享」），組合設計了六種核心授權條款（姓名標示、姓名標示－禁止改作、姓名標示－相同方式分享、姓名標示－非商業性、姓名標示－非商業性－禁止改作、姓名標示－非商業性－相同方式分享），讓著作權人可以透過簡單的圖示，針對自己所同意的範圍進行授權。創用 CC 的四大授權要素說明如下：

標誌	意義	說明
	姓名標示	允許使用者重製、散佈、傳輸、展示以及修改著作，不過必須按照作者或授權人所指定的方式，標示出原著作人的姓名。
	禁止改作	僅可重製、散佈、展示作品，不得改變、轉變或進行任何部份的修改與產生衍生作品。
	非商業性	允許使用者重製、散佈、傳輸以及修改著作，但不可以為商業性目的或利益而使用此著作。
	相同方式分享	可以改變作品，但必須與原著作人採用與相同的創用 CC 授權條款來授權或分享給其他人使用。也就是改作後的衍生著作必須採用相同的授權條款才能對外散布。

透過創用 CC 的授權模式，創作者或著作人可以自行挑選出最適合的條款作為授權之用，藉由標示於作品上的創用 CC 授權標章，因此讓創作者能在公開授權且受到保障的情況下，更樂於分享作品，無論是個人或團體的創作者都能夠在相關平臺進行作品發表及分享。

15-5 解析網路著作權

雖然網路是一個虛擬的世界，但仍然要受到相關法令的限制，也就是包括文章、圖片、攝影作品、電子郵件、電腦程式、音樂等，都是受著作權法保護的對象。我們知道網路著作權仍然受到著作權法的保護，不過在我國著作權法的第一條中就強調著作權法並不是專為保護著作人的利益而制定，尚有調和社會發展與促進國家文化發展的目的。網路著作權就是討論在網路上流傳他人的文章、音樂、圖片、攝影作品、視聽作品與電腦程式等相關衍生的著作權問題，特別是包括「重製權」及「公開傳輸權」，應該經過著作財產權人授權才能加以利用。

很多人誤以為只要不是商業性質的使用，就是合理使用，其實未必。例如單就個人使用或是學術研究等行為，就無法完全斷定是屬於侵犯智慧財產權，網路著作權的合理使用問題很多，本節中將來進行討論。

15-5-1 網路流通軟體

由於資訊科技與網路的快速發展，智慧財產權所牽涉的範圍也越來越廣，例如網路下載與燒錄功能的方便性，都使得所謂網路著作權問題越顯複雜。例如網路上流通的軟體就可區分為三種，分述如下：

軟體名稱	說明與介紹
免費軟體（Freeware）	擁有著作權，在網路上提供給網友免費使用的軟體，並且可以免費使用與複製。不過不可將其拷貝成光碟，將其販賣圖利。
公共軟體（Public domain software）	作者已放棄著作權或超過著作權保護期限的軟體。
共享軟體（Shareware）	擁有著作權，可讓人免費試用一段時間，但如果試用期滿，則必須付費取得合法使用權。

例如「免費軟體」與「共享軟體」仍受到著作權法的保護，就使用方式與期限仍有一定限制，如果沒有得到原著作人的許可，都有侵害著作權之虞。即使是作者已放棄著作權的公共軟體，仍要注意著作人格權的侵害問題。以下我們還要介紹一些常見的網路著作權爭議問題：

15-5-2 網站圖片或文字

某些網站都會有相關的圖片與文字，若未經由網站管理或設計者的同意就將其加入到自己的頁面內容中就會構成侵權的問題。或者從網路直接下載圖片，然後在上面修正圖形或加上文字做成海報，如果事前未經著作財產權人同意或授權，都可能侵害到重製權或改作權。至於自行列印網頁內容或圖片，如果只供個人使用，並無侵權問題，不過最好還是必須取得著作權人的同意。不過如果只是將著作人的網頁文字或圖片作為超連結的對象，由於只是讓使用者作為連結到其他網站的識別，因此是否涉及到重製行為，仍有待各界討論。

所謂的超鏈結（Hyperlink）是網頁設計者以網頁製作語言，將他人的網頁內容與網址連結至自己的網頁內容中。像是各位把某網站的網址加入到頁面中，如 http://www.google.com.tw，雖然涉及了網址的重製問題，但因為網址本身並不屬於著作的一部份，故不會有著作權問題，或是單純的文字超鏈結，只是單純文字敘述，應該也未涉及著作權法規範的重製行為。如果是以圖像作為鏈結按鈕的型態，因為網頁製作者已將他人圖像放置於自己網頁，似乎已有發生重製行為之虞，不過這已成網路普遍之現象，也有人主張是在合理使用範圍之內。

15-5-3 網域名稱權爭議

任何連上Internet上的電腦，我們都叫做「主機」(host)。而且只要是Internet上的任何一部主機都有唯一的IP位址去辨別它。IP位址就是「網際網路通訊定位址」(Internet Protocol Address, IP Address)的簡稱由於IP位址是一大串的數字組成，因此十分不容易記憶。所謂「網域名稱」(Domain Name)是以一組英文縮寫來代表以數字為主的IP位址，例如榮欽科技的網域名稱是www.zct.com.tw。

在網路發展的初期，許多人都把「網域名稱」(Domain name)當成是一個網址而已，扮演著類似「住址」的角色，後來隨著網路技術與電子商務模式的蓬勃發展，企業開始留意網域名稱也可擁有品牌的效益與功用，因為網域名稱不僅是讓電腦連上網路而已，還應該是企業的一個重要形象的意義，特別是以容易記憶及建立形象的名稱，更提升為辨識企業提供電子商務或網路行銷的表徵，成為一種有利的網路行銷工具。因此擁有一個好記、獨特的網域名稱，便成為現今企業在網路行銷領域中，相當重要的一項，例如網域名稱中有關鍵字確實對SEO排名有很大幫助，基於網域名稱具有不可重複的特性，使其具有唯一性，大家便開始爭相註冊與企業品牌相關的網域名稱。

由於「網域名稱」採取先申請先使用原則，許多企業因為尚未意識到網域名稱的重要性，導致無法以自身商標或公司名稱作為網域名稱。近年來網路出現了一群搶先一步登記知名企業網域名稱的「域名搶註者」(Cybersquatter)，俗稱為「網路蟑螂」，讓網域名稱爭議與搶註糾紛日益增加，不願妥協的企業公司就無法取回與自己企業相關的網域名稱。政府為了處理域名搶註者所造成的亂象，或者網域名稱與申訴人之商標、標章、姓名、事業名稱或其他標識相同或近似，台灣網路資訊中心(TWNIC)於2001年3月8日公布「網域名稱爭議處理辦法」，所依循的是ICANN(Internet Corporation for Assigned Namesand Numbers)制訂之「統一網域名稱爭議解決辦法」。

15-5-4 盜賣虛擬寶物及貨幣

隨著網路寬頻的大幅改善，現在許多年輕人都沉迷於線上遊戲，因為線上遊戲日漸風行，相關的法律問題也隨之產生。線上遊戲吸引人之處，在於玩家只要持續「上網練功」就能獲得寶物，例如線上遊戲的發展後來產生了可兌換寶物的虛擬貨幣。這些虛擬寶物及貨幣，往往可以轉賣其它玩家以賺取實體世界的金錢，並以一定的比率兌換，這種交易行為在過去從未發生過。有些玩家運用自己豐富的電腦知識，利用特殊軟體(如特洛依木馬程式)進入電腦暫存檔獲取其他玩家的帳號及密碼，或用外掛程式洗劫對方的虛擬寶物，再把那些玩家的裝備轉到自己的帳號來。

這到底構不構成犯罪行為？由於線上寶物目前一般已認為具有財產價值，這已構成了意圖為自己或第三人不法之所有或無故取得、竊盜與刪除或變更他人電腦或其相關設備之電磁紀錄的罪責。

課後評量

1. 資訊精確性的精神為何？
2. 請解釋資訊存取權的意義。
3. 請簡述創用 CC 的 4 大授權要素。
4. 請簡介創用 CC 授權的主要精神。
5. 什麼是網域名稱和網路蟑螂？
6. 著作人格權包含哪些權利？
7. 試簡述專利權。
8. 有些玩家運用自己豐富的電腦知識，利用特殊軟體進入電腦暫存檔獲取其他玩家的虛擬寶物，可能觸犯哪些法律？
9. 什麼是 Cookie? 有什麼用途？
10. 請簡述用戶隱私權與定位資訊的控管與利用所帶來的爭議。

memo

運算思維篇

程式設計的本質是數學，而且是更簡單的應用數學，過去對於程式設計的實踐目標，我們會非常看重「計算」能力。隨著資訊與網路科技的高速發展，計算能力的重要性早已慢慢消失，反而程式設計課程的目的特別著重學生「運算思維」（Computational Thinking, CT）的訓練。由於運算思維概念與現代電腦強的大執行效率結合，讓我們在今天具備擴大解決問題的能力與範圍，必須在課程中引導與鍛鍊學生建構運算思維的觀念，也就是分析與拆解問題能力的培養，培育 AI 時代必備的數位素養。

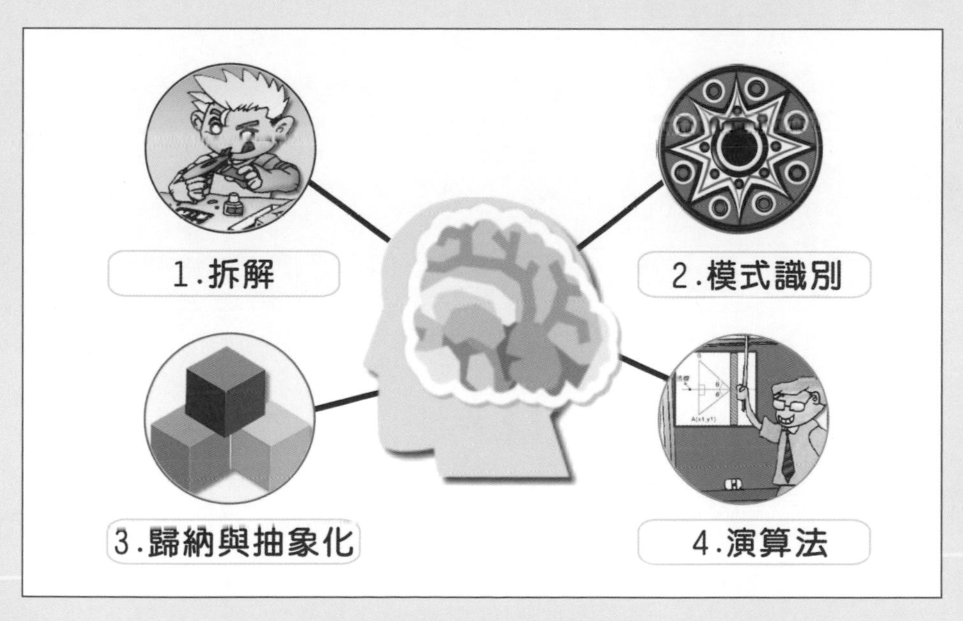

✪ 運算思維的四個步驟示意圖

2006 年美國卡內基梅隆大學 Jeannette M. Wing 教授首度提出了「運算思維」的概念，她提到運算思維是現代人的一種基本技能，所有人都應該積極學習，隨後 Google 也為教育者開發一套運算思維課程（Computational Thinking for Educators）。這套課程提到培養運算思維的四個面向，分別是拆解（Decomposition）、模式識別（Pattern Recognition）、歸納與抽象化（Pattern Generalization and Abstraction）與演算法（Algorithm），雖然這並不是建立運算思維唯一的方法，不過透過這四個面向我們能更有效率地發想，利用運算方法與工具解決問題的思維能力，進而從中建立運算思維。

CHAPTER

16 布林代數與數位邏輯

電腦硬體元件是許多邏輯電路組合而成，通常在設計電路時，會以布林函數及布林代數來表達電路的設計方式及電路的功能，透過布林函數及布林代數，還可以來達到電路簡化的目的，以降低硬體成本。

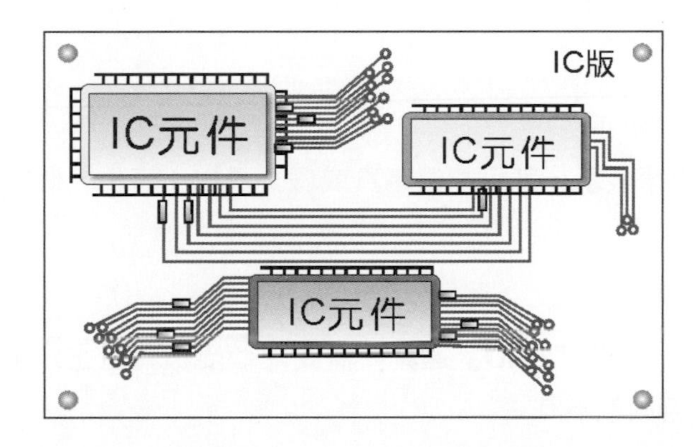

所謂布林代數是由一些公設及定律組成，而布林函數則是指利用布林代數及一些變數組合而成的函數。除了使用布林代數來簡化電路的方式外，還有一種更標準化的電路簡化方式－卡諾圖，我們也會在本章中探討。

16-1 布林函數與布林代數

布林代數又稱二值布林代數，它只有 0 及 1 兩種可能值。布林代數是由一些公設及定律組成，所謂公設是指基本假設或定義，而定律則是由這些公設推導出來，這些公設與定律常被應用在布林函數的運算及化簡上。

布林函數則是指利用布林代數組合成的函數。我們可以將一些複雜的問題以布林函數來表示，再利用布林代數的公設與定律將函數化簡，然後設計成程式，交由電腦去執行，以減輕電腦運算資源的負擔。電腦晶片上的電子電路串接就是藉助布林代數來加以表示。另外，一些程式演算法也可以由布林運算來達成。

16-1-1 符號邏輯

在還沒有開始談布林函數前，先來認識符號邏輯。所謂符號邏輯是以邏輯運算子和邏輯運算元組合而成的邏輯運算式。

邏輯運算元

一般都以英文字母來表示，其可能值為真或假，真以 1 表示，假則以 0 表示。

邏輯運算子

1. 『‧』：稱為乘法，代表『AND』運算，需要兩個變數，且當兩個變數同為 1 時，運算結果才為 1；否則就為 0。
2. 『+』：稱為加法，代表『OR』運算，需要兩個變數，而且只要其中有一個變數為 1 時，其運算結果就為 1；若兩個同為 0 則結果為 0。
3. 『-』：稱為互補，代表『NOT』運算，只需要一個變數即可。且當變數為 1 時，其運算結果為 0，變數為 0 時則結果為 1。

邏輯運算式

例如：$A \cdot B$ 意義是代表 A AND B；$A + B$ 則代表 A OR B，$A + \overline{C}$ 則代表 A OR $\overline{C}$。以上 $A \cdot B$、$A + B$ 及 $A + \overline{C}$ 皆為邏輯運算式，其中『‧』可以省略，故 $A \cdot B$ 又可表示成 AB。

16-1-2 布林函數

通常布林函數是由函數名稱、等號、二元變數（即該變數值僅有 0 及 1 兩種可能）、值為 0 或 1 的常數、括號（包括 (、)、[、]、{、} 等括號）及邏輯運算式所組成。例如 F(A,B) = A+B 就是一種布林函數的表示方式。在這個布林函數所代表的意義為右邊的邏輯運算子中，只要 A = 1 或 B = 1 則布林函數 F(A,B) = 1。其實布林函數還可以更複雜，除了使用真值表來表達布林函數的所有情況外，也能先利用布林代數將布林函數簡化，再以真值表分析，我們就先從真值表開始談起。

16-1-3 真值表

「真值表」就是運用表格的方式來分析布林函數所產生的結果。布林函數中的變數只有真（用 1 表示）及假（用 0 表示）兩種值，一個含有 n 個二元變數的布林函數，其所對應的真值表是由 n+1 欄（Columns）及 2^n 列（Rows）所組合而成。真值表包含了輸入及輸出兩部分：

1. 輸入部分

   必須考慮到所有輸入變數的可能值之各種組合，因為每一個變數的可能值只有兩個（0 及 1）。如果有 n 個變數則會有 2^n 種輸入組合。

2. 輸出部分

   指布林運算後所得到的結果。

常見的邏輯運算子有 AND、OR、NOT、NAND、NOR、XOR、XNOR 等，其中 NOT 運算只有單一變數，而其它的邏輯運算子則有兩個變數。底下先以二元變數為例，說明上述邏輯運算子的真值表。

AND 運算

輸入		輸出
A	B	A AND B
0	0	0
0	1	0
1	0	0
1	1	1

OR 運算

輸入		輸出
A	B	A OR B
0	0	0
0	1	1
1	0	1
1	1	1

NOT 運算

輸入	輸出
A	NOT A
0	1
1	0

NAND 運算

輸入		輸出
A	B	A NAND B
0	0	1
0	1	1
1	0	1
1	1	0

由上面的真值表可以得知，NAND 運算子只有輸入的運算元同時為 1 時，其結果為 0，其他的情形其輸出結果則為 1。

NOR 運算

輸入		輸出
A	B	A NOR B
0	0	1
0	1	0
1	0	0
1	1	0

由上面的真值表可以得知，NOR 運算子只有輸入的運算元同時為 0 時，其輸入的結果值為 1，其他的情形其輸出結果則為 0。

XOR 運算

輸入		輸出
A	B	A XOR B
0	0	0
0	1	1
1	0	1
1	1	0

由上面的真值表可以得知，XOR 運算子只有輸入的運算元不同時為 0 及不同時為 1 時，其輸入的結果值為 1，其他的情形其輸出結果則為 0。

範 例

試計算 (0 XOR 1) XOR (0 XOR 1) XOR (1 XOR 1) XOR (1 XOR 0)

解答

(0 XOR 1) XOR (0 XOR 1) XOR (1 XOR 1) XOR (1 XOR 0)

＝ 1 XOR 1 XOR 0 XOR 1

＝ 0 XOR 0 XOR 1

＝ 0 XOR 1

＝ 1

XNOR 運算

輸入		輸出
A	B	A XNOR B
0	0	1
0	1	0
1	0	0
1	1	1

由左方的真值表可以得知，XNOR 運算子只有輸入的運算元同時為 0 或同時為 1 時，其輸入的結果值為 1，其他的情形其輸出結果則為 0。

範例

試計算 (0 XNOR 1) XNOR (0 XNOR 1) XNOR (1 XNOR 1) XNOR (1 XNOR 0)

解答

(0 XNOR 1) XNOR (0 XNOR 1) XNOR (1 XNOR 1) XNOR (1 XNOR 0)
＝0 XNOR 0 XNOR 1 XNOR 0
＝ 1 XNOR 1 XNOR 0
＝1 XNOR 0
＝0

有了兩個變數真值表的概念後，接著，我們再以三個變數為例，列出 AND 及 OR 的真值表。

AND 運算

輸入			輸出
A	B	C	A AND B AND C
0	0	0	0
0	0	1	0
0	1	0	0
0	1	1	0
1	0	0	0
1	0	1	0
1	1	0	0
1	1	1	1

OR 運算

輸入			輸出
A	B	C	A OR B OR C
0	0	0	0
0	0	1	1
0	1	0	1
0	1	1	1
1	0	0	1
1	0	1	1
1	1	0	1
1	1	1	1

範例

試列出下列布林函數的真值表。

$$F(X,Y,Z)=\overline{X}\,\overline{Y}+\overline{X}Z$$

解答

此布林函數的真值表為：

X	Y	Z	$\overline{X}\,\overline{Y}$	$\overline{X}Z$	$\overline{X}\,\overline{Y}+\overline{X}Z$
0	0	0	1	0	1
0	0	1	1	1	1
0	1	0	0	0	0
0	1	1	0	1	1
1	0	0	0	0	0
1	0	1	0	0	0
1	1	0	0	0	0
1	1	1	0	0	0

範例

試列出下列布林函數的真值表。

$$F(X,Y,Z)=\overline{X}\,\overline{Y}\,\overline{Z}+\overline{X}\,\overline{Y}Z+\overline{X}Y\overline{Z}+\overline{X}YZ$$

解答

此布林函數的真值表為：

輸入			輸出
X	Y	Z	F(X,Y,Z)
0	0	0	1
0	0	1	1
0	1	0	1
0	1	1	1
1	0	0	0
1	0	1	0
1	1	0	0
1	1	1	0

範 例

有兩個數字 X 與 Y，其十六進位的表示法分別為 X = 3C，Y = D1，如果這兩個數字經過 AND 邏輯運算，並將其結果存入變數 Z，請問 Z 的內容以十六進位表示時，應該為何？

解答

1. 首先請先將數字 X 與 Y 分別以 2 進位表示之，其內容分別為下：

   X = 00111100

   Y = 11010001

2. 分別針對各對應的字元進行 AND 邏輯運算，亦即所對應的字元必須同時為 1 時，其結果才會為 1，如此，可以得到 Z 的值為：

   Z = 00010000

3. 再將 Z 變數的 2 進位表示法，轉換為 16 進位表示法，其結果為：

   Z = 00010000 = 10_{16}

16-1-4 布林代數的公設

至於布林代數的公設，可以有以下定義：

❶ 假設 S 代表一集合，且集合 S 中只包含兩個元素 0 及 1。

❷ 單位元素：

+ 之單位元素為 0，其定義為 A+0 = 0+A = A

・之單位元素為 1，其定義為 A・1 = 1・A = A。

❸ 封閉性：

對於兩個屬於集合 S 的變數 A 及 B，A+B 與 A・B 仍屬於集合 S。

❹ 互補律：

亦稱補數定律。代表對於任一元素 Aε 集合 S，都會存在一個元素 A 讓 A + $\overline{A}$ = 1，A・$\overline{A}$ = 0

❺ 交換律：

・的交換律定義為 A・B ＝ B・A

＋的交換律定義為 A＋B ＝ B＋A

範例

請利用真值表的表示方式，證明・的交換律定義為 A・B ＝ B・A

A	B	A・B	B・A
0	0	0	0
0	1	0	0
1	0	0	0
1	1	1	1

範例

請利用真值表的表示方式，＋的交換律定義為 A＋B ＝ B＋A

A	B	A＋B	B＋A
0	0	0	0
0	1	1	1
1	0	1	1
1	1	1	1

❻ 分配律

・對＋的分配律定義為 A・(B＋C) ＝ A・B＋A・C

＋對・的分配律定義為 A＋(B・C) ＝ (A＋B)・(A＋C)

範 例

請利用真值表的表示方式，證明・對＋的分配律，其定義為 A・(B＋C) ＝ A・B＋A・C

解答

A	B	C	(B+C)	A・(B＋C)	A・B	A・C	A・B＋A・C
0	0	0	0	0	0	0	0
0	0	1	1	0	0	0	0
0	1	0	1	0	0	0	0
0	1	1	1	0	0	0	0
1	0	0	0	0	0	0	0
1	0	1	1	1	0	1	1
1	1	0	1	1	1	0	1
1	1	1	1	1	1	1	1

❼ 結合律

是指連乘或連加的邏輯運算式中，將不同的子連乘項或子連加項以括號分組，其結果是相同的。

＋的結合律定義為 A＋(B＋C)＝(A＋B)＋C

・的結合律定義為 A・(B・C)＝(A・B)・C

範 例

請利用真值表的表示方式，證明＋的結合律，其定義為 A＋(B+C) ＝ (A+B)+C

解答

A	B	C	(B+C)	A+(B+C)	(A+B)	(A+B)+C
0	0	0	0	0	0	0
0	0	1	1	1	0	1
0	1	0	1	1	1	1
0	1	1	1	1	1	1
1	0	0	0	1	1	1
1	0	1	1	1	1	1
1	1	0	1	1	1	1
1	1	1	1	1	1	1

範例

請利用真值表的表示方式，證明 A‧(B‧C)‧D = (A‧B)+(C‧D)

解答

A	B	C	D	(B‧C)	A‧(B‧C)‧D	(A‧B)	(C‧D)	(A‧B)+(C‧D)
0	0	0	0	0	0	0	0	0
0	0	0	1	0	0	0	0	0
0	0	1	0	0	0	0	0	0
0	0	1	1	0	0	0	1	0
0	1	0	0	0	0	0	0	0
0	1	0	1	0	0	0	0	0
0	1	1	0	1	0	0	0	0
0	1	1	1	1	0	0	1	0
1	0	0	0	0	0	0	0	0
1	0	0	1	0	0	0	0	0
1	0	1	0	0	0	0	0	0
1	0	1	1	0	0	0	1	0
1	1	0	0	0	0	1	0	0
1	1	0	1	0	0	1	0	0
1	1	1	0	1	0	1	0	0
1	1	1	1	1	1	1	1	1

16-1-5 布林代數的定律

前面我們提過，所謂公設是指基本假設或定義，而定律則是由這些公設推導出來，也就是說，任何底下列出的布林代數的基本定律，都可以由布林代數的公設或其它基本定律來加以證明。此外，我們可以將這些布林代數的定律，應用在布林函數等邏輯運算的簡化。接著就以表格整理的方式，為各位列出重要的布林代數的定律：

基本定律	解釋	範例說明
1. 單一律	指單一邏輯變數加 1 或乘 0 之運算。	$A+1=1$ $A\cdot 0=0$
2. 等冪律	指進行邏輯運算（AND 或 OR）的變數為同一個，且運算後的值與未運算前的值相等。	$A+A=A$ $A\cdot A=A$
3. 吸收律	指一邏輯變數與另一邏輯運算式進行 AND 或 OR 運算後，其結果與該變數未運算前之值相等，其行為如同吸收。	$A+A\cdot B=A$ $A(A+B)=A$
4. 乘方律	指一個邏輯變數進行兩次的 NOT 運算後的值與未運算前的值相等。	$\overline{\overline{A}}=A$
5. 對偶定律	指一邏輯運算式中，將 + 與 • 互換，0 與 1 互換後，所得之對偶式仍然成立。	$A+(A\cdot B)=A\cdot(A+B)$ $(A\cdot B)+(A\cdot\overline{B})=(A+B)\cdot(A+\overline{B})$
6. 狄摩根定律	是因狄摩根發現對一個連乘或連加的邏輯運算式進行 NOT 運算後，與各個變數的補數進行連加或連乘的結果相等，故稱之。	$\overline{A\cdot B}=\overline{A}+\overline{B}$ $\overline{A+B}=\overline{A}\cdot\overline{B}$ $\overline{A\cdot B\cdot C}=\overline{A}+\overline{B}+\overline{C}$ $\overline{A+B+C}=\overline{A}\cdot\overline{B}\cdot\overline{C}$

底下就分別來證明上述定律中的單一律、吸收律、對偶定律和狄摩根定律，其它定律的證明，則留待給各位讀者自行練習。

範例

請證明布林代數定律中的單一律

1. $A+1=1$
2. $A\cdot 0=0$

解答

1. $A+1$（利用布林代數公設中的單位元素可推導出下式）

   $=(A+1)\cdot 1$（利用布林代數公設中的交換律可推導出下式）

   $=1\cdot(A+1)$（利用布林代數公設中的互補律可推導出下式）

   $=(A+\overline{A})\cdot(A+1)$（利用布林代數公設中的 + 對 • 的分配律可推導出下式）

   $=A+(\overline{A}\cdot 1)$（利用布林代數公設中的單位元素可推導出下式）

   $=A+\overline{A}$（利用布林代數公設中的互補律可推導出下式）

   $=1$

2. $A \cdot 0$（利用布林代數公設中的互補律可推導出下式）

  $= A \cdot (A \cdot \overline{A})$（利用布林代數公設中的結合律可推導出下式）

  $= (A \cdot A) \cdot \overline{A}$（利用布林代數定律中的等冪律可推導出下式）

  $= A \cdot \overline{A}$（利用布林代數公設中的互補律可推導出下式）

  $= 0$

範 例

請證明布林代數定律中的吸收律 $A \cdot (A+B) = A$

解答

$A \cdot (A+B)$（利用分配律可推導出下式）

$= A \cdot A + A \cdot B$（利用等冪律可推導出下式）

$= A + A \cdot B$（利用分配律可推導出下式）

$= A \cdot (1+B)$（利用單一律可推導出下式）

$= A$

範 例

請證明布林代數定律中的吸收律 $A + A \cdot B = A$

解答

$A + A \cdot B$（利用・對＋的分配律可推導出下式）

$= A \cdot (1+B)$（利用單一律可推導出下式）

$= A \cdot 1$（利用・之單位元素為 1 可推導出下式）

$= A$

範 例

請利用真值表證明布林代數定律中的對偶定律

$A + (A \cdot B) = A \cdot (A + B)$

$(A \cdot B) + (A \cdot \overline{B}) = (A + B) \cdot (A + \overline{B})$

解答

分別證明如下：

1. $A + (A \cdot B) = A \cdot (A + B)$

A	B	(A·B)	A + (A·B)	(A + B)	A·(A + B)
0	0	0	0	0	0
0	1	0	0	1	0
1	0	0	1	1	1
1	1	1	1	1	1

2. $(A \cdot B) + (A \cdot \overline{B}) = (A + B) \cdot (A + \overline{B})$

A	B	(A·B)	$(A \cdot \overline{B})$	$(A \cdot B) + (A \cdot \overline{B})$	(A + B)	$(A + \overline{B})$	$(A + B) \cdot (A + \overline{B})$
0	0	0	0	0	0	1	0
0	1	0	0	0	1	0	0
1	0	0	1	1	1	1	1
1	1	1	0	1	1	1	1

範例

請利用真值表證明布林代數定律中的狄摩根定律

$$\overline{A \cdot B} = \overline{A} + \overline{B}$$

$$\overline{A + B} = \overline{A} \cdot \overline{B}$$

$$\overline{A \cdot B \cdot C} = \overline{A} + \overline{B} + \overline{C}$$

$$\overline{A + B + C} = \overline{A} \cdot \overline{B} \cdot \overline{C}$$

解答

分別證明如下：

1. $\overline{A \cdot B} = \overline{A} + \overline{B}$

A	B	A·B	$\overline{A \cdot B}$	$\overline{A}$	$\overline{B}$	$\overline{A} + \overline{B}$
0	0	0	1	1	1	1
0	1	0	1	1	0	1
1	0	0	1	0	1	1
1	1	1	0	0	0	0

2. $\overline{A+B} = \overline{A} \cdot \overline{B}$

A	B	A+B	$\overline{A+B}$	$\overline{A}$	$\overline{B}$	$\overline{A} \cdot \overline{B}$
0	0	0	1	1	1	1
0	1	1	0	1	0	0
1	0	1	0	0	1	0
1	1	1	0	0	0	0

3. $\overline{A \cdot B \cdot C} = \overline{A} + \overline{B} + \overline{C}$

A	B	C	A·B·C	$\overline{A \cdot B \cdot C}$	$\overline{A}$	$\overline{B}$	$\overline{C}$	$\overline{A}+\overline{B}+\overline{C}$
0	0	0	0	1	1	1	1	1
0	0	1	0	1	1	1	0	1
0	1	0	0	1	1	0	1	1
0	1	1	0	1	1	0	0	1
1	0	0	0	1	0	1	1	1
1	0	1	0	1	0	1	0	1
1	1	0	0	1	0	0	1	1
1	1	1	1	0	0	0	0	0

4. $\overline{A+B+C} = \overline{A} \cdot \overline{B} \cdot \overline{C}$

A	B	C	A+B+C	$\overline{A+B+C}$	$\overline{A}$	$\overline{B}$	$\overline{C}$	$\overline{A} \cdot \overline{B} \cdot \overline{C}$
0	0	0	0	1	1	1	1	1
0	0	1	1	0	1	1	0	0
0	1	0	1	0	1	0	1	0
0	1	1	1	0	1	0	0	0
1	0	0	1	0	0	1	1	0
1	0	1	1	0	0	1	0	0
1	1	0	1	0	0	0	1	0
1	1	1	1	0	0	0	0	0

16-1-6 以布林代數化簡布林函數

本節將針對布林代數的定律應用在布林函數的化簡，舉出布林代數的運算實例。

範例

請利用布林代數的公設或定律，簡化下列的布林函數 $F(A,B) = A+\overline{A}B$

解答

$F(A,B) = A+\overline{A}B$（利用分配律可推導出下式）

$= (A+\overline{A})(A+B)$（利用互補律可推導出下式）

$= A+B$

範例

請利用布林代數的公設或定律，簡化下列的布林函數 $F(A,B) = AB\overline{C}+\overline{A}B\overline{C}$

解答

$F(A,B) = F(A,B) = AB\overline{C}+\overline{A}B\overline{C}$（利用分配律可推導出下式）

$= B\overline{C}\,(A+\overline{A})$（利用互補律可推導出下式）

$= B\overline{C}\cdot 1$（利用單位元素可推導出下式）

$= B\overline{C}$

範例

請利用布林代數的公設或定律，簡化下列的布林函數 $F(A,B) = A(\overline{A} + C)$

解答

$F(A,B) = A(\overline{A} + C)$（利用乘法對加法分配律可推導出下式）

$= A\cdot\overline{A} + A\cdot C$（利用互補律可推導出下式）

$= 0 + AC$（利用 + 的單位元素為 0 可推導出下式）

$= AC$

範例

請利用布林代數的公設或定律，簡化下列的布林函數 $F(A,B) = \overline{A}B + \overline{B}$

解答

$F(A,B) = \overline{A}B + \overline{B}$（利用互補律可推導出下式）

$= \overline{A}B+(A+\overline{A})\overline{B}$（利用乘法對加法分配律可推導出下式）

$= \overline{A}B+A\overline{B}+\overline{A}\,\overline{B}$（利用交換律可推導出下式）

$= \overline{A}B+\overline{A}\,\overline{B}+ A\overline{B}$（利用乘法對加法分配律可推導出下式）

$= \overline{A}(B+\overline{B})+A\overline{B}$（利用互補律可推導出下式）

$= \overline{A}+A\overline{B}$（利用加法對乘法分配律可推導出下式）

$= (\overline{A}+A)\cdot(\overline{A} + \overline{B})$ （利用互補律可推導出下式）

$= 1\cdot(\overline{A} + \overline{B})$ （利用乘法的單位元素為 1 可推導出下式）

$= \overline{A} + \overline{B}$

16-1-7 標準型式的布林函數

邏輯運算式所構成的函數即稱為布林函數，布林函數的標準形式又可分為兩種：積之和（Sum of Product, SOP）及和之積（Product of Sum, POS）。

積之和（Sum of Product, SOP）

意指布林函數的各項均包含了所有的輸入變數，並且各項皆為變數連乘之項，簡稱『積項』，每一個積項又稱為最小項（miniterm），所謂最小項是指積項的連乘結果與積項變數中之最小值相等，例如 $\overline{A}BC(\overline{A} = 0，B = 1，C = 1)$ 的結果為 0 與 $\overline{A}$ 相等。而函數的輸出則為各項之和。如下所示：

$F(A,B,C) = \overline{A}BC + A\overline{B}C + AB\overline{C} + ABC$

因為每一項又稱最小項，故可進一步推導，現以 $\overline{A}BC$ 項為例，$\overline{A}BC$ 代表 0 1 1，將二進位轉換為十進位即得 $0 * 2^2 + 1 * 2^1 + 1 * 2^0 = 3$（* 代表乘號），並且取英文字 miniterm 的第一個字母的小寫和 3 合併表示為 m_3。同理，$A\overline{B}C$ 代表 101 其最小項的表

示方式為 m_5；$AB\overline{C}$ 代表 110 其最小項的表示方式為 m_6；ABC 代表 111 其最小項的表示方式為 m_7。最後可得結果如下：

$$F(A,B,C) = m_3 + m_5 + m_6 + m_7 = \Sigma m(3,5,6,7)$$

和之積（Product of Sum, POS）

意指布林函數的各項均包含了所有的輸入變數，並且各項皆為變數相加之項，簡稱『和項』，每一個和項又稱為最大項（Maxterm），所謂最大項是指和項的相加結果與和項變數中之最大值相等，例如 $\overline{A} + B + C(\overline{A} = 1, B = 0, C = 0)$ 的結果為 1 與 $\overline{A}$ 相等。而函數的輸出則為各項之連乘。如下所示：

$$F(A,B,C) = (A + B + C)(A + B + \overline{C})(A + \overline{B} + C)(\overline{A} + B + C)$$

因為每一項又稱最大項，故可進一步推導，現以 A+B+C 項為例，A+B+C 代表 0 0 0，將二進位轉換為十進位即得 $0 * 2^2 + 0 * 2^1 + 0 * 2^0 = 0$（* 代表乘號），並且取英文字 Maxterm 的第一個字母的大寫和 0 合併表示為 M_0；同理，$A + B + \overline{C}$ 代表 001 其最大項的表示方式為 M_1；同理，$A + \overline{B} + C$ 代表 010 其最大項的表示方式為 M_2；同理，$\overline{A} + B + C$ 代表 100 其最大項的表示方式為 M_4。最後可得結果如下：

$$F(A,B,C) = M_0 \cdot M_1 \cdot M_2 \cdot M_4 = \pi_M(0,1,2,4)$$

上述 SOP 和 POS 布林函數可以互相轉換，每個最小項皆有一個相對應的最大項，下面我們列出二變數布林函數的最大項與最小項的對應表：

A	B	最小項	最大項
0	0	$m_0 = \overline{A}\,\overline{B}$	$M_0 = A+B$
0	1	$m_1 = \overline{A}B$	$M_1 = A+\overline{B}$
1	0	$m_2 = A\overline{B}$	$M_2 = \overline{A}+B$
1	1	$m_3 = AB$	$M_3 = \overline{A}+\overline{B}$

利用上表，我們可得知 $m_0 = \overline{A}\,\overline{B} = \overline{A+B} = \overline{M_0}$，同理可推出 $m_1 = \overline{M_1}$、$m_2 = \overline{M_2}$、$m_3 = \overline{M_3}$。

現以布林函數 $f(X,Y) = \overline{A}\,\overline{B}+\overline{A}B$ 來解說。

1. SOP 的表示方式為 $f(A,B) = m_0+m_1 = \Sigma m(0,1)$。

2. POS 的表示方式為 $f(A,B) = M_2 \cdot M_3 = \pi_M(2,3)$。

同理我們可由下表求得 $F(A,B,C) = \Sigma m(3,5,6,7) = \pi_M(0,1,2,4)$。

A	B	C	最小項	最大項
0	0	0	$m_0=\overline{A}\,\overline{B}\,\overline{C}$	$M_0=A+B+C$
0	0	1	$m_1=\overline{A}\,\overline{B}C$	$M_1=A+B+\overline{C}$
0	1	0	$m_2=\overline{A}B\overline{C}$	$M_2=A+\overline{B}+C$
0	1	1	$m_3=\overline{A}BC$	$M_3=A+\overline{B}+\overline{C}$
1	0	0	$m_4=A\overline{B}\,\overline{C}$	$M_4=\overline{A}+B+C$
1	0	1	$m_5=A\overline{B}C$	$M_5=\overline{A}+B+\overline{C}$
1	1	0	$m_6=AB\overline{C}$	$M_6=\overline{A}+\overline{B}+C$
1	1	1	$m_7=ABC$	$M_7=\overline{A}+\overline{B}+\overline{C}$

範例

試以積之和表示下列的布林函數。

$$F(X,Y,Z)=\overline{X}\,\overline{Y}\,\overline{Z}+\overline{X}\,\overline{Y}Z+\overline{X}Y\overline{Z}+\overline{X}YZ$$

解答

$F(X,Y,Z)=\overline{X}\,\overline{Y}\,\overline{Z}+\overline{X}\,\overline{Y}Z+\overline{X}Y\overline{Z}+\overline{X}YZ=\Sigma m(0,1,2,3)$

16-2 邏輯電路的認識與簡化

前面談了許多邏輯運算及布林函數，同時也説明了如何使用布林代數中的定律來簡化布林函數，而在邏輯電路中則是以邏輯閘（Logic Gates）來處理這些二元邏輯運算；也就是説，邏輯閘是邏輯電路組成的最基本電子元件。通常一個邏輯閘具有一個或一個以上的輸入訊號，且包含一個輸出訊號。同時，這些輸入及輸出訊號就是我們前面所介紹的二值布林代數，它只有 0 及 1 兩種可能值。

為了方便表示邏輯電路圖，在邏輯電路中，每一個邏輯閘都有其基本符號，藉由這些基本符號，我們可以很直覺的表示邏輯電路中的各個基本元件，並且可用來推算邏輯電路圖的真值表。

16-2-1 邏輯閘簡介

利用邏輯閘還可進一步組成邏輯電路，而比較常見的邏輯閘有下列八種：

<table>
<tr><th>代數函數</th><th>符號說明</th><th>真值表</th></tr>
<tr><td>① $X = A \cdot B = B \cdot A$</td><td>A, B, X
及閘（AND Gate）</td><td><table><tr><th>A</th><th>B</th><th>$X = A \cdot B$</th></tr><tr><td>0</td><td>0</td><td>0</td></tr><tr><td>0</td><td>1</td><td>0</td></tr><tr><td>1</td><td>0</td><td>0</td></tr><tr><td>1</td><td>1</td><td>1</td></tr></table></td></tr>
<tr><td>② $X = A + B$</td><td>A, B, X
或閘（OR Gate）</td><td><table><tr><th>A</th><th>B</th><th>$X = A + B$</th></tr><tr><td>0</td><td>0</td><td>0</td></tr><tr><td>0</td><td>1</td><td>1</td></tr><tr><td>1</td><td>0</td><td>1</td></tr><tr><td>1</td><td>1</td><td>1</td></tr></table></td></tr>
<tr><td>③ $X = \overline{A}$</td><td>A, X
反向器（Invertor）</td><td><table><tr><th>A</th><th>$X = \overline{A}$</th></tr><tr><td>0</td><td>1</td></tr><tr><td>1</td><td>0</td></tr></table></td></tr>
<tr><td>④ $X = A$</td><td>A, X
緩衝器（Buffer）</td><td><table><tr><th>A</th><th>$X = A$</th></tr><tr><td>0</td><td>0</td></tr><tr><td>1</td><td>1</td></tr></table></td></tr>
<tr><td>⑤ $X = \overline{AB} = \overline{A}+\overline{B}$</td><td>A, B, X
A, B, X
反及閘（NAND Gate）</td><td><table><tr><th>A</th><th>B</th><th>$X = \overline{AB}$</th></tr><tr><td>0</td><td>0</td><td>1</td></tr><tr><td>0</td><td>1</td><td>1</td></tr><tr><td>1</td><td>0</td><td>1</td></tr><tr><td>1</td><td>1</td><td>0</td></tr></table></td></tr>
</table>

<table>
<tr><th>代數函數</th><th>符號說明</th><th>真值表</th></tr>
<tr><td>⑥ $X = \overline{A+B} = \overline{A}\,\overline{B}$</td><td>反或閘（NOR Gate）</td><td>

A	B	$X=\overline{A+B}$
0	0	1
0	1	0
1	0	0
1	1	0

</td></tr>
<tr><td>⑦ $X = A \oplus B = \overline{A}B + A\overline{B}$</td><td>互斥或閘（XOR）</td><td>

A	B	$X=A\oplus B$
0	0	0
0	1	1
1	0	1
1	1	0

</td></tr>
<tr><td>⑧ $X = A \odot B = \overline{A}\,\overline{B} + AB$</td><td>反互斥或閘（XNOR）</td><td>

A	B	$X=A\odot B$
0	0	1
0	1	0
1	0	0
1	1	1

</td></tr>
</table>

16-2-2 邏輯電路與布林函數

本節將介紹如何將布林函數繪製成邏輯電路圖，為了驗證邏輯電路圖是否正確，各位可以將該布林函數的真值表的輸出，並與真實的邏輯電路的輸出結果做比較。下面的表格中筆者舉出二個布林函數，並同時比較每一個布林函數的邏輯電路圖及真值表：

<table>
<tr><th>布林函數</th><th>邏輯電路圖</th><th>真值表</th></tr>
<tr><td>$F(X,Y) = \overline{X} + XY$</td><td></td><td>

X	Y	$\overline{X}$	XY	輸出
0	0	1	0	1
0	1	1	0	1
1	0	0	0	0
1	1	0	1	1

</td></tr>
<tr><td>$F(X,Y) = (X \oplus \overline{Y})(\overline{X} + Y)$</td><td></td><td>

X	Y	$X\oplus\overline{Y}$	$\overline{X}+Y$	輸出
0	0	1	1	1
0	1	0	1	0
1	0	0	0	0
1	1	1	1	1

</td></tr>
</table>

以上我們看到了布林函數及邏輯電路圖之間的對應關係，而利用真值表則可列出所有可能的輸出入組合。

範例

請畫出底下布林函數的邏輯電路圖及真值表。

$F(X,Y) = (\bar{X} \oplus Y) \odot (X \cdot Y)$

解答

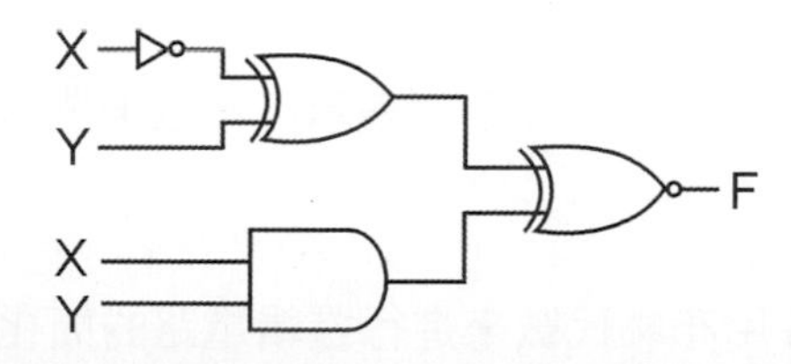

X	Y	$(\bar{X}\oplus Y)$	$(X \cdot Y)$	$(\bar{X}\oplus Y) \odot (X \cdot Y)$
0	0	1	0	0
0	1	0	0	1
1	0	0	0	1
1	1	1	1	0

範例

請畫出底下布林函數的邏輯電路圖及真值表。

$F(X,Y) = (\bar{X} \odot Y) \cdot (X \oplus Y)$

解答

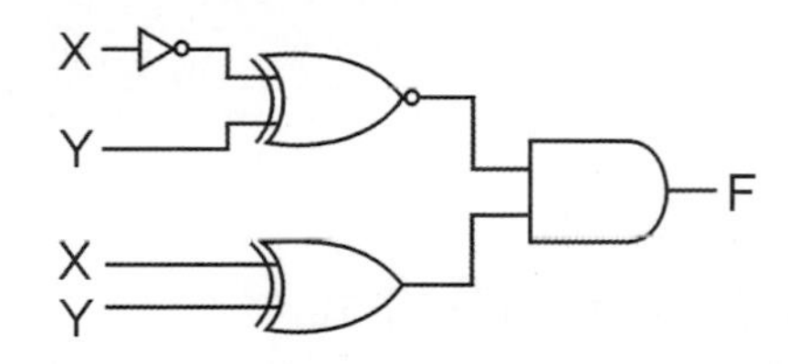

X	Y	$\bar{X}$	$(\bar{X}\odot Y)$	$(X\oplus Y)$	$(\bar{X}\odot Y) \cdot (X\oplus Y)$
0	0	1	0	0	0
0	1	1	1	1	1
1	0	0	1	1	1
1	1	0	0	0	0

16-2-3 使用布林化數簡化邏輯電路

通常我們在設計電路板時，基於降低成本及易於維護之考量，同時避免電路設計過於複雜，電路簡化是一項重要的工作，所謂簡化即是想辦法將邏輯閘的使用量降到最少，至於簡化的方法主要可以分成下列兩種：

第一種方式是先將邏輯電路以布林函數表示，再以布林代數的公設及定律進行布林函數的簡化工作，再將經簡化後的布林函數，以相對應的邏輯電路加以表示，而達到簡化的效果。

第二種方式仍然先將邏輯電路以布林函數表示，再以卡諾圖方式簡化布林函數，而達到邏輯電路的簡化結果。

本節我們先來示範如何使用布林代數來進行邏輯電路的簡化工作，請看底下的範例。

範 例

請將電路從

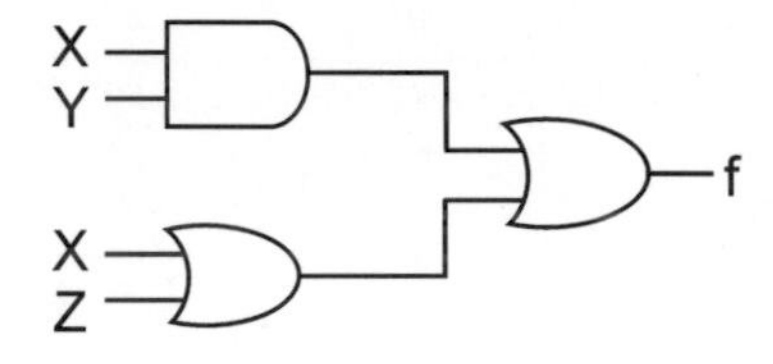

化簡成

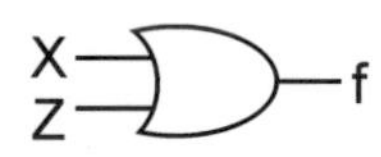

解答

首先將原始電路以布林函數加以表示，可得下式：

F(X,Y,Z) ＝ XY+X+Z（利用分配律可推導出下式）

＝ X(Y+1)+Z（利用單一律可推導出下式）

＝ X+Z

16-2-4 使用卡諾圖簡化邏輯電路

所謂卡諾圖，是指由最小項（或最大項）所組成的二維矩陣，並在這個矩陣中填入相對應之最小項（或最大項）的值（0 或 1），最後經由矩陣中的數值來進行簡化的工作。

兩個變數的卡諾圖

兩個變數的卡諾圖，以最小項表示如下：

X \ Y	0	1
0	$\overline{X}\,\overline{Y}$	$\overline{X}Y$
1	$X\overline{Y}$	XY

三個變數的卡諾圖

三個變數的卡諾圖，以最小項表示如下：

X \ YZ	00	01	11	10
0	$\overline{X}\,\overline{Y}\,\overline{Z}$	$\overline{X}\,\overline{Y}Z$	$\overline{X}YZ$	$\overline{X}Y\overline{Z}$
1	$X\overline{Y}\,\overline{Z}$	$X\overline{Y}Z$	XYZ	$XY\overline{Z}$

四個變數的卡諾圖

四個變數的卡諾圖，以最小項表示如下：

WX \ YZ	00	01	11	10
00	$\overline{W}\,\overline{X}\,\overline{Y}\,\overline{Z}$	$\overline{W}\,\overline{X}\,\overline{Y}Z$	$\overline{W}\,\overline{X}YZ$	$\overline{W}\,\overline{X}Y\overline{Z}$
01	$\overline{W}X\overline{Y}\,\overline{Z}$	$\overline{W}X\overline{Y}Z$	$\overline{W}XYZ$	$\overline{W}XY\overline{Z}$
10	$W\overline{X}\,\overline{Y}\,\overline{Z}$	$W\overline{X}\,\overline{Y}Z$	$W\overline{X}YZ$	$W\overline{X}Y\overline{Z}$
11	$WX\overline{Y}\,\overline{Z}$	$WX\overline{Y}Z$	$WXYZ$	$WXY\overline{Z}$

底下我們舉出兩個實例來教導大家如何使用卡諾圖進行化簡的工作。

範 例

請利用卡諾圖的方法化簡 $F(X,Y) = \overline{X}Y + \overline{Y}$

解答

❶ 將布林函數轉換為積之和的形式。

$F(X,Y) = \overline{X}Y + \overline{Y}$（利用補數定律可推導出下式）

$= \overline{X}Y + (X+\overline{X})\overline{Y}$（利用分配律可推導出下式）

$= \overline{X}Y + X\overline{Y} + \overline{X}\,\overline{Y}$

❷ 將最小項放入卡諾圖的矩陣中。

X \ Y	0	1
0	$\overline{X}\,\overline{Y}$	$\overline{X}Y$
1	$X\overline{Y}$	

❸ 將卡諾圖矩陣中的最小項置換為 1，否則為 0。

X \ Y	0	1
0	1	1
1	1	0

❹ 將相鄰的 2 乘冪個 (2,4,8,16) 數值為 1 圈起來成為一組。

X \ Y	0	1
0	1	1
1	1	0

❺ 依據 ❹ 的圈圈即可求出簡化的布林函數 $F(X,Y) = \overline{X} + \overline{Y}$。

在步驟 ❺ 之所以可以將布林函數 $F(X,Y)$ 簡化成 $\overline{X} + \overline{Y}$，可以有下列兩種方式：

第 1 種方法：布林運算法

水平方向的圈圈表示成：

$\overline{X}\,\overline{Y}+\overline{X}Y = \overline{X}(\overline{Y}+Y) = \overline{X}$

垂直方向的圈圈表示成：

$\overline{X}\,\overline{Y}+X\overline{Y} = \overline{Y}(\overline{X}+X) = \overline{Y}$

將兩式結果合併即可得：

$F(X,Y) = \overline{X}+\overline{Y}$

第 2 種方式：目視法

在水平方向的圈圈中可以發現 X 保持不變且 X＝0，故可以化簡成 $\overline{X}$

在垂直方向的圈圈中可以發現 Y 保持不變且 Y＝0，故可以化簡成 $\overline{Y}$

將結果合併即可得 $\overline{X}+\overline{Y}$

範 例

請利用卡諾圖的方法化簡 $F(X,Y,Z) = \overline{X}\,\overline{Y}\,\overline{Z} + \overline{X}\,\overline{Y}Z + XYZ + \overline{X}YZ$

解答

❶ 將布林函數轉換為積之和的形式。

因為本例已經是積之和的形式，故這個步驟應予省略。

❷ 將最小項放入卡諾圖的矩陣中。

X \ YZ	00	01	11	10
0	$\overline{X}\,\overline{Y}\,\overline{Z}$	$\overline{X}\,\overline{Y}Z$	$\overline{X}YZ$	
1			XYZ	

❸ 將卡諾圖矩陣中的最小項置換為 1，否則為 0。

X \ YZ	00	01	11	10
0	1	1	1	0
1	0	0	1	0

❹ 將相鄰的 2 乘冪個 (2,4,8,16) 數值為 1 圈起來成為一組。

X \ YZ	00	01	11	10
0	1	1	1	0
1	0	0	1	0

❺ 依據 ❹ 的圈圈即可求出簡化的布林函數 $F(X,Y,Z)=\overline{X}\,\overline{Y}+\overline{X}Z+YZ$。

在步驟 ❺ 之所以可以將布林函數 F(X,Y) 簡化成 $\overline{X}\,\overline{Y}+\overline{X}Z+YZ$，可以有下列兩種方式：

第 1 種方法：布林運算法

水平方向最左邊的圈圈可表示成：

$\overline{X}\overline{Y}\overline{Z}+\overline{X}\overline{Y}Z=\overline{X}\overline{Y}(\overline{Z}+Z)=\overline{X}\overline{Y}$

水平方向最右邊的圈圈可表示成：

$\overline{X}\overline{Y}Z+\overline{X}YZ=\overline{X}Z(\overline{Y}+Y)=\overline{X}Z$

垂直方向的圈圈可表示成：

$\overline{X}YZ+XYZ=YZ(\overline{X}+X)=YZ$

最後將三式相加即可求出：

$F(X,Y,Z)=\overline{X}\overline{Y}+\overline{X}Z+YZ$

第 2 種方法：目視法

在水平方向最左邊的圈圈中可以發現 X 保持不變且 X = 0，Y 也保持不變且 Y = 0，故可以化簡成 $\overline{X}\overline{Y}$

水水平方向最右邊的圈圈中可以發現 X 保持不變且 X = 0，Z 也保持不變且 Z = 1，故可以化簡成 $\overline{X}Z$

在垂直方向的圈圈中可以發現 Y 保持不變且 Y = 1，Z 也保持不變且 Z = 1，故可以化簡成 YZ

將結果合併即可得 $\overline{X}\overline{Y}+\overline{X}Z+YZ$

課後評量

1. 請舉例解釋布林代數定律中的狄摩根定律。

2. 請利用真值表證明 + 對 · 的分配律：

$$A + (B \cdot C) = (A + B) \cdot (A + C)$$

3. 請利用真值表證明 + 的結合律：

$$A + (B + C) = (A + B) + C$$

4. 請證明布林代數定律中的吸收律 $A \cdot (A+B) = A$

5. 請利用真值表證明對偶定律，即

$$A + (A \cdot B) = A \cdot (A + B)$$
$$(A \cdot B) + (A \cdot \overline{B}) = (A + B) \cdot (A + \overline{B})$$

6. 簡化下列的布林函數 $F(A,B,C) = A + \overline{A}B + C$

memo

CHAPTER

17 資料結構與演算法

人們當初試圖發明電腦的主要原因之一，主要就是用來儲存及管理一些數位化資料清單與資料，這也是資料結構（Data Structure）學科的由來。當我們要求電腦解決問題時，必須以電腦了解的方式來描述問題，資料結構是資料的表示法，也就是指電腦中儲存資料的方法。對於一個有志於從事資訊專業領域的人員來說，資料結構（Data Structure）是一門和電腦硬體與軟體都有相關涉獵的學科，稱得上是近十幾年來蓬勃興起的一門新興科學。

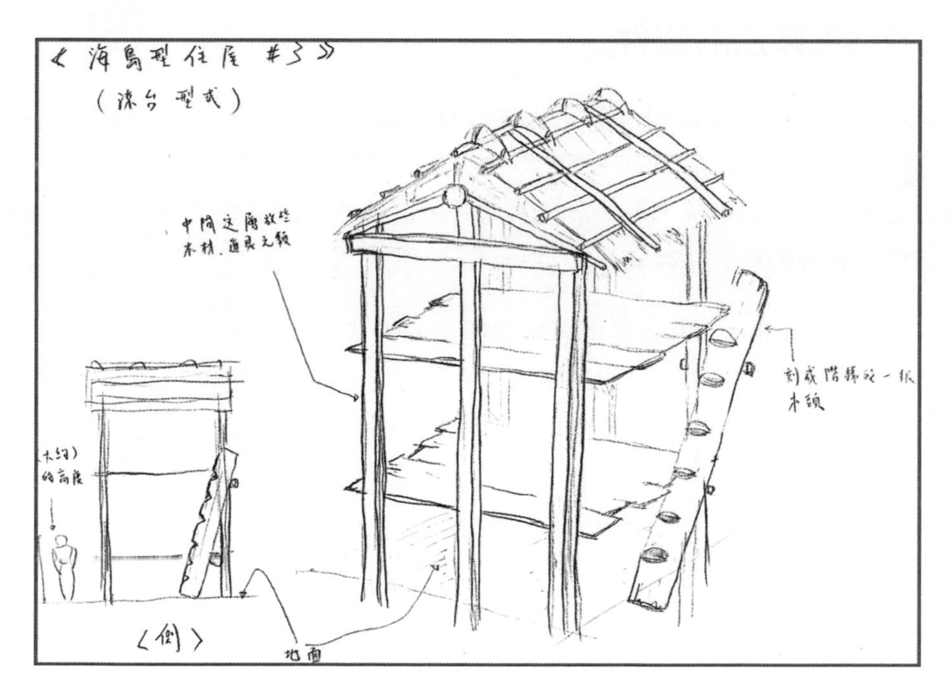

✪ 寫程式就像蓋房子一樣，先要規劃出資料結構圖

資料結構的研究重點是在電腦的程式設計領域中，探討將資料更有組織的存放到電腦記憶體中，以某種方式組織而成來提升程式之執行效率。所謂資料結構的定義就是一種輔助程式設計最佳化的方法論，它不僅討論到儲存的資料，同時也考慮到彼此之間的關係與運算，使達到加快執行速度與減少記憶體佔用空間等功用，其中包含了演算法（Algorithm）、儲存結構、排序、搜尋、樹狀、圖形設計概念與雜湊函數。

17-1 認識資料結構

在現實生活中，電腦的主要工作就是把我們口中所稱的資料（Data），透過某種運算處理的過程，轉換為實用的資訊（Information）。資料是一種如文字、數字、圖形等基本符號，例如一個學生的國文成績是 90 分，可以說這是一筆成績的資料，但無法判斷它具備任何意義。如果經過某些如排序（sorting）的處理，就可以知道這學生國文成績在班上同學中的名次，因此這就是一種資訊，而排序方法的設計就是資料結構的一種應用。事實上，資料結構無疑就是資料進入電腦化處理的一套完整邏輯，決定了電腦中資料的順序與存放在記憶體中的位置。

17-1-1 演算法的條件

資料結構與演算法（Algorithm）是程式設計中最基本的內涵。可以這麼形容，程式能否快速而有效率的完成預定的任務，取決於是否選對了資料結構，而程式或專案是否能清楚而正確的把問題解決，取決於演算法。所以我們可以這麼認為：「資料結構加上演算法等於可執行的程式或專案。」

「演算法」（Algorithm）也就是用來解決問題的方法，在演算法中，必須利用適當的資料結構來描述問題中抽象或具體的事物，有時還得定義資料結構本身有那些操作。在韋氏辭典中將演算法定義為：「在有限步驟內解決數學問題的程式。」如果運用在計算機領域中，我們也可以把演算法定義成：「為瞭解決某一個工作或問題，所需要有限數目的機械性或重覆性指令與計算步驟。」不過對於任何一種演算法而言，首先必須滿足以下 5 種條件：

輸入（Input）

在演算法的處理過程中，通常所輸入資料可有可無，零或一個以上都可以。

有效性（Effectiveness）

每一個步驟都可正確執行，即使交給不同的人用手動來計算，也能達成相同效果。

明確性（Definiteness）

每一個步驟或指令必須要敘述的十分明確清楚，不可以模糊不清來造成混淆。

有限性（Finiteness）

演算法一定在有限步驟後會結束，不會產生無窮迴路，這是相當重要的基本原則。

輸出（Output）

至少會有一個輸出結果，不可以沒有輸出結果。

至於哪些算得上是描述演算法的工具？只要能夠清楚、明白、符合演算法的五項基本原則，即使一般文字，虛擬語言（Pseudo-language），表格或圖形、流程圖（flow chart），甚至於任何一種程式語言都可以作為表達演算法的工具。

虛擬語言（Pseudo-Language）是接近高階程式語言的寫法，也是一種不能直接放進電腦中執行的語言。一般都需要一種特定的前置處理器（preprocessor），或者用手寫轉換成真正的電腦語言，經常使用的有 SPARKS、PASCAL-LIKE 等語言。

基本上不管是採用何種演算法來解決問題，都是與程式語言及電腦系統相互獨立，因此最好利用流程圖的方式，來表達所設計的演算法。例如請您輸入一個數值，並判別是奇數或偶數，以流程圖表示：

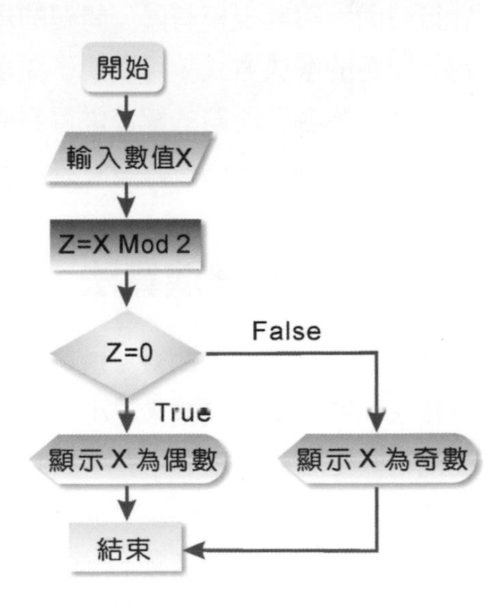

演算法和程序（procedure）有何不同？與流程圖又有什麼關係？

演算法和程序是有不同，因為程式不一定要滿足有限性的要求，如作業系統或機器上的運作程序。除非當機，否則永遠在等待迴路（waiting loop），這也違反了演算法五大原則之一的「有限性」。另外只要是演算法都能夠利用程式流程圖表現，但因為程序流程圖可包含無窮迴路，所以無法利用演算法來表達。

17-2 常見經典演算法

我們可以這樣形容，演算法就是用電腦來算數學的學問，能夠了解這些演算法如何運作，以及他們是怎麼樣在各層面影響我們的生活。懂得善用演算法，當然是培養程式設計邏輯的很重要步驟，本節中將為各位介紹一些相當知名的演算法，能幫助您更加瞭解不同演算法的觀念與技巧，以便日後更有能力分析各種演算法的優劣。

17-2-1 分治法

分治法（Divide and conquer）是一種很重要的演算法，可以應用分治法來逐一拆解複雜的問題，核心精神在將一個難以直接解決的大問題依照相同的概念，分割成兩個或更多的子問題，以便各個擊破，分而治之。其實任何一個可以用程式求解的問題所需的計算時間都與其規模有關，問題的規模越小，越容易直接求解。由於在分割問題也是遇到大問題的解決方式，可以使子問題規模不斷縮小，直到這些子問題足夠簡單到可以解決，最後將各子問題的解合併得到原問題的解答。這個演算法應用相當廣泛，例如快速排序法（quick sort）、遞迴演算法（recursion）、大整數乘法。

17-2-2 遞迴演算法

遞迴是一種很特殊的演算法，分治法和遞迴法很像一對孿生兄弟，都是將一個複雜的演算法問題，讓規模越來越小，最終使子問題容易求解，原理就是分治法的精神。遞迴在早期人工智慧所用的語言。如 Lisp、Prolog 幾乎都是整個語言運作的核心，現在許多程式語言，包括 C、C++、Java、Python 等，都具備遞迴功能。簡單來說，對程式設計師的實作而言，「函數」（或稱副程式）不單純只是能夠被其他函數呼叫（或引用）的程式單元，在某些語言還提供了自身引用的功能，這種功用就是所謂的「遞迴」。

從程式語言的角度來說，談到遞迴的正式定義，我們可以正式這樣形容，假如一個函數或副程式，是由自身所定義或呼叫的，就稱為遞迴（Recursion），它至少要定義 2 種條件，包括一個可以反覆執行的遞迴過程，與一個跳出執行過程的出口。

例如階乘函數是數學上很有名的函數，對遞迴式而言，也可以看成是很典型的範例，我們一般以符號“！”來代表階乘。如 4 階乘可寫為 4!，n! 可以寫成：

```
n! = n×(n-1)*(n-2)……*1
```

各位可以一步分解它的運算過程，觀察出一定的規律性：

```
5! = (5 * 4!)
   = 5 * (4 * 3!)
   = 5 * 4 * (3 * 2!)
   = 5 * 4 * 3 * (2 * 1)
   = 5 * 4 * (3 * 2)
   = 5 * (4 * 6)
   = (5 * 24)
   = 120
```

17-2-3 回溯法

回溯法（Backtracking）也算是枚舉法中的一種，對於某些問題而言，回溯法是一種可以找出所有（或一部分）解的一般性演算法，是隨時避免枚舉不正確的數值，一旦發現不正確的數值，就不遞迴至下一層，而是回溯至上一層來節省時間，這種走不通就退回再走的方式。主要是在搜尋過程中尋找問題的解，當發現已不滿足求解條件時，就回溯返回，嘗試別的路徑，避免無效搜索。

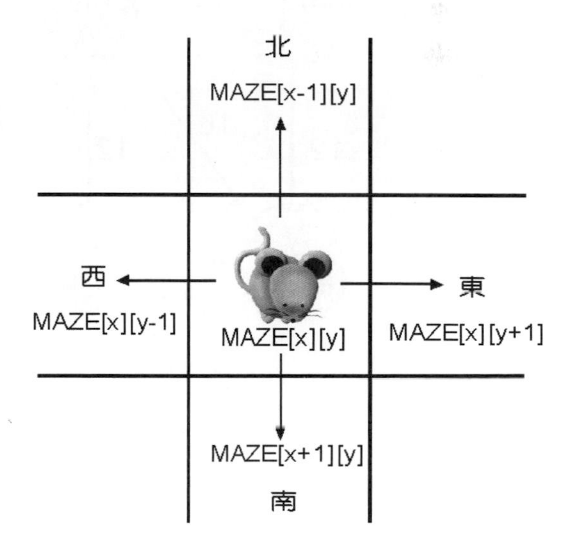

例如老鼠走迷宮就是一種回溯法（Backtracking）的應用，老鼠走迷宮問題的陳述是假設把一隻大老鼠被放在一個沒有蓋子的大迷宮盒的入口處，盒中有許多牆使得大部份的路徑都被擋住而無法前進。老鼠可以依照嘗試錯誤的方法找到出口。不過這老鼠必須具備走錯路時就會重來一次並把走過的路記起來，避免重複走同樣的路，就這樣直到找到出口為止。

17-2-4 貪心法

貪心法（Greed Method）又稱為貪婪演算法，方法是從某一起點開始，就是在每一個解決問題步驟使用貪心原則，都採取在當前狀態下最有利或最優化的選擇，也就是每一步都不管大局的影響，只求局部解決的方法，不斷的改進該解答，持續在每一步驟中選擇最佳的方法，並且逐步逼近給定的目標，透過一步步的選擇局部最佳解來得到問題的解答。當達到某一步驟不能再繼續前進時，演算法停止，以盡可能快的地求得更好的解、幾乎可以解決大部份的最佳化問題。

貪心法的精神雖然是把求解的問題分成若干個子問題，不過不能保證求得的最後解是最佳的，貪心法的原理容易過早做決定，只能求滿足某些約束條件的可行解的範圍，不過在有些問題卻可以得到最佳解，經常用在求圖形的最小生成樹（MST）、最短路徑與霍哈夫曼編碼、機器學習等方面。

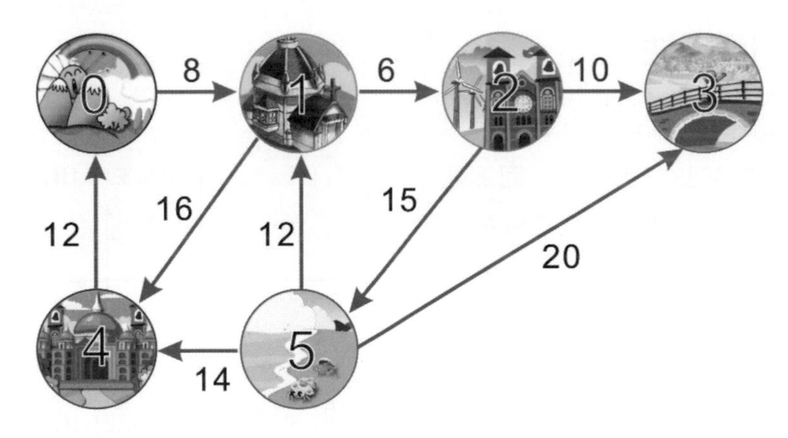

✪ 貪心法適合計算前往旅遊點景的最短路徑

17-3 陣列

「陣列」（Array）結構就是一排緊密相鄰的可數記憶體，並提供一個能夠直接存取單一資料內容的計算方法。各位其實可以想像成住家前面的信箱，每個信箱都有住址，其中路名就是名稱，而信箱號碼就是索引。

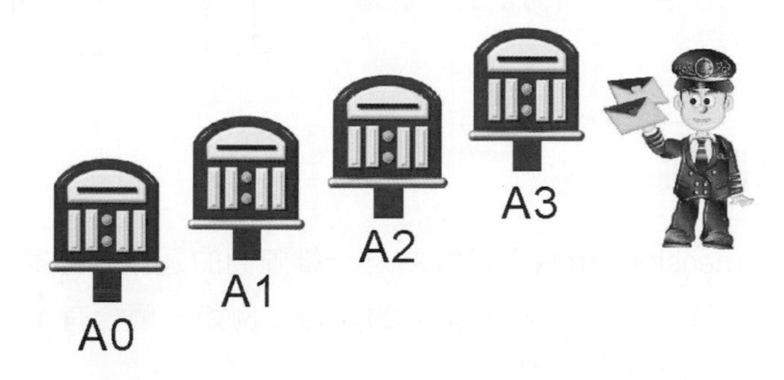

郵差可以依照傳遞信件上的住址，把信件直接投遞到指定的信箱中，這就好比程式語言中陣列的名稱是表示一塊緊密相鄰記憶體的起始位置，而陣列的索引功能則是用來表示從此記憶體起始位置的第幾個區塊。

陣列型態就是一種典型的靜態資料結構，是一種將有序串列的資料使用連續記憶空間（Contiguous Allocation）來儲存。靜態資料結構的記憶體配置是在編譯時，就必須配置給相關的變數，因此在建立初期，必須事先宣告最大可能的固定記憶空間，容易造成記憶體的浪費，優點是設計時相當簡單及讀取與修改串列中任一元素的時間都固定，缺點則是刪除或加入資料時，需要移動大量的資料。如果想要存取陣列中的資料時，則配合索引值（index）尋找出資料在陣列的位置。

17

通常陣列的使用可以分為一維陣列、二維陣列與多維陣列等等，其基本的運作原理都相同。其實多維陣列也必須在一維的實體記憶體中表示，因為記憶體位置是依線性順序遞增。陣列依照不同的語言，又可區分為兩種儲存方式：

以列為主（Row-major）

一列一列來依序儲存，例如 Java、C/C++、PASCAL 語言的陣列存放方式。

以行為主（Column-major）

一行一行來依序儲存，例如 Fortran 語言的陣列存放方式。

17-3-1 一維陣列

一維陣列（one-dimensional array）是最基本的陣列結構，只利用到一個索引值，就可存放多個相同型態的資料。在下圖中的 Array_Name 一維陣列，代表擁有 5 筆相同資料的陣列。藉由名稱 Array_Name 與索引值，即可方便的存取這 5 筆資料。如右所示：

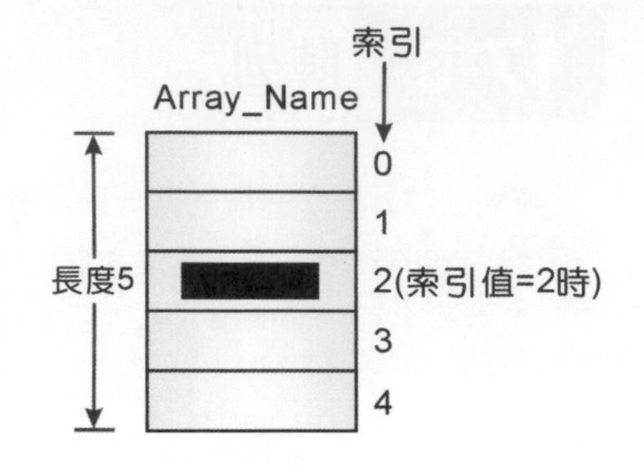

17-3-2 二維陣列

二維陣列（Two-dimension Array）可視為是一維陣列的延伸，基本上並無不同，都是處理相同資料型態資料，差別只在於維度的宣告。例如一個含有 m*n 個元素的二維陣列 A (1:m,1:n)，m 代表列數。

當然在實際的電腦記憶體中是無法以矩陣方式儲存，仍然必須以線性方式，視為一維陣列的延伸來處理。在 C 中，二維陣列的宣告格式如下：

```
資料型態　陣列名稱 [ 列的個數 ] [ 行的個數 ]；
```

例如宣告陣列 arr 的列數是 3，行數是 5，那麼所有元素個數為 15。C 的二維陣列語法格式如下所示：

```
int arr[3] [5]；
```

基本上，arr 為一個 3 列 5 行的二維陣列，也可以視為 3*5 的矩陣。在存取二維陣列中的資料時，使用的索引值仍然是由 0 開始計算。下圖以矩陣圖形來説明這個二維陣列中每個元素的索引值與儲存對應關係：

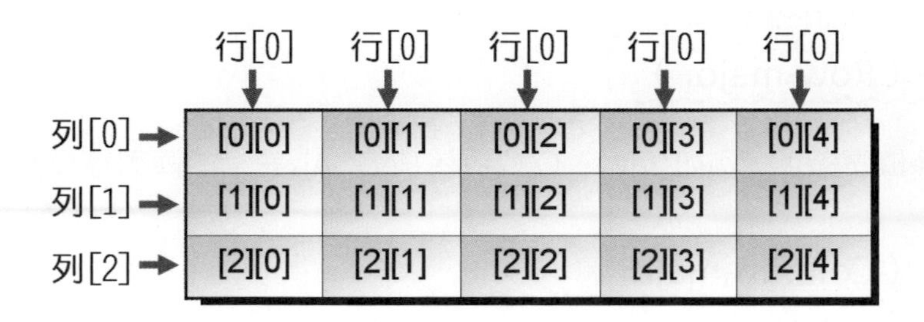

17-3-3 多維陣列

在程式語言中，只要記憶體大小許可時，都可以宣告成更多維陣列來存取資料，通常凡是二維以上的陣列都可以稱作多維陣列。首先我們來討論三維陣列（Three-dimension Array），基本上三維陣列的表示法和二維陣列一樣，皆可視為是一維陣列的延伸，通常只要記憶體大小許可，都可以宣告成更多維陣列來存取資料，在 C 中如果要提高陣列的維數，就是再多加一組括號與索引值即可。定義語法如下所示：

資料型態 陣列名稱 [元素個數] [元素個數] [元素個數]……. [元素個數];

以下舉出 C 中幾個多維陣列的宣告實例：

```
int arr[2][3][4];    /*三維陣列 */
int Four_dim[2][3][4][5];  /* 四維陣列 */
```

下圖是將 arr[2][3][4] 三維陣列想像成空間上的立方體圖形：

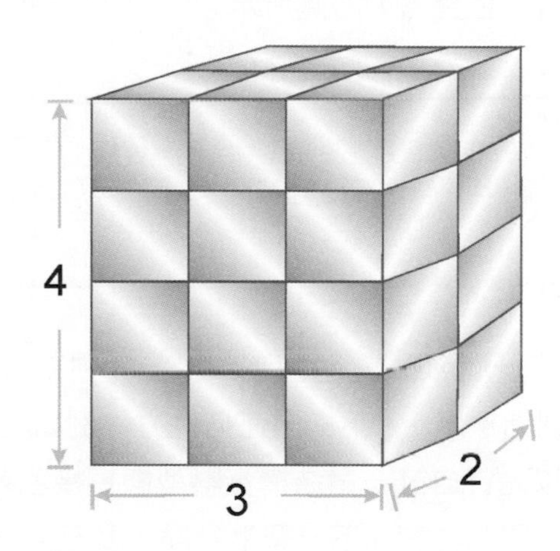

17-4 鏈結串列

鏈結串列（Linkod Liot）是一種由許多相同資料型態的項目，依照特定順序排列而成的線性串列，但特性是在電腦記憶體中位置是以不連續、隨機（Random）的方式存在，優點是資料的插入或刪除都相當方便，有新資料加入就向系統要一塊記憶體空間，資料刪除後，就把空間還給系統。不需要移動大量資料。缺點就是設計資料結構時較為麻煩，另外在搜尋資料時，也無法像靜態資料一般可隨機讀取資料，必須循序找到該資料為止。日常生活中有許多鏈結串列的抽象運用，例如可以把「單向鏈結串列」想像成自強號火車，有多少人就只掛多少節的車廂，當假日人多時，需要較多車廂時可多掛些車廂，人少了就把車廂數量減少，作法十分彈性。

17-4-1 單向鏈結串列

在動態配置記憶體（dynamic allocation）時，最常使用的資料結構就是「單向鏈結串列」（Single Linked List）。基本上，一個單向鏈結串列節點由兩個欄位，即資料欄及指標欄組成，而指標欄將會指向下一個元素的記憶體所在位置。如右圖所示：

1	資料欄位
2	鏈結欄位

「動態配置記憶體」（dynamic allocation）的基本精神，主要就是讓記憶體運用更為彈性，即可於程式執行時期，再依照使用者的設定與需求，適當配置所需要的變數記憶體空間。

在「單向鏈結串列」中第一個節點是「串列指標首」，指向最後一個節點的鏈結欄位設為NULL表示它是「串列指標尾」，不指向任何地方。例如在C/C++中，若以動態配置產生鏈結點的方式，可以先行自訂一個結構資料型態，接著在結構中定義一個指標欄位其資料型態與結構相同，用意在指向下一個鏈結點，及至少一個資料欄位。

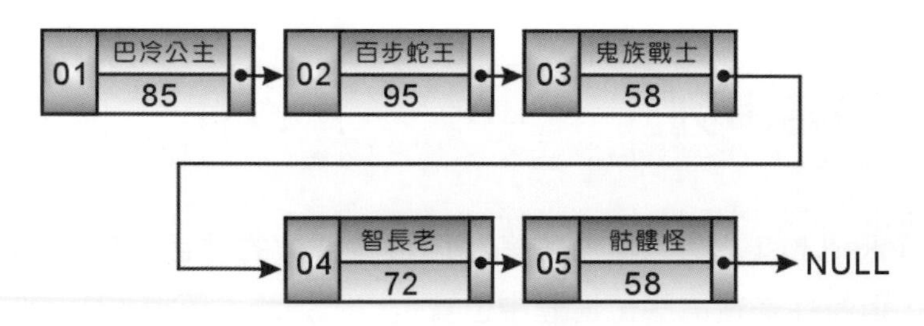

✪ 有5個節點的單向鏈結串列

當完成結構資料型態定義，就可以動態建立鏈結串列中的每個節點。假設我們現在要新增一個結點至串列的尾端，且 ptr 指向串列的第一個節點，在程式上必須設計四個步驟：

1. 動態配置記憶體空間給新節點使用。
2. 將原串列尾端的指標欄（next）指向新元素所在的記憶體位置。
3. 將 ptr 指標指向新節點的記憶體位置，表示這是新的串列尾端。
4. 由於新節點目前為串列最後一個元素，所以將它的指標欄（next）指向 NULL。

接著我們要討論如何在單向鏈結串列中插入新節點。這種情況如同在一列火車中加入新的車箱，有三種情況：加於第 1 個節點之前、加於最後一個節點之後以及加於此串列中間任一位置。接下來，我們利用圖解方式說明如下：

新節點插入第一個節點之前，即成為此串列的首節點

只需把新節點的指標指向串列的原來第一個節點，再把串列指標首移到新節點上即可。

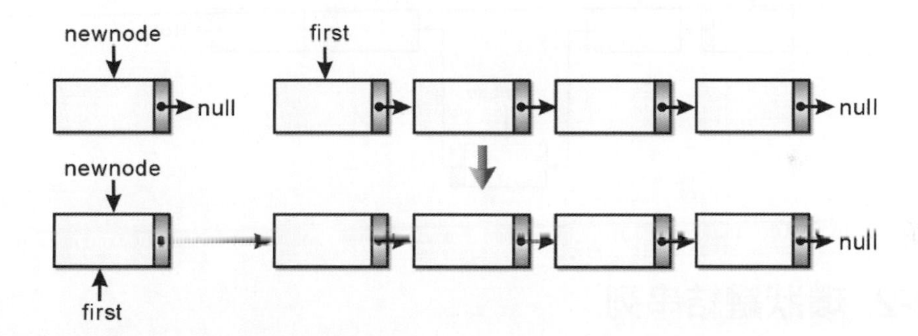

新節點插入最後一個節點之後

只需把串列的最後一個節點的指標指向新節點，新節點再指向 NULL 即可。

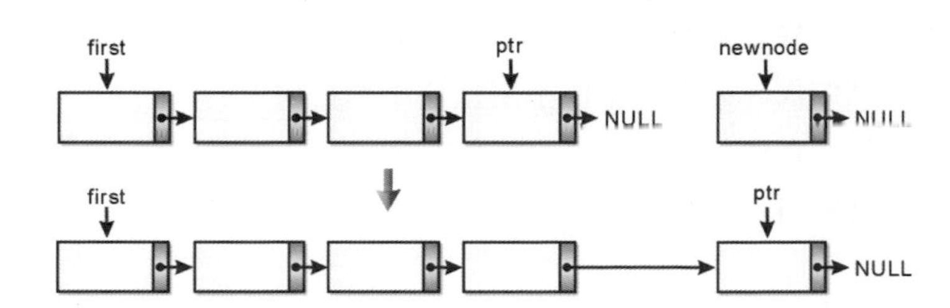

將新節點插入串列中間的位置

例如插入的節點是在 X 與 Y 之間，只要將 X 節點的指標指向新節點，新節點的指標指向 Y 節點即可。如下圖所示：

如果插入的節點是在 X 與 Y 之間，只要將 X 節點的指標指向新節點，新節點的指標指向 Y 節點即可。

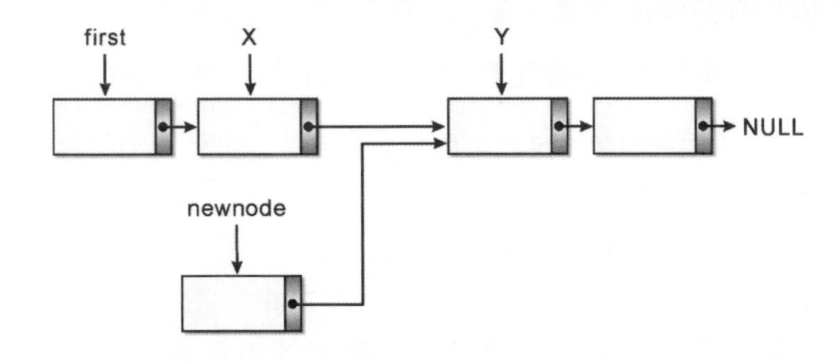

接著把插入點指標指向的新節點。

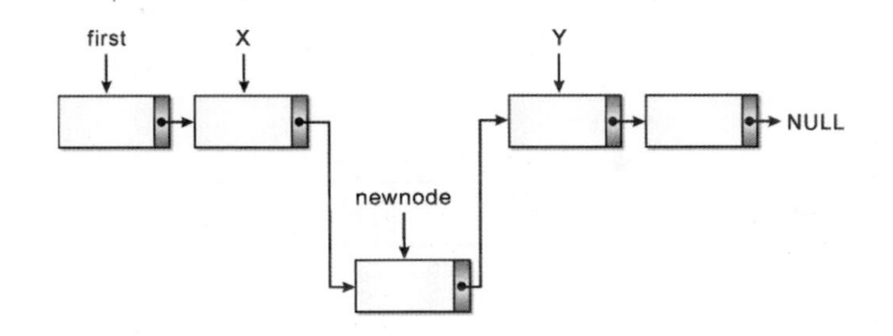

17-4-2 環狀鏈結串列

在單向鏈結串列中，維持串列首是相當重要的事，因為單向鏈結串列有方向性，所以如果串列首指標被破壞或遺失，則整個串列就會遺失，並且浪費整個串列的記憶體空間。

如果我們把串列的最後一個節點指標指向串列首，而不是指向 NULL，整個串列就成為一個單方向的環狀結構。如此一來便不用擔心串列首遺失的問題了，因為每一個節點都可以是串列首，也可以從任一個節點來追蹤其他節點。通常可做為記憶體工作區與輸出入緩衝區的處理及應用。如下圖所示：

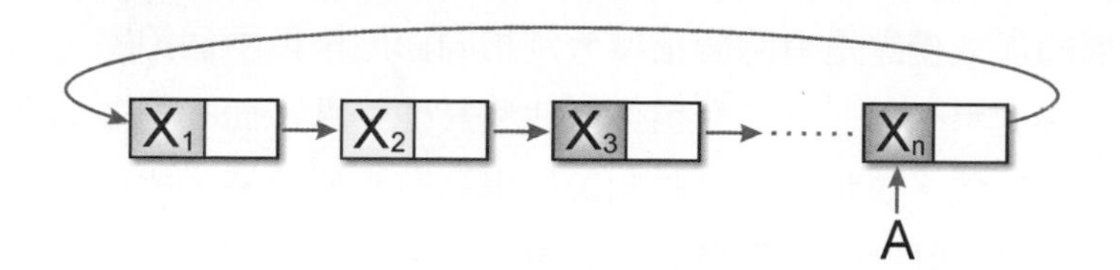

簡單來說，環狀鏈結串列（Circular Linked List）的特點是在串列中的任何一個節點，都可以達到此串列內的各節點，建立的過程與單向鏈結串列相似，唯一的不同點是必須要將最後一個節點指向第一個節點。事實上，環狀鏈結串列的優點是可以從任何一個節點追蹤所有節點，而且回收整個串列所需時間是固定的，與長度無關，缺點是需要多一個鏈結空間，而且插入一個節點需要改變兩個鏈結。

17-4-3 雙向鏈結串列

單向鏈結串列和環狀串列都是屬於擁有方向性的串列，不過只能單向走訪，萬一不幸其中有一個鏈結斷裂，那麼後面的串列資料便會遺失而無法復原了。因此我們可以將兩個方向不同的鏈結串列結合起來，除了存放資料的欄位外，它有兩個指標欄位，其中一個指標指向後面的節點，另一個則指向前面節點，這稱為雙向鏈結串列（Double Linked List）。

首先來介紹雙向鏈結串列的資料結構。對每個節點而言，具有三個欄位，中間為資料欄位。左右各有兩個鏈結欄位，分別為 LLINK 及 RLINK，其中 RLINK 指向下一個節點，LLINK 指向上一個節點。如下圖所示：

LLink	Data	RLink

1. 每個節點具有三個欄位，中間為資料欄位。左右各有兩個鏈結欄位，分別為 LLINK 及 RLINK。其中 RLINK 指向下一個節點，LLINK 指向上一個節點。
2. 通常加上一個串列首，此串列不存任何資料，其左邊鏈結欄指向串列最後一個節點，而右邊鏈結指向第一個節點。

由於每個節點都有兩個指標所以可以雙向通行，所以能夠輕鬆找到前後節點，同時從串列中任　節點也可以找到其他節點，而不需經過反轉或比對節點等處理，執行速度較快。另外如果任一節點的鏈結斷裂，可經由反方向串列走訪，快速完整重建鏈結。

雙向鏈結串列的最大優點是有兩個指標分別指向節點前後兩個節點，所以能夠輕鬆找到前後節點，同時從串列中任一節點也可以找到其他節點，而不需經過反轉或比對節點等處理，執行速度較快。缺點是由於雙向鏈結串列有兩個鏈結，所以在加入或刪除節點時都得花更多時間來移動指標，不過較為浪費空間。

17-5 堆疊與佇列

堆疊（Stack）與佇列（Queue）也是兩種相當典型的抽象資料型態，也是線性串列觀念的延伸應用，也是電腦與程式設計領域中相當重要的實作觀念，主要特性是限制了資料插入與刪除的位置和方法。例如堆疊經常應用在遞迴式的呼叫、二元樹追蹤（Inorder）、圖形深入追蹤（DFS）、CPU 中斷處理（Interrupt Handling）等。而佇列則經常應用在計算機的模擬、CPU 的工作排程（Job Scheduling）、線上同時周邊作業系統（SPOOL）、圖形先廣後深搜尋法（BFS）等。

17-5-1 堆疊簡介

堆疊（Stack）是一群相同資料型態的組合，並擁有後進先出（Last In, First Out）的特性，所有的動作均在堆疊頂端進行。

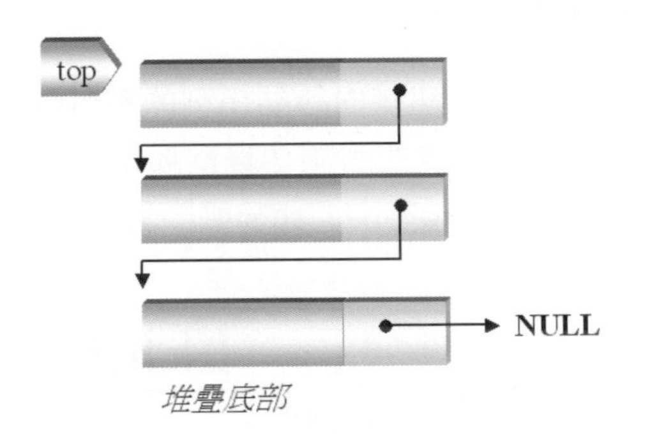

例如自助餐中餐盤由桌面往上一個一個疊放，且取用時由最上面先拿，就是一種堆疊概念。其中將每一個元素放入堆疊頂端，稱為推入（Push），而從堆疊頂端取出元素，則稱為彈出（Pop）。

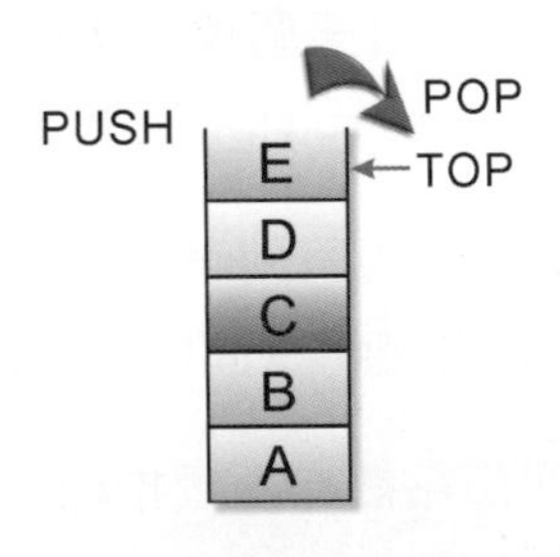

在程式設計中該如何製作一個堆疊呢？因為它只是一種抽象資料型態，所以我們不論用陣列或鏈結串列都可以，最重要是要有「後進先出」的精神，並符合五種基本工作運算：

CREATE	建立一個空堆疊。
PUSH	存放頂端資料，並傳回新堆疊。
POP	刪除頂端資料，並傳回新堆疊。
EMPTY	判斷堆疊是否為空堆疊，是則傳回 true，不是則傳回 false。
FULL	判斷堆疊是否已滿，是則傳回 true，不是則傳回 false。

通常以陣列結構來製作堆疊的好處是製作與設計的演算法都相當簡單，不過如果堆疊本身的結構是變動的話，陣列大小並無法事先規劃宣告，太大時浪費空間，太小則不夠使用。至於鍵結串列來製作堆疊的優點是隨時可以動態改變串列長度，能有效利用記憶體資源，不過缺點是設計時，它的演算法較為複雜。

17-5-2 佇列（Queue）

佇列是一種「先進先出」（First In, First Out）的資料結構，和堆疊一樣都是一種有序串列的抽象資料型態。就好比搭高鐵時買票的隊伍，先到的人當然可以優先買票，買完後就從前端離去準備進入月台。於佇列的兩端都會有資料進出的動作，所以必須記錄佇列的前端與後端，如下圖所示使用 front 與 rear 這兩個註標來模擬佇列的運作：

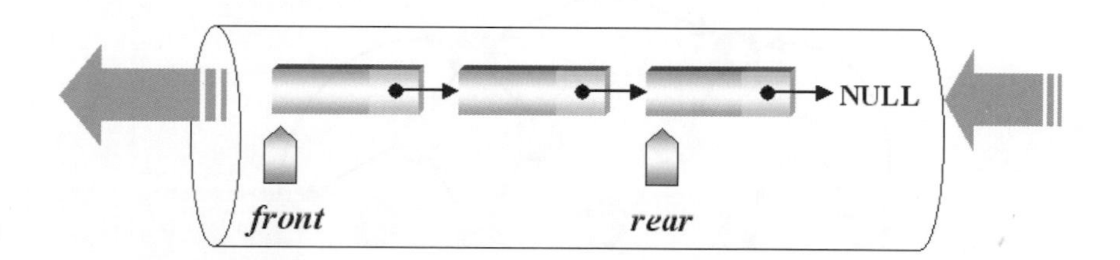

在程式設計中該如何製作一個佇列呢？因為它只是一種抽象資料型態，所以同樣不論用陣列或鏈結串列都可以，最重要是要有「先進先出」的精神，並符合五種基本工作運算：

CREATE	建立空佇列。
ADD	將新資料加入佇列的尾端，傳回新佇列。
DELETE	刪除佇列前端的資料，傳回新佇列。
FRONT	傳回佇列前端的值。
EMPTY	若佇列為空集合，傳回真，否則傳回偽。

以陣列結構來製作佇列的好處是演算法相當簡單，不過與堆疊不同之處是需要擁有兩種基本動作加入與刪除，而且使用 front 與 rear 兩個註標來分別指向佇列的前端與尾端，缺點是陣列大小並無法事先規劃宣告。除了能以陣列的方式來實作外，我們也可以鏈結串列實作佇列。在宣告佇列類別中，除了和佇列類別中相關的方法外，還必須有指向佇列前端及佇列尾端的指標變數，即 front 及 rear。

17-6 樹狀結構

樹（tree）是另外一種典型的資料結構，可用來描述有分支的結構，屬於一種階層性的非線性結構。「樹」（Tree）是由一個或一個以上的節點（Node）組成，存在一個特殊的節點，稱為樹根（Root），每一個節點可代表一些資料和指標組合而成的記錄。其餘節點則可分為 n ≧ 0 個互斥的集合，即是 $T_1, T_2, T_3 \cdots T_n$，則每一個子集合本身也是一種樹狀結構及此根節點的子樹。此外，一棵合法的樹，節點間可以互相連結，但不能形成無出口的迴圈。例如下圖就是一棵不合法的樹：

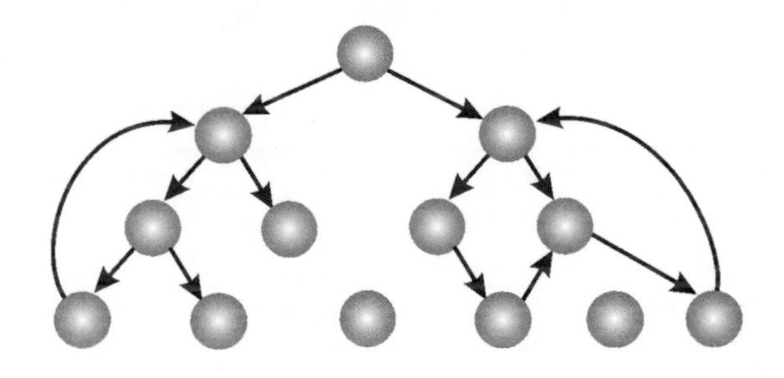

至於樹還可組成樹林（forest），也就是說樹林是由 n 個互斥樹的集合（n≥0），移去樹根即為樹林。例如下圖就為包含三棵樹的樹林。

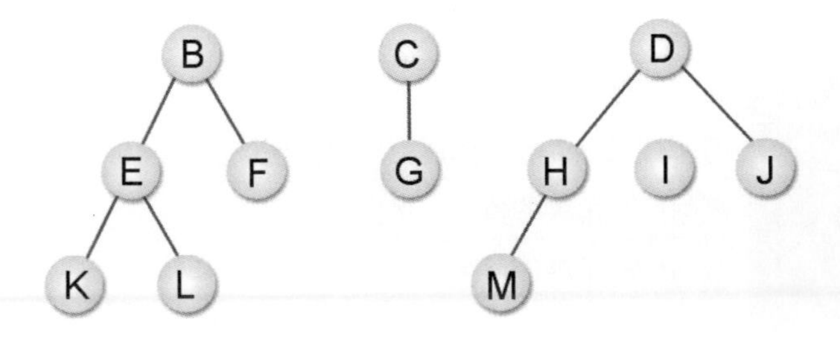

17-6-1 二元樹

二元樹（又稱 knuth 樹）是一種非常普遍的特殊樹狀結構，也是資料結構中相當重要的抽象資料型態。雖然二元樹可以用來表示任何樹，但樹與二元樹還是屬於不同的兩種物件，例如樹不能有零個節點，但二元樹可以，或者二元樹中有次序性，但樹沒有，另外樹的分支度為 d ≧ 0，但二元樹的節點分支度必須為 0 ≦ d ≦ 2。

二元樹是一種有序樹（Order Tree），並由節點所組成的有限集合，這個集合若不是空集合，就是由一個樹根與左子樹（Left Subtree）和右子樹（Right Subtree）所組成。如下圖所示：

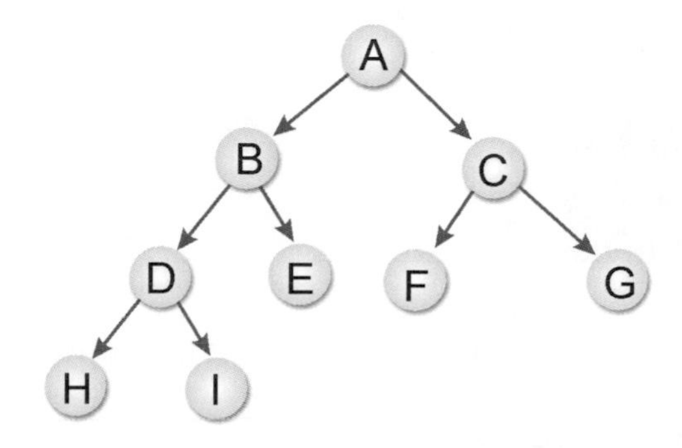

以下這兩個左右子樹都是屬於同一種樹狀結構，不過卻是二棵不同的二元樹結構，原因就是二元樹必須考慮到前後次序關係。這點請各位讀者特別留意：

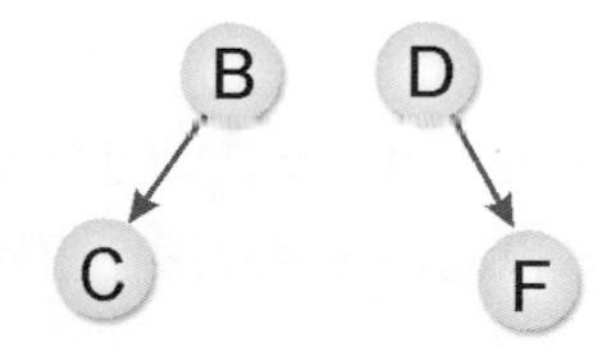

17-6-2 二元樹儲存方式

一般在資料結構的領域中，我們習慣用鏈結串列來表示二元樹組織，因為在刪除或增加節點時，都會帶來許多方便與彈性。當然也可以使用一維陣列這樣的連續記憶體來表示二元樹，不過在對樹中的中間節點做插入與刪除時，可能要大量移動來反應節點的變動。以下我們將分別來介紹陣列及串列這兩種儲存方法。

一維陣列表示法

使用循序的一維陣列來表示二元樹，首先可將此二元樹假想成一個完滿二元樹（Full Binary Tree），而且第 k 個階度具有 2^{k-1} 個節點，並且依序存放在此一維陣列中。首先來看看使用一維陣列建立二元樹的表示方法及索引值的配置：

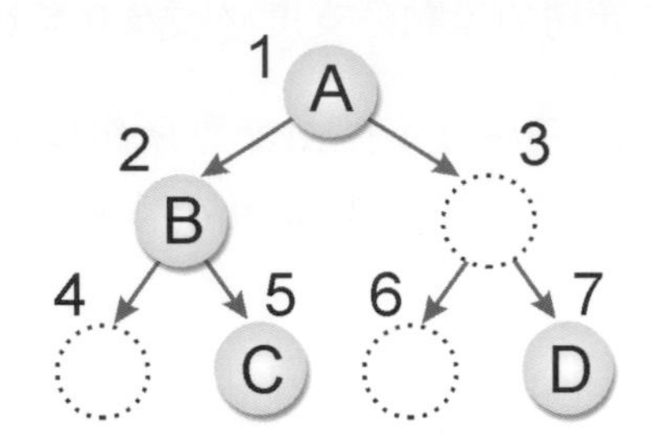

索引值	1	2	3	4	5	6	7
內容值	A	B			C		D

從上圖中，我們可以看到此一維陣列中的索引值有以下關係：

1. 左子樹索引值是父節點索引值 *2。
2. 右子樹索引值是父節點索引值 *2+1。

串列表示法

由於二元樹最多只能有兩個子節點，就是分支度小於或等於 2，而所謂串列表示法，就是利用鏈結串列來儲存二元樹。也就是運用動態記憶體及指標的方式來建立二元樹。其電腦中的資料結構如下：

left *ptr	data	right *ptr
指向左子樹	節點值	指向右子樹

基本上，使用串列來表示二元樹的好處是對於節點的增加與刪除相當容易，缺點是很難找到父節點，除非在每一節點多增加一個父欄位。以上述宣告而言，此節點所存放的資料型態為整數。例如下圖所示：

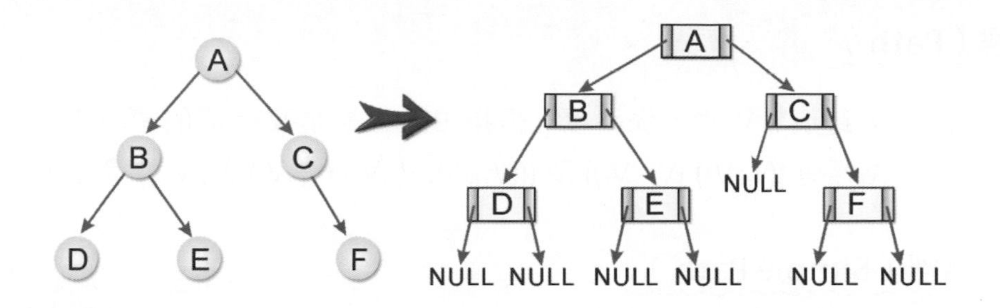

17-7 圖形結構

樹狀結構的最大不同是描述節點與節點之間「層次」的關係，但是圖形結構卻是討論兩個頂點之間「相連與否」的關係。圖形是由「頂點」和「邊」所組成的集合，通常用 G = (V,E) 來表示，其中 V 是所有頂點所成的集合，而 E 代表所有邊所成的集合。圖形的種類有兩種：一是無向圖形，一是有向圖形，無向圖形以 (V_1,V_2) 表示，有向圖形則以 $<V_1,V_2>$ 表示其邊線。

17-7-1 無向圖形

無向圖形（Graph）是一種具備同邊的兩個頂點沒有次序關係，例如 (V_1,V_2) 與 (V_2,V_1) 是代表相同的邊。如右圖所示：

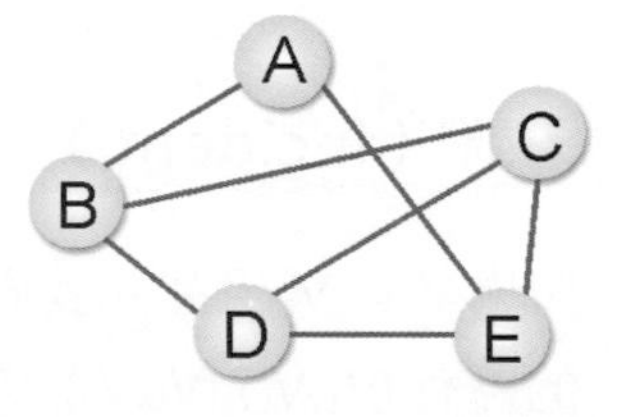

V = {A,B,C,D,E}
E = {(A,B),(A,E),(B,C),(B,D),(C,D),(C,E),(D,E)}

接下來是無向圖形的重要術語介紹：

完整圖形

在「無向圖形」中，N 個頂點正好有 N(N-1)/2 條邊，則稱為「完整圖形」。如右圖所示：

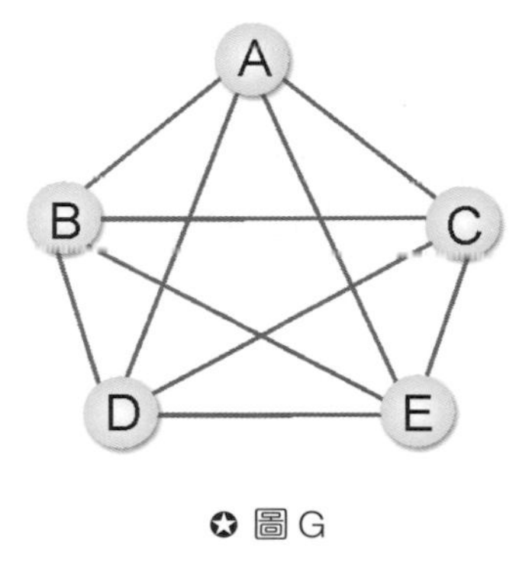

✪ 圖 G

路徑(Path)

對於從頂點 V_i 到頂點 V_j 的一條路徑,是指由所經過頂點所成的連續數列,如圖 G 中,V_1 到 V_5 的路徑有 $\{(V_1,V_2),(V_2, V_5)\}$ 及 $\{((V_1,V_2),(V_2,V_3),(V_3,V_4),(V_4,V_5))\}$ 等等。

簡單路徑(Simple Path)

除了起點和終點可能相同外,其他經過的頂點都不同,在圖 G 中,$(V_1,V_2),(V_2,V_3),(V_3,V_1),(V_1,V_5)$ 不是一條簡單路徑。

路徑長度(Path Length)

是指路徑上所包含邊的數目,在圖 G 中,$(V_1,V_2),(V_2,V_3),(V_3,V_4),(V_4,V_5)$,是一條路徑,其長度為 4,且為一簡單路徑。

循環(Cycle)

起始頂點及終止頂點為同一個點的簡單路徑稱為循環。如上圖 G,$\{(V_1,V_2),(V_2,V_4),(V_4,V_5),(V_5,V_3),(V_3,V_1)\}$ 起點及終點都是 A,所以是一個循環。

依附(Incident)

如果 V_i 與 V_j 相鄰,我們則稱 (V_i,V_j) 這個邊依附於頂點 V_i 及頂點 V_j,或者依附於頂點 V_2 的邊有 $(V_1,V_2),(V_2,V_4),(V_2,V_5),(V_2,V_3)$。

子圖(Subgraph)

當我們稱 G' 為 G 的子圖時,必定存在 $V(G') \subseteq V(G)$ 與 $E(G') \subseteq E(G)$,如下圖是上圖 G 的子圖。

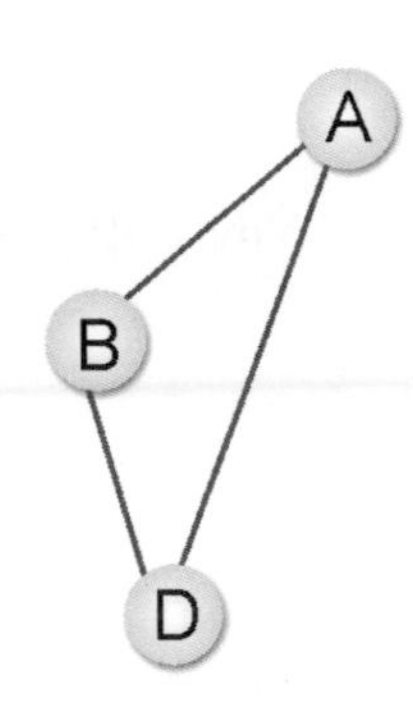

相鄰（Adjacent）

如果 (V_i,V_j) 是 E(G) 中的一邊，則稱 V_i 與 V_j 相鄰。

相連單元（Connected Component）

在無向圖形中，相連在一起的最大子圖（Subgraph），如圖 G 有 2 個相連單元。

分支度

在無向圖形中，一個頂點所擁有邊的總數為分支度。如上頁圖 G，頂點 1 的分支度為 4。

17-7-2 有向圖形

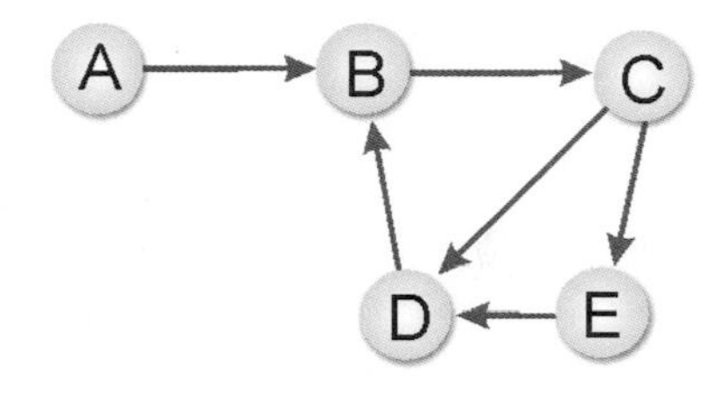

有向圖形（Digraph）是一種每一個邊都可使用有序對 $<V_1,V_2>$ 來表示，並且 $<V_1,V_2>$ 與 $<V_2,V_1>$ 是表示兩個方向不同的邊，而所謂 $<V_1,V_2>$，是指 V_1 為尾端指向為頭部的 V_2。如右圖所示：

V = {A,B,C,D,E}
E = {<A,B>,<B,C>,<C,D>,<C,E>,<E,D>,<D,B>}

接下來則是有向圖形的相關定義介紹：

完整圖形（Complete Graph）

具有 n 個頂點且恰好有 n*(n-1) 個邊的有向圖形，如下圖所示：

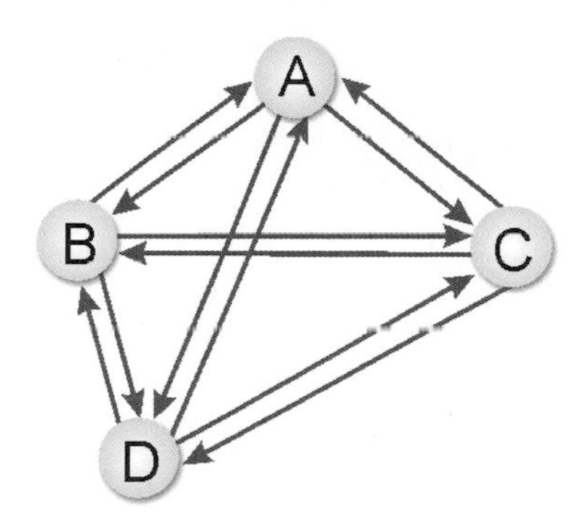

路徑（Path）

有向圖形中從頂點 V_p 到頂點 V_q 的路徑是指一串由頂點所組成的連續有向序列。

強連接（Strongly Connected）

有向圖形中，如果每個相異的成對頂點 V_i,V_j 有直接路徑，同時，有另一條路徑從 V_j 到 V_i，則稱此圖為強連接。如下圖：

- 強連接單元（Strongly Connected Component）：有向圖形中構成強連接的最大子圖，在下圖 (a) 中是強連接，但 (b) 就不是。

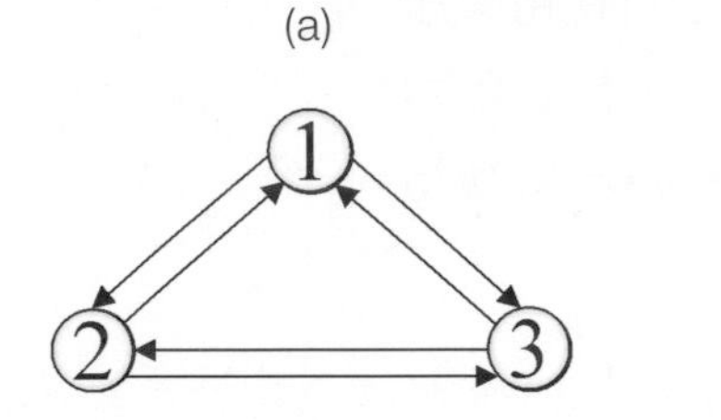

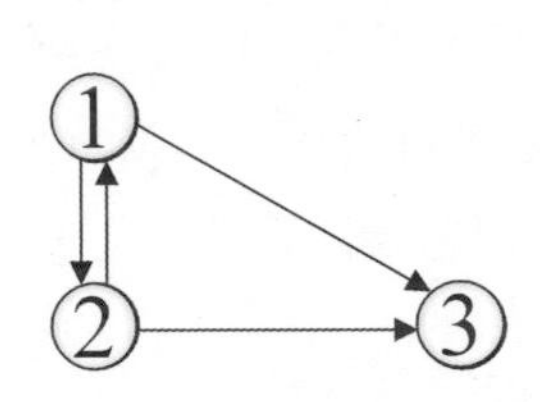

而圖 (b) 中的強連接單元如下：

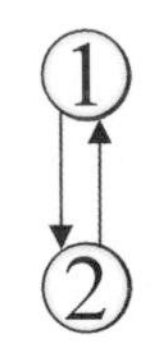

出分支度（Out-degree）

是指有向圖形中，以頂點 V 為箭尾的邊數目。

入分支度（In-degree）

是指有向圖形中，以頂點 V 為箭頭的邊數目，如右圖中 V_4 的入分支度為 1，出分支度為 0，V_2 的入分支度為 4，出分支度為 1，

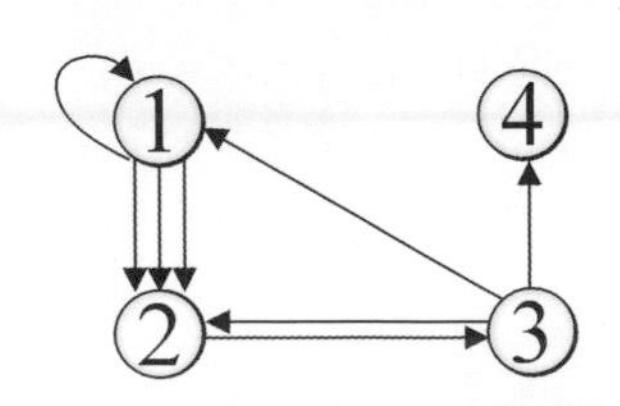

17-8 排序與搜尋

排序（Sorting）是指將一群資料，依照某一個特定規則調換位置，使資料具有遞增或遞減的次序關係。按照特定規則，用以排序的依據，我們稱為鍵（Key），它所含的值就稱為「鍵值」。例如班級成績資料，可以使用每一個學生的總成績、總分均、名次等排列方式，將資料由大至小或是由小至大來排列。在資料處理過程中，是否能在最短時間內搜尋到所需要的資料，是一個相當值得資訊從業人員關心的議題。所謂搜尋，就是從資料檔案中，尋找符合某特定條件的記錄，這時用以搜尋的條件稱為「鍵值」（Key），就如同排序所用的鍵值一樣，我們平常在電話簿中找某人的電話，那麼這個人的姓名就成為在電話簿中搜尋電話資料的鍵值。

17-8-1 氣泡排序法

氣泡排序法又稱為交換排序法，是由觀察水中氣泡變化構思而成，氣泡隨著水深壓力而改變。氣泡在水底時，水壓最大，氣泡最小；當慢慢浮上水面時，發現氣泡由小漸漸變大。氣泡排序法的比較方式是由第一個元素開始，比較相鄰元素大小，若大小順序有誤，則對調後再進行下一個元素的比較。如此掃描過一次之後就可確保最後一個元素是位於正確的順序。接著再逐步進行第二次掃描，直到完成所有元素的排序關係為止。

以下排序我們利用 6、4、9、8、3 數列的排序過程，您可以清楚知道氣泡排序法的演算流程。

由小到大排序：

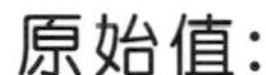

第一次掃描會先拿第一個元素 6 和第二個元素 4 作比較，如果第二個元素小於第一個元素，則作交換的動作。接著拿 6 和 9 作比較，就這樣一直比較並交換，到第 5 次比較完後即可確定最大值在陣列的最後面。

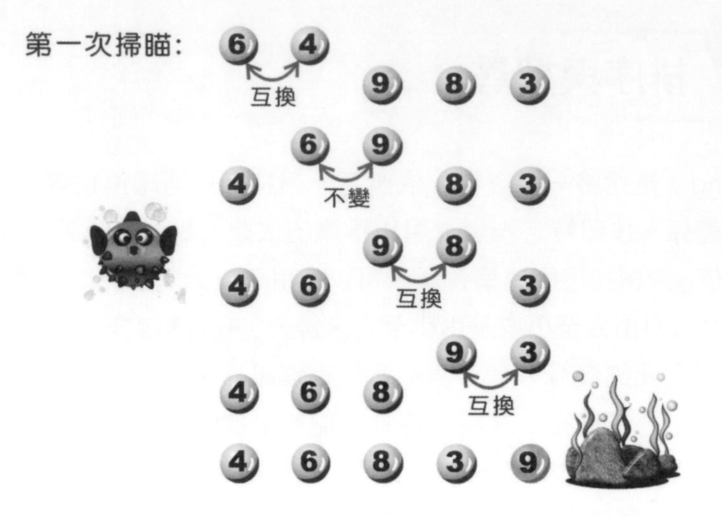

第二次掃描亦從頭比較起，但因最後一個元素在第一次掃描就已確定是陣列最大值，故只需比較 4 次即可把剩餘陣列元素的最大值排到剩餘陣列的最後面。

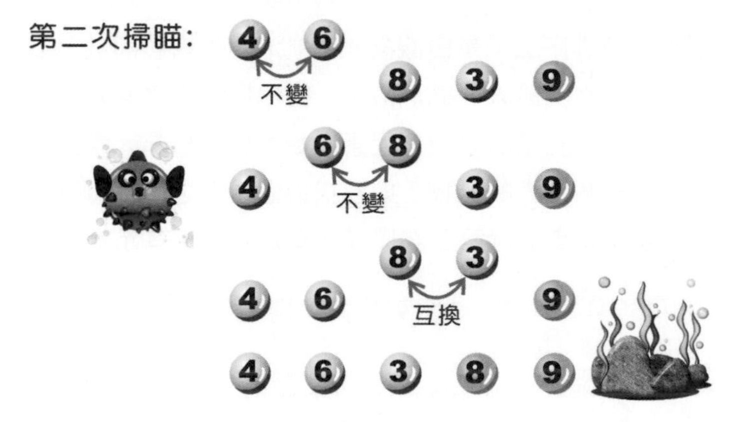

第三次掃描完，完成三個值的排序。

第四次掃描完，即可完成所有排序。

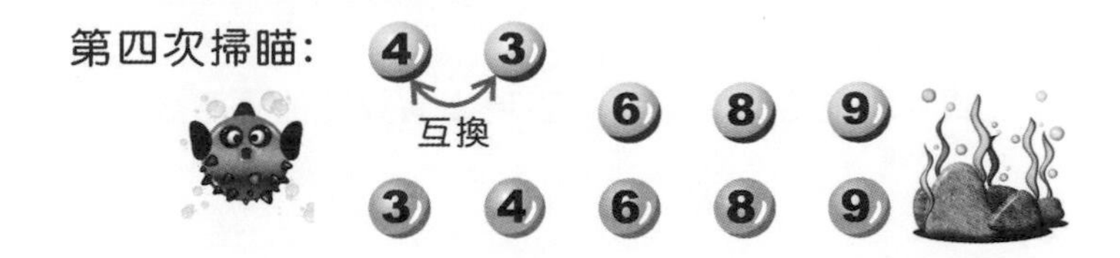

由此可知 5 個元素的氣泡排序法必須執行 (5-1) 次掃描，第一次掃描需比較 (5-1) 次，共比較 4+3+2+1 ＝ 10 次。

17-8-2 二分搜尋法

如果要搜尋的資料已經事先排序好，則可使用二分搜尋法來進行搜尋。二分搜尋法是將資料分割成兩等份，再比較鍵值與中間值的大小，如果鍵值小於中間值，可確定要找的資料在前半段的元素，否則在後半部。如此分割數次直到找到或確定不存在為止。例如以下已排序數列 2、3、5、8、9、11、12、16、18，而所要搜尋值為 11 時：

首先跟第五個數值 9 比較：

因為 11 ＞ 9，所以和後半部的中間值 12 比較：

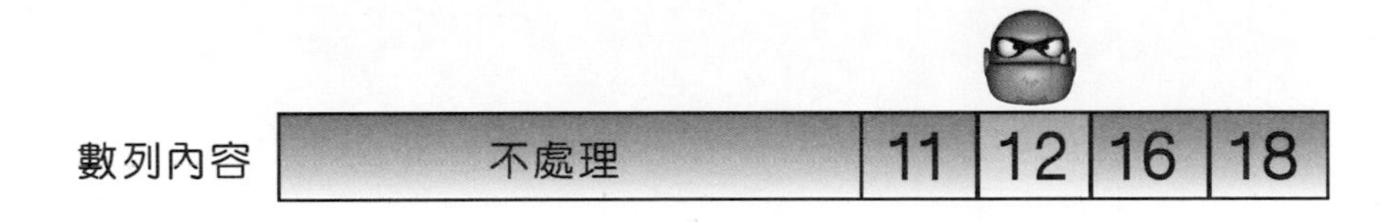

因為 11 ＜ 12，所以和前半部的中間值 11 比較：

因為 11 ＝ 11，表示搜尋完成，如果不相等則表示找不到。

課後評量

1. 請問以下C程式片段是否相當嚴謹地表現出演算法的意義？

```
count=0;
while(count< > 3)
  count+=2;
```

2. 試簡述分治法的核心精神。
3. 遞迴至少要定義哪兩種條件？
4. 試簡述貪心法的主要核心概念。
5. 枚舉法的核心概念是什麼？試簡述之。
6. 簡述資料與資訊的差異。
7. 試簡述一個單向鏈結串列節點欄位的組成。
8. 請簡單說明堆疊與佇列的主要特性。

人工智慧篇

電腦對人類生活的影響從來沒有像今天這麼無所不在，從現代人幾乎如影隨形般攜帶的智慧型手機，一直到美國國家海洋大氣總署（NOAA）研究人員用來計算與分析出全球海嘯動態的超級電腦（Supercomputer），這些都可以算是電腦的分身。人類自從發明電腦以來，便始終渴望著能讓電腦擁有類似人類的智慧，過去電腦只是個計算工具，雖然計算能力遠勝過人類，卻仍然還不具備人類所具備的智慧。電腦硬體的世代更替也同時造就了電腦軟體的蓬勃發展，同時使得人工智慧（Artificial Intelligence）漸漸地發展成為電腦科學領域中的一門顯學。

✪ AlphaGo 讓電腦自己學習下棋

圖片來源：https://case.ntu.edu.tw/blog/?p=26522

CHAPTER

18 人工智慧的演進與發展

人工智慧（Artificial Intelligence）主要就是要讓機器能夠具備人類的思考邏輯與行為模式近十年來人工智慧的應用領域愈來愈廣泛，當然就是電腦硬體技術的高速發展，特別是圖形處理器（Graphics Processing Unit, GPU）等關鍵技術愈趨成熟與普及，運算能力也從傳統的以 CPU 為主導到以 GPU 為主導，這對 AI 有很大變革，使得平行運算的速度更快與成本更低廉，我們也因人工智慧而享用許多個人化的服務、生活變得也更為便利。

✪ NVIDIA 的 GPU 在人工智慧運算領域中佔有領導地位

GPU 可說是近年來電腦硬體領域的最大變革，是指以圖形處理單元（GPU）搭配 CPU 的微處理器，GPU 則含有數千個小型且更高效率的 CPU，不但能有效處理平行處理（Parallel Processing），加上GPU是以向量和矩陣運算為基礎，大量的矩陣運算可以分配給這些為數眾多的核心同步進行處理，還可以達到高效能運算（High Performance Computing, HPC）能力，也使得人工智慧領域正式進入實用階段，藉以加速科學、分析、遊戲、消費和人工智慧應用。

平行處理（Parallel Processing）技術是同時使用多個處理器來執行單一程式，借以縮短運算時間。其過程會將資料以各種方式交給每一顆處理器，為了實現在多核心處理器上程式性能的提升，還必須將應用程式分成多個執行緒來執行。

高效能運算（High Performance Computing, HPC）能力則是透過應用程式平行化機制，就是在短時間內完成複雜、大量運算工作，專門用來解決耗用大量運算資源的問題。

18-1 認識人工智慧

人工智慧的概念最早是由美國科學家John McCarthy於1955年提出，目標為使電腦具有類似人類學習解決複雜問題與展現思考等能力，舉凡模擬人類的聽、說、讀、寫、看、動作等的電腦技術，都被歸類為人工智慧的可能範圍。簡單地說，人工智慧就是由電腦所模擬或執行，具有類似人類智慧或思考的行為，例如推理、規劃、問題解決及學習等能力。

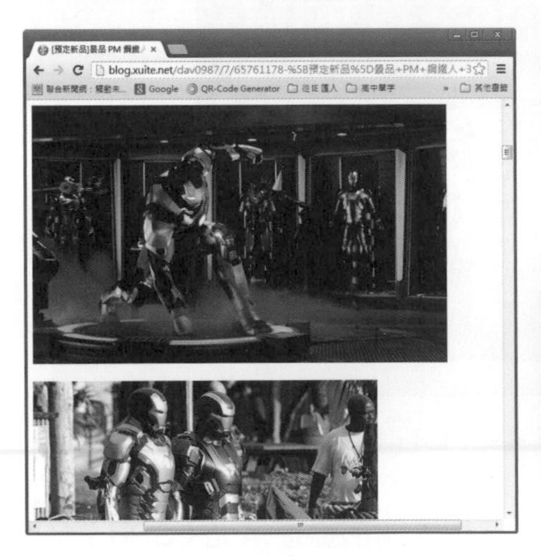

✪ 電影中的鋼鐵人與變形金剛未來都可能真實出現在我們身邊

18-1-1 人工智慧與現代生活

AI與電腦間的完美結合為現代產業帶來創新革命，涵蓋領域不僅展現在機器人、物聯網（IoT）、自駕車、智能服務等，甚至與數位行銷產業息息相關，根據美國最新研究機構的報告，2025年人工智慧將會在行銷和銷售自動化方面，取得更人性化的表現，有50 %的消費者強烈希望在日常生活中使用AI和語音技術，其他還包括蘋果手機的Siri、Line聊天機器人、圾信件自動分類、指紋辨識、自動翻譯、機場出入境的人臉辨識、機器人、智能醫生、健康監控、自動駕駛、自動控制等，都是屬於AI與日常生活的經典案例。

✪ AI改變產業的能力已經相當清楚

✪ 指紋辨識系統已經相當普遍

AI 功能的身影事實上早已充斥在我們的生活，實際應用於交通、娛樂、醫療等，到處都可見其蹤影，例如聊天機器人（chatbot）漸漸成為廣泛運用的新科技，利用聊天機器人不僅能夠節省人力資源，還能依照消費者的需要來客製化服務，極有可能會是改變未來銷售及客服模式的利器。

✪ 醫學專用達文西手臂

AI 在現代人醫療保健方面的應用更為廣泛，甚至於可能取代傳統人工診療，包括電腦斷層掃描儀器為診病醫生提供病人器官的三度空間影像圖，讓診斷能夠更為精確，例如達文西機器手臂融合電腦的精確計算能力來控制機器手臂，使得外科手術達到前所未有的創新與突破，而電腦於醫療教學與研發的應用更是廣泛，包括電腦診斷系統、罕見疾病藥物研發、基因組合等，甚至於 IBM Waston 透過大數據實踐了精準醫療的非凡成果。

18-1-2 機器人與工業 4.0

✪ 華碩 zenbo 機器人
資料來源：華碩電腦

✪ Sony 的寵物機器狗 aibo
資料來源：Sony 網站

自從上世紀以來，對於創造機器人，人們總是難以忘情，例如機器人（Robot）向來是科幻故事中不可或缺的重要角色，一般人對人工智慧的想像，不外乎是電影中活靈活現的機器人形象，其實智慧機器人的研發與其應用，早已吸引世人的高度重視。

✪ 特殊工業用途的機器人

在工商業發達的今日，機器人就是模仿人類造型所製造出來的輔助工具，我們知道製造業中持續改善與輔助製程是每個企業營運的本能，例如人工智慧驅動的協作型機器人可以在幾小時內設置完成，並且讓機器人具備某種專業智慧。機器人主要目的用於高危險性的工作，如火山探測、深海研究等，也有專為各種特殊工業用途所研發出來的機器人，不但執行精確，而且生產力更較一般常人高出許多。

18-2 人工智慧發展與演進

人工智慧的定義，簡單來說就是：任何讓電腦能夠表現出「類似人類智慧行為」的科技，只不過目前能實現與人類智能同等的技術還不存在，世界上絕大多數的人工智慧還是只能解決某個特定問題。人工智慧從 1956 年被正式提出以來到今天，一共經過了以下三個重要發展階段，這股熱潮仍未消退，時至今日仍在延續發展，並隨著各項科技的提升和推廣繼續將人工智慧推上新的高峰。

18-2-1 啟蒙期（1950~1965）

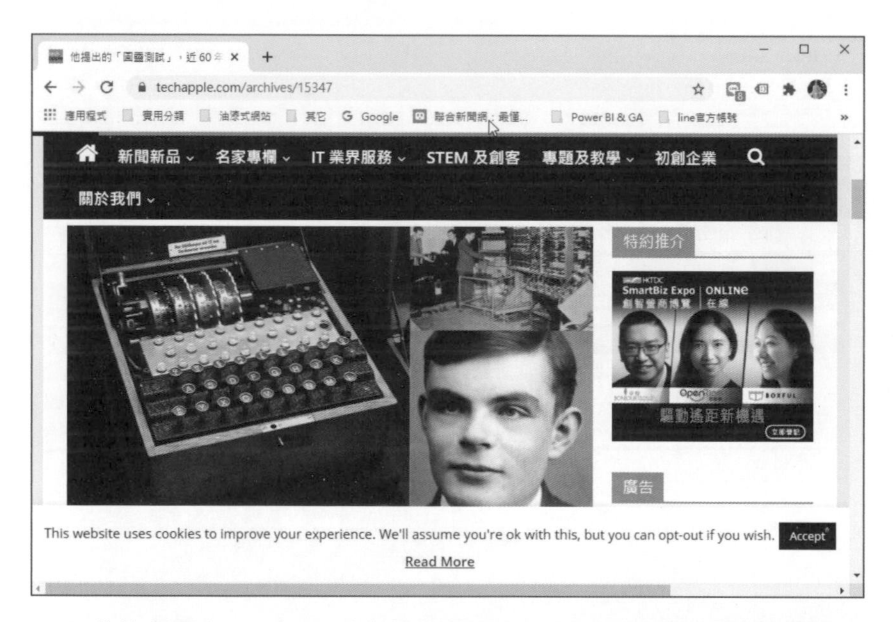

✪ 艾倫·圖靈（Alan Turing）為機器開始設立了是否具有智慧的判斷標準

圖片來源：https://www.techapple.com/archives/15347

自從電腦在 1950 年代被發明後，從科學家到一般大眾都對於電腦充滿無盡的想像，所思考的重點就是如何讓電腦擁有類似人類的智慧。西元 1950 年可以算是 AI 啟蒙期的開始，一位英國著名數學家艾倫·圖靈（Alan Turing）首先提出「圖靈測試」（Turing Test）地說法，他算是第一位認真探討人工智慧標準的人物，圖靈測試的理論是如果一台機器能夠與人類展開對話，而不被看出是出機器的身分時，就算通過這項測試，便能宣稱該機器擁有智慧。

西元1956年可以當成「人工智慧」這個字眼誕生的日子，當年達特矛斯會議（Dartmouth）上Lisp語言的發明人約翰．麥卡錫（John McCarthy）正式提出人工智慧（Artificial Intelligence）這個術語，許多人視為這一年是人工智慧的創立元年。

雖然當時AI的成果已能解開拼圖或簡單的遊戲，不過電腦的計算速度尚未提升、儲存空間也小，執行效能受限於時空背景下的硬體規格，一遇到複雜的問題就會束手無策，使的這一時期人工智慧只能用來解答一些代數題、邏輯程式和數學證明，例如知名的搜尋樹、迷宮走訪、河內塔（Tower of Hanoi）和數學證明等等，卻幾乎無法在實際應用上有所突破。

法國數學家Lucas在1883年介紹了一個十分經典的河內塔（Tower of Hanoi）智力遊戲，是典型使用遞迴式與堆疊觀念來解決問題的範例，內容是說在古印度神廟，廟中有三根木樁，天神希望和尚們把某些數量大小不同的圓盤，由第一個木樁全部移動到第三個木樁。不過在搬動時還必須遵守下列規則：

- 直徑較小的套環永遠置於直徑較大的套環上。
- 套環可任意地由任何一個木樁移到其他的木樁上。
- 每一次僅能移動一個套環，而且只能從最上面的套環開始移動。

範例

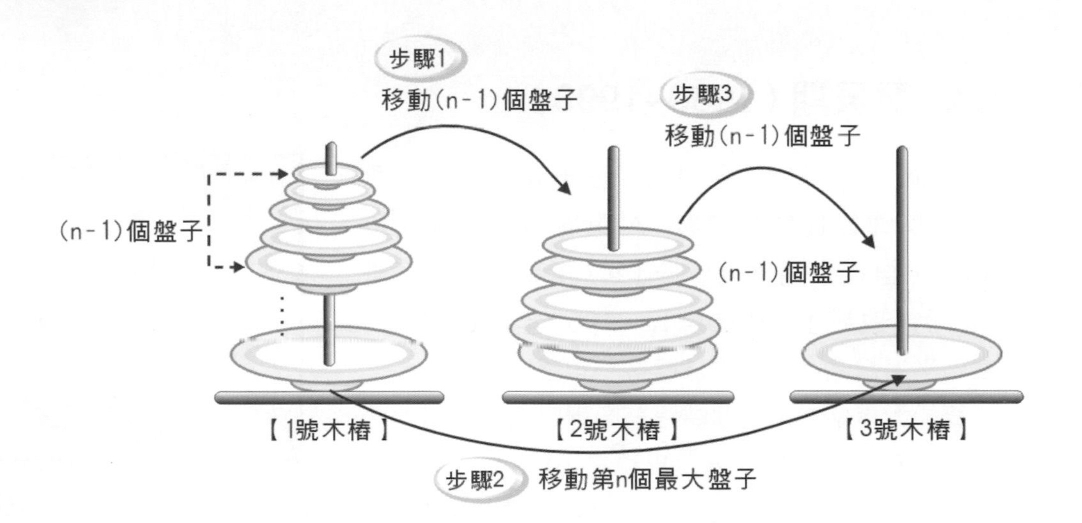

解答

我們可以得到一個結論，例如當有 n 個盤子時，可將河內塔問題歸納成三個步驟：

步驟 1：將 n-1 個盤子，從木樁 1 移動到木樁 2。

步驟 2：將第 n 個最大盤子，從木樁 1 移動到木樁 3。

步驟 3：將 n-1 個盤子，從木樁 2 移動到木樁 3。

由上圖中，各位應該發現河內塔問題是非常適合以遞迴式與堆疊來解決。因為它滿足了遞迴的兩大特性 ① 有反覆執行的過程 ② 有停止的出口。以下則以遞迴式來表示河內塔演算法：

```
void hanoi(int n, int p1, int p2, int p3)
{
    if (n==1) //遞迴出口
        printf("套環從 %d 移到 %d\n", p1, p3);
    else
    {
        hanoi(n-1, p1, p3, p2);
        printf("套環從 %d 移到 %d\n", p1, p3);
        hanoi(n-1, p2, p1, p3);
    }
}
```

18-2-2 發展期（1980~1999）

啟蒙期沉寂一陣子後，在約二、三十年後，因為電腦儲存空間與運算性能的突破，AI 重新回歸以主流技術發展重點，自從貝爾實驗室於 1947 年發明了電晶體（Transistor），改變了電腦的製程，1965 年 Intel 創始人摩爾觀察到半導體晶片上的電晶體每一年都能翻倍成長；電腦的運算能力與儲存能力同時跟著摩爾定律高速增漲。AI 發展期熱潮伴隨著電腦的普及出現在 1980 年代，首先卡內基梅隆大學設計了一套名為 XCON 的「專家系統」，後來許多重要的專家系統陸續被發展出來。

✪ 醫療專家系統幾乎可以做到診病望、聞、問、切的程度

這時期所進行的研究是以灌輸「專家知識」作為規則，來協助解決特定問題，所謂專家系統（Expert system）是早期人工智慧的一個重要分支，可以看作是一個知識庫（Knowledge-based）程式，可用來解決某領域問題，具有專門知識和經驗的計算機智慧系統。這時人工智慧技術也正式投入到了工業生產和政府應用中，例如醫療、軍事、地質勘探、教學、化工等領域，再次掀起了 AI 研究的投資浪潮。

專家系統是儲存了某個領域專家（如醫生、會計師、工程師、證券分析師）水準的知識和經驗的數據並針對預設的問題，事先準備好大量的對應方式，進行推理和判斷，模擬人類專家的決策過程，例如環境評估系統、醫學診斷系統、地震預測系統等都是大家耳熟能詳的專業系統。儘管不同類型的專家系統的結構會存在一定差異，其中基本結構還是大致相同，專家系統的組成架構，通常有下列五種元件：

知識庫（Knowledge Base）

用來儲存專家解決問題的專業知識（Know-how），一般建立「知識庫」的模式有以下三種：

1. 規則導向基礎（Rule-Based）
2. 範例導向基礎（Example-Based）
3. 數學導向基礎（Math-Based）

推理引擎（Inference Engine）

是用來控制與產生推理知識過程的工具，常見的推理引擎模式有「前向推理」（Forward reasoning）及「後向推理」（Backward reasoning）兩種。

使用者交談介面（User Interface）

因為專家系統所要提供的目的就是一個擬人化的功用。同樣的，也希望給予使用者友善的資訊功能介面。

知識獲取介面（Knowledge Acquisition Interface）

ES 的知識庫與人類的專業知識相比，仍然是不完整的，因此必須是一種開放性系統，並透過「知識獲取介面」不斷充實，改善知識庫內容。

工作暫存區（Working Area）

一個問題的解決往往需要不斷地推理過程，因為可能的解答也許有許多組，所以必須反覆地推理。而「工作暫存區」的功用就是把許多較早得出的結果放在這裡。

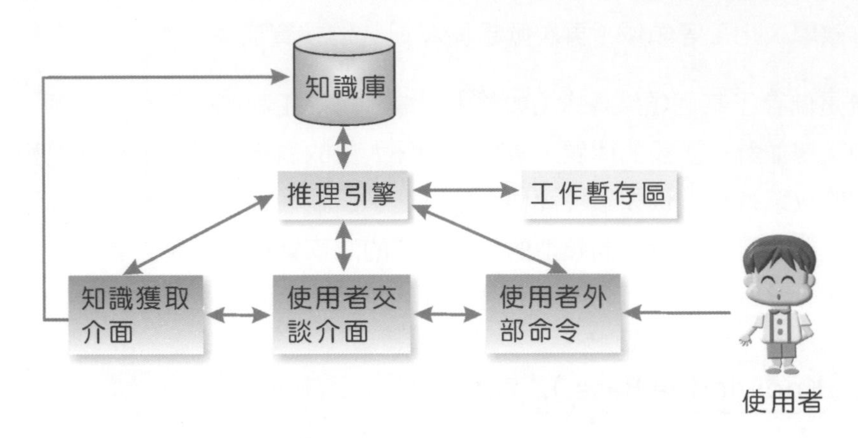

✪ 專家系統的結構及執行示意圖

縱使當時有商業應用的實例，應用範疇還是很有限，由於專家系統需要大量的維護成本，只能針對專家預先考慮過的狀況來準備對策，它並沒有自行學習的能力，侷限性仍然不能滿足人類的期望，因此終究無可避免的在 1987 年時，把人工智慧帶到另一個低點，迎來了第二次人工智慧泡沫化。

18-2-3 成長期（2000~2020）

✪ 過去 AI 與現代 AI 的比較 - 被動與主動的天差地別

到了二十世紀末，隨著硬體運算能力也大幅提升，人工智慧領域再度春暖花開，人們對於人工智慧研究的思想轉變。1997年，IBM打造的深藍超級電腦（Supercomputer）擊敗了西洋棋世界冠軍卡斯巴羅夫。人工智慧作為21世紀最具影響力的技術之一，以超乎我們想像的速度發展，真要探討第三波人工智慧的發展，大約始是於十年前，有科學家想到僅告訴機器如何識字，然後餵給它大量的資料，讓電腦從大量的資料中自動找出規律來「學習」，這樣的方法讓人工智慧進程有了大躍進，而且不斷進化到可以像人類一樣辨識聲音及影像，或是針對問題做出合適的判斷。特別是大數據的發展像是幫忙AI快速成長的養分，為AI建立了很好的發展基礎，如今人工智慧不僅都做到了許多我們過往認為電腦做不到的事，而且還做得比人類更好。

18-3 人工智慧的種類

人工智慧可以形容是電腦科學、生物學、心理學、語言學、數學、工程學為基礎的科學，由於記憶容量與高速運算能力的發展，人工智慧未來一定會發展出來各種不可思議的能力，不過各位首先必須理解AI本身之間也有程度強弱之別，美國哲學家約翰・瑟爾（John Searle）便提出了「強人工智慧」（Strong A.I.）和「弱人工智慧」（Weak A.I.）的分類，主張兩種應區別開來。

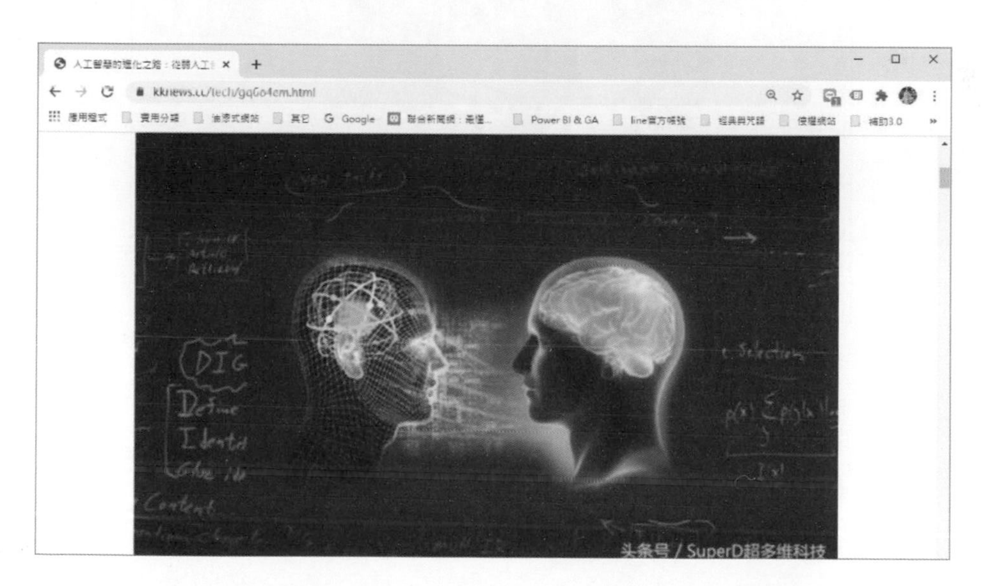

✪「強人工智慧」與「弱人工智慧」代表機器不同的智慧層次

圖片來源：https://kknews.cc/tech/gq6o4em.html

18-3-1 弱人工智慧（Weak AI）

弱人工智慧是只能模仿人類處理特定問題的模式，不能深度進行思考或推理的人工智慧，乍看下似乎有重現人類言行的智慧，但還是與人類智慧同樣機能的強 AI 相差很遠，因為只可以模擬人類的行為做出判斷和決策，是以機器來模擬人類部分的「智能」活動，並不具意識、也不理解動作本身的意義，所以嚴格說起來並不能被視為真的「智慧」。

毫無疑問，今天各位平日所看到的絕大部分 AI 應用，都是弱人工智慧，不過在不斷改良後，還是能有效地解決某些人類的問題，例如先進的工商業機械人、語音識別、圖像識別、人臉辨識或專家系統等，弱人工智慧仍會是短期內普遍發展的重點，包括近年來出現的 IBM 的 Watson 和谷歌的 AlphaGo，這些擅長於單方面的人工智慧都屬於程度較低的弱 AI 範圍。

✪ 銀行的迎賓機器人是屬於一種弱 AI

18-3-2 強人工智慧（Strong AI）

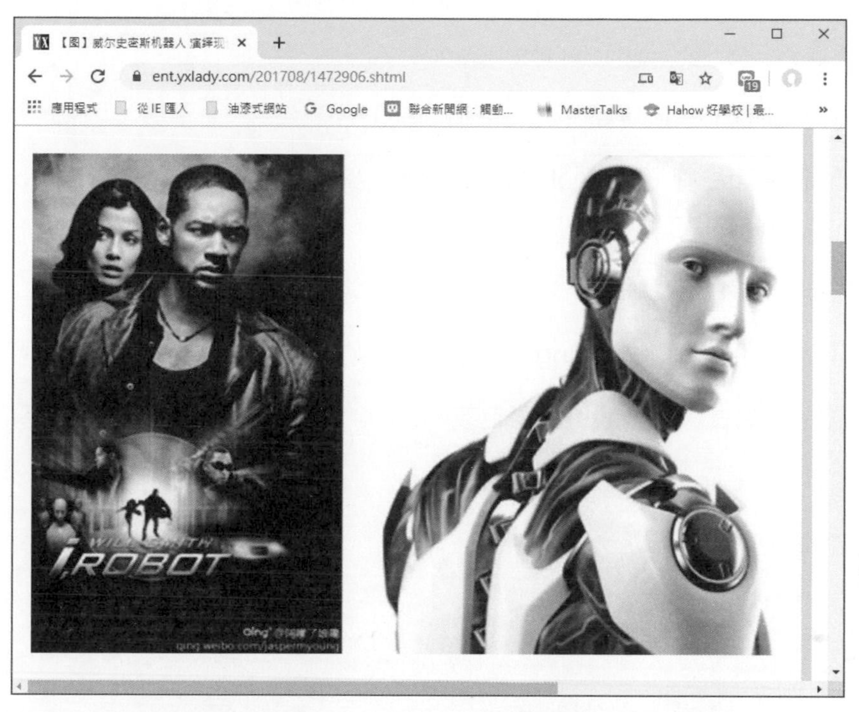

✪ 科幻小說中活靈活現、有情有義的機器人就屬於一種強 AI

所謂強人工智慧（Strong AI）或通用人工智慧（Artificial General Intelligence）是具備與人類同等智慧或超越人類的 AI，以往電影的描繪使人慣於想像擁有自我意識的人工智慧，能夠像人類大腦一樣思考推理與得到結論，更多了情感、個性、社交、自我意識，自主行動等等，也能思考、計劃、解決問題快速學習和從經驗中學習等操作，並且和人類一樣得心應手，不過目前主要出現在科幻作品中，還沒有成為科學現實。事實上，從弱人工智慧時代邁入強人工智慧時代還需要時間，但絕對是一種無法抗拒的趨勢，人工智慧未來肯定會發展出來各種人類無法想像的能力，雖然現在人類僅僅在弱人工智慧領域有了出色的表現，不過我們相信未來的腳步肯定還是會往強人工智慧的領域邁進。

課後評量

1. 請簡述人工智慧（Artificial Intelligence, AI）。
2. 請簡介 GPU（graphics processing unit）。
3. 請簡述平行處理（Parallel Processing）與高效能運算（High Performance Computing, HPC）。
4. 請簡介工業 4.0。
5. 請簡介「圖靈測試」（Turing Test）。
6. 請描述演算法（Algorithm）的定義。
7. 專家系統（Expert system）是什麼？
8. 何謂弱人工智慧（Weak AI）？

CHAPTER

19 機器學習與深度學習

自古以來，人們總是持續不斷地創造工具與機器來簡化工作，減少完成各種不同工作所需的整體勞力與成本，我們知道 AI 最大的優勢在於「化繁為簡」，將複雜的大數據加以解析，AI 改變產業的能力已經是相當清楚，而且可以應用的範圍相當廣泛。過去人工智慧發展面臨的最大問題 -AI 是由人類撰寫出來，當人類無法回答問題時，AI 同樣也不能解決人類無法回答的問題。直到機器學習（Machine Learning, ML）的出現，完成解決了這種困境。

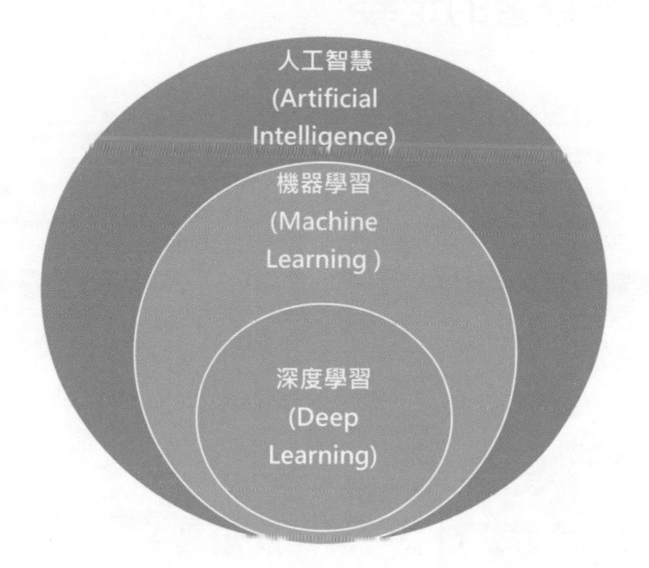

隨著越來越強大的電腦運算功能，近年來更帶動炙手可熱的深度學習（Deep Learning）技術的研究，讓電腦開始學會自行思考，聽起來似乎是好萊塢科幻電影中常見的幻想，許多科學家開始採用模擬人類複雜神經架構來實現過去難以想像的目標，也

就是讓電腦具備與人類相同的聽覺、視覺、理解與思考的能力。無庸置疑，人工智慧、機器學習以及深度學習已變成 21 世紀最熱門的科技話題之一。

19-1 機器學習簡介

機器學習（Machine Learning, ML）是大數據發展的下一個進程，主要是透過演算法給予電腦大量累積的歷史「訓練資料（Training Data）」，從資料中萃取規律，以對未知的資料進行預測，這些訓練資料多半是過去資料，可能是文字檔、資料庫、或其他來源，然後從訓練資料中擷取出資料的特徵（Features），再透過演算法將收集到的資料進行分類或預測模型訓練，幫助我們判讀出目標。

✪ 機器也能一連串模仿人類學習過程

19-2 機器學習的定義

✪ 透過機器學習，機器人也會跳芭蕾舞

圖片來源：https://twgreatdaily.com/hbzR9XYBuNNrjOWzwl32.html

機器學習（Machine Learning），顧名思義，就是讓機器（電腦）具備自己學習、分析並最終進行輸出的能力，主要的作法就是針對所要分析的資料進行「分類」（Classification），有了這些分類才可以進一步分析與判斷資料的特性，最終的目的就是希望讓機器（電腦）像人類一樣具有學習能力的話。機器學習和人類學習的方式十分相似，例如光要教會 AI 辨識一個物件，三十萬張圖片算是基本，資料量越大越有幫助，知名的 Google 大腦（Google Brain）是 Google 的 AI 專案團隊，能夠利用 AI 技術從 YouTube 的影片中取出 1,000 萬張圖片，自行辨識出貓臉跟人臉的不同，無需我們事先告訴它「貓咪應該長成什麼模樣」，這跟過去的識別系統有很大不同，往往是先由研究人員輸入貓的形狀、特徵等細節，電腦即可達到「識別」的目的，然而 Google 大腦原理就是把所有照片內貓的「特徵」取出來，從訓練資料中擷取出資料的特徵（Features）幫助我們判讀出目標，同時自己進行「模式」分類，才能夠模擬複雜的非線性關係，來獲得更好辨識能力。

✪ Google Brain 能從龐大圖片資料庫中，自動分辨出貓臉

19-3 機器學習的種類

「機器學習」最終的目的就是希望透過資料的訓練讓機器（電腦）像人類一樣具有學習能力的話。機器學習的技術很多，主要分成四種學習方式：監督式學習（Supervised learning）、非監督式學習（Un-supervised learning）、半監督式學習（Semi-supervised learning）及強化學習（Reinforcement learning）。

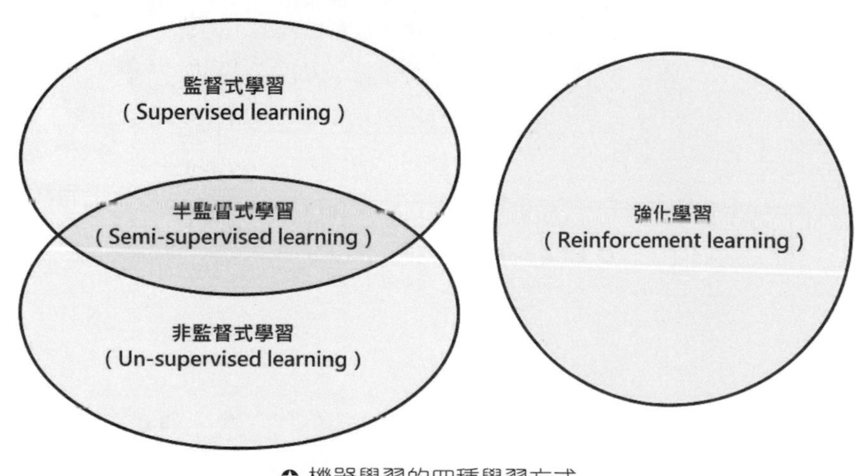

✪ 機器學習的四種學習方式

19-3-1 監督式學習

監督式學習（Supervised learning）是利用機器從標籤化（labeled）的資料中分析模式後做出預測的學習方式，類似於動物和人類的認知感知中的「概念學習」（concept learning），這種學習方式必須要事前透過人工作業，將所有可能的特徵標記起來。因為在訓練的過程中，所有的資料都是有「標籤」的資料，學習的過程中必須給予輸入樣本以及輸出樣本資訊，再從訓練資料中擷取出資料的特徵（Features）幫助我們判讀出目標。例如今天我們要讓機器學會如何分辨一張照片上的動物是雞還是鴨，首先必須準備很多雞和鴨的照片，並標示出哪一張是雞哪一張是鴨，讓機器可以藉由標籤來分類與偵測雞和鴨的特徵，只要詢問機器中的任何一張照片中是雞還是鴨，機器依照特徵就能辨識出雞和鴨並進行預測。

由於標籤是需要人工再另外標記，因此需要很大量的標記資料庫，才能發揮作用，標記過的資料就好比標準答案，感覺就好像有裁判在一旁指導學習，這種方法為人工分類，對電腦來說最簡單，對人類來說最辛苦。因此只要機器依照標註的圖片去將所偵測雞鴨特徵取出來，然後機器在學習的過程透過對比誤差，就好像學生考試時有分標準答案，機器判斷的準確性自然會比較高，不過在實際應用中，將大量的資料進行標籤是極為耗費人工與成本的工作，這也是使用監督式學習模式必須要考慮到的重要因素。

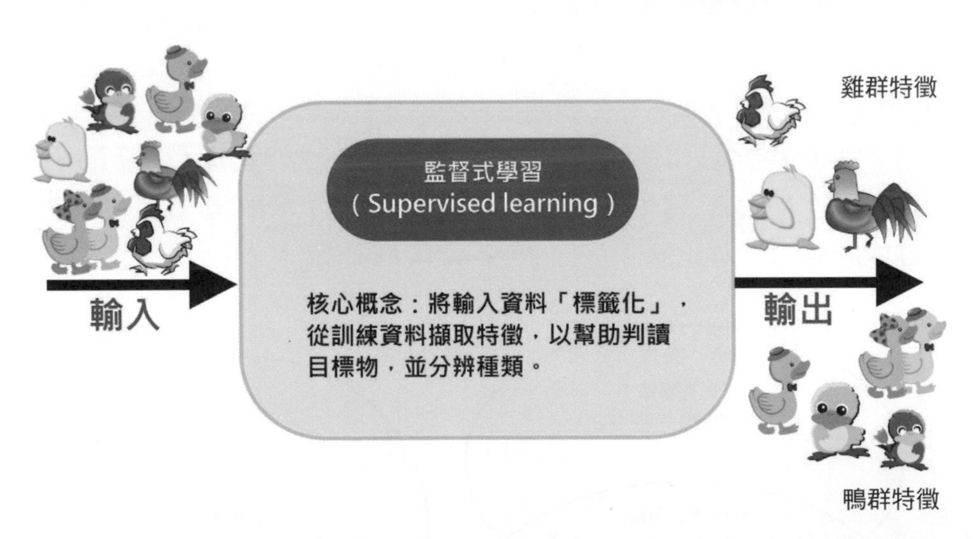

✪ 監督式學習方式最耗費人力成本

19-3-2 半監督式學習

半監督式學習（Semi-supervised learning）只會針對所有資料中的少部分資料進行「標籤化」的動作，機器會先針對這些已經被「標籤化」的資料去發覺該資料的特徵，機器只要透過有標籤的資料找出特徵並對其它的資料進行分類。舉例來說，我們有2000位不同國籍人士的相片，我們可以將其中的50張相片進行「標籤化」（Label），並將這些相片進行分類，機器再透過這已學習到的50張照片的特徵，再去比對剩下的1,950張照片，並進行辨識及分類，就能找出那些是爸爸或媽媽的相片，由於這種半監督式機器學習的方式已有相片特徵作為辨識的依據，因此預測出來的結果通常會比非監督式學習成果較佳，算是一種較常見的機器學習的方式。

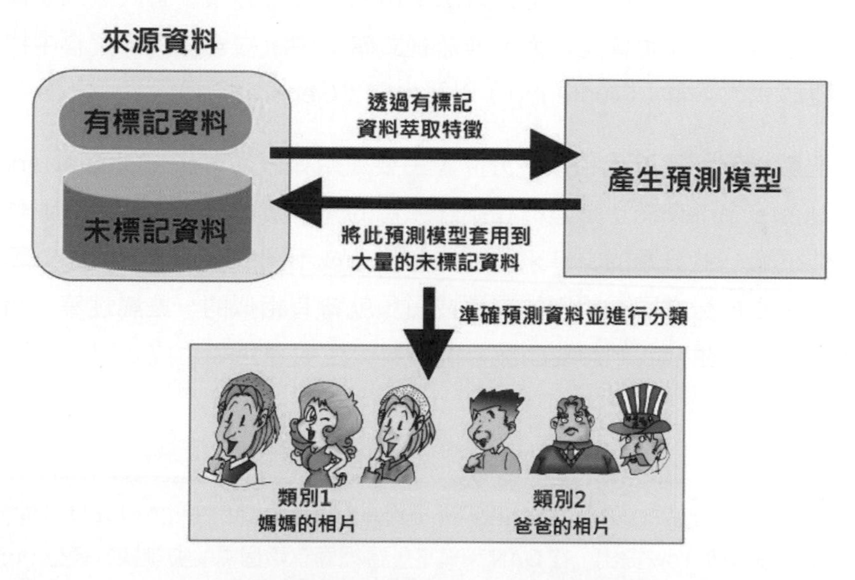

✪ 半監督式學習預測結果會比非監督式學習較佳

19-3-3 非監督式學習

非監督式學習（Un-supervised learning）中所有資料都沒有標註，機器透過尋找資料的特徵，自己進行分類，因此不需要事先以人力處理標籤，直接讓機器自行摸索與尋找資料的特徵與學習進行分類性（classification）與分群（clustering）。所謂分類是對未知訊息歸納為已知的資訊，例如把資料分到老師指定的幾個類別，貓與狗是屬於哺乳類，蛇和鱷魚是爬蟲類，分群則是資料中沒有明確的分類，而必須透過特徵值來做劃分。

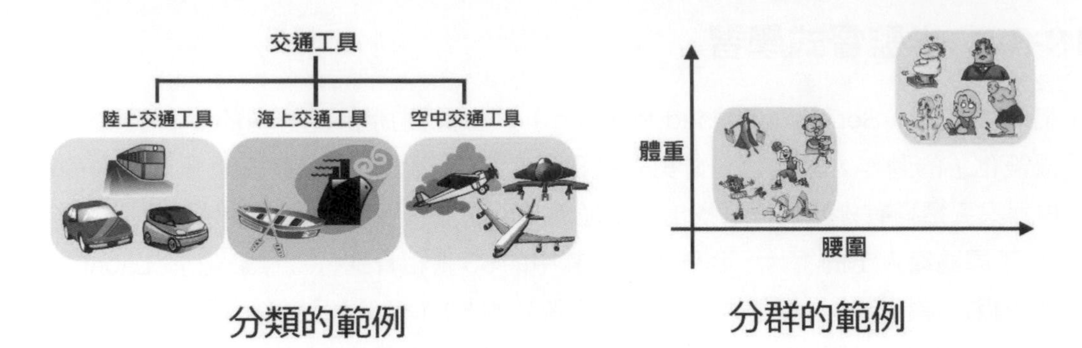

分類的範例　　分群的範例

非監督式學習可以大幅減低繁瑣的人力工作，由於所訓練資料沒有標準答案，訓練時讓機器自行摸索出資料的潛在規則，再根據這些被萃取出的特徵其關係，來將物件分類，並透過這些資料去訓練模型，這種方法不用人工進行分類，對人類來說最簡單，但對機器來說最辛苦，誤差也會比較大。非監督式學習中讓機器從訓練資料中找出規則，大致會有兩種形式：分群（Clustering）以及生成（Generation）。

分群能夠把數據根據距離或相似度分開，主要運用如聚類分析（Cluster analysis），聚類分析（Cluster analysis）是建構在統計學習的一種資料分析的技術，聚類就是將許多相似的物件透過一些分類的標準來將這些物件分成不同的類或簇，就是一種「物以類聚」的概念，只要被分在同一組別的物件成員，就會有相似的一些屬性等。而生成則是能夠透過隨機數據，生成我們想要的圖片或資料，主要運用如生成式對抗網路（GAN）等。

生成式對抗網路（Generative Adversarial Network, GAN）是2014年蒙特婁大學博士生Ian Goodfellow提出，在GAN架構下，這裡面有兩個需要被訓練的模型（model）：生成模型（Generator Model, GM）和判別模型（Discriminator Model），互相對抗激勵而越來越強，訓練過程反覆進行，判別模型會不斷學習增強自己真實資料的辨識能力，以便對抗生產模型產生的欺騙，而且最後會收斂到一個平衡點，我們訓練出了一個能夠模擬真正資料分布的模型（model）。

例如我們使用非監督式學習辨識蘋果及柳丁，你不需要位蘋果和柳丁的標記資料，只需要有蘋果和柳丁的圖片，當所提供的訓練資料夠大時，機器會自行判斷提供的圖片裡有哪些特徵的是蘋果、哪些特徵的是柳丁並同時進行分類，例如從質地、顏色（沒有柳丁是紅色的）、大小等，找出比較相似的資料聚集在一起，形成分群（Cluster）；例如把照片分成兩群，分得夠好的話，一群大部分是蘋果，一群大部分是柳丁。下圖中相似程度較高的柳丁或蘋果會被歸納為同一分類，基本上從水果外觀或顏色來區分，相似性的依據是採用「距離」，相對距離愈近、相似程度越高，被歸類至同一群組。例如在下圖中也有一些邊界點（在柳丁區域的邊界有些較類似蘋果的圖片），這種情況下就要採用特定的標準來決定所屬的分群（Cluster）。因為非監督式學習沒有標籤（Label）來確認，而只是判斷特徵（Feature）來分群，機器在學習時並不知道其分類結果是否正確，導致需要以人工再自行調整，不然很可能會做出莫名其妙的結果。

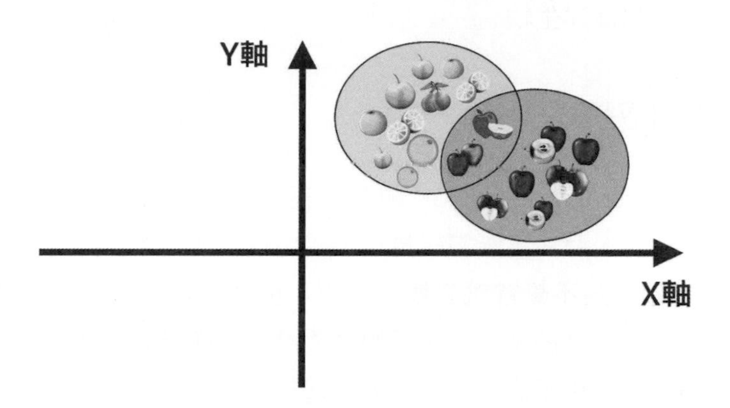

✪ 非監督式學習會根據元素的相似程度來分群

例如聚類分析（cluster analysis）中有一個最經典的演算法：K-平均演算法（k-means clustering）是一種非監督式學習演算法，主要起源於訊號處理中的一種向量量化方法，屬於分群的方法，k設定為分群的群數，目的就是把n個觀察樣本資料點劃分到k個聚類中，然後隨機將每個資料點設為距離最近的中心，使得每個點都屬於離他最近的均值所對應的聚類，然後重新計算每個分群的中心點，這個距離可以使用畢氏定理計算，僅一般加減乘除就好，不需複雜的計算公式，接著拿這個標準作為是否為同一聚類的判斷原則，接著再用每個樣本的座標來計算每群樣本的新中心點，最後我們會將這些樣本劃分到離他們最接近的中心點。

原始未聚類分析資料

經聚類分析劃分後的分群類別

我們就以「圖形識別」為例，聚類分析的作法就是將具有共同特徵的物件歸類為同一組別，有可能是不同動物的分類或是不同海洋生物之間的分類，而這些靜態的分類方法，能將所輸入的資料適當的分群，例如上圖海洋生物識別中圖形的左側窗口是未經聚類分析分群的原始資料，右側窗口則是未經聚類分析劃分的分群類別，上圖中經分群結果，可以找出四種類型的海洋生物。

19-3-4 增強式學習

增強式學習（Reinforcement learning）算是機器學習一個相當具有潛力的演算法，核心精神就是跟人類一樣，藉由不斷嘗試錯誤，從失敗與成功中，所得到回饋再進入另一個的狀態，希望透過這些不斷嘗試錯誤與修正，也就是如何在環境給予的獎懲刺激下，一步步形成對於這些刺激的預期，強調的是透過環境而行動，並會隨時根據輸入的資料逐步修正，取得反饋後重新評估先前決策並調整，最終期望可以得到最佳的學習成果或超越人類的智慧。

簡單來說，例如我們在打電玩遊戲時，新手每達到一個進程或目標，就會給予一個正向反饋（Positive Reward），都能得到獎勵或往下一個關卡邁進，如果是卡關或被怪物擊敗，就會死亡，這就是負向反饋（Negative Reward），也就是增強學習的基本核心精神。增強式學習並不需要出現正確的「輸入 / 輸出」，可以通過每一次的錯誤來學習，是由代理人（Agent）、行動（Action）、狀態（State）/ 回饋（Reward）、環境（Environment）所組成，並藉由從使用過程取得回饋以學習行為模式。

✪ 增強式學習會隨時根據輸入的資料逐步修正

首先會先建立代理人（Agent），每次代理人所要採取的行動，會根據目前「環境」的「狀態」（State）執行「動作」（Action），然後得到環境給我們的回饋（Reward），接著下一步要執行的動作也會去改變與修正，這會使得「環境」又進入到一個新的「狀態」，透過與環境的互動從中學習，藉以提升代理人的決策能力，並評估每一個行動之後所到的回饋是正向的或負向來決定下一次行動。

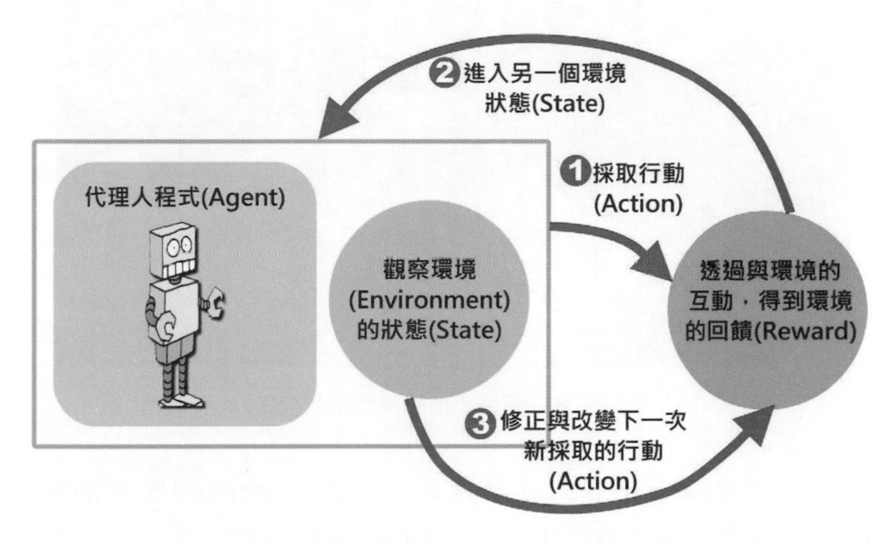

✪ 增加式學習的嘗試錯誤（try & error）的訓練流程示意圖

增強式學習強調如何基於環境而行動，然後基於環境的回饋（或稱作報酬或得分），根據回饋的好壞，機器自行逐步修正，以試圖極大化自己的預期利益，達到分析和優化代理（agent）行為的目的，希望讓機器，或者稱為「代理人」（Agent），模仿人類的這一系列行為，最終得到正確的結果。

19-4 認識深度學習

深度學習算是 AI 的一個分支，也可以看成是具有更多層次的機器學習演算法，深度學習蓬勃發展的原因之一，無疑就是持續累積的大數據。深度學習並不是研究者們憑空創造出來的運算技術，從早期 1950 年代左右的形式神經元（Formal Neuron）與感知器（Perceptron），到目前源自於類神經網路（Artificial Neural Network）模型，並且結合了神經網路架構與大量的運算資源，目的在於讓機器建立與模擬人腦進行學習的神經網路，利用比機器學習更多層的神經網路來分析數據，並從中找出模式。深度學習完全不需要特別經過特徵提取的步驟，反而會「自動化」辨別與萃取各項特徵，這樣的做法和人類大腦十分相似，透過層層非線性函數組成的神經網路，並做出正確的預測，以解釋大數據中圖像、聲音和文字等多元資料，由於深度學習是能夠將模型處理得更為複雜，從而使模型對資料的理解更加深入與透徹。

✪ AlphaGo 接連大敗歐洲和南韓棋王

最為人津津樂道的深度學習應用，當屬Google Deepmind開發的AI圍棋程式AlphaGo接連大敗歐洲和南韓圍棋棋王。我們知道圍棋是中國抽象的對戰遊戲，其複雜度即使連西洋棋、象棋都遠遠不及，大部分人士都認為電腦至少還需要十年以上的時間才有可能精通圍棋。AlphaGo就是透過深度學習學會圍棋對弈，設計上是先輸入大量的棋譜資料，棋譜內有對應的棋局問題與著手答案，以學習基本落子、規則、棋譜、策略，電腦內會以類似人類腦神經元的深度學習運算模型，引入大量的棋局問題與正確著手來自我學習，讓AlphaGo學習下圍棋的方法，根據實際對弈資料自我訓練，接著就能判斷棋盤上的各種狀況，並且不斷反覆跟自己比賽來調整，後來創下連勝60局的佳績，才讓人驚覺深度學習的威力確實強大。

19-4-1 類神經網路簡介

類神經網路（Artificial Neural Network）架構就是模仿生物神經網路的數學模式，取材於人類大腦結構，基本組成單位就是神經元，神經元的構造方式完全類比了人類大腦神經細胞。類神經網路透過設計函數模組，使用大量簡單相連的人工神經元（Neuron），並模擬生物神經細胞受特定程度刺激來反應刺激的研究。權重值是類神經網路中的學習重點，各個神經運算單元之間的連線會搭配不同權重（weight），各自執行不同任務，就像神經元動作時的電位一樣，一個神經元的輸出可以變成下一個類神經網路的輸入脈衝，類神經網路的學習功能就是比對每次的結果，然後不斷地調整連線上的權重值，只要訓練的歷程愈扎實，這個被電腦系統所預測的最終結果，接近事實真相的機率就會愈大，透過神經網路模型建立出系統模型，讓類神經網路反覆學習，歸納出背後的規則，經過一段時間的經驗值，做出最適合的判斷，便可以推估、預測、決策、診斷的相關應用。

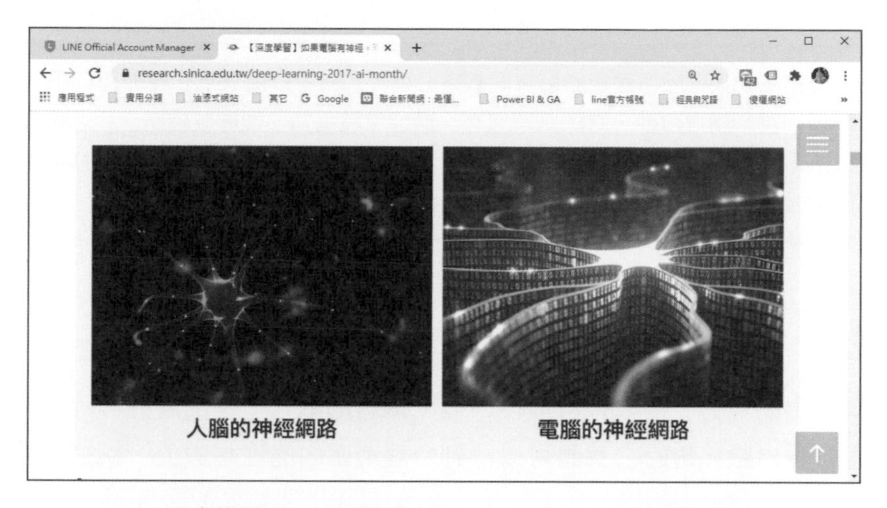

✪ 深度學習可以說是模仿大腦，具有多層次的機器學習法

圖片來源：https://research.sinica.edu.tw/deep-learning-2019-ai-month/

19-4-2 類神經網架構

深度學習可以說是具有層次性的機器學習法，透過一層一層的處理工作，可以將原先所輸入大量的資料漸漸轉為有用的資訊，通常人們提到深度學習，指的就是「深度神經網路」(Deep Neural Network)演算法。類神經網架構就是模擬人類大腦神經網路架構，各個神經元以節點的方式連結各個節點，並產生欲計算的結果，這個架構蘊含三個最基本的層次，每一層各有為數不同的神經元組成，包含輸入層(Input layer)、隱藏層(Hidden layer)、輸出層(Output layer)，各層說明如下：

輸入層

接受刺激的神經元，也就是接收資料並輸入訊息之一方，就像人類神經系統的樹突(接受器)一樣，不同輸入會激活不同的神經元，但不對輸入訊號(值)執行任何運算。

隱藏層

不參與輸入或輸出，隱藏於內部，負責運算的神經元，隱藏層的神經元通過不同方式轉換輸入數據，主要的功能是對所接收到的資料進行處理，再將所得到的資料傳遞到輸出層。隱藏層可以有一層以上或多個隱藏層，只要增加神經網路的複雜性，辨識率都隨著神經元數目的增加而成長，來獲得更好學習能力。

神經網路如果是以隱藏層的多寡個數來分類，大概可以區分為「淺神經網路」與「深度神經網路」兩種類型，當隱藏層只有一層通常被稱為「淺神經網路」。當隱藏層有一層以上（或稱有複數層隱藏層）則被稱為「深度神經網路」，在相同數目的神經元時，深度神經網路的表現總是比較好。

輸出層

提供資料輸出的一方，接收來自最後一個隱藏層的輸入，輸出層的神經元數目等於每個輸入對應的輸出數，透過它我們可以得到合理範圍內的理想數值，挑選最適當的選項再輸出。

接下來將我們利用手寫數字辨識系統為例來簡單説明類神經網架構，首先讓電腦根據所輸入的資料，結合深度學習演算法，不斷根據所接收的資料，自行調整演算法中各種參數的權重來提高機器本身的預測能力，權重表徵不同神經元之間連接的強度，權重決定着輸入對輸出的影響力，進而精準辨識出所要呈現的數字。各位不妨想像「隱藏層」就是一種數學函數概念，主要就是負責數字識別的處理工作。在手寫數字中最後的輸出結果數字只有 0 到 9 共 10 種可能性，若要判斷手寫文字為 0~9 哪一個時，可以設定輸出曾有 10 個值，只要透過「隱藏層」中一層又一層函數處理，可以逐步計算出最後「輸出層」中 10 個人工神經元的像素灰度值（或稱明暗度），其中每個小方格代表一個 8 位元像素所顯示的灰度值，範圍一般從 0 到 255，白色為 255，黑色為 0，共有 256 個不同層次深淺的灰色變化，然後再從其中選擇灰度值最接近 1 的數字，作為程式最終作出正確數字的辨識。如下圖所示：

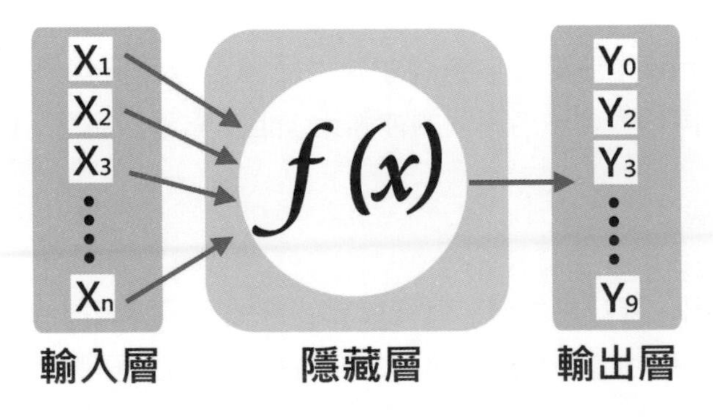

✪ 手寫數字辨識系統即便只有單一隱藏層，也能達到 97% 以上的準確率

第一步假設我們將手寫數字以長28像素、寬28像素來儲存代表該手寫數字在各像素點的灰度值，總共28*28 = 784像素，其中的每一個像素就如同是一個模擬的人工神經元，這個人工神經元儲存0~1之間的數值，該數值就稱為激活函數（Activation Function），激活值數值的大小代表該像素的明暗程度，數字越大代表該像素點的亮度越高，數字越小代表該像素點的亮度越低。舉例來說，如果一個手寫數字7，將這個數字以28*28 = 784個像素值的示意圖如右。

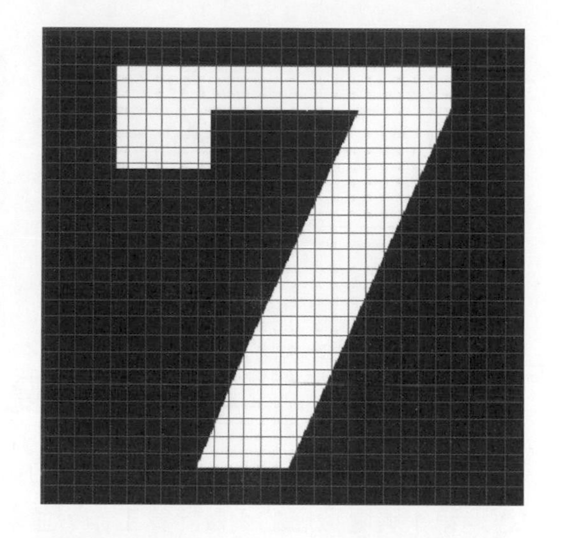

如果將每個點所儲存的像素明亮度分別轉換成一維矩陣，則可以分別表示成X_1、X_2、X_3⋯..X_{784}，每一個人工神經元旦分別儲存0~1之間的數值代表該像素的明暗程度，不考慮中間隱藏層的實際計算過程，我們直接將隱藏層用函數去表示，下圖的輸出層中代表數字7的神經元的灰度值為0.98，是所有10個輸出層神經元所記錄的灰度值亮度最高，最接近數值1，因此可以辨識出這個手寫數字最有可能的答案是數字7，而完成精準的手寫數字的辨識工作。手寫數字7的深度學習的示意圖如下：

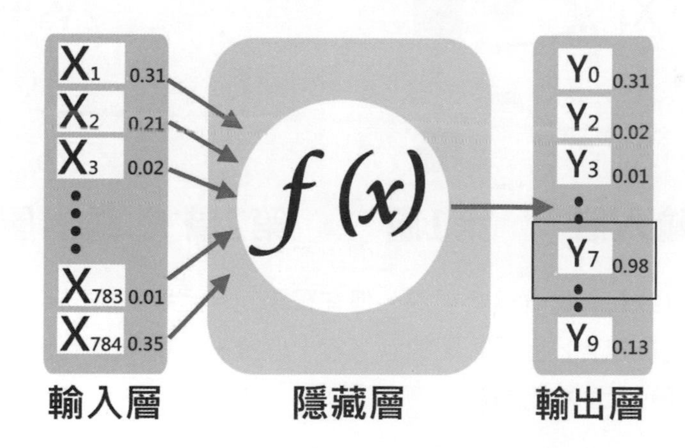

我們以前面的手寫數字辨識為例，這個神經網路包含三層神經元，除了輸入和輸出層外，中間有一層隱藏層主要負責資料的計算處理與傳遞工作，隱藏層則是隱藏於內部不會實際參與輸入與輸出工作，較簡單的模型為只有一層隱藏層，又被稱為淺神經網路，如下圖所示：

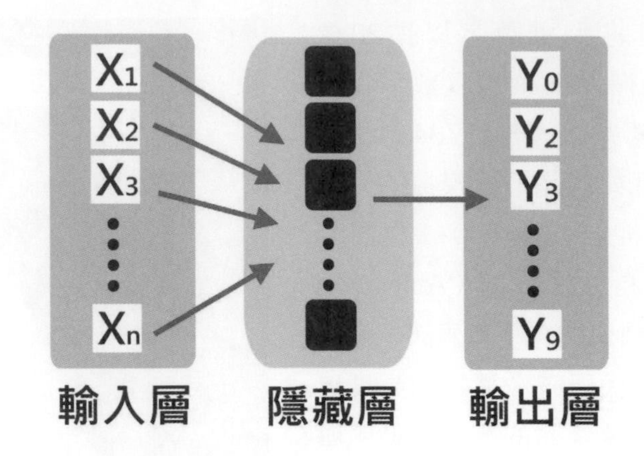

例如下圖就是一種包含 2 層隱藏層的深度神經網路示意圖，輸入層的資料輸入後，會經過第 1 層隱藏層的函數計算工作，並求得第 1 層隱藏層各神經元中所儲存的數值，接著再以此層的神經元資料為基礎，接著進行第 2 層隱藏層的函數計算工作，並求得第 2 層隱藏層各神經元中所儲存的數值，最後再以第 2 層隱藏層的神經元資料為基礎經過函數計算工作後，最後求得輸入層各神經元的數值。

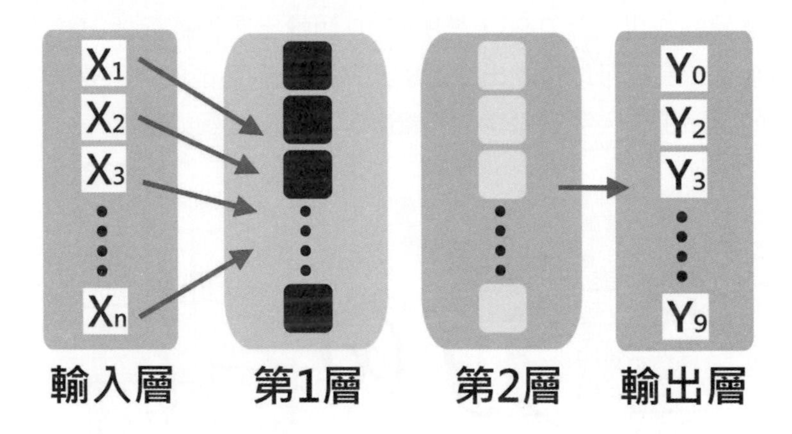

也許只有兩個隱藏層看起並沒有很深，但在實務上神經網路可以高達數十層至數百層或者更多層，下圖為包含 k 層隱藏層的示意度，假設 k 值高達數十層至數百層，這樣的模型就是名符其實的深度神經網路。

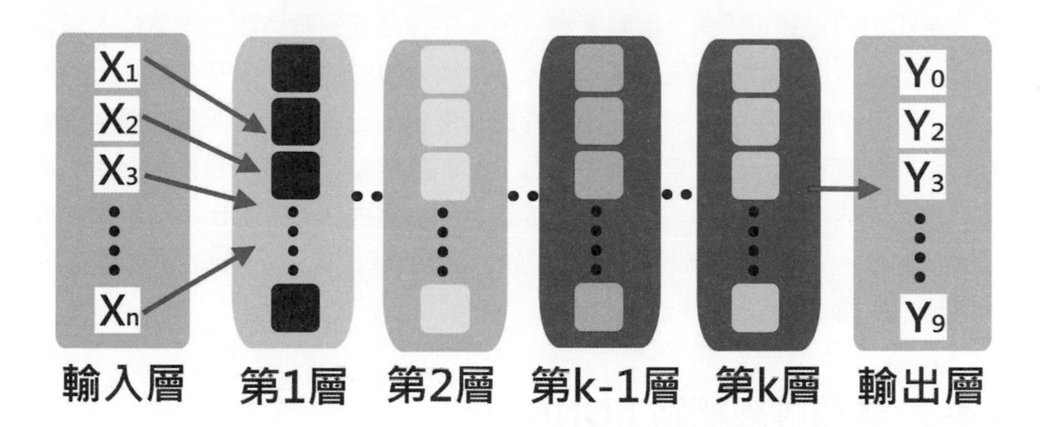

有了深度神經網路的各種模型概念之後，接下我們會使用到激活值（激活函數或活化函數），因為上層節點的輸出和下層節點的輸入之間具有一個函數關係，並把值壓縮到一個更小範圍，這個非線性函數稱為激活函數，透過這樣的非線性函數會讓神經網路更逼近結果。接下來我們以剛才舉的手寫數字 7 為例，將中間隱藏層的函數實際以 k 層隱藏層為例，當激活值數值為 0 代表亮度最低的黑色，數字為 1 代表亮度最高的白色，因此任何一個手寫數字都能以紀錄 784 個像素灰度值的方式來表示。有了這些「輸入層」資料，再結合演算法機動調整各「輸入層」的人工神經元與下一個「隱藏層」的人工神經元連線上的權重，來決定「第 1 層隱藏層」的人工神經元的灰度值。也就是說，每一層的人工神經元的灰度值必須由上一層的人工神經元的值與各連線間的權重來決定，再透過演算法的計算，來決定下一層各個人工神經元所儲存的灰度值。

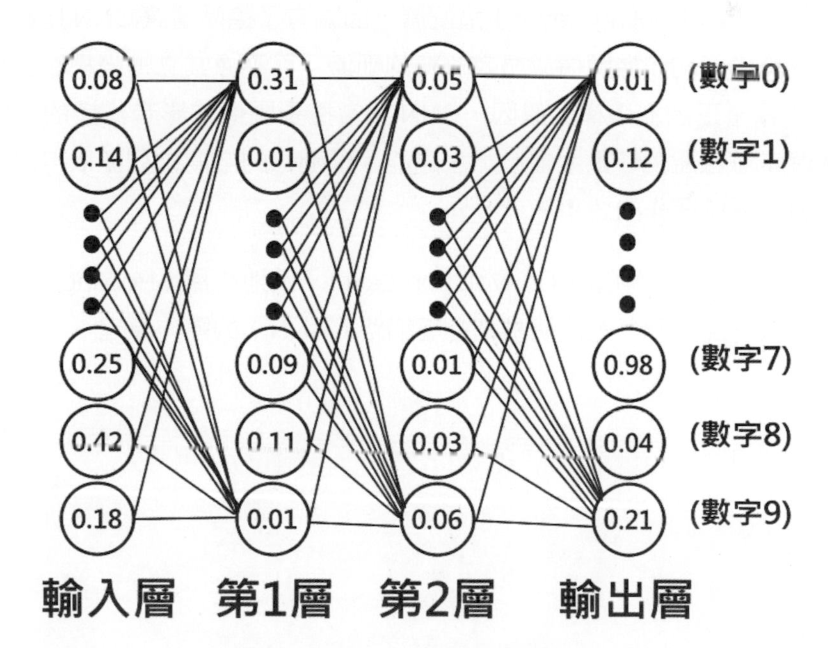

✪ 我們看到數字 7 的機率最高是 0.98

為了方便問題的描述，「第 1 層隱藏層」的人工神經元的數值和上一層輸入層有高度關聯性，我們再利用「第 1 層隱藏層」的人工神經元儲存的灰度值及各連線上的權重去決定「第 2 層隱藏層」中人工神經元所儲存的灰度值，也就是說，「第 2 層隱藏層」的人工神經元的數值和上一層「第 1 個隱藏層」有高度關聯性。接著我們再利用「第 2 個隱藏層」的人工神經元儲存的灰度值及各連線上的權重去決定「輸出層」中人工神經元所儲存的灰度值。從輸出層來看，灰度值越高（數值越接近 1），代表亮度越高，越符合我們所預測的圖像。

19-4-3 卷積神經網路（CNN）

卷積神經網路（Convolutional Neural Networks, CNN）是目前深度神經網路（deep neural network）領域的發展主力，也是最適合圖形辨識的神經網路，1989 年由 LeCun Yuan 等人提出的 CNN 架構，在手寫辨識分類或人臉辨識方面都有不錯的準確度，擅長把一種素材剖析分解，每當 CNN 分辨一張新圖片時，在不知道特徵的情況下，會先比對圖片中的圖片裡的各個局部，這些局部被稱為特徵（feature），這些特徵會捕捉圖片中的共通要素，在這個過程中可以獲得各種特徵量，藉由在相似的位置上比對大略特徵，然後擴大檢視所有範圍來分析所有特徵，以解決影像辨識的問題。

CNN 是一種非全連接的神經網路結構，這套機制背後的數學原理被稱為卷積（convolution），與傳統的多層次神經網路最大的差異在於多了卷積層（Convolution Layer）還有池化層（Pooling Layer）這兩層，因為有了這兩層讓 CNN 比起傳統的多層次神經網路更具備能夠掌握圖像或語音資料的細節，而不像其它神經網路只是單純的提取資料進行運算。正因為這樣的原因，CNN 非常擅長圖像或影音辨識的工作，除了能夠維持形狀資訊並且避免參數大幅增加，還能保留圖像的空間排列並取得局部圖像作為輸入特徵，加快系統運作的效率。

在還沒開始實際解說卷積層（Convolution Layer）及池化層（Pooling Layer）的作用之前，我們先以下面的示意圖說明卷積神經網路（CNN）的運作原理：

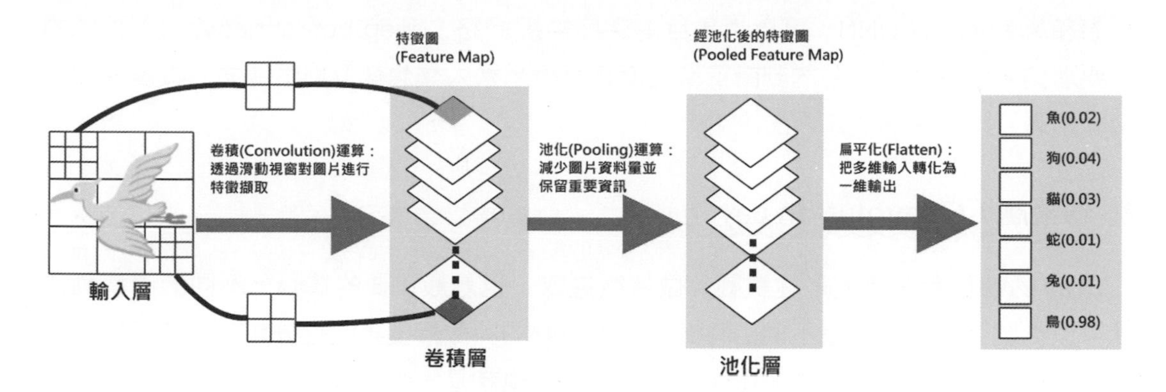

✪ 卷積神經網路（CNN）示意圖

上圖只是單層的卷積層的示意圖，在上圖中最後輸出層的一維陣列的數值，就足以作出這次圖片辨識結果的判斷。簡單來說，CNN 會比較兩張圖相似位置局部範圍的大略特徵，來作為分辨兩張圖片是否相同的依據，這樣會比直接比較兩張完整圖片來得容易判斷且快速。

卷積神經網路系統在訓練的過程中，會根據輸入的圖形，自動幫忙找出各種圖像包含的特徵，以辨識鳥類動物為例，卷積層的每一個平面都抽取了前一層某一個方面的特徵，只要再往下加幾層卷積層，我們就可以陸續找出圖片中的各種特徵，這些特徵可能包括鳥的腳、嘴巴、鼻子、翅膀、羽毛…等，直到最後找個圖片整個輪廓了，就可以精準判斷所辨識的圖片是否為鳥？

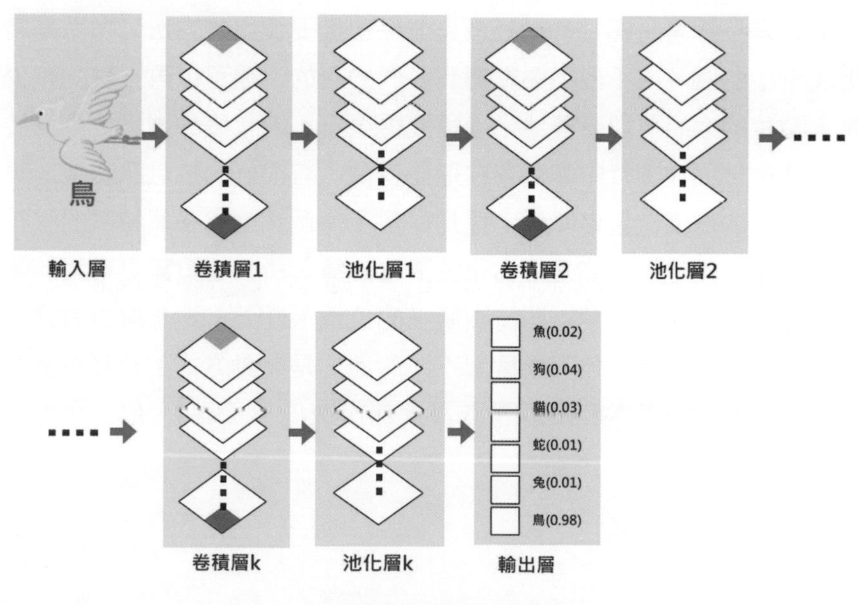

✪ 多層式卷積神經網路示意圖

卷積神經網路（CNN）可以說是目前深度神經網路（deep neural network）領域的重要理論，它在辨識圖片的判斷精準程度甚至還超過人類想像及判斷能力。接著我們要對卷積層及池化層做更深入的說明。

卷積層（Convolution Layer）

CNN 的卷積層其實就是在對圖片做特徵擷取，也是最重要的核心，不同的卷積動作就可以從圖片擷取出各種不同的特徵，找出最好的特徵最後再進行分類。我們可以根據每次卷積的值和位置，製作一個新的二維矩陣，也就是一張圖片裡的每個特徵都像一張更小的圖片，也就是更小的二維矩陣。這也就是利用特徵篩選過後的原圖，它可以告訴我們在原圖的哪些地方可以找到那樣的特徵。

CNN 運作原理是透過一些指定尺寸的視窗（sliding window），或稱為過濾器（filter）、卷積核（Kernel），目的就是幫助我們萃取出圖片當中的一些特徵，就像人類大腦在判斷圖片的某個區塊有什麼特色一樣。然後由上而下依序滑動取得圖像中各區塊特徵值，卷積運算就是將原始圖片的與特定的過濾器做矩陣內積運算，也就是與過濾器各點的相乘計算後得到特徵圖（feature map），就是將影像進行特徵萃取，目的是可以保留圖片中的空間結構，並從這樣的結構中萃取出特徵，並將所取得的特徵圖傳給下一層的池化層（pool layer）。

池化層（Pooling Layer）

池化層目的只是在盡量將圖片資料量減少並保留重要資訊的方法，功用是將一張或一些圖片池化成更小的圖片，不但不會影響到我們的目的，還可以再一次的減少神經網路的參數運算。圖片的大小可以藉著池化過程變得很小，池化後的資訊更專注於圖片中是否存在相符的特徵，而非圖片中哪裡存在這些特徵，有很好的抗雜訊功能。原圖經過池化以後，其所包含的像素數量會降低，還是保留了每個範圍和各個特徵的相符程度，例如把原本的資料做一個最大化或是平均化的降維計算，所得的資訊更專注於圖片中是否存在相符的特徵，而不必分心於這些特徵所在的位置。此外，池化層也有過濾器，也是在輸入圖像上進行滑動運算，但和卷積層不同的地方是滑動方式不會互相覆蓋，除了最大化池化法外，也可以做平均池化法（取最大部份改成取平均）、最小化池化法（取最大部份改成取最小化）等。

19-4-4 遞迴神經網路（RNN）

遞迴神經網路（Recurrent Neural Network, RNN）則是一種有「記憶」的神經網路，會將每一次輸入所產生狀態暫時儲存在記憶體空間，而這些暫存的結果被稱為隱藏狀態（hidden state），RNN 將狀態在自身網路中循環傳遞，允許先前的輸出結果影響後續的輸入，一般有前後關係較重視時間序列的資料，如果要進行類神經網路分析，會使用遞迴神經網路（RNN）進行分析，因此例如像動態影像、文章分析、自然語言、聊天機器人這種具備時間序列的資料，就非常適合遞歸神經網路（RNN）來實作。在每一個時間點取得輸入的資料時，除了要考慮目前時間序列要輸入的資料外，也會一併考慮前一個時間序列所暫存的隱藏資訊。如果以生活實例來類比遞迴神經網路（CNN），記憶是人腦對過去經驗的綜合反應，這些反應會在大腦中留下痕跡，並在一定條件下呈現出來，不斷地將過往資訊往下傳遞，是在時間結構上存在共享特性，所以我們可以用過往的記憶（資料）來預測或瞭解現在的現象。

接著我們打算用一個生活化的例子來簡單說明遞迴神經網路，許多家長望子成龍，小明家長會希望在小明週一到週五下課之後晚上固定去補習班上課，課程安排如下：

- 週一上作文課
- 週二上英文課
- 週三上數學課
- 週四上跆拳道
- 週五上才藝班

就是每週從星期一到星期五不斷地循環。如果前一天上英文課，今天就是上數學課；如果前一天上才藝班，今天就會作文課，非常有規律。

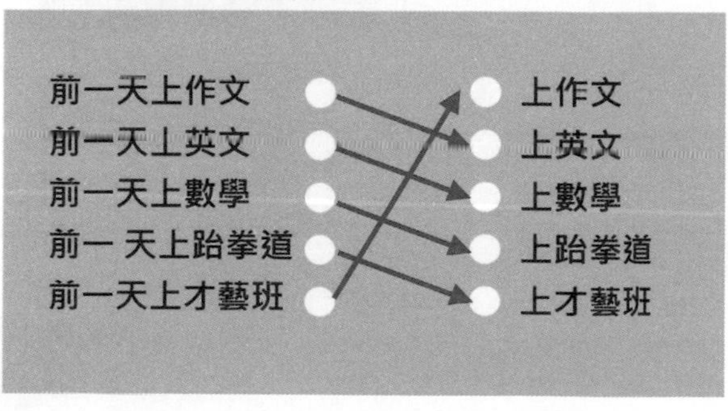

萬一前一次小明生病上課請假，那是不是就沒辦法推測今天晚上會上什麼課？但事實上，還是可以的，因為我們可以從前二天上的課程，預測昨天晚上是上什麼課。所以，我們不只能利用昨天上什麼課來預測今天準備上的課程，還能利用昨天的預測課程，來預測今天所要上的課程。另外，如果我們把「作文課、英文課、數學課、跆拳道、才藝班」改為用向量的方式來表示。比如說我們可以將「今天會上什麼課？」的預測改為用數學向量的方式來表示。假設我們預測今天晚上會上數學課，則將數學課記為 1，其他四種課程內容都記為 0。

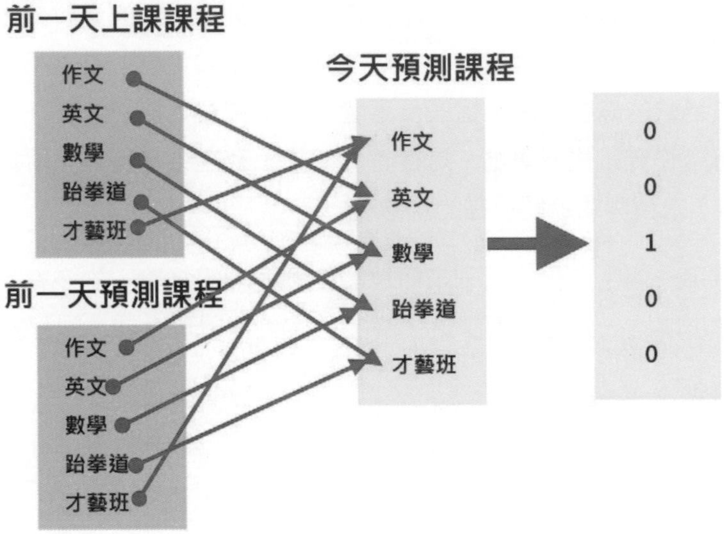

前一天上課課程
作文
英文
數學
跆拳道
才藝班

前一天預測課程
作文
英文
數學
跆拳道
才藝班

今天預測課程
作文
英文
數學
跆拳道
才藝班

0
0
1
0
0

此外，我們也希望將「今天預測課程」回收，用來預測明天會上什麼課程？右圖中的藍色箭頭的粗曲線，表示了今天上什麼課程的預測結果將會在明天被重新利用。

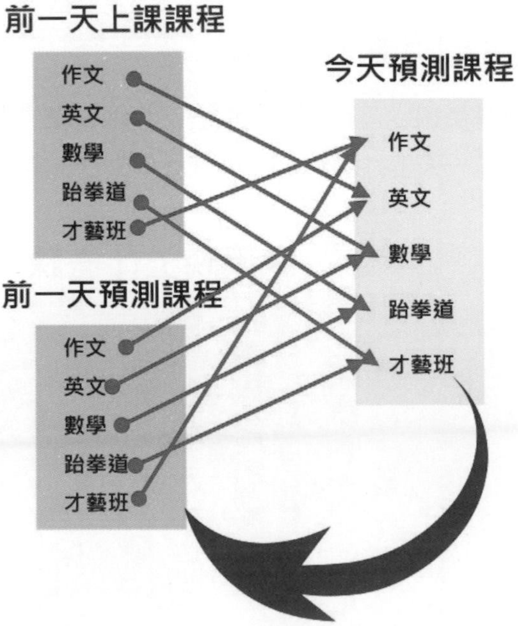

前一天上課課程
作文
英文
數學
跆拳道
才藝班

前一天預測課程
作文
英文
數學
跆拳道
才藝班

今天預測課程
作文
英文
數學
跆拳道
才藝班

如果將這種規則性不斷往前延伸，即使連續10天請假出國玩都沒有上課，透過觀察更早時間的上課課程規律，我們還是可以準確地預測今天晚上要上什麼課？而此時的遞迴神經網路示意圖，參考如下：

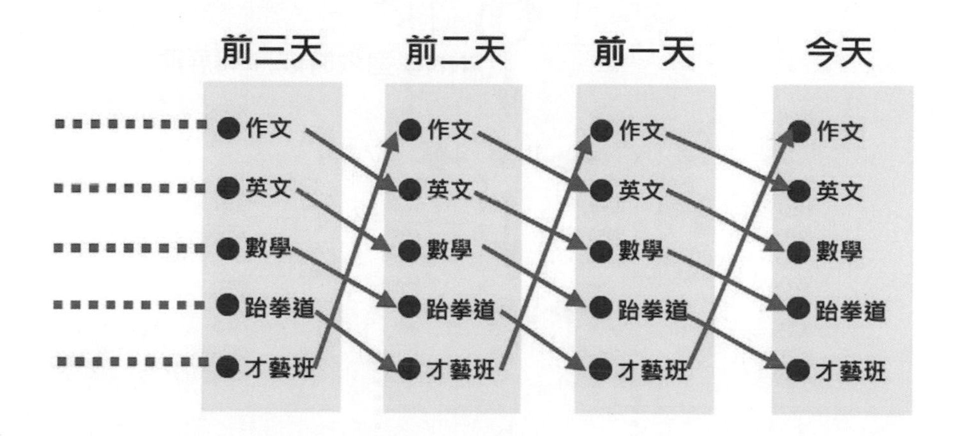

由上面的例子説明，我們得知有關RNN的運作方式可以從以下的示意圖看出，第1次『時間序列』(Time Series)來自輸入層的輸入為 x_1，產生輸出結果 y_1；第2次時間序列來自輸入層的輸入為 x_2，要產出輸出結果 y_2 時，必須考慮到前一次輸入所暫存的隱藏狀態 h_1，再與這一次輸入 x_2 一併考慮成為新的輸入，而這次會產生新的隱藏狀態 h_2 也會被暫時儲存到記憶體空間，再輸出 y_2 的結果；接著再繼續進行下一個時間序列 x_3 的輸入……以此類推。

如果以通式來加以説明RNN的運作方式，就是第t次時間序列來自輸入層的輸入為 x_t，要產出輸出結果 y_t 必須考慮到前一次輸入所產生的隱藏狀態 h_{t-1}，並與這一次輸入 x_t 一併考慮成為新的輸入，而該次也會產生新的隱藏狀態 h_t 並暫時儲存到記憶體空間，再輸出 y_t 的結果，接著再接續進行下一個時間序 x_{t+1} 的輸入……以此類推。綜合歸納遞迴神經網路(RNN)的主要重點，RNN的記憶方式在考慮新的一次的輸入時，會將上一次的輸出記錄的隱藏狀態連同這一次的輸入當作這一次的輸入，也就是説，每一次新的輸入都會將前面發生過的事一併納入考量。

下面的示意圖就是RNN記憶方式及RNN根據時間序列展開後的過程説明。

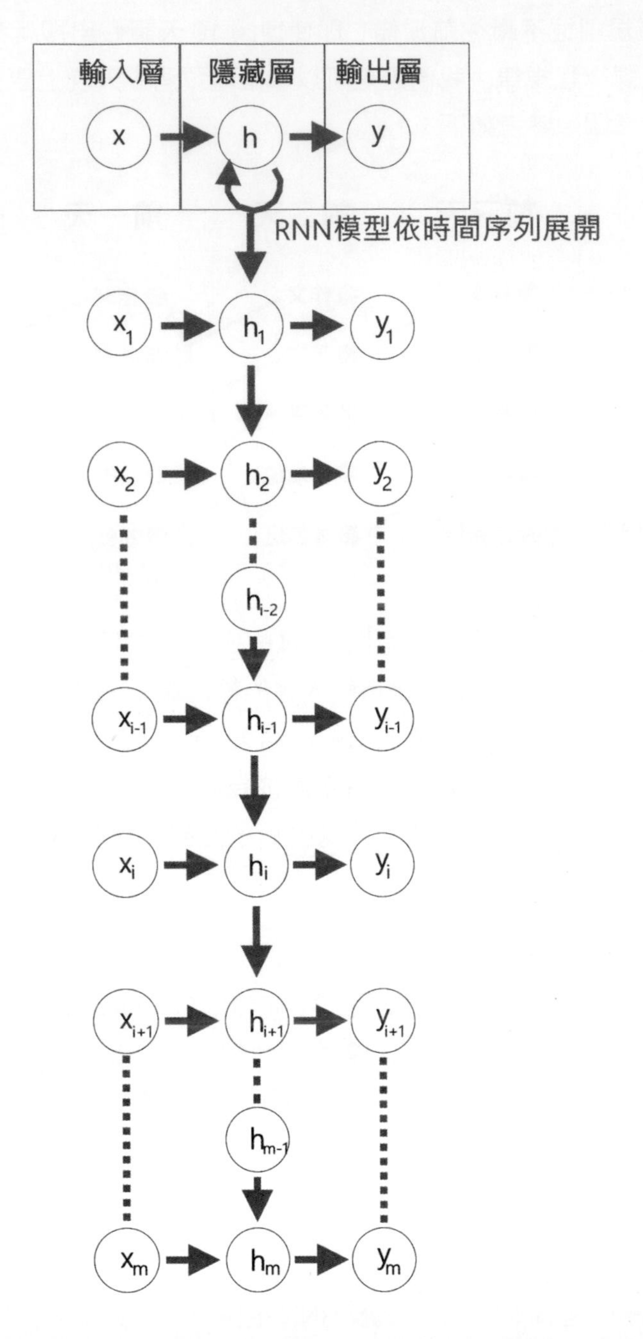

遞迴神經網路強大的地方在於它允許輸入與輸出的資料不只是單一組向量，而是多組向量組成的序列，另外 RNN 也具備有更快訓練和使用更少計算資源的優勢。就以應用在自然語言中文章分析為例，通常語言要考慮前言後語，為了避免斷章取義，要建立語言的相關模型，如果能額外考慮上下文的關係，準確率就會顯著提高。也就是說，當前「輸出結果」不只受上一層輸入的影響，也受到同一層前一個「輸出結果」的影響（即前文）。例如下面這兩個句子：

- 我「不在意」時間成本，所以我選擇搭乘「火車」從高雄到台北的交通工具。
- 我「很在意」時間成本，所以我選擇搭乘「高鐵」從高雄到台北的交通工具。

在分析「我選擇搭乘」的下一個詞時，若不考慮上下文，「火車」、「高鐵」的機率是相等的，但是如果考慮「我很在意時間成本」，選「高鐵」的機率應該就會大於選「火車」。反之，但是如果考慮「我不在意時間成本」，選「火車」的機率應該就會大於選「高鐵」。

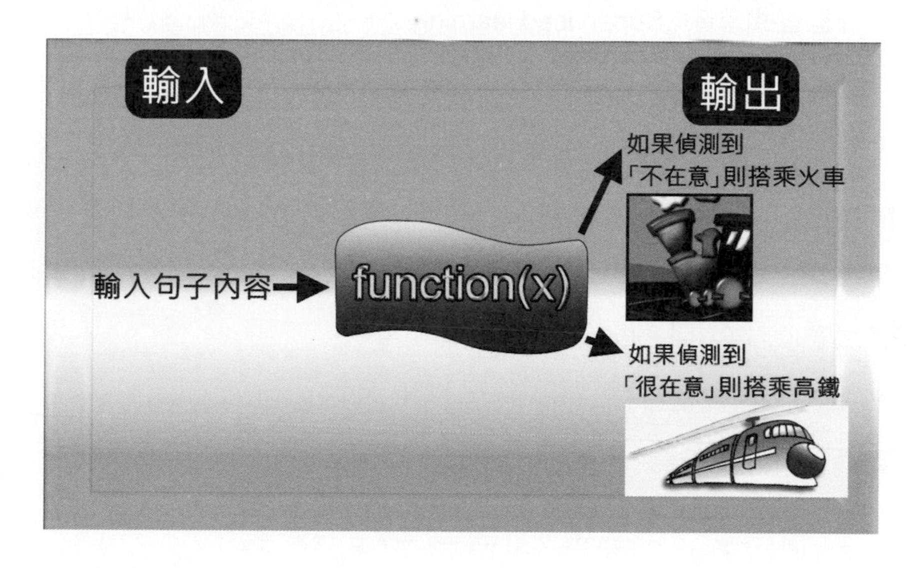

課後評量

1. 請簡述機器學習（Machine Learning）。
2. 什麼是模式識別（Pattern Recognition）？
3. 機器學習主要分成哪四種學習方式？
4. 請簡介監督式學習（Supervised learning）。
5. 請簡介半監督式學習（Semi-supervised learning）。
6. 非監督式學習讓機器從訓練資料中找出規則，請問有哪兩種形式？
7. AlphaGo 如何學會圍棋對弈？
8. 請問卷積神經網路（Convolutional Neural Networks, CNN）的特點為何？
9. 請簡述卷積層（Convolution Layer）的功用。
10. 請簡介遞迴神經網路（Recurrent Neural Network, RNN）。
11. 遞迴神經網路比起傳統的神經網路的最大差別在哪？

CHAPTER

20 人工智慧應用與 ChatGPT

雖然我們沒有發覺，但人工智慧的應用早已深入現代人生活之中，隨著行動時代而來的是數之不盡的海量資料，這些資料不僅精確，更是相當多元，如此龐雜與多維的資料，最適合利用人工智慧來解決這類問題。近幾年人工智慧的應用領域愈來愈廣泛，根據美國最新研究機構的報告，2025 年 AI 更會在行銷和銷售自動化方面，取得更人性化的表現，有 50%的消費者希望在日常生活中使用 AI 和語音技術。例如目前許多企業和粉專都在使用 Facebook Messenger 聊天機器人（Chatbot），這是一個可以協助粉絲專頁更簡單省力做好線上客服的自動化行銷工具。

✪ AI 電話客服也是自然語言的應用之一

圖片來源：https://www.digiwin.com/tw/blog/5/index/2578.html

今年 AI 領域最火紅的應用絕對離不開 ChatGPT，目前網路、社群上對於 ChatGPT 的討論已經沸沸揚揚。ChatGPT 是由 OpenAI 所開發的一款基於生成式 AI 的免費聊天機器人，擁有強大的自然語言生成能力，可以根據上下文進行對話，並進行多種應用，包括客戶服務、銷售、產品行銷等，短短 2 個月全球用戶超過 1 億，超過抖音的用戶量。ChatGPT 之所以強大，是它背後難以數計的資料庫，任何食衣住行育樂的各種生活問題或學科都可以問 ChatGPT，而 ChatGPT 也會以類似人類會寫出來的文字，給予相當到位的回答，與 ChatGPT 互動是一種雙向學習的過程，在用戶獲得想要資訊內容文本的過程中，ChatGPT 也不斷在吸收與學習。ChatGPT 用途非常廣泛多元，根據國外報導，很多亞馬遜上店家和品牌紛紛轉向 ChatGPT，還可以幫助店家或品牌再進行網路行銷時為他們的產品生成吸引人的標題，和尋找宣傳方法，進而與廣大的目標受眾產生共鳴，從而提高客戶參與度和轉換率。

20-1 熱門的人工智慧應用

AI 與電腦的完美結合為現代產業帶來創新革命，涵蓋領域不僅展現在機器人、物聯網（IoT）、自駕車、智能服務等，甚至與數位行銷產業息息相關，根據美國最新研究機構的報告，2025 年人工智慧將會在行銷和銷售自動化方面，取得更人性化的表現，有 50 %的消費者強烈希望在日常生活中使用 AI 和語音技術，其他還包括蘋果手機的 Siri、Line 聊天機器人、垃圾信件自動分類、指紋辨識、自動翻譯、機場出入境的人臉辨識、機器人、智能醫生、健康監控、自動駕駛、自動控制等，都是屬於 AI 與日常生活的經典案例。以下我們將介紹目前人工智慧目前隨處可見的應用實務。

20-1-1 人臉辨識

✪ iPhone X 臉部辨識完美結合 3D 影像感測技術

人臉辨識（Facial Recognition）技術也是屬於電腦視覺（Computer Version, CV）的範疇，通常要識別一個人的身分，通常我們會透過表情、聲音、動作，其中又以臉部表情的區隔性最具代表，人臉辨識系統是一種非接觸型且具有高速辨識能力的系統，人臉辨識技術的出現，使人們的生活方式大幅改變。隨著智慧型手機與社群網路的崛起，再度為臉部辨識的應用推波助瀾，例如 iPhone X 的發售，引入了人臉辨識技術（Face ID），讓 iPhone 可以透過人臉就能立即解鎖。許多國際機場也陸續採用臉部辨識，提供旅客自動快速通關的服務，還可以透過人臉辨識於火車票驗票上，而無需使用門票或刷智慧手機，甚至於支付寶付款只要露個臉微笑即可完成轉帳，大量掀起了業界對人臉辨識相關應用的關注。

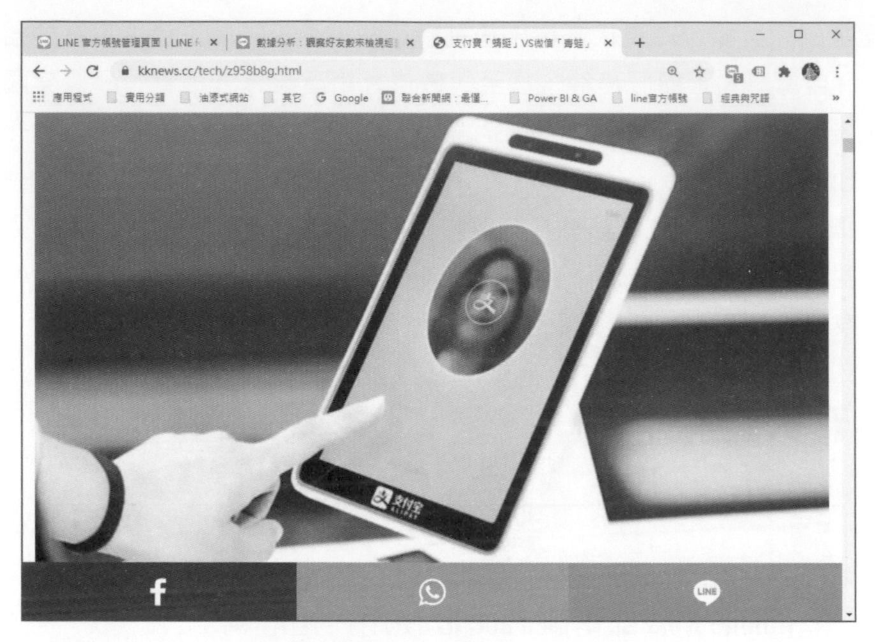

✪ 支付寶推出「刷臉支付」功能

圖片來源：https://kknews.cc/tech/z958b8g.html

電腦視覺（Computer Version, CV）是一種研究如何利用攝影機和電腦代替人眼對目標進行辨識、跟蹤、測量、圖像處理與人員識別的技術，甚至能追蹤物品的移動等功能，讓機器具備與人類相同的視覺，並且建立具有真正智慧的視覺系統。

國外許多大都市的街頭紛紛出現了一種具備 AI 功能的數位電子看板，會追蹤路過行人的舉動來與看板中的數位廣告產生互動效果，透過人臉辨識來分析臉部各種不同的點與眾人臉上的表情，並追蹤這些點之間的關係來偵測情緒，不但能衡量與品牌或廣告活動相關的觀眾情緒，還能幫助新產品測試，最後由 AI 來動態修正調整看板廣告所呈現的內容，即時把最能吸引大眾的廣告模式呈現給觀眾，並展現更有說服力的創意效果，提供「最適性」與「最佳化行銷內容」的廣告體驗。

20-1-2 影像辨識

近年來由於社群網站和行動裝置風行，加上萬物互聯的時代無時無刻產生大量的數據，使用者瘋狂透過手機、平板電腦、電腦等，在社交網站上大量分享各種資訊，許多熱門網站擁有的資料量都上看數 TB（Tera Bytes, 兆位元組），甚至上看 PB（Peta Bytes, 千兆位元組）或 EB（Exabytes, 百萬兆位元組）的等級，其中有一大部份是數位影像資料，影音資訊的加值再利用將越來越普及，透過大量已分類影像作為訓練資料的來源，這也提供了影像辨識很豐富的訓練素材。

影像辨識技術早期是從圖像識別（pattern recognition）演進而來，也是目前深度學習應用最廣泛的領域，以往需要人工選取特徵再進行影像辨識，透過深度學習技術就可透過大量資料進行自動化特徵學習，兩者結合可應用於生活中各種面向，可有效協助傳統上需要大量人力的工作，影像辨識已經衍生出多項應用，包括智慧家居、動態視訊、無人駕駛、品管檢測、無人商店管理、安全監控、物流貨品檢核、偵測物件、醫療影像等。

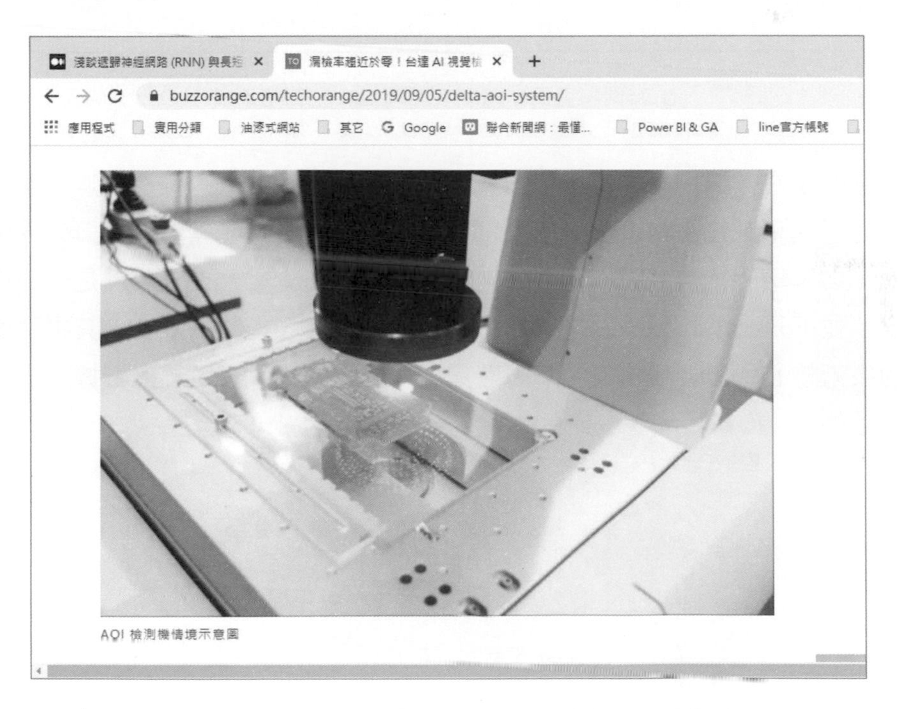

✪ 機器影像辨識已逐漸取代人力成為工廠瑕疵檢測的利器

圖片來源 https://buzzorange.com/techorange/2019/09/05/delta-aoi-system/

20-1-3 自駕車

✪ 特斯拉公司積極開發自駕車人工智慧系統

自動駕駛是現在非常熱門的話題，隨著感測與運算技術的快速推進，無人操作的自駕車系統取得了越來越驚人的進展，使得汽車從過去的封閉系統轉變成能與外界溝通的智慧型車輛，自駕車開始從實驗室測試轉向在公共道路上駕駛。自動駕駛是一種自主決策智慧系統，並不是一個單純一個技術點，而是許多尖端技術點的集合，其中深度學習是自駕車的技術核心，首要任務是了解周圍環境，必須使用真實世界的數據來訓練和測試自動駕駛組件。

✪ Google 的 Waymo 自駕車在加州實際路測里程數稱霸業界

圖片來源：https://technews.tw/2018/08/27/a-day-in-the-life-of-a-waymo-self-driving-taxi/

自駕車為了達到自動駕駛的目的以及在道行車安全，必須透過影像辨識技術來感知與辨識周圍環境、附近物件、行人、可行駛區域等，並判斷物周遭件的行為模式，從物件分類、物件偵測、物件追蹤、行為分析至反應決策，更能精準處理來自不同車載來源的觀測流，如照相機、雷達、攝影機、超聲波傳感器、GPS 裝置等，使自駕車能夠利用自動辨識前方路況，並做出相對應減速或煞車的動作，以達到最高安全的目的。目前利用卷積神經網路（CNN）來進行視覺的感知是自駕車系統中最常用的方法，可用來協助 AI 加速完成學習推論感知周遭環境，擁有較高容錯能力與適合複雜環境，然後不斷透過演算法從資料和訓練中學習，讓自駕車愈來愈能夠適應環境且不斷擴展其能力，事實上，即便是目前允許上路的自駕駛車也持續不斷被用來收集大數據，用來改進下一代自動駕駛汽車的技術。

20-1-4 智慧醫療

智慧醫療（Smart Healthcare 或 eHealth）的定義就是導入如物聯網、雲端預算、機器學習等技術到涉入醫療流程的一個趨勢，可以幫助解決各種醫療領域的診斷和預後問題，用於分析臨床參數及其組合對預後的重要性，透過醫療科技的演進，病患有機會透過物聯網與各種穿戴式裝置，擁有更多個人健康數據與良好的醫療品質。

智慧醫療在醫療領域的應用廣泛，且其功能越來越多元，知名市場研究機構（Global Market Insights）預測至 2024 年智慧醫療應用市場規模將達 110 億美元，打造未來智慧醫療已然成為發展趨勢。在未來可以預見醫療產業將會持續導入更多數位科技以在降低成本的同時提高醫療成效，實踐維持健康與預防疾病的願景。

✪ 透過機器學習，也能更快速解讀各種醫療影像

事實上，真正推動智慧醫療發展的最大功臣，還是來自於近年來機器學習技術逐漸成熟，AI 的歸納統整與辨識能力已經逐漸可以取代人類，例如醫療影像一直是解析人體內部結構與組成的方法，資料量占醫學資訊量 80%，包括了 X 光攝影、超音波影像、電腦斷層掃描（Computed Tomography, CT）、核磁共振造影（Magnetic Resonance Imaging, MRI）、心血管造影等。過去傳統上要診斷疾病，可能就要牽扯醫療圖像的判讀，過去這些工作都要交由醫生來處理，不過醫療影像判讀因為機器學習技術的出現而有驚人的進展，而且精確度和專業醫生相去不遠，更大幅改善醫療效率。

20-2 地表最強的 AI 聊天機器人 -ChatGPT

ChatGPT 是由 OpenAI 公司開發的最新版本，該技術是建立在深度學習（Deep Learning）和自然語言處理技術（Natural Language Processing, NLP）的基礎上。由於 ChatGPT 基於開放式網路的大量資料進行訓練，使其能夠產生高度精確、自然流暢的對話回應，與人進行互動。如下圖所示：

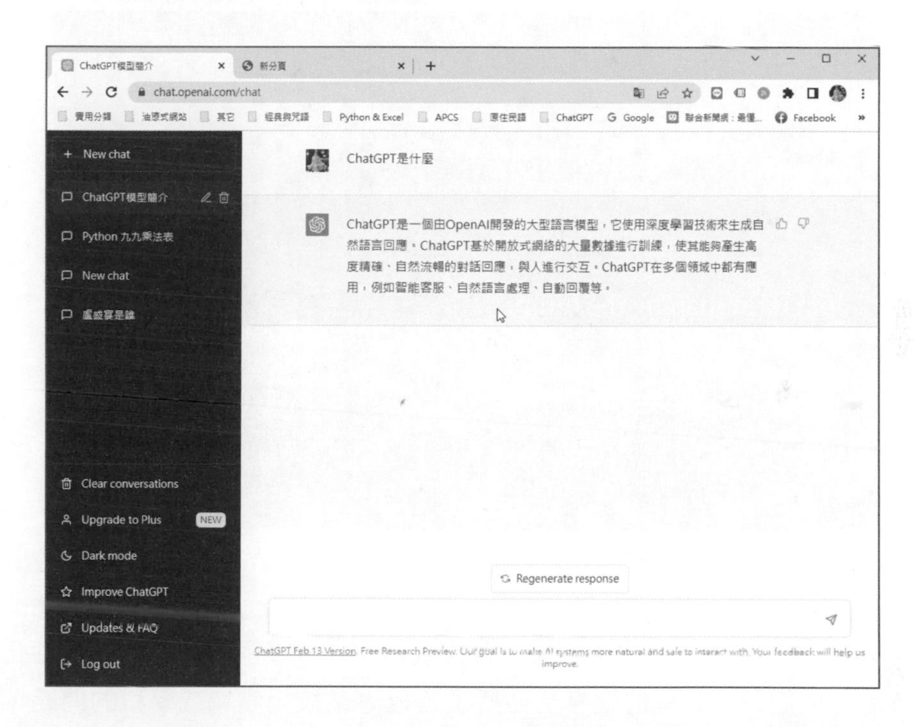

聊天機器人（Chatbot）則是目前許多店家客服的創意新玩法，背後的核心技術即是以自然語言處理（Natural Language Processing, NLP）中的一種模型（Generative Pre-Trained Transformer, GPT）為主，利用電腦模擬與使用者互動對話，算是由對話或文字進行交談的電腦程式，並讓用戶體驗像與真人一樣的對話。從技術的角度來看，ChatGPT 是根據從網路上獲取的大量文字樣本進行機器人工智慧的訓練，不管你有什麼疑難雜症，你都可以詢問它。當你不斷以問答的方式和 ChatGPT 進行互動對話，聊天機器人就會根據你的問題進行相對應的回答，並提升這個 AI 的邏輯與智慧。

20-2-1 ChatGPT 初體驗

登入 ChatGPT 網站註冊的過程中雖然是全英文介面，但是註冊過後在與 ChatGPT 聊天機器人互動發問問題時，可以直接使用中文的方式來輸入，而且回答的內容的專業性也不失水準，甚至不亞於人類的回答內容。

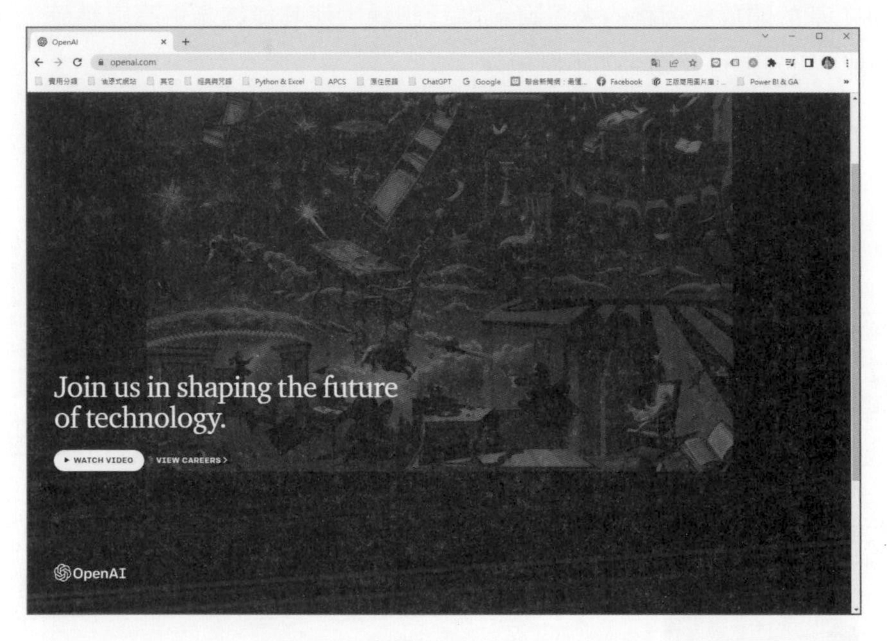

✪ OpenAI 官網 https://openai.com/

目前 ChatGPT 可以辨識中文、英文、日文或西班牙等多國語言，透過人性化的回應方式來回答各種問題。這些問題甚至含括了各種專業技術領域或學科的問題，可以說是樣樣精通的百科全書，不過 ChatGPT 的資料來源並非 100% 正確，在使用 ChatGPT 時所獲得的回答可能會有偏誤，為了得到的答案更準確，當使用 ChatGPT 回答問題時，應避免使用模糊的詞語或縮寫。「問對問題」不僅能夠幫助用戶獲得更好的回答，ChatGPT 也會藉此不斷精進優化，切記！清晰具體的提問才是與 ChatGPT 的最佳互動。如果需要進深入知道更多的內容，除了盡量提供夠多的訊息，就是提供足夠的細節和上下文。

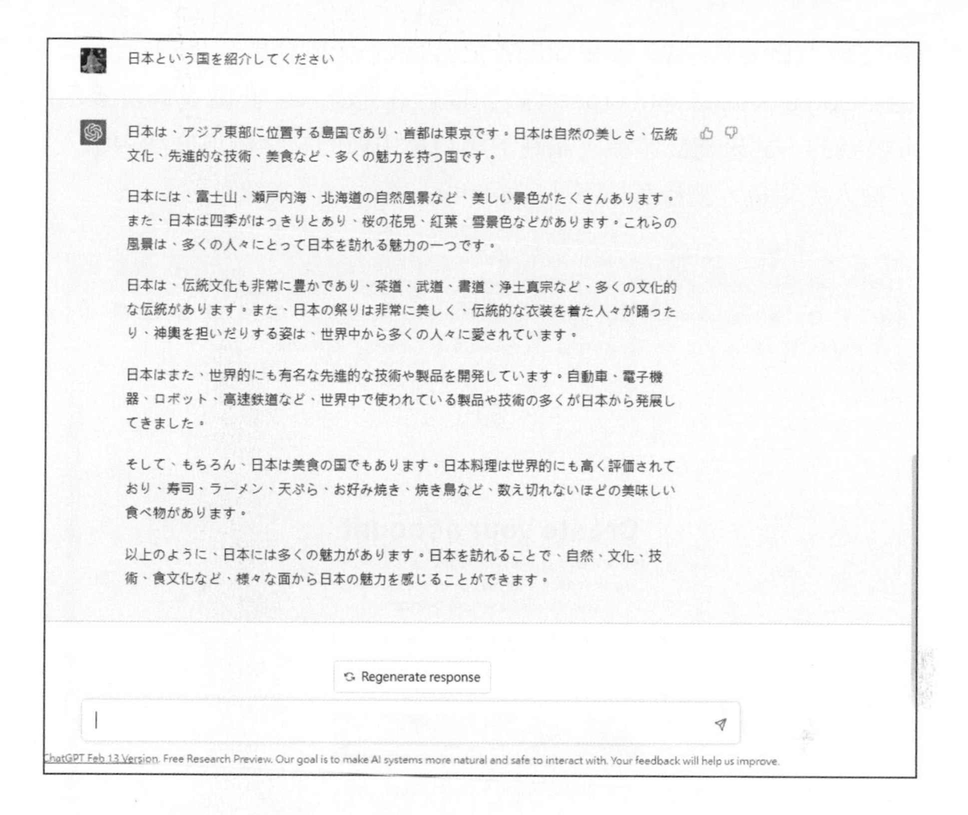

20-2-2 註冊免費 ChatGPT 帳號

首先我們就先來示範如何註冊免費的 ChatGPT 帳號，請先登入 ChatGPT 官網，它的網址為 https://chat.openai.com/，登入官網後，若沒有帳號的使用者，可以直接點選畫面中的「Sign up」按鈕註冊一個免費的 ChatGPT 帳號：

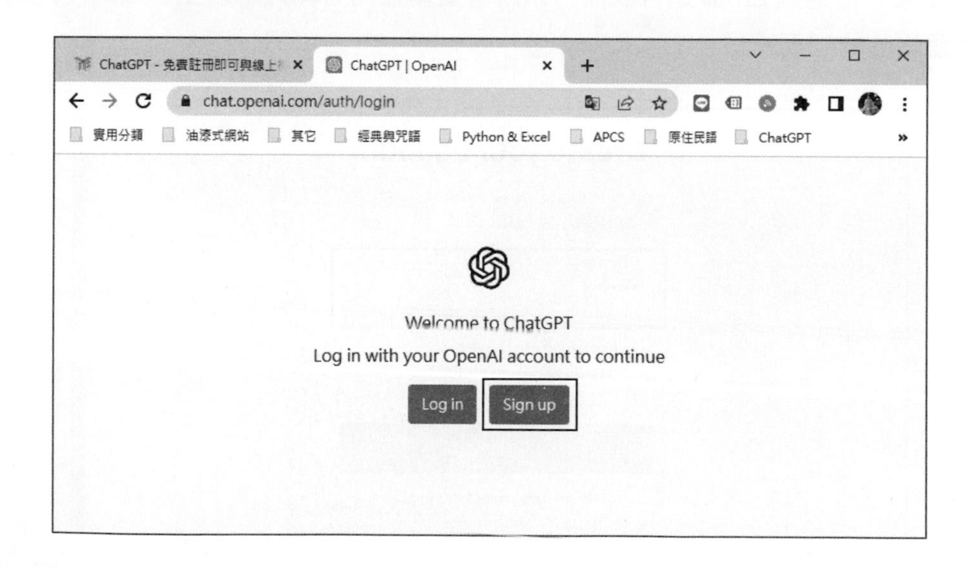

接著請各位輸入 Email 帳號，或是如果各位已有 Google 帳號或是 Microsoft 帳號，你也可以透過 Google 帳號或是 Microsoft 帳號進行註冊登入。此處我們直接示範以接著輸入 Email 帳號的方式來建立帳號，請在下圖視窗中間的文字輸入方塊中輸入要註冊的電子郵件，輸入完畢後，請接著按下「Continue」鈕。

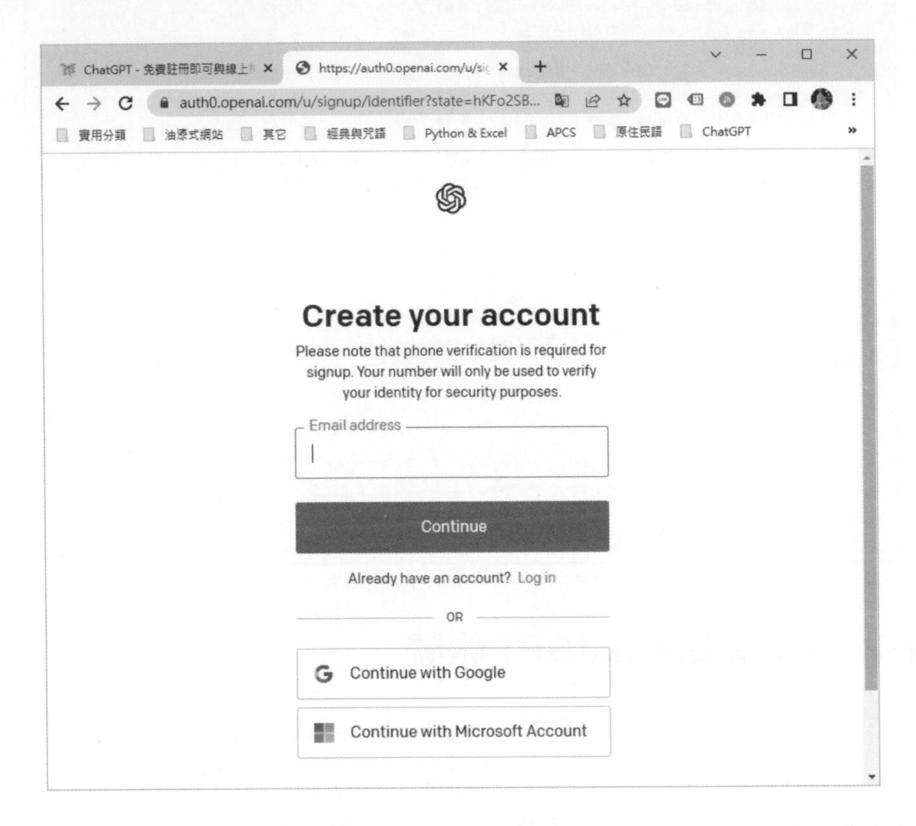

接著如果你是透過 Email 進行註冊，系統會要求使用者輸入一組至少 8 個字元的密碼作為這個帳號的註冊密碼。

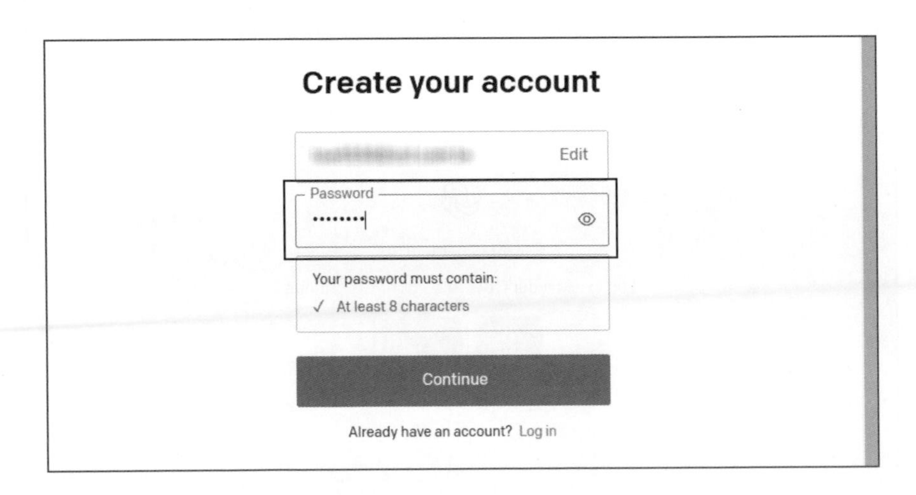

上圖輸入完畢後，接著再按下「Continue」鈕，會出現類似下圖的「Verify your email」的視窗。

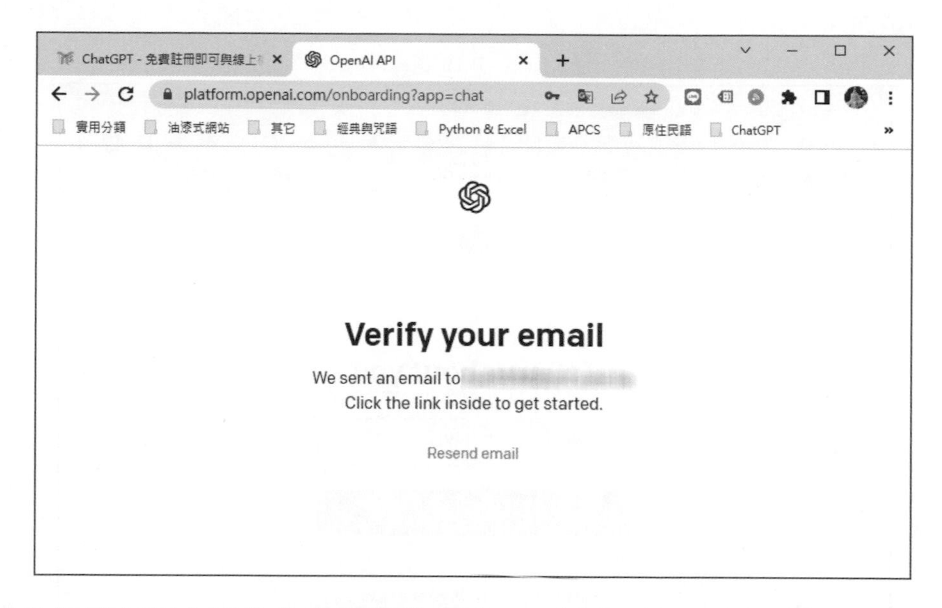

接著各位請打開自己的收發郵件的程式，可以收到如下圖的「Verify your email address」的電子郵件。請各位直接按下「Verify email address」鈕：

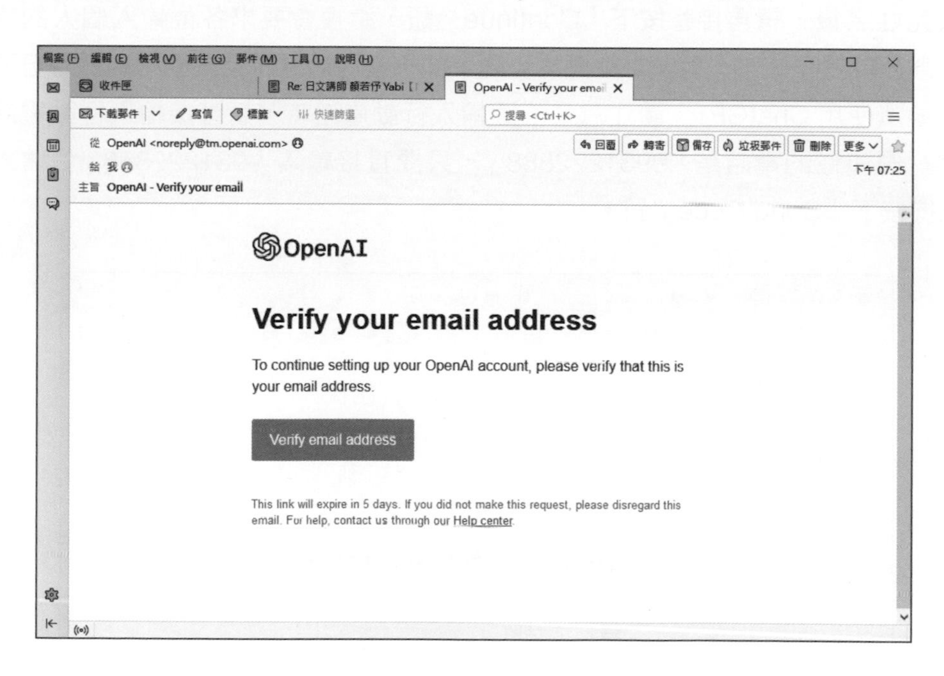

接著會直接進入到下一步輸入姓名的畫面，請注意，這裡要特別補充說明的是，如果你是透過 Google 帳號或 Microsoft 帳號快速註冊登入，那麼就會直接進入到下一步輸入姓名的畫面：

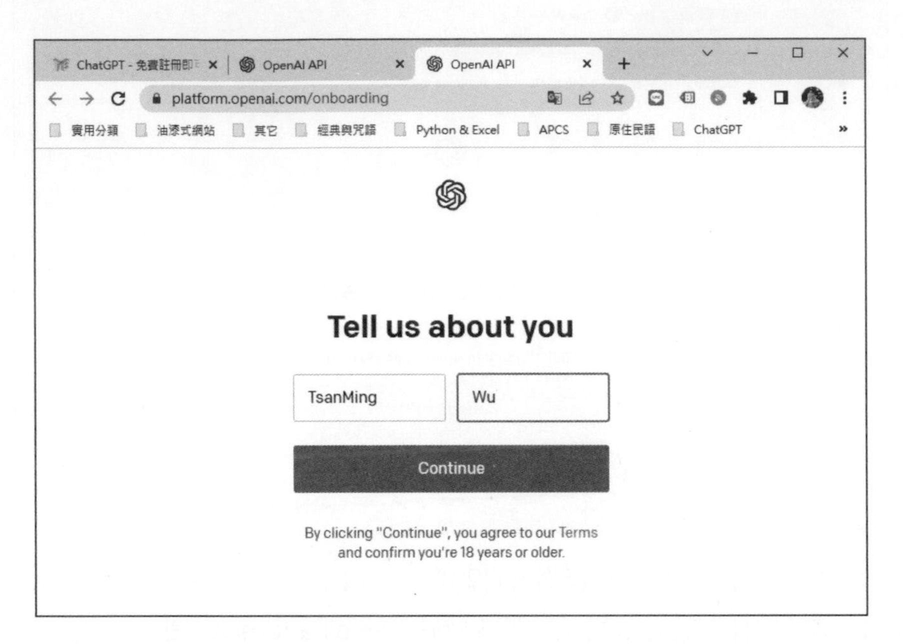

輸入完姓名後，請再接著按下「Continue」鈕，這裡會要求各位輸入個人的電話號碼進行身分驗證，這是一個非常重要的步驟，如果沒有透過電話號碼來通過身分驗證，就沒有辦法使用 ChatGPT。請注意，下圖輸入行動電話時，請直接輸入行動電話後面的數字，例如你的電話是「0931222888」，只要直接輸入「931222888」，輸入完畢後，記得按下「Send Code」鈕。

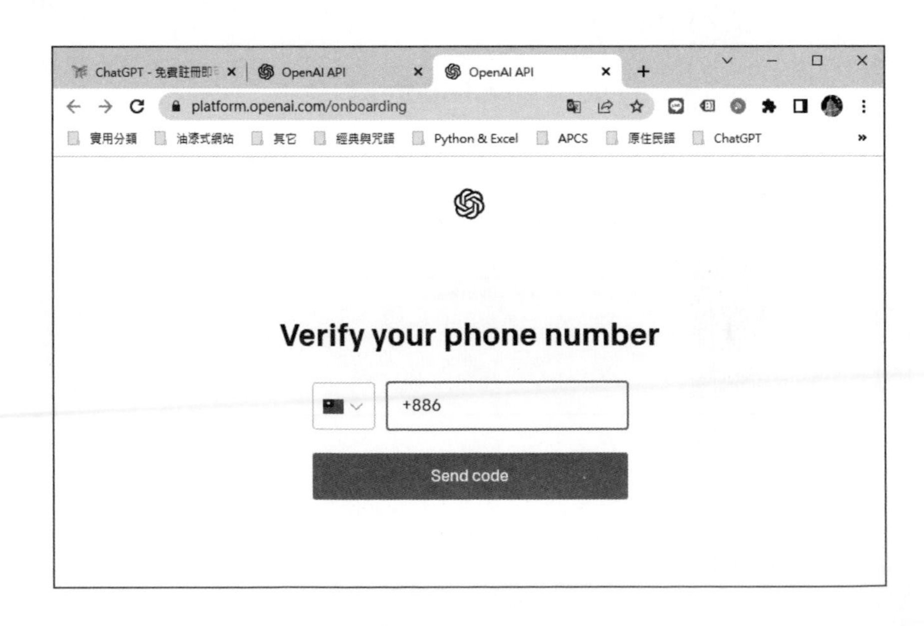

大概過幾秒後，各位就可以收到官方系統發送到指定號碼的簡訊，該簡訊會顯示 6 碼的數字。

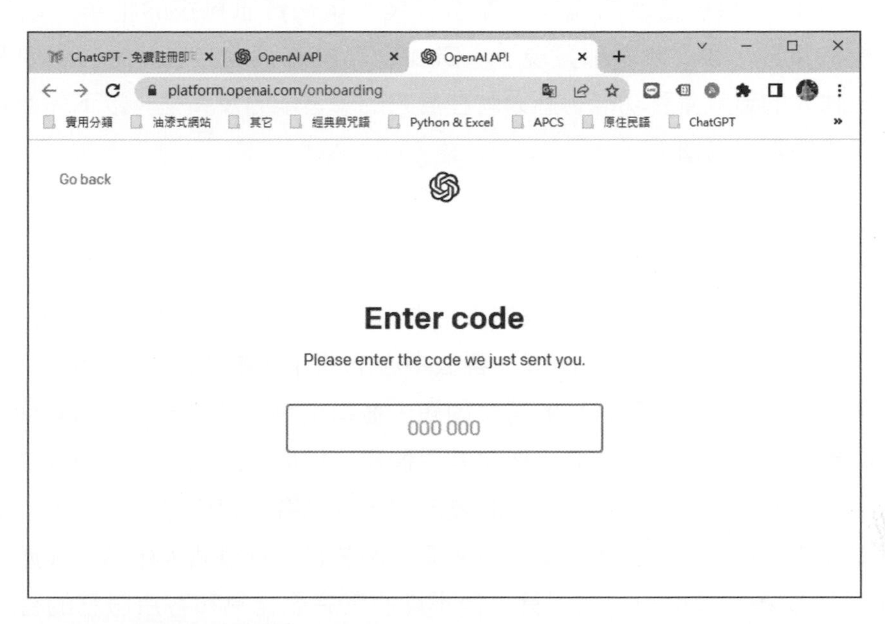

各位只要於上圖中輸入手機所收到的 6 碼驗證碼後，就可以正式啟用 ChatGPT。登入 ChatGPT 之後，會看到下圖畫面，在畫面中可以找到許多和 ChatGPT 進行對話的真實例子，也可以了解使用 ChatGPT 有哪些限制。

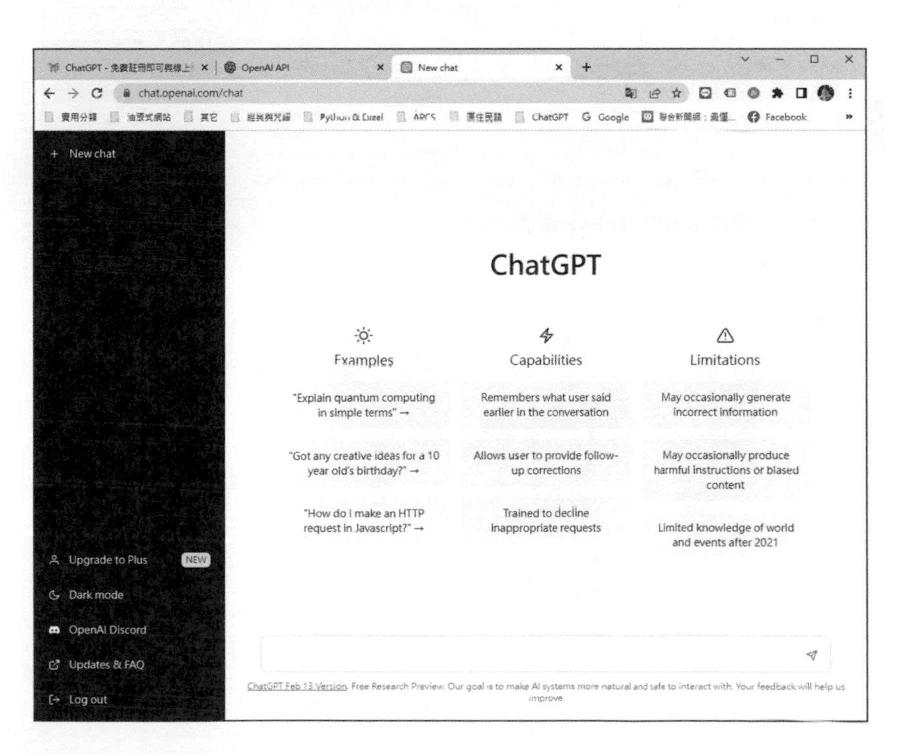

20-2-3 ChatGPT 功能簡介

ChatGPT 是目前科技整合的極致，繼承了幾十年來資訊科技的精華。以前只能在電影上想像的情節，現在幾乎都實現了。ChatGPT 擁有強大的自然語言生成及學習能力，更具備強大的資訊彙整功能，魅力就在於它的學習能力及彈性，以下先為各位介紹目前耳熟能詳的應用範圍：

AI 客服

ChatGPT 在客服行業中具有非常大的應用潛力，品牌商家可以使用 ChatGPT 開發聊天機器人。對於一些知名企業或品牌，客服中心的運作成本非常高，ChatGPT 可以擔任自動客服機器人，藉以回答常見的客戶問題，並提供有關購買、退貨和其他查詢的服務，達到節省成本來創造行銷機會來優化客戶體驗，協助行銷與客服人員提供更加自然且精準的回覆，能有效引導消費者完成購買流程，提高客戶關係管理的效率（CRM），不僅業績提升成交量，也建立起消費者資料庫，利於日後推播個人化廣告與產品。雖然 ChatGPT 可以成為有價值的附加工具，但不應將其完全作為和客戶服務的替代品，畢竟相比 ChatGPT 客觀理性的冰冷回答，真實人員服務能針對「顧客的需求」展現具有溫度的同理與貼心，是 AI 客服無法完全取代真人的關鍵。

✪ 緯創資通推出 ChatGPT 客服機器人

語言翻譯

ChatGPT 可以幫助我們進行不同語言之間的翻譯，對於需要大量人工翻譯的跨境電商產業而言，ChatGPT 可以應用於語系翻譯和自動調整產品描述與説明，使得不同語言之間的溝通變得更加容易和順暢，並且大大減少翻譯人力成本，為用戶帶來更好的閱讀體驗。

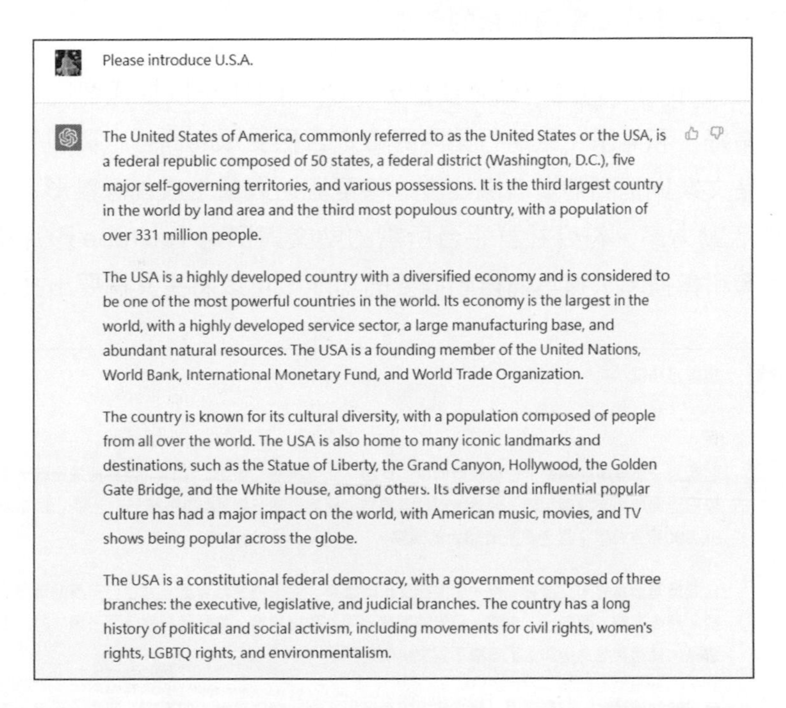

接著只要輸入類似「請將我剛才問的問題的英文的回答內容翻譯成中文」，就會將剛才的英文回答內容翻譯成中文，請參考下圖：

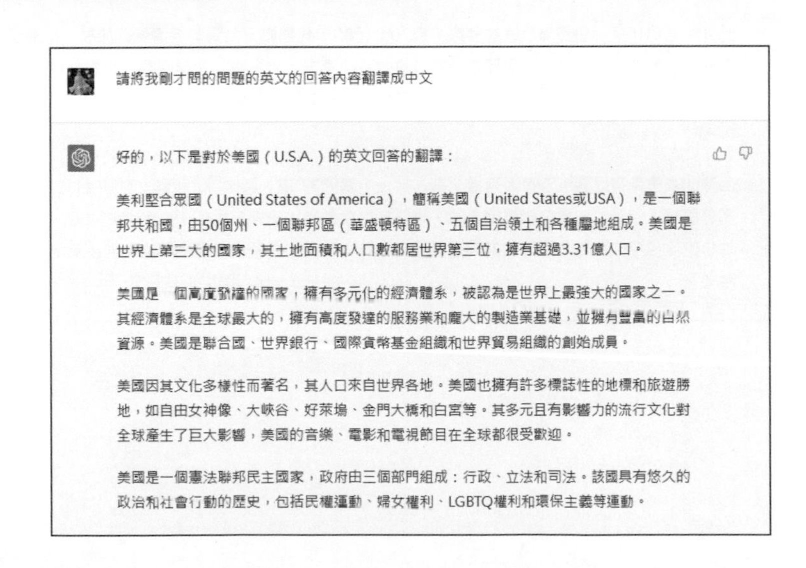

行銷內容創作

ChatGPT 在電子商務領域中也具有重要的應用價值，隨著網路行銷管道的模式愈來愈多，為了提高消費者體驗，店家需要將商品訊息做出清晰明確的描述，因此快速產出素材與文案的壓力愈來愈大，由於 ChatGPT 的核心應用就是文書處理，可以應用於自動生成商品描述與產品介紹，不但能寫論文、劇本和小說，還能為店家和品牌分擔行銷活動的工作量，進一步提高電商平台的營收。

例如產品描述是市場行銷的一個重要部分，ChatGPT 可以根據客戶的喜好、過交易行為、興趣、偏好、和需求，幫助行銷團隊確定目標受眾的偏好、興趣和痛點，生成更符合受眾的產品文案與提高消費者關注度，甚至協助大量生成創意雛形，還可以開發對應的市場行銷活動方案、符合社群平台所需的貼文與撰寫 YouTube 影片腳本，進而提高廣告的點擊率和轉換率，還具備自動摘要的功能，可以將長文摘要出文章重點：

請以至少600字介紹台灣

台灣是一個美麗的島嶼，位於東亞的中心地帶，北臨東海，東鄰太平洋，西接台灣海峽，南隔巴士海峽與菲律賓相望。台灣地理位置獨特，緯度介於北緯20°45'~25°56'之間，面積約有36,000平方公里，是世界上第38大的國家。

台灣擁有豐富的人文歷史，是一個多元文化的國家。先民們在台灣島上居住已有萬餘年歷史，歷經荷蘭、西班牙、清朝、日治時期等不同的政權統治，每個時期都留下了獨特的文化遺產，使得台灣文化綜合了多種不同文化的元素。

台灣的氣候溫和，四季分明，植被豐富，有各種不同的自然風光，如高山、海岸、溪流、森林、湖泊等等。其中，太魯閣、日月潭、阿里山等地區是著名的旅遊勝地，吸引了大量國內外遊客前來旅遊。

此外，台灣也是一個經濟發達的國家。自20世紀80年代開始，台灣的經濟快速發展，成為了亞洲四小龍之一。現在，台灣擁有高度發達的科技產業、製造業、金融業等，也是全球最大的積體電路製造商之一。台灣的經濟成就得益於政府的積極政策，也得益於勤奮的台灣人民。

台灣的人民熱情好客，友善而有禮。華人文化中講究的"以人為本"和"和氣生財"在台灣得到了充分體現。台灣的飲食文化豐富多彩，有許多美食是讓人流連忘返的，如台北的小吃、台南的小吃、台中的豆花、嘉義的瘦肉粥等等。此外，台灣也是茶葉生產和茶文化的重要地區，台灣茶各位只要輸入類似「請將我剛才問的問題的回答內容摘要重點」，就會將剛才的回答內容摘要成條列重點，請參考下圖：

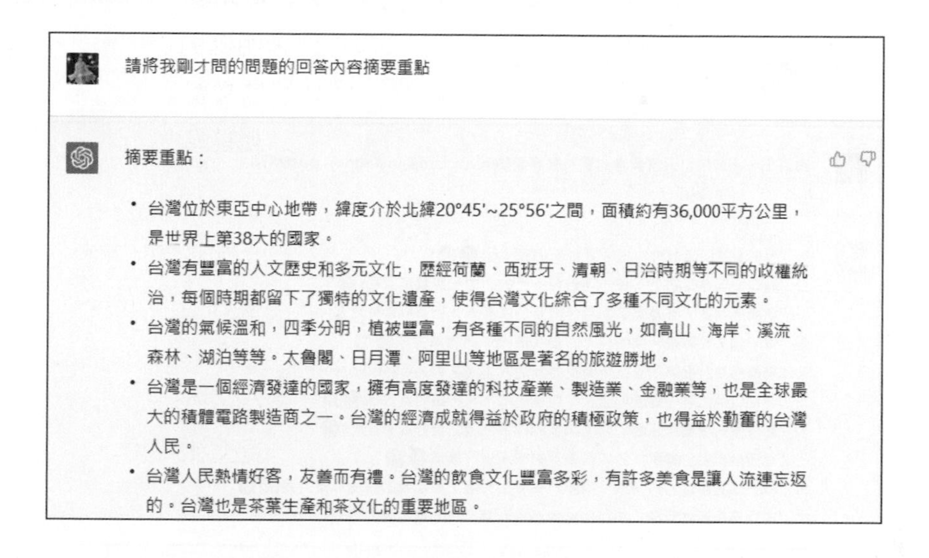

20-2-4 生成社群與部落格標題與貼文

不會有人想追蹤一個沒有內容的粉專，因此貼文內容扮演著最重要的角色，甚至粉絲都會主動幫你推播與傳達。社群上發佈貼文的目的當然是盡可能讓越多人看到越好，一張平凡的相片，如果搭配一則好文章，也能搖身一變成為魅力十足的貼文。寫貼文時更要注意標題訂定，設身處地為用戶著想，了解他們喜歡聽什麼、看什麼，或是需要什麼，為貼文配上注目標題，這樣撰寫出來的標題與貼文較能引起共鳴。ChatGPT 能幫助絞盡腦汁的小編，讓它完美化身你的免費行銷專員，只要輸入正確店家名稱、文章關鍵字、活動主題、呈現的風格，如果還有一些特別需求，可以在指令加上字數和語氣的要求，加入目的可以讓標題更有效捕捉目光，就會自動產生對應的文章，快速生成符合各種平台所需的標題與貼文。

輸入問題

請寫出十個較會引人感興趣的關於林書豪（Jeremy Lin）的 Instagram post 標題

ChatGPT 回答畫面

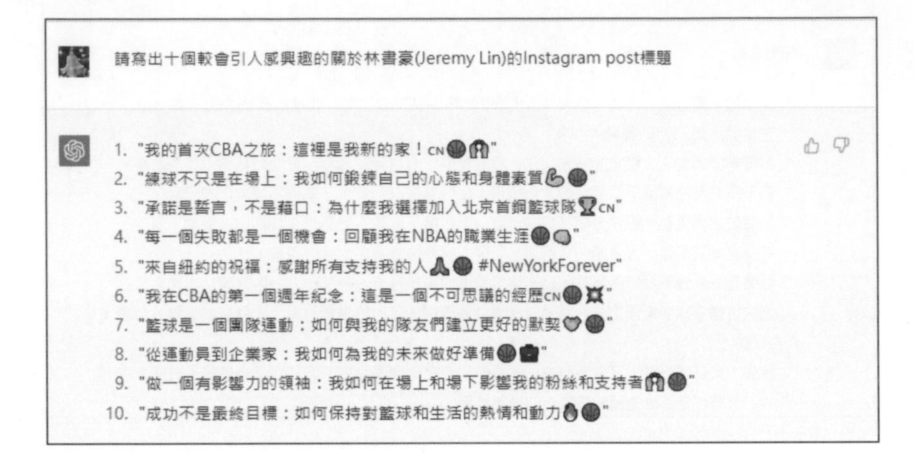

輸入問題

請寫出“每一個失敗都是一個機會：回顧我在 NBA 的職業生涯🏀👊”的 Instagram post 貼文

ChatGPT 回答畫面

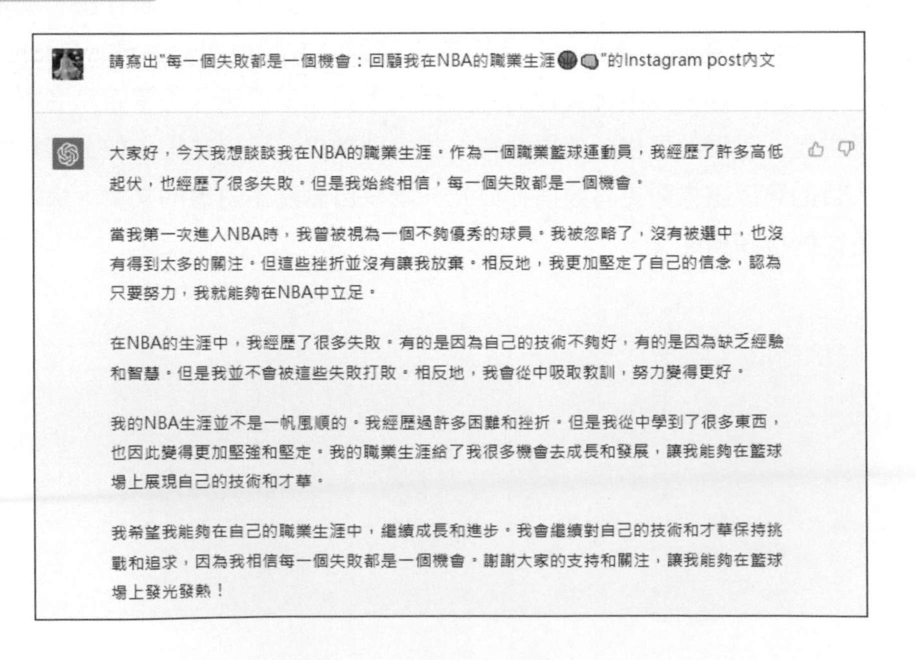

對話範例：生成部落格文章

輸入問題

請寫出十個值得推薦高雄旅遊景點的部落格文章標題

ChatGPT 回答畫面

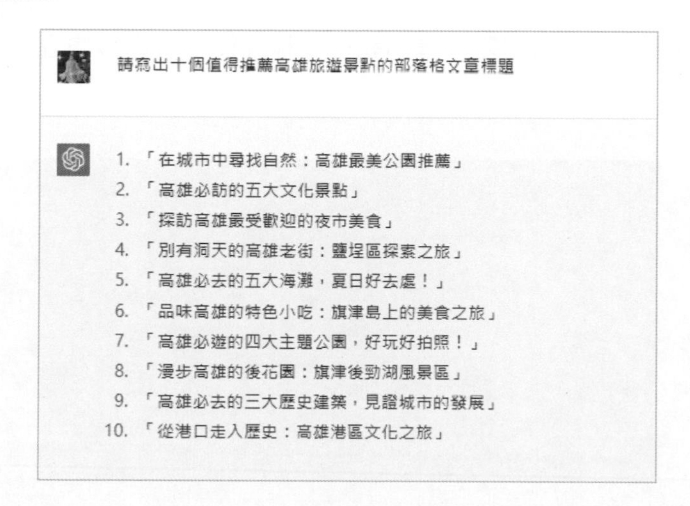

20-2-5 AI 撰寫 Python 程式

例如輸入「請用 Python 寫九九乘法表的程式」，按下「Enter」鍵正式向 ChatGPT 機器人詢問，就可以得到類似右圖的回答：

以下是使用 Python 寫的九九乘法表程式：

```python
for i in range(1, 10):
    for j in range(1, 10):
        product = i * j
        print(f"{i} x {j} = {product}")
    print()
```

這個程式使用了兩個 `for` 迴圈，第一個迴圈從 1 到 9 遍歷乘數，第二個迴圈也從 1 到 9 遍歷乘數，然後將兩個乘數相乘得到乘積，並將其輸出到螢幕上。每一行乘法表都以空白行分隔，以便更好地閱讀。

執行此程式後，您應該會在螢幕上看到類似於以下的輸出：

```
1 x 1 = 1
1 x 2 = 2
1 x 3 = 3
1 x 4 = 4
1 x 5 = 5
1 x 6 = 6
1 x 7 = 7
1 x 8 = 8
1 x 9 = 9

2 x 1 = 2
2 x 2 = 4
2 x 3 = 6
2 x 4 = 8
2 x 5 = 10
```

在回答的結果中不僅可以取得九九乘法表的程式碼，還會在該程式碼的下方解釋這支程式的設計邏輯，例如上圖程式碼下方的說明文字如下：

這個程式使用了兩個 for 迴圈，第一個迴圈從 1 到 9 遍歷乘數，第二個迴圈也從 1 到 9 遍歷乘數，然後將兩個乘數相乘得到乘積，並將其輸出到螢幕上。每一行乘法表都以空白行分隔，以便更好地閱讀。

我們還可以從 ChatGPT 的回答中看到執行此程式後，您應該會在螢幕上看到類似於以下的輸出：

```
Copy code

1 x 1 = 1
1 x 2 = 2
1 x 3 = 3
1 x 4 = 4
1 x 5 = 5
1 x 6 = 6
1 x 7 = 7
1 x 8 = 8
1 x 9 = 9

2 x 1 = 2
2 x 2 = 4
2 x 3 = 6
2 x 4 = 8
2 x 5 = 10
2 x 6 = 12
2 x 7 = 14
2 x 8 = 16
2 x 9 = 18

3 x 1 = 3
3 x 2 = 6
3 x 3 = 9
```

如果想要取得這支程式碼，還可以按下回答視窗右上角的「Copy code」鈕，就可以將 ChatGPT 所幫忙撰寫的程式，複製貼上到 Python 的 IDLE 的程式碼編輯器，如下圖所示：

```
*untitled*
File  Edit  Format  Run  Options  Window  Help
for i in range(1, 10):
    for j in range(1, 10):
        product = i * j
        print(f"{i} x {j} = {product}")
    print()
```

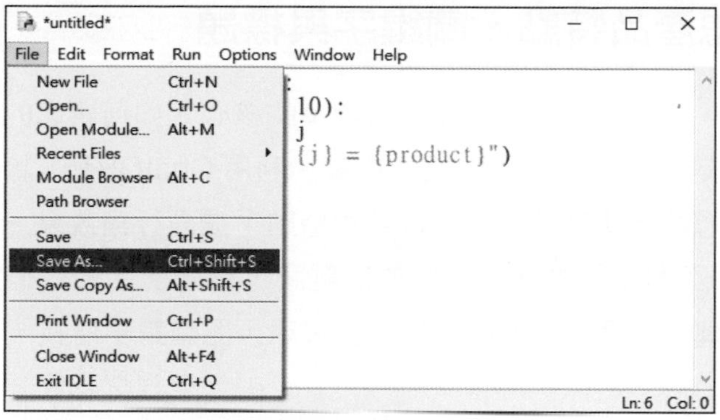

untitled

File Edit Format Run Options Window Help

New File	Ctrl+N
Open...	Ctrl+O
Open Module...	Alt+M
Recent Files	▸
Module Browser	Alt+C
Path Browser	
Save	Ctrl+S
Save As...	Ctrl+Shift+S
Save Copy As...	Alt+Shift+S
Print Window	Ctrl+P
Close Window	Alt+F4
Exit IDLE	Ctrl+Q

```
:
10):
j
{j} = {product}")
```

Ln: 6 Col: 0

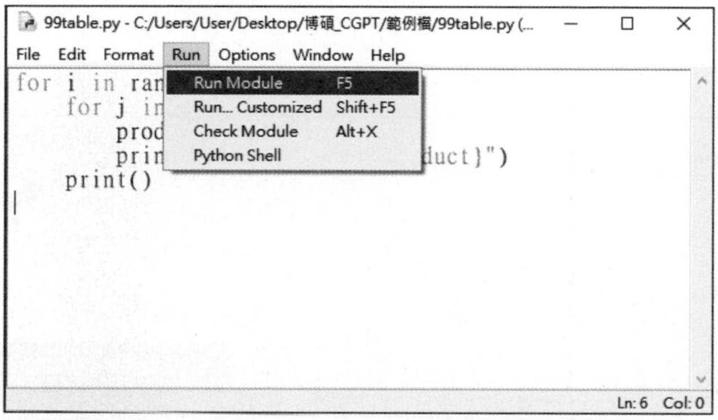

99table.py - C:/Users/User/Desktop/博碩_CGPT/範例檔/99table.py (...

File Edit Format Run Options Window Help

Run Module	F5
Run... Customized	Shift+F5
Check Module	Alt+X
Python Shell	

```
for i in ran
    for j in
        prod
        prin                    duct}")
    print()
```

Ln: 6 Col: 0

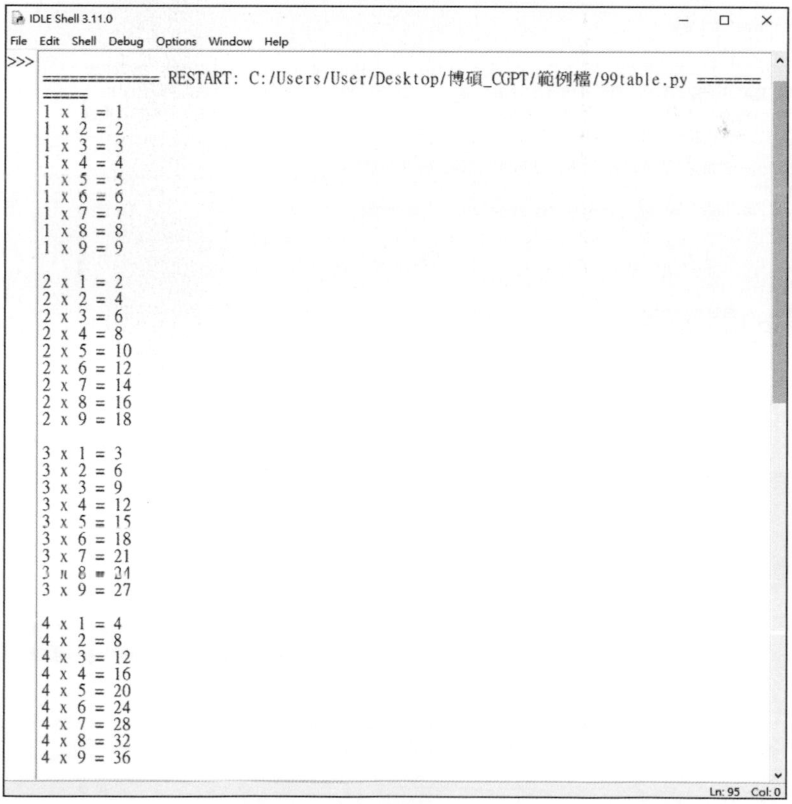

IDLE Shell 3.11.0

File Edit Shell Debug Options Window Help

```
>>>
============= RESTART: C:/Users/User/Desktop/博碩_CGPT/範例檔/99table.py =======
=====
1 x 1 = 1
1 x 2 = 2
1 x 3 = 3
1 x 4 = 4
1 x 5 = 5
1 x 6 = 6
1 x 7 = 7
1 x 8 = 8
1 x 9 = 9

2 x 1 = 2
2 x 2 = 4
2 x 3 = 6
2 x 4 = 8
2 x 5 = 10
2 x 6 = 12
2 x 7 = 14
2 x 8 = 16
2 x 9 = 18

3 x 1 = 3
3 x 2 = 6
3 x 3 = 9
3 x 4 = 12
3 x 5 = 15
3 x 6 = 18
3 x 7 = 21
3 x 8 = 24
3 x 9 = 27

4 x 1 = 4
4 x 2 = 8
4 x 3 = 12
4 x 4 = 16
4 x 5 = 20
4 x 6 = 24
4 x 7 = 28
4 x 8 = 32
4 x 9 = 36
```

Ln: 95 Col: 0

20-2-6 發想產品特點、關鍵字與標題

在現代商業社會，創新和行銷是推動業務增長的核心。如何讓您的產品在競爭激烈的市場中脫穎而出，是每一個企業都面臨的挑戰。利用 ChatGPT 作為一個智能的創意輔助工具，可以幫助您發想產品特點、關鍵字和標題，提高行銷效果。本小節將介紹如何利用 ChatGPT 這一工具來挖掘產品賣點的關鍵字，推薦適合的行銷文案標題，並提供一些有用的技巧和建議。讓您的產品更加吸引眼球，促進銷售增長。

請教 ChatGPT 行銷產品的摘要特點

提問

漆式速記多國語言雲端學習系統是什麼

回答畫面

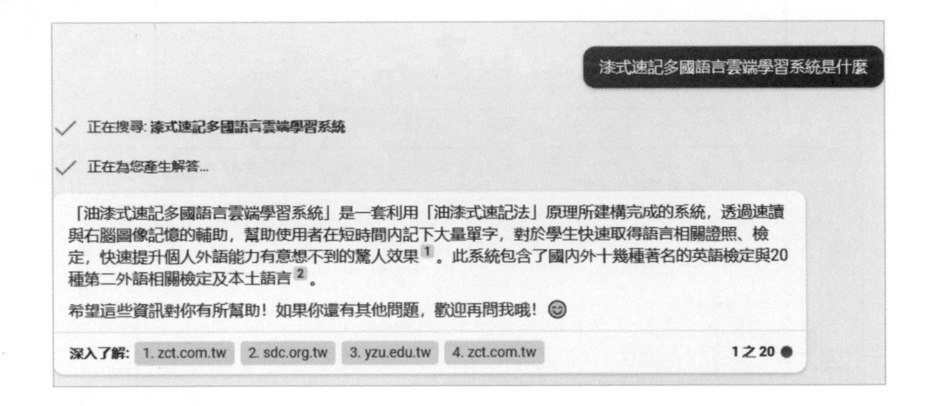

找出賣點的關鍵字

提問

請列出漆式速記多國語言雲端學習系統介紹中的幾個重要關鍵字

回答畫面

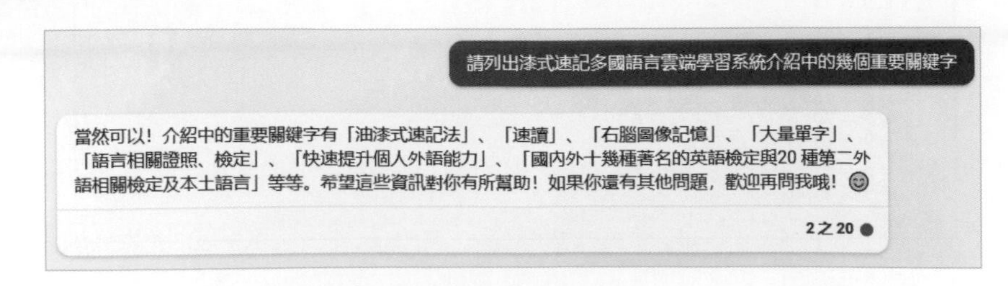

推薦行銷文案標題

提 問

我想寫一篇行銷文案，請列出針對上述幾個重要關鍵字重點，列出 5 個行銷文案的標題

回答畫面

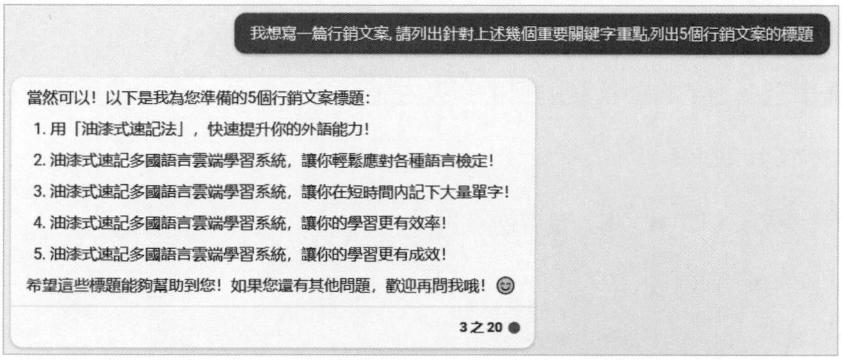

我想寫一篇行銷文案, 請列出針對上述幾個重要關鍵字重點,列出5個行銷文案的標題

當然可以！以下是我為您準備的5個行銷文案標題：

1. 用「油漆式速記法」，快速提升你的外語能力！
2. 油漆式速記多國語言雲端學習系統，讓你輕鬆應對各種語言檢定！
3. 油漆式速記多國語言雲端學習系統，讓你在短時間內記下大量單字！
4. 油漆式速記多國語言雲端學習系統，讓你的學習更有效率！
5. 油漆式速記多國語言雲端學習系統，讓你的學習更有成效！

希望這些標題能夠幫助到您！如果您還有其他問題，歡迎再問我哦！😊

3之20

課後評量

1. 人臉辨識（Facial Recognition）技術目前有哪些創新應用？
2. 請簡述智慧醫療（Smart Healthcare 或 eHealth）。
3. 何謂自然語言處理（Natural Language Processing, NLP）？
4. 請簡介聊天機器人（Chatbot）。
5. 自駕車為了達到自動駕駛的目的以及在道路行車安全，必須做那些工作？
6. 請簡介 ChatGPT。
7. 聊天機器人（Chatbot）的技術為何？
8. 如何開始使用 ChatGPT？